Vincenzo Verde

FONDAMENTI DI FISICA (ZERO)
(UN PERCORSO SPERIMENTALE - TEORICO)

Edizione Agosto 2019

IMPAGINAZIONE
Vincenzo Verde

PREFAZIONE

La mamma, nello svolgere l'attività di spesa al supermercato, impiega solo alcune delle **quattro operazioni aritmetiche** che vengono apprese nella scuola elementare. Per poter fare la spesa al supermercato non è necessario sviluppare alcuna **teoria complicata della spesa,** è sufficiente un **maestro di scuola elementare** e una piccola dose di **pazienza** da parte dello studente.

La matematica è il **linguaggio** con cui la fisica si esprime, a tal proposito un grande fisico italiano: **Galileo Galilei** così si espresse nella sua opera il " **SAGGIATORE":**

la filosofia è scritta in questo grandissimo libro che continuamente ci sta aperto innanzi agli occhi **(io dico l'Universo),** *ma non si può intendere se prima non si impara a intendere la sua lingua, e conoscere i caratteri, né quali è scritto. Egli è scritto in lingua matematica, e i caratteri son triangoli, cerchi, ed altre figure geometriche, senza i quali mezzi è impossibile a intendere umanamente parola; senza questo è un aggirarsi vanamente per uno oscuro laberinto.*

La matematica è fatta di **teoremi e dimostrazioni** ed è un continuo richiamo alla verità e alla coerenza, contrastando con la tendenza alla provvisorietà della vita quotidiana e questo la rende **ostica.**

Lo studio della fisica richiede un **grande impegno,** d'altro canto questo libro non fa uso di alcuna strategia per rendere simpatica questa attività. Si studia con un foglio di carta davanti su cui riprodurre quello che si apprende: se il foglio di carta rimane bianco bisogna ricominciare daccapo.

Questo libro è stato pensato per sviluppare **un'attività iniziale** sia sperimentale che teorica e per fornire quegli strumenti concettuali necessari affinché sia possibile affrontare, senza preoccupazioni, lo studio della fisica. Ciò è il risultato dell'esperienza di oltre 30 anni di insegnamento della fisica, tuttavia non è certo senza preoccupazioni che ho deciso di affrontare la pubblicazione e la stampa con l'editore: www.lulu.com. Conosco bene, per esperienza, quanto sia complicato scovare gli errori in un testo di fisica e come questi, spesso, si nascondono in una qualche frase dall'apparenza più innocua. Ringrazio, pertanto, a tutti coloro che riscontrando inesattezze e sviste vorranno, cortesemente, segnalarmele: vinverster@gmail.com . Ad ogni modo ogni, è mio desiderio aggiungere qualche parola sulla struttura del libro: inizialmente vengono forniti alcuni strumenti matematici e nel primo capitolo oltre a precisare il concetto di grandezza fisica viene costruito il Sistema Internazionale delle Unità di Misura. Successivamente, nel secondo e nel terzo capitolo vengono affrontate tutte le questioni che riguardano le misurazione delle grandezze fisiche, l'elaborazione dei dati sperimentali e la ricerca di formule empiriche, secondo la regola del minimi quadrati e il criterio di Gauss. Quindi si passa allo studio sperimentale di alcuni fenomeni di moto molto importanti che hanno segnato la storia della fisica e si determinano le loro formule empiriche sulla base dei concetti precedentemente acquisiti. Nel quinto capitolo vengono forniti ulteriori strumenti matematici: vettori e tensori che saranno poi utilizzati, nel sesto capitolo, per la costruzione di uno schema teorico *(cinematico)* che consenta un'interpretazione razionale dei fenomeni studiati sperimentalmente. Durante questa attività si vedrà che non tutti i fenomeni rientrano nello schema teorico elaborato e ciò induce ad una sua modifica. Con questo intento nel settimo e nell'ottavo capitolo vengono affrontati e risolti tutti i problemi che si presentano e vengono poste le basi per un ulteriore sviluppo della teoria elaborata. Nel nono capitolo vengono affrontati i problemi relativi agli osservatori inerziali e agli osservatori accelerati introducendo le forze inerziali e la forza di Coriolis. Nel decimo ed ultimo capitolo vengono rappresentati i formulari delle relazioni matematiche fondamentali, vengono proposte prove di abilità e vengono forniti i risolutori sia delle prove di abilità che dei test di verifica.

Sicuro che questa pubblicazione sia molto utile sia a *studenti liceali* che a *studenti universitari*, l'autore augura a tutti uno studio tranquillo e proficuo.

Agosto, 2019   *Vincenzo Verde*

sommario

STRUMENTI INTRODUTTIVI

PRIMO CAPITOLO: GRANDEZZE FISICHE E SISTEMI DI UNITÀ DI MISURA

SECONDO CAPITOLO: LA MISURA E LA VALUTAZIONE DELLA SUA INCERTEZZA

TERZO CAPITOLO: ELABORAZIONE DEI DATI SPERIMENTALI

QUARTO CAPITOLO: STUDIO SPERIMENTALE DI ALCUNI FENOMENI DI MOTO

QUINTO CAPITOLO: ALGEBRA VETTORIALE

SESTO CAPITOLO: TEORIA CINEMATICA DEL MOTO

SETTIMO CAPITOLO: INTERPRETAZIONE DEI RISULTATI SPERIMENTALI

DECIMO CAPITOLO: ESERCIZI DI ABILITÀ E RISOLUTORI

STRUMENTI INTRODUTTIVI

Il mondo appare così come un complicato tessuto di eventi, in cui rapporti di diverso tipo si alternano, si sovrappongono e si combinano determinando la struttura del tutto. Quando noi rappresentiamo un gruppo di nessi con un sistema chiuso e coerente di concetti, di assiomi, di definizioni e di leggi, rappresentate a loro volta da uno schema matematico, noi abbiamo di fatto isolato ed idealizzato questo gruppo di nessi allo scopo di una chiarificazione. Ma anche se in questo modo viene raggiunta la chiarezza completa, non si sa con quale esattezza la serie di concetti descrive la realtà.

Werner Karl Heinsenberg

1. IL METODO GALILEIANO

Il compito fondamentale della fisica è quello di fornire una descrizione quantitativa ed una interpretazione razionale dei fenomeni naturali.

Sono esempi di fenomeni naturali:

- *il fulmine durante il temporale*
- *il verificarsi di un terremoto*
- *l'alternarsi del giorno e della notte*
- *la caduta libera di un corpo*
- *ecc.*

Affinché questo obiettivo possa essere raggiunto è necessario che la conoscenza, che viene man mano conquistandosi, sia indipendente dal particolare osservatore ed abbia carattere oggettivo. Così, se si chiedesse a delle persone di ordinare una serie di corpi in modo che il corpo meno caldo precede il corpo più caldo facendo uso del senso termico, a parte le limitazioni oggettive di questo metodo che sono facilmente immaginabili: *corpi troppo caldi non possono essere esaminati perché provocano gravi scottature,* si otterrebbero tanti risultati, diversi tra loro, per quanto sono le persone che hanno eseguite le prove.

Sono questi i metodi cui la fisica rinuncia.

Ma se si desse a queste persone uno strumento di misura con le relative istruzioni per il suo uso, per esempio un *termometro, (si assume che le persone che eseguono la prova abbiano le abilità necessarie richieste)* e si facessero ordinare i corpi secondo la temperatura crescente, tutti troverebbero la stessa successione di corpi.

Sono questi i metodi di cui la fisica si serve per rendere oggettive le sue affermazioni.

Quindi, l'uso degli strumenti di misura rappresenta il primo passo da compiere per una costruzione oggettiva della fisica, ma l'uso degli strumenti di misura presuppone che ci siano, nei fenomeni sottoposti ad indagine, degli *enti,* concettualmente individuati, in una fase qualitativa di studio, caratterizzanti i fenomeni stessi e che siano valutabili quantitativamente. Gli enti così individuati si dicono *grandezze fisiche.* Così, per esempio, chi si accinge a studiare il moto dei corpi in caduta libera osserva che al passare del tempo la *posizione* del corpo va cambiando, quindi individua gli enti *cambiamento di posizione e durata.* Questi enti, così individuati, sono valutabili quantitativamente e consentono una descrizione quantitativa del fenomeno. Facendo cadere liberamente una sferetta d'acciaio e un foglio di carta da una stessa quota si osserva che la sferetta d'acciaio giunge a terra prima del foglio di carta; questa esperienza induce a ritenere che i corpi pesanti cadono più velocemente dei corpi leggeri. Ripetendo l'esperienza, appallottolando molto strettamente il foglio di carta, si osserva che la sferetta d'acciaio ed il foglio di carta giungono a terra quasi simultaneamente. Nella prima esperienza la resistenza dell'aria rallenta decisamente il moto del foglio di carta mentre, nella seconda esperienza, l'appallottolamento del foglio di carta, che corrisponde ad un mutamento della sua geometria, riduce significativamente la resistenza dell'aria. Quindi, se si sperimentasse in assenza di aria si dovrebbe trovare che tutti i corpi, indipendentemente dalla loro natura e dalla loro geometria, cadono allo stesso modo. Una delle prime grandi difficoltà che si incontrano nello studio di un fenomeno naturale è quella di separare il fenomeno da tutti gli elementi che lo mascherano, identificando gli elementi essenziali ed istituendo una riproduzione, in laboratorio, del *fenomeno filtrato* in modo da poterlo studiare in condizioni controllate. Nel caso della caduta libera di un corpo, l'aria costituisce un fattore di disturbo, quindi inessenziale ai fini della determinazione del moto di caduta libera e perciò va eliminato. Allora, in laboratorio, deve essere istituito un esperimento in assenza di aria dal quale sia possibile valutare quantitativamente le grandezze fisiche che lo caratterizzano. I dati così raccolti vengono elaborati con lo scopo di trovare una relazione matematica tra le grandezze fisiche; si trova che lo *spostamento* del corpo *(cambiamento di posizione)* è proporzionale al *quadrato del tempo (durata)* impiegato a percorrerlo:

$$s = kt^2$$

in cui s rappresenta lo spostamento, t il quadrato del tempo e k la costante di proporzionalità.

La relazione così trovata, nel caso di un determinato corpo, viene successivamente sottoposta ad un controllo sperimentale per accertare se essa vale solo per il corpo con cui è stata ottenuta o vale per qualsiasi altro corpo, in quest'ultimo caso, essa acquisisce carattere di legge naturale e può essere usata per descrivere quantitativamente qualunque corpo in caduta libera in assenza di aria. Ma il compito del fisico non si esaurisce qui, egli vuole anche conseguire una interpretazione razionale dei fenomeni osservati. Per raggiungere questo obiettivo è opportuno istituire una ricerca, nell'insieme dei fenomeni studiati, atta ad individuare delle proprietà comuni in modo che si possano formulare dei principi i quali consentono, con l'aiuto della matematica, di costruire una teoria, logicamente coerente, in cui si possono inquadrare i fenomeni stessi. Tale teoria non vuole essere la realtà osservata ma, semplicemente, un modo per descrivere quantitativamente i fenomeni osservati, di spiegarli razionalmente e di predire fenomeni non ancora osservati. Orbene, poiché con il progredire della conoscenza cresce il numero dei fenomeni che devono essere inquadrati nella teoria, può capitare che qualche fenomeno non è inquadrabile, in tal caso bisogna modificare la teoria in modo da inserire tutti i fenomeni. La teoria così ottenuta avrà un potere predittivo maggiore e consente la previsione di fenomeni non prevedibili con la teoria precedente.

così procede la fisica nella sua avanzata verso la conquista della conoscenza

Attualmente esistono tre grandi teorie in cui si inquadrano tutti i fenomeni osservati:

- *teoria delle forze gravitazionali: generate e scambiate tra le masse dei corpi*
- *teoria delle forze elettromagnetiche e delle forze nucleari deboli o più sinteticamente teoria delle forze elettrodeboli: generate e scambiate tra corpi carichi e/o magnetizzati*

13

- *teoria delle forze nucleari forti che si generano ed agiscono a cortissima distanza; esse consentono la stabilità nucleare e determinano l'evoluzione di varie reazioni nucleari tra particelle*

alla domanda che cos'è la fisica si può rispondere:

la fisica è una scienza sperimentale che coordina le conoscenze acquisite sui fenomeni naturali in un sistema di concetti che evolve nel tempo, contenente definizioni, principi e leggi tali che, queste ultime, risultino deducibili per via logica da insieme ridotto di principi; qui è di grande aiuto la matematica che va considerata uno dei pilastri della fisica.

2. COORDINATE CARTESIANE SULLA RETTA

Una retta r si dice **orientata** o **asse,** quando dei due possibili versi che un punto mobile può percorrere su essa, se ne fissa uno arbitrariamente che, per distinguerlo dall'altro, si dice positivo; per contro l'altro si dirà negativo.
Una retta orientata si rappresenta geometricamente come in figura (2.1)

$$Figura\,(2.1)\qquad \text{retta orientata}\qquad r$$

Si vuole definire un procedimento che consenta di assegnare ad un punto di una retta un numero reale che definisce univocamente la sua posizione rispetto ad un altro punto scelto, arbitrariamente, come riferimento. Si consideri una retta orientata e si fissi arbitrariamente un suo punto O detto origine. Per definire la posizione di un qualsiasi altro punto P della retta *(vedi figura (2.2))* rispetto al punto origine O è sufficiente conoscere il numero che esprime la misura del segmento $\overline{OP}$ rispetto ad una prefissata unità di misura u, preso con il segno positivo se il segmento $\overline{OP}$ è percorso nello stesso verso della retta *(cioè se il punto P è a destra di O)*, preso con il segno negativo se il segmento $\overline{OP}$ è percorso nel verso opposto *(cioè se il punto P è a sinistra di O)*. Il numero reale che esprime la misura del segmento $\overline{OP}$ si chiama coordinata o ascissa del punto P e definisce univocamente la sua posizione rispetto ad O. L'ascissa di un punto è ordinariamente indicata con la lettera x, inoltre per indicare che il punto P ha ascissa x si scrive $P(x)$. Inversamente, ad ogni numero reale x corrisponde univocamente un punto P della retta che dista dall'origine O di una lunghezza pari al valore assoluto di x, punto che è situato a destra o a sinistra del punto origine di O a seconda che x, diverso da zero, sia positivo o negativo; se x è nullo gli corrisponde il punto origine O.

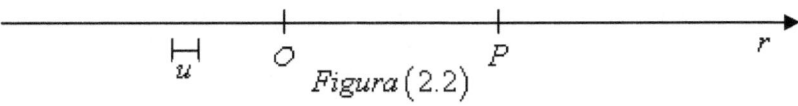

$$Figura\,(2.2)$$

Viene dunque ad esserci una corrispondenza biunivoca tra i punti della retta e le loro ascisse quando si sia fissato: il verso positivo *(da sinistra a destra)* di percorrenza della retta, il segmento u come *unità di misura*, il punto O *come origine*.

Quando si fa ciò si dice che si è stabilito un sistema di coordinate cartesiane sulla retta.

3. COORDINATE CARTESIANE NEL PIANO

Si vuole definire un procedimento che consenta di assegnare ad un punto di un piano una coppia di numeri reali che definiscono univocamente la sua posizione rispetto ad un altro punto scelto, arbitrariamente, come riferimento. Si considerino due rette orientate x e y e si faccia l'ipotesi che si incontrano in un punto O che viene fissato come origine delle coordinate; inoltre si supponga che le rette x e y definiscono, con le loro direzioni, angoli pari a $\dfrac{\pi}{2}$ e sia P un punto qualsiasi del piano. Dal punto P si conducano le parallele alle rette x e y determinando, così, i segmenti $\overline{OB}$ sull'asse Y e $\overline{OA}$ sull'asse x *(vedi figura (3.1))*; per definire la posizione di P rispetto ad O è sufficiente conoscere i numeri che esprimono le misure dei segmenti rispetto ad una prefissata unità di misura u, presi con il segno positivo se i segmenti sono percorsi nello stesso verso degli assi, presi con il segno negativo se sono percorsi nel verso opposto. I numeri reali che esprimono la misura dei segmenti $\overline{OA}$ e OB si chiamano rispettivamente ascissa e ordinata del punto P e definiscono univocamente la posizione di P rispetto ad O.

L'ascissa di un punto è ordinariamente indicata con la lettera x mentre l'ordinata con la lettera y, inoltre per indicare che il punto P ha ascissa x e ordinata y si scrive: $P(x, y)$

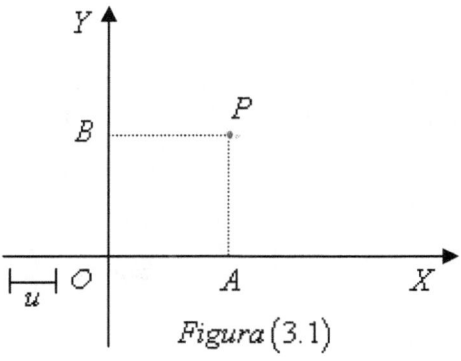

Figura (3.1)

Inversamente, ad ogni coppia di numeri reali (x, y) corrisponde univocamente un punto P del piano che dista dall'asse Y di una lunghezza pari al valore assoluto di x, punto che è situato a destra o a sinistra dell'asse Y a seconda che x, diverso da zero, sia positivo o negativo, se x è nullo il punto P è situato sull'asse Y ; ancora, il punto P dista dall'asse X di una lunghezza pari al valore assoluto di y, punto che è situato sopra o sotto l'asse X a seconda che y, diverso da zero, sia positivo o negativo, se y è nullo il punto P è situato sull'asse X . Se x e y sono entrambi nulli il punto P coincide con il punto origine O. Viene dunque ad esserci una corrispondenza biunivoca tra i punti del piano e le loro coordinate quando si fissano: due assi x e y tra loro ortogonali, un segmento u come unità di misura, il punto O come origine.

Quando si fa ciò si dice che si è stabilito un sistema di coordinate cartesiane ortogonali nel piano.

4. COORDINATE CARTESIANE NELLO SPAZIO

Si vuole definire un procedimento che consenta di assegnare ad un punto dello spazio una terna di numeri reali che definiscono la sua posizione rispetto ad un altro punto scelto, arbitrariamente, come riferimento.

Fissato nello spazio un punto O, che si dice origine delle coordinate, e tre rette orientate x, y, z passanti per l'origine O, dette assi coordinati, e a due a due ortogonali, i piani determinati da queste rette, prese a due a due, si dicono piani coordinati. Assi e piani coordinati sono rispettivamente spigoli e facce di un triedro trirettangolo *(vedi figura (4.1))*; inoltre si fissi un segmento *u* come unità di misura.

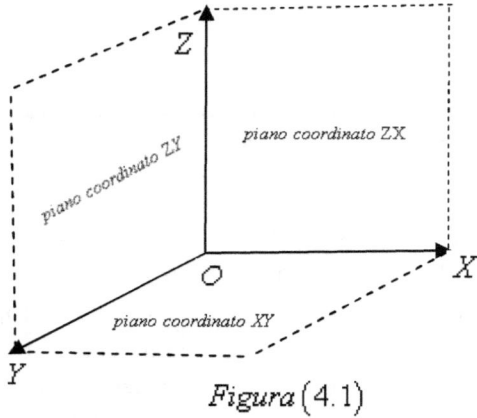

$Figura\,(4.1)$

Si consideri un punto P dello spazio per il quale si tracciano tre piani paralleli ai piani coordinati e siano A,B,C rispettivamente i loro punti di intersezione con gli assi coordinati X,Y,Z *(vedi figura (4.2))*. Ciò fatto restano definiti in valore e segno tre numeri reali x,y,z che esprimono rispettivamente le misure dei segmenti $\overline{OA},\overline{OB},\overline{OC}$; essi sono detti ascissa, ordinata e quota o anche, coordinate del punto P e definiscono univocamente la posizione di P rispetto ad O . L'ascissa di un punto è ordinariamente indicata con la lettera x, l'ordinata con la lettera y e la quota con la lettera z; inoltre per indicare che un punto P ha ascissa x, ordinata y e quota z si scrive. Inversamente, ad ogni terna di numeri reali x,y,z corrisponde un punto dello spazio che dista: dal piano coordinato yz di una lunghezza pari al valore assoluto di x, punto che è situato a destra o a sinistra del piano coordinato yz a seconda che x, diverso da zero, sia positivo o negativo, se x è nullo il punto P è situato sul piano coordinato yz; dal piano xz di una lunghezza pari al valore assoluto di y, punto che è situato avanti o dietro il piano coordinato xz a seconda che y, diverso da zero, sia positivo o negativo, se y è nullo il punto P è situato sul piano coordinato xz; dal piano coordinato xy di una lunghezza pari al valore assoluto di z, punto che è situato sopra o sotto il piano coordinato xy a seconda che z, diverso da zero, sia

18

positivo o negativo, se z è nullo il punto P è situato sul piano coordinato xy. Se x,y,z sono tutti e tre nulli il punto P coincide con il punto origine O. Viene dunque ad esserci una corrispondenza biunivoca tra i punti dello spazio e le loro coordinate quando si fissano: un punto O come origine, tre rette orientate passanti per l'origine e ortogonali a due a due, un segmento u come unità di misura.

Quando si fa ciò si dice che si è stabilito un sistema di coordinate cartesiane ortogonali nello spazio.

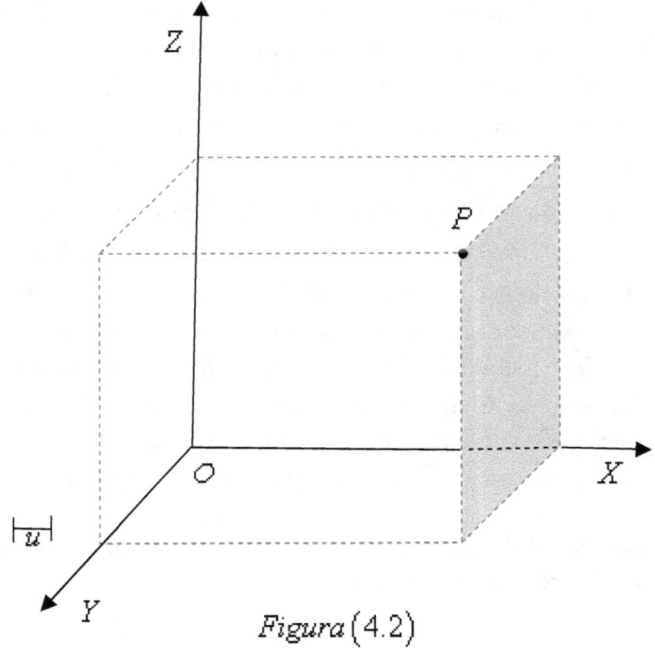

Figura (4.2)

5. COORDINATE POLARI

Si vuole definire un procedimento, diverso da quello definito nel numero (3), che consenta di assegnare ad un punto di un piano una coppia di numeri che definiscono univocamente la sua posizione rispetto ad un altro punto scelto, arbitrariamente, come riferimento.

Si fissi nel piano un punto O, detto polo, una retta orientata X passante per il polo e detta asse polare, una unità di misura u *(vedi figura (5.1))*.

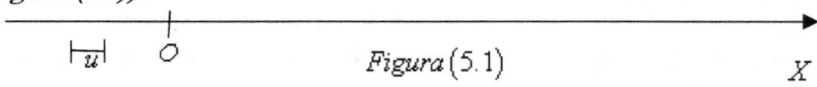

Figura (5.1) X

Ciò fatto, si consideri un punto P del piano e si tracci la retta passante per i punti O e P in modo che sia orientata da O verso P *(vedi figura (5.2))*. Si chiama raggio vettore ρ il numero positivo che esprime la misura del segmento $\overline{OP}$ e si chiama anomalia φ il numero che esprime la misura dell'angolo definito dalle rette orientate X e OP. I numeri ρ e φ si dicono coordinate polari e definiscono univocamente la posizione di P rispetto ad O; esse vengono indicate con la notazione $P(\rho, \varphi)$. Inversamente, quando sono dati il raggio vettore ρ e l'anomalia φ, escludendo il polo per il quale si assume $\rho = 0$ e φ indeterminata, risulta individuato uno ed uno solo punto del piano dato dall'intersezione della circonferenza di raggio ρ con la retta passante per i punti O e P, orientata da O verso P e tale che sia φ l'angolo definito dalle rette X e OP. Viene dunque ad esserci corrispondenza biunivoca tra i punti del piano e le loro coordinate polari quando si fissano: un punto O detto **polo,** una retta orientata X passante per il polo e detta *asse polare,* una unità di misura u.

Quando si fa ciò si dice che si è stabilito un sistema di coordinate polari nel piano

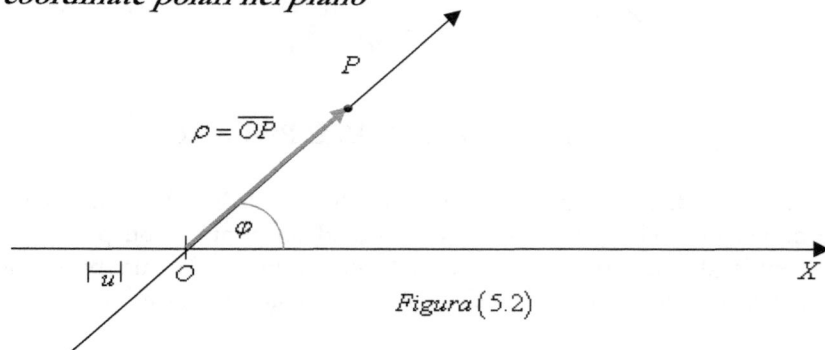

Figura (5.2)

6. COORDINATE SFERICHE

Si vuole definire un procedimento, diverso da quello definito nel numero (4), che consenta di assegnare ad un punto dello spazio una terna di numeri reali che definiscono univocamente la sua posizione rispetto ad un altro punto scelto, arbitrariamente, come riferimento.

Si fissi nello spazio un punto *O*, detto **polo,** una retta orientata *r*, passante per il polo e detta **asse polare,** un semipiano π passante per *r*, detto **piano polare,** un segmento *u* come unità di misura; inoltre, si disponga la retta *r* verticalmente, orientata dal basso verso l'alto, e si consideri positivo il verso antiorario di rotazione del semipiano π intorno ad *r* **(vedi figura (6.1)).**

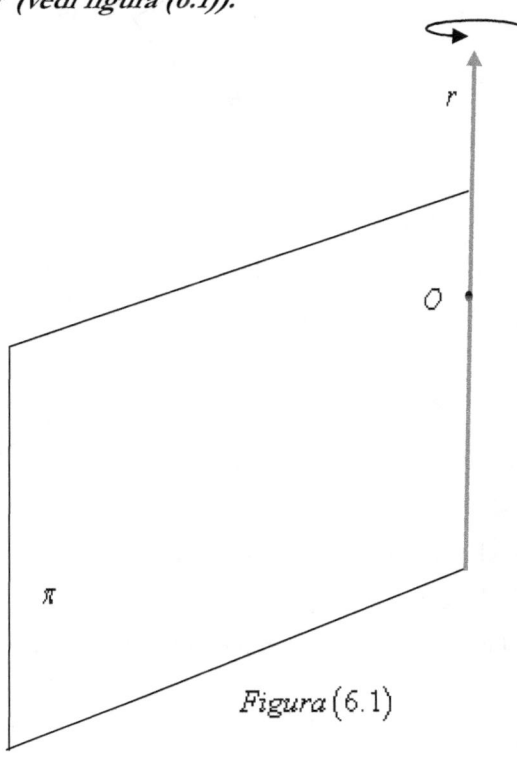

Figura (6.1)

Ciò fatto, dato un punto *P* non appartenente a *r*, risultano determinati: il diedro dei due semipiani e *rp* uscenti da *r* **(vedi figura (6.2))** con

21

l'angolo φ tale che $0 \leq \varphi \leq 2\pi$; l'angolo θ formato dalla retta orientata r con la retta OP orientata nel verso da O a P tale che $0 \leq \varphi \leq \pi$; la misura ρ del segmento $\overline{OP}$, detto raggio vettore e che risulta essere sempre positiva. I numeri ρ, θ, φ si dicono coordinate sferiche del punto P e definiscono univocamente la posizione di P rispetto ad O.

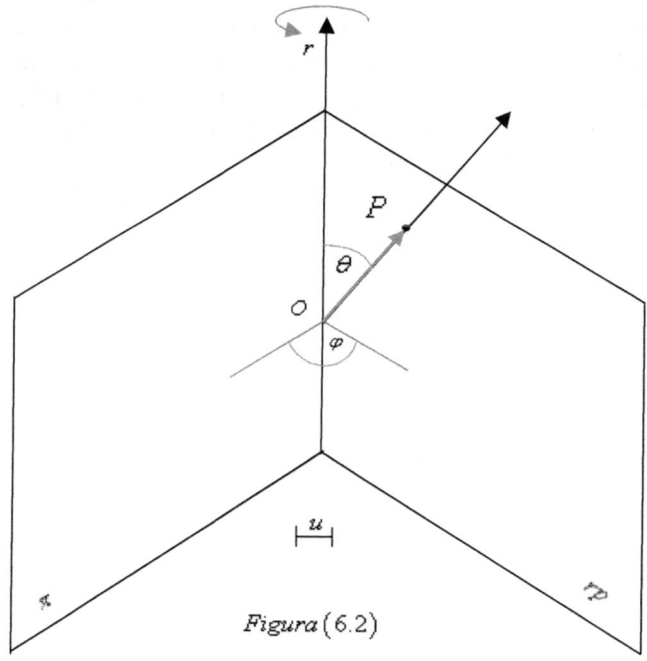

Figura (6.2)

Per indicare che il punto P ha coordinate sferiche ρ, θ, φ si scrive $P(\rho, \theta, \varphi)$, inversamente quando sono dati ρ, θ, φ, come è stato indicato, escludendo i punti appartenenti ad r per i quali si assume:

- $\rho = 0$; φ e θ per il polo

- $\rho = \overline{OP}$; φ indeterminata e $\theta = 0$ oppure $\theta = \pi$ a seconda che il verso del segmento orientato $\overline{OP}$ sia positivo o negativo risulta determinato univocamente il punto P. Viene dunque ad esserci una corrispondenza biunivoca tra i punti dello spazio e le coordinate sferiche quando si fissano: un punto O dello spazio, detto *polo,* una retta orientata r, passante per il polo e detta *asse polare,* un semipiano π passante per r, detto *piano polare* e un segmento u come unità di misura.

Quando si fa ciò si dice che si è stabilito un sistema di coordinate sferiche nello spazio.

7. COORDINATE CILINDRICHE

Si vuole definire un procedimento, diverso da quelli definiti nei numeri (4) e (6), che consenta di assegnare ad un punto dello spazio una terna di numeri reali che definiscono univocamente la sua posizione rispetto ad un altro punto scelto, arbitrariamente, come riferimento.

Siano π un piano su cui è definito un sistema di coordinate polari e P un punto dello spazio. I numeri ρ, φ, z sono detti coordinate cilindriche del punto P e definiscono univocamente *(vedi figura (7.1))* la sua posizione rispetto al polo in quanto: z esprime la misura, rispetto ad una prefissata unità di misura, della distanza del punto P dalla sua proiezione Q sul piano π ρ e φ esprimono, come già è noto, le coordinate polari del punto Q, proiezione di P sul piano π.

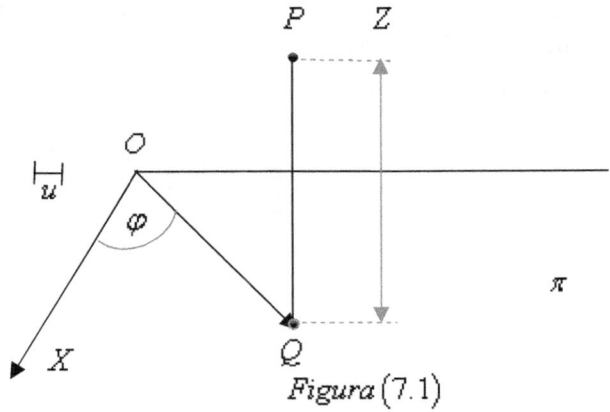

Figura (7.1)

Per indicare che un punto P dello spazio ha coordinate cilindriche ρ, φ, z si scrive $P(\rho, \varphi, z)$. Inversamente, ad ogni terna di numeri, ρ, φ, z escluso il polo O per il quale si assume $\rho = z = 0$ e φ indeterminata, corrisponde uno ed uno solo punto P dello spazio tale che: z misura la distanza dalla sua proiezione Q sul piano π, ρ e φ sono le coordinate polari di Q, proiezioni di P sul piano π. Viene dunque ad esserci corrispondenza biunivoca fra i punti dello spazio e le loro coordinate quando si fissano: un piano π dello spazio e un sistema di coordinate polari nel piano π.

Quando si fa ciò, si dice che si è stabilito un sistema di coordinate cilindriche

8. RELAZIONE TRA COORDINATE CARTESIANE E COORDINATE POLARI

È stato visto, nei numeri (3) e (5), che la posizione di un punto nel piano può essere determinata sia con un sistema di coordinate cartesiane ortogonali, sia con un sistema di coordinate polari. Si presenta spesso il problema di un cambiamento del sistema di coordinate: da quelle polari a quelle cartesiane e viceversa. Per risolvere questo problema si faccia l'ipotesi che l'origine del sistema di coordinate cartesiane ortogonali coincide con il polo, l'asse delle ascisse con l'asse polare e l'unità di misura u sia la stessa per entrambi i sistemi di coordinate *(vedi figura (8.1))*.

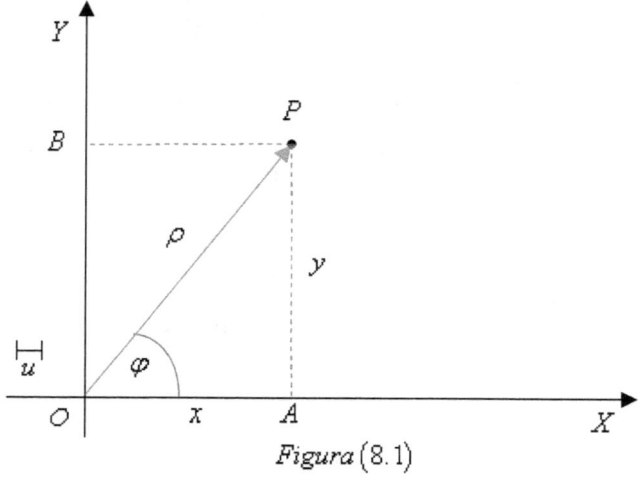

Figura (8.1)

Dal triangolo OAP si ricava:

$$(8.1) \quad \begin{cases} x = \rho\cos\varphi \\ y = \rho\sin\varphi \end{cases}$$

Le equazioni (8.1) esprimono il cambiamento dal sistema di coordinate polari al sistema di coordinate cartesiane ortogonali. Inversamente, sempre dal triangolo OAP si ricavano le equazioni:

$$(8.2) \quad \begin{cases} \rho = \sqrt{x^2 + y^2} \\ \varphi = \arctan\dfrac{y}{x} \end{cases}$$

Le equazioni (7.2) esprimono il cambiamento dal sistema di coordinate cartesiane ortogonali al sistema di coordinate polari.

9. RELAZIONE TRA COORDINATE CARTESIANE, COORDINATE SFERICHE E COORDINATE CILINDRICHE

È stato visto nei numeri (4), (6) e (7) che la posizione di un punto nello spazio può essere determinata sia con un sistema di coordinate cartesiane ortogonali, sia con un sistema di coordinate sferiche, sia con un sistema di coordinate cilindriche. Orbene, si presenta spesso il problema di un cambiamento del sistema di coordinate: da quelle sferiche a quelle cartesiane e viceversa, da quelle cilindriche a quelle cartesiane e viceversa. Per risolvere questi problemi, nel caso che si passi dal sistema di coordinate sferiche a quelle cartesiane e viceversa, si faccia l'ipotesi che l'origine del sistema di coordinate cartesiane coincida con il polo del sistema di coordinate sferiche, l'asse Z con l'asse polare *(anche come orientamento)* e il semiasse positivo X con la perpendicolare all'asse Z condotta per O sul semipiano π.

Siano Q la proiezione ortogonale di P sul piano XY, A la proiezione ortogonale di Q sull'asse X e B la proiezione ortogonale di Q sull'asse Y *(vedi figura (9.1))*. Dal triangolo rettangolo OCP risulta: $\overline{CP} = \sin\theta$ ma $\overline{CP} = \overline{OQ}$ quindi $\overline{OQ} = \rho\sin\theta$. Consegue, $\sin\theta$ e φ sono le coordinate polari nel piano XY del punto Q, proiezione del punto P sul piano XY. Quindi si può scrivere:

$$(8.1) \quad \begin{cases} x = \rho\sin\theta\cos\varphi \\ y = \rho\sin\theta\sin\varphi \\ z = \rho\cos\theta \end{cases}$$

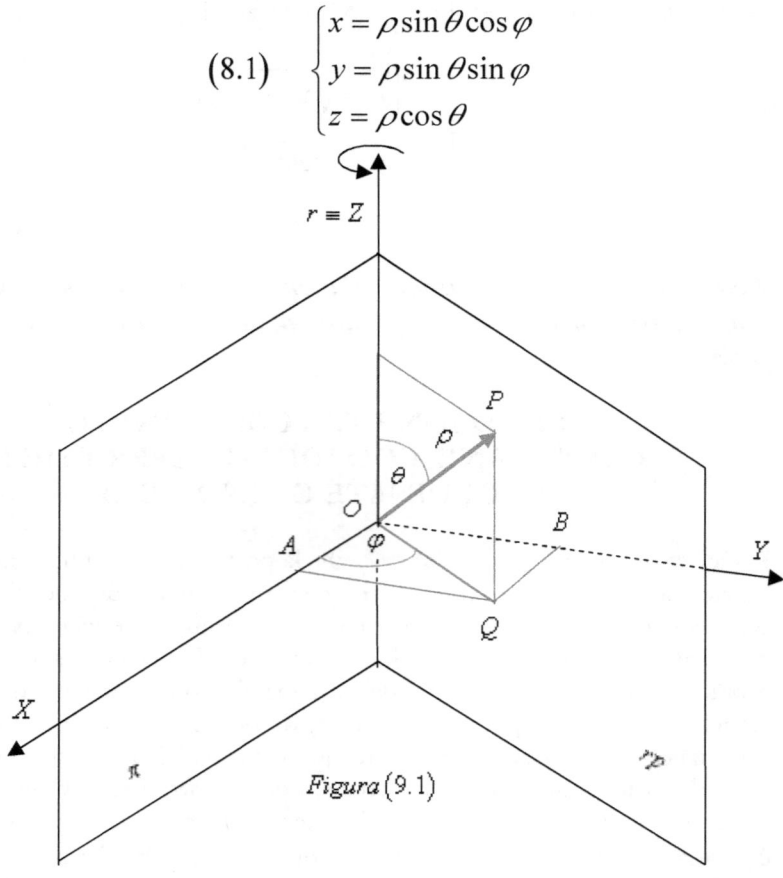

Figura (9.1)

Inversamente, applicando successivamente il teorema di Pitagora ai triangoli rettangoli OAQ e OQP, si può scrivere:

26

$$(9.2) \quad \begin{cases} \rho = \sqrt{x^2 + y^2 + z^2} \\ \varphi = \arctan\dfrac{y}{x} \\ \theta = \arctan\dfrac{\sqrt{x^2 + y^2}}{z} \end{cases}$$

Queste equazioni esprimono il cambiamento dal sistema di coordinate cartesiane ortogonali al sistema di coordinate sferiche.

Nel caso del cambiamento dal sistema di coordinate cilindriche a quello cartesiano e viceversa, si assume che il piano π, definito nel numero (7), coincida con il piano coordinato XY, l'asse coordinato Z sia perpendicolare a π, orientato nel modo consueto e passante per il punto O, polo del sistema di coordinate polari nel piano π, l'asse polare OX del piano π coincide, anche nell'orientamento, con l'asse coordinato X *(vedi figura (9.2))*.

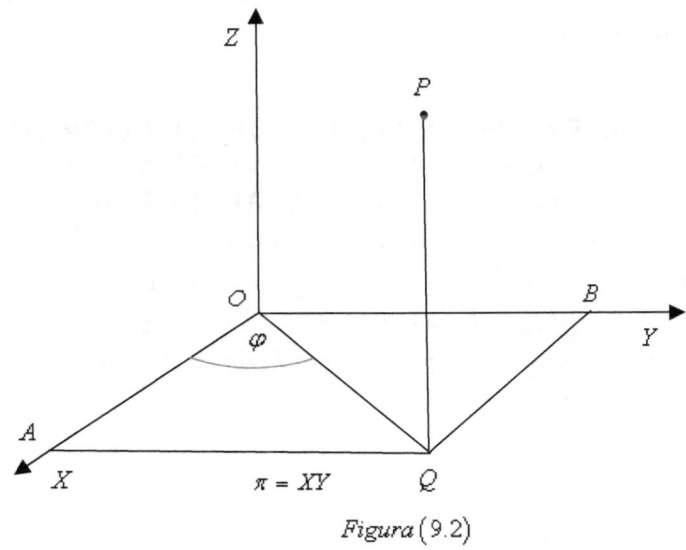

Figura (9.2)

Da quanto detto risulta:

$$(9.3) \quad \begin{cases} x = \rho \cos \varphi \\ y = \rho \sin \varphi \\ z = z \end{cases}$$

Queste equazioni esprimono il cambiamento dal sistema di coordinate cilindriche a quelle cartesiane.

Inversamente, tenendo conto che $z = z$ e considerando il triangolo rettangolo OAQ, si può scrivere:

$$(9.4) \quad \begin{cases} \rho = \sqrt{x^2 + y^2} \\ \varphi = \arctan \dfrac{y}{x} \end{cases}$$

Queste equazioni esprimono il cambiamento dal sistema di coordinate cartesiane ortogonali al sistema di coordinate cilindriche.

10. TRASFORMAZIONE DELLE COORDINATE CARTESIANE ORTOGONALI IN UNA TRASLAZIONE PARALLELA DEGLI ASSI

Sia dato un sistema di assi cartesiani ortogonali O, X, Y, Z, se gli assi coordinati X, Y, Z traslano parallelamente, rispettivamente, delle quantità: a, b, c si possono scrivere le seguenti equazioni di trasformazione delle coordinate *vedi la figura (10.1))*:

$$(10.1) \quad \begin{cases} x = x' + a \\ y = y' + b \\ z = z' + c \end{cases}$$

Le equazioni (10.1) consentono il passaggio dal sistema di coordinate O', X', Y', Z' al sistema di coordinate O, X, Y, Z. Inversamente, si ha:

$$(10.2) \quad \begin{cases} x' = x - a \\ y' = y - b \\ z' = z - c \end{cases}$$

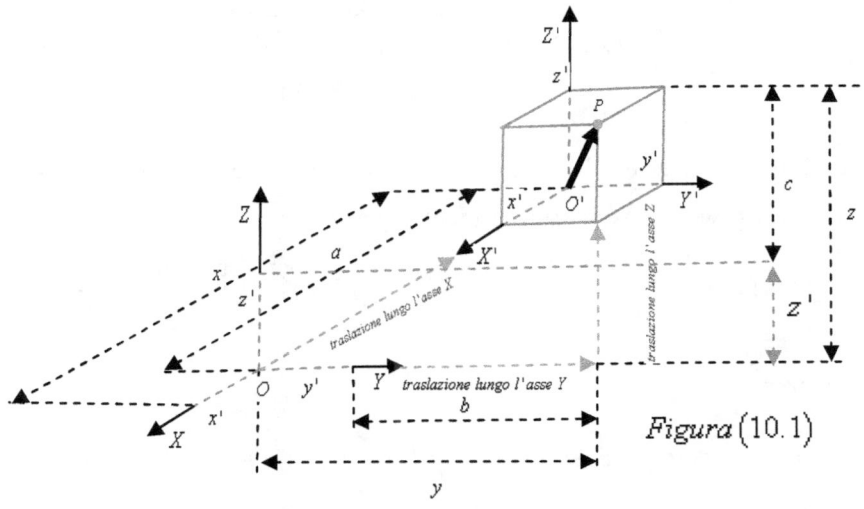

Figura (10.1)

Il risultato ottenuto si può anche enunciare come segue: nella traslazione parallela di un sistema di coordinate cartesiane di una grandezza a nella direzione dell'asse X, di una grandezza b nella direzione dell'asse Y e di una grandezza c nella direzione dell'asse Z le coordinate diminuiscono rispettivamente di a, b, c.

11. TRASFORMAZIONE DELLE COORDINATE CARTESIANE ORTOGONALI IN UNA ROTAZIONE DEGLI ASSI X E Y INTORNO ALL'ASSE Z

Sia dato un sistema di assi cartesiani ortogonali O, X, Y, Z tale che gli assi coordinati X, Y ruotano intorno all'asse Z, nello stesso verso di uno stesso angolo α *(vedi la figura 11.1).* Indichiamo con

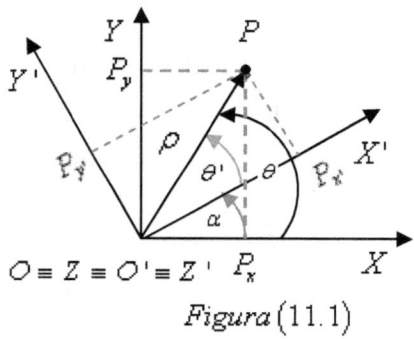

Figura (11.1)

Indicando con x e x' l'ascissa di P_x e $P_{x'}$, con y e y' l'ordinata di P_y e $P_{y'}$ possiamo scrivere le seguenti equazioni:

$$(11.1) \quad \begin{cases} x = \rho \cos \theta \\ y = \rho \sin \theta \end{cases} \quad ; \quad (11.2) \quad \begin{cases} x' = \rho \cos \theta' \\ y' = \rho \sin \theta' \end{cases}$$

In tal modo si ha:

$$x = \rho \cos \theta = \rho \cos(\theta' + \alpha) = \rho \left(\cos \theta' \cos \alpha - \sin \theta' \sin \alpha \right)$$

$$\Rightarrow$$

$$x = \rho \cos \theta' \cos \alpha - \rho \sin \theta' \sin \alpha = x' \cos \alpha - y' \sin \alpha$$

$$y = \rho \sin \theta = \rho \sin(\theta' + \alpha) = \rho \left(\cos \theta' \sin \alpha + \sin \theta' \cos \alpha \right)$$

$$\Rightarrow$$

$$y = \rho \cos \theta' \sin \alpha + \rho \sin \theta' \cos \alpha = x' \sin \alpha + y' \cos \alpha$$

Quindi possiamo scrivere le seguenti equazioni:

$$(11.3) \qquad \begin{cases} x = x'\cos\alpha - y'\sin\alpha \\ y = x'\sin\alpha + y'\cos\alpha \end{cases}$$

Queste equazioni esprimono le coordinate del punto P in termini delle coordinate riferite agli assi ruotati. Inversamente, con ragionamenti analoghi si ricavano le formule inverse:

$$(11.4) \qquad \begin{cases} x' = x\cos\alpha + y\sin\alpha \\ y' = -x\sin\alpha + y\cos\alpha \end{cases}$$

PRIMO CAPITOLO

GRANDEZZE FISICHE
E
SISTEMI DI UNITÀ DI MISURA

1.1 DEFINIZIONE OPERATIVA DI UNA GRANDEZZA FISICA

Il primo livello di conoscenza significativa nello studio di un fenomeno naturale è determinato dall'insieme dei valori che si ottengono nelle misurazioni di grandezze fisiche. Con il termine *misurazione* si intende l'insieme delle *operazioni* che vengono eseguite per ottenere la misura di una *grandezza fisica.*

Con il termine *misura* si intende il *numero* che viene associato alla grandezza fisica tramite la misurazione. Sono esempi di grandezze fisiche:

- *la temperatura*
- *il tempo*
- *la velocità*
- *la forza*
- *ecc.*

Di queste grandezze si possiede un *significato vago* che proviene dalla vita di tutti i giorni e che, ovviamente, non è idoneo ad una descrizione *scientifica* dei fenomeni oggetti di indagine. Una grandezza fisica è *rigorosamente definita* quando sono state assegnate le operazioni che consentono di ottenere la sua *misura.*

Nelle definizioni operative delle grandezze fisiche si possono individuare alcune fasi fondamentali:

- scelta arbitraria di una grandezza fisica omogenea con la grandezza da misurare *(unità di misura)*
- definizione di un procedimento che consenta il confronto tra le grandezze da misurare e l'unità di misura, nonché di sommare due o più grandezze omogenee

La proprietà di additività rappresenta un requisito indispensabile nel processo di misurazione descritto in quanto consente la definizione di multipli e sottomultipli dell'unità di misura.

Definire un procedimento che consente il confronto tra la grandezza da misurare e l'unità di misura significa definire un insieme di *operazioni sperimentali* che consentono di assegnare alla grandezza in esame un *valore numerico* secondo un *criterio oggettivo,* nel senso che qualsiasi operatore, nelle stesse condizioni sperimentali ed utilizzando lo stesso criterio, assegni alla grandezza fisica lo stesso valore numerico.

Per chiarire il significato di queste affermazioni

si considerino due regoli α e β di diversa lunghezza e disposti come si vede nella figura (1.1.1)

$$Figura\,(1.1.1)$$

E' sempre possibile segare un regolo di lunghezza pari a quella di β e saldarlo con un estremo al regolo β ottenendo, in tal modo, il regolo γ di lunghezza:

$$(1.1.1) \qquad l_\gamma = l_\beta + l_\beta = 2\beta$$

$$Figura\,(1.1.2)$$

Queste operazioni consentono di costruire regoli di lunghezze:

$$(1.1.2) \qquad 2l_\beta, 2^2 l_\beta, 2^3 l_\beta, \ldots\ldots\ldots\ldots 2^k l_\beta, \ldots\ldots k \in \{1, \ldots\ldots, n\}$$

e regoli di lunghezze:

$$(1.1.3) \qquad 2^{-1} l_\beta, 2^{-2} l_\beta, 2^{-3} l_\beta, \ldots\ldots\ldots\ldots 2^{-h} l_\beta, \ldots\ldots h \in \{1, \ldots\ldots, n\}$$

Questi regoli sono rispettivamente multipli e sottomultipli del regolo β. Ciò fatto, si cerchi nella serie (1.1.2) il multiplo di lunghezza più piccola *(sia il regolo di lunghezza $2^{k+1} l_\beta$)* tale che sia soddisfatta la disuguaglianza:

$$(1.1.4) \qquad l_\alpha < 2^{k+1} l_\beta$$

ne consegue, per il modo stesso con cui si è operato, che risulta soddisfatta anche la disuguaglianza:

$$(1.1.5) \quad l_\alpha > 2^k l_\beta$$

Costruendo il regolo di lunghezza $\left(2^k + 2^{k-1}\right)l_\beta$ e affiancandolo al regolo α si può verificare, escludendo la fortunata evenienza che gli estremi coincidono, una delle due possibili disuguaglianze:

$$(1.1.6) \quad \left(2^k + 2^{k-1}\right)l_\beta < l_\alpha$$

Figura $(1.1.3)$

Oppure:

$$(1.1.7) \quad \left(2^k + 2^{k-1}\right)l_\beta > l_\alpha$$

Figura $(1.1.4)$

Se si verifica la disuguaglianza (1.1.6) si dovranno aggiungere altri regoli costruendo un regolo di lunghezza maggiore e proseguire il confronto; se invece si verifica la disuguaglianza (1.1.7) si dovrà togliere il regolo di lunghezza $2^{k-1}l_\beta$ e porre in suo sito il regolo di lunghezza $2^{k-2}l_\beta$ costruendo il regolo di lunghezza $\left(2^k + 2^{k-2}\right)l_\beta$ quindi proseguire nell'operazione di confronto. In questa operazione si dovrà decidere, quindi, se l'ultimo regolo della somma dovrà restare o dovrà essere tolto in sito. Ciò può essere espresso simbolicamente con coefficienti del tipo c_{k-i} che possono assumere valori 1 oppure 0 a seconda che il

35

corrispondente regolo resterà in sito oppure sarà tolto. Ne consegue che le operazioni di confronto tra due regoli si possono rappresentare simbolicamente come segue:

$$(1.1.8) \quad \left(2^k + c_{k-1}2^{k-1} + \ldots\ldots\ldots + c_{k-n}2^{k-n}\right)l_\beta < l_\alpha <$$

$$\left(2^k + c_{k-1}2^{k-1} + \ldots\ldots\ldots + c_{k-n}2^{k-n} + 2^{k-n}\right)l_\beta$$

Orbene, proseguendo con le operazioni di confronto si arriverà ad un punto in cui i tre termini della (1.1.8) sono indistinguibili e pertanto non ha più senso mantenere i segni della disuguaglianza, quindi si potrà scrivere l'equazione:

$$(1.1.9) \quad \left(2^k + c_{k-1}2^{k-1} + \ldots\ldots\ldots + c_{k-n}2^{k-n}\right)l_\beta$$

in cui ponendo: $2^k + c_{k-1}2^{k-1} + \ldots\ldots\ldots + c_{k-n}2^{k-n} = R$ si ottiene la seguente equazione:

$$(1.1.10) \quad l_\alpha = R l_\beta$$

che esprime numericamente il risultato del confronto della lunghezza di due regoli.

Assumendo la lunghezza l_β come unità di misura, l'equazione (1.1.10) afferma che la lunghezza l_α è R volte l'unità di misura. Si osservi che il criterio che ha condotto all'equazione (1.1.10) contiene il requisito dell'oggettività in quanto se vengono costruiti n regoli α tutti uguali e n regoli β tutti uguali e si distribuiscono n coppie (α, β) a n operatori insieme alle istruzioni che devono essere eseguite, questi operatori, salvo rari incidenti, produrranno risultati praticamente coincidenti. Quindi il concetto di lunghezza di un regolo rispetto ad un altro ha una sua validità oggettiva solo dopo che sono state definite le operazioni sperimentali che conducono alla determinazione del numero che esprime il loro confronto.

1.2 MISURAZIONI INDIRETTE DI GRANDEZZE FISICHE

Il metodo di misurazione del quale si è parlato nel paragrafo (1.1) si chiama *metodo di misurazione diretta* in quanto la grandezza da misurare viene confrontata direttamente con una grandezza omogenea assunta come unità di misura; esso viene anche detto metodo di misurazione relativa perché il numero che esprime la misura della grandezza dipende dall'unità di misura scelta che può essere fissata in modo del tutto arbitrario. Vanno inclusi tra i metodi di misurazione diretta anche quei metodi che consentono di ottenere il valore di una grandezza come risultato di una lettura su un'apposita scala di uno strumento di misura. Spesso capita di dovere eseguire misurazioni di grandezze fisiche con cui non è possibile eseguire un confronto diretto con l'unità di misura. Per esempio: si supponga di dovere eseguire la misurazione della distanza Terra-Luna, in questo caso è necessario individuare delle grandezze fisiche di cui è possibile eseguire un confronto diretto con le rispettive unità di misura e che siano legate da una relazione matematica alla distanza Terra-Luna. Quindi, la distanza Terra-Luna viene conosciuta attraverso la relazione matematica dalla conoscenza dei valori delle grandezze ad essa legate. Si dice, in tal caso, che la distanza Terra-Luna è stata *misurata indirettamente.*

1.3 SISTEMA INTERNAZIONALE DELLE UNITÀ DI MISURA

La costruzione di un sistema di unità di misura implica la scelta di un certo numero di grandezze fisiche che vengono definite operativamente e chiamate *grandezze fisiche fondamentali;* esse consentono, per il loro tramite, la definizione di tutte le altre *grandezze fisiche* che vengono dette *derivate.* Questa scelta non è del tutto arbitraria anche se, in linea di principio, qualunque grandezza fisica può essere definita operativamente; essa è guidata da ragioni di carattere operativo come la semplicità della misurazione diretta di certe grandezze fisiche rispetto ad altre e la possibilità di realizzare, materialmente, il campione dell'unità di misura per le grandezze scelte. Scelte le grandezze fisiche fondamentali si dice che si è definito un *sistema misura.* Ogni scelta delle loro unità di misura dà luogo ad un differente *sistema di unità di misura.* Nel definire un sistema di misura si vuole che il *numero di grandezze fisiche fondamentali sia il più piccolo possibile.* Per esempio, nel *sistema MKS* le grandezze fondamentali sono *lunghezza, massa e tempo;* esse consentono la descrizione di tutti i fenomeni meccanici in quanto da esse si possono derivare tutte le altre grandezze fisiche come la *velocità, l'accelerazione, la forza, ecc.* Riuscire a descrivere tutti i fenomeni fisici che appartengono ad una stessa disciplina scientifica, ricorrendo ad un piccolo numero di grandezze fisiche fondamentali, significa conoscere tutte le relazioni che legano le grandezze fisiche in gioco; ciò vuole anche significare che si possiede una teoria avanzata di quella disciplina scientifica. A seconda della classe di fenomeni che si intende studiare, il numero di grandezze fisiche fondamentali che occorrono varia, per esempio:

DISCIPLINA	GRANDEZZE FISICHE FONDAMENTALI
Geometria	Lunghezza
Cinematica	Lunghezza e tempo
Meccanica	Lunghezza, massa e tempo
Termodinamica	Lunghezza, massa, tempo e temperatura
Elettromagnetismo	Lunghezza, massa, tempo e corrente

Per la descrizione di tutti i fenomeni fisici di cui si ha conoscenza sono necessarie e sufficienti sette grandezze fisiche *fondamentali e due grandezze fisiche supplementari. Così, nel costruire il *sistema internazionale delle unità di misura* si scelgono le seguenti grandezze fisiche e relative unità di misura:

GRANDEZZA	SIMBOLO DIMENSIONALE	UNITÀ DI MISURA	SIMBOLO DELL'UNITÀ DI MISURA
lunghezza	L	il metro è definito come la lunghezza pari alla distanza percorsa nel vuoto dalla luce nell'intervallo di tempo pari a (1/299792458) s	m
massa	M	il chilogrammo è definito come il prototipo di platino-iridio depositato presso il Bereau International	Kg

		des Poids et Mesures *a* *Sevres*	
durata impropriamente detta tempo	T	*il secondo è definito come la durata di 9192631770 oscillazioni della radiazione emessa dall'atomo di cesio 133 nello stato fondamentale* $2S_{1/2}$ *nella transizione del livello iperfine F=4,M=0 al livello iperfine F=3,M=0* *(*vedi figura (1.3)*	s
Intensità di corrente elettrica	I	*l'ampere è definito come la corrente elettrica costante che fluendo in due conduttori rettilinei, paralleli, indefinitamente lunghi, di sezione circolare trascurabile, posti a distanza di 1 metro nel vuoto, determina tra essi una forza di* $2 \cdot 10^{-7}$ *per metro di conduttore*	A
temperatura	θ	*il grado kelvin è definito come la frazione di*	K

		1/273,16 della temperatura termodinamica del punto triplo dell'acqua	
intensità luminosa	I_ν	*la candela è definita come l'intensità luminosa, in una data direzione, di una sorgente che emette una radiazione monocromatica di frequenza* $540 \cdot 10^2\, H_{z}$ *e la cui intensità energetica in tale direzione è di 1/683 w/sr*	
quantità di sostanza	Q	*la mole è definita come la quantità di sostanza di un sistema che contiene tante unità elementari quanti sono gli atomi in 0.012 kg di carbonio 12.*	**mol**

GRANDEZZE FUORI SISTEMA			
angolo piano		*il radiante è definito come l'angolo piano con il vertice nel centro della circonferenza che sottende un arco di*	**rad**

		lunghezza pari al raggio	
angolo solido		*lo steradiante è definito come l'angolo solido con il vertice nel centro della sfera di area uguale a quella di un quadrato con lati uguali al raggio della sfera*	**sr**

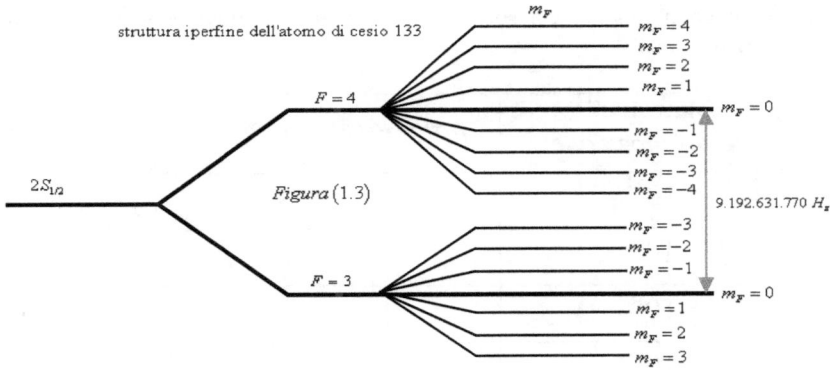

Il sistema internazionale delle unità di misura verifica le seguenti proprietà:

- è un sistema completo in quanto in esso è definito un numero di grandezze fisiche fondamentali sufficienti a rappresentare quantitativamente tutti i fenomeni osservati
- è un sistema assoluto in quanto le unità di misura sono invariabili nel tempo e nello spazio e sono definite teoricamente senza alcun riferimento a definizioni sperimentali

- è un sistema coerente in quanto il prodotto o il quoziente di più unità forniscono una nuova unità il cui valore è ancora unitario
- è un sistema decimale in quanto i multipli e i sottomultipli delle sue unità sono esprimibili come potenze del 10
- è un sistema razionalizzato in quanto i coefficienti numerici che figurano nelle leggi fisiche sono stati scelti in modo che il numero irrazionale π appare soltanto in formule e configurazioni circolari, sferiche o cilindriche e non in quelle relative a configurazioni piane

formazione dei multipli e sottomultipli delle unità di misura del S.I.

Alcuni prefissi, anteposti ai simboli delle unità del S.I., permettono di esprimere i multipli e i sottomultipli secondo quanto viene riportato nella seguente tabella:

fattore di moltiplicazione	*prefisso*	*simbolo*	*nome*
10^{24}	*yotta*	*Y*	*quadrilione*
10^{21}	*zetta*	*Z*	*triliardo*
10^{18}	*exa*	*E*	*trilione*
10^{15}	*peta*	*P*	*biliardo*
10^{12}	*tera*	*T*	*bilione*
10^{9}	*giga*	*G*	*miliardo*
10^{6}	*mega*	*M*	*milione*
10^{3}	*kilo*	*K*	*mille*
10^{2}	*etto*	*h*	*cento*
10^{1}	*deca*	*da*	*dieci*

$1 = 10^0$	*unità*		
10^{-1}	*deci*	*d*	*decimo*
10^{-2}	*centi*	*c*	*centesimo*
10^{-3}	*milli*	*m*	*millesimo*
10^{-6}	*micro*	μ	*milionesimo*
10^{-9}	*nano*	*n*	*miliardesimo*
10^{-12}	*pico*	*p*	*bilionesimo*
10^{-15}	*femto*	*f*	*biliardesimo*
10^{-18}	*atto*	*a*	*trilionesimo*
10^{-21}	*zepto*	*z*	*triliardesimo*
10^{-24}	*yocto*	*y*	*quadrilionesimo*

Il sistema internazionale delle unità di misura adotta, come è stato visto, sette grandezze fisiche fondamentali dalle quali è possibile derivare tutte le altre. Ogni grandezza fisica derivata può, dunque, esprimersi come prodotto di sette fattori, ciascuno dei quali è una potenza di esponente opportuno di una delle sette grandezze fisiche fondamentali. Sia x una generica grandezza fisica derivata; è possibile scrivere la seguente equazione:

$$(1.3.1) \qquad [x] = L^{x_1} T^{x_2} M^{x_3} I^{x_4} \theta^{x_5} I^{x_6} Q^{x_7}$$

in cui gli esponenti: $x_1, x_2, x_3, x_4, x_5, x_6, x_7$ definiscono le dimensioni della grandezza x. Per indicare che di una grandezza fisica si vogliono calcolare le sue dimensioni la si deve racchiudere in parentesi quadre. Sostituendo nell'equazione (2.1) i simboli delle unità di misura si ottiene l'equazione:

$$(1.3.2) \qquad [x] = m^{x_1} s^{x_2} kg^{x_3} A^{x_4} K^{x_5} cd^{x_6} mol^{x_7}$$

43

Poiché il sistema internazionale delle unità di misura è coerente, il secondo membro dell'equazione (1.3.2) fornisce l'unità di misura della grandezza x

principali grandezze fisiche derivate				
Grandezza fisica	Simb.	Nome dell'unità	Simbolo unità	Espressioni in termini delle unità fondamentali
Frequenza	ν	Hertz	H_z	s^{-1}
Forza	F	Newton	N	$Kg \cdot m \cdot s^{-2}$
Pressione	p	Pascal	P_a	$\dfrac{N}{m^2}$
Energia – lavoro - calore	E, W, Q	Joule	J	$N \cdot m$
Potenza	P	Watt	W	$\dfrac{J}{s}$
Carica elettrica	q	Coulomb	C	$A \cdot s$
Potenziale elettrico	V	Volt	V	$\dfrac{J}{C}$
Resistenza elettrica	R	Ohm	Ω	$\dfrac{V}{A}$
Conduttanza elettrica	G	Siemens	S	$V^{-1} \cdot A$
Capacità elettrica	C	Farad	F	$\dfrac{C}{V}$
Induzione magnetica	B	Tesla	T	$\dfrac{V \cdot s}{m^2}$

Flusso magnetico	$\phi(B)$	Weber	Wb	$V \cdot s$
Induttanza	L	Henry	H	$\dfrac{V \cdot s}{A}$
Flusso luminoso		Lumen	lm	$cd \cdot sr$
illuminamento		Lux	lx	$cd \cdot sr \cdot m^{-2}$
rifrazione	D	Diottria	D	m^{-1}
Attività di un radionuclide	A	Becquerel	Bq	s^{-1}
Dose assorbita	D	Gray	Gy	$\dfrac{J}{Kg}$
Dose equivalente	H	Sievert	Sv	$\dfrac{J}{Kg}$
Dose efficace	E	Sievert	Sv	$\dfrac{J}{Kg}$
Attività catalitica		Katal	kat	$mol \cdot s^{-1}$
Area	A	Metro quadro	m^2	m^2
Volume	V	Metro cubo	m^3	m^3
velocità	v	Metro al secondo	$\dfrac{m}{s}$	$m \cdot s^{-1}$
Velocità angolare	ω	Radiante al secondo	$\dfrac{rad}{s}$	$rad \cdot s^{-1}$
accelerazione	a	Metro al secondo quadro	$\dfrac{m}{s^2}$	$m \cdot s^{-2}$

Densità	ρ	Chilogrammo a metro cubo	$\dfrac{Kg}{m^3}$	$Kg \cdot m^{-3}$
Volume specifico				$m^3 \cdot Kg^{-1}$
Volume molare	V_m			$m^3 \cdot mol^{-1}$
Capacità termica-Entropia	$C - S$			$\dfrac{J}{K}$
Calore molare	$C_m - S_m$			$\dfrac{J}{K \cdot mol}$
Calore specifico	$c - s$			$\dfrac{J}{K \cdot Kg}$
Energia molare	E_m			$\dfrac{J}{mol}$
Energia specifica	e			$\dfrac{J}{Kg}$
Densità di energia	U			$\dfrac{J}{m^3}$
Tensione superficiale	σ			$\dfrac{N}{m}$
Densità di flusso calorico	δ			$\dfrac{W}{m^2}$
Conduttività termica				$\dfrac{W}{mK}$
Viscosità cinematica	η			$\dfrac{m^2}{s}$

Viscosità dinamica	ρ			$\dfrac{N \cdot s}{m^2}$
Densità di carica elettrica	j			$\dfrac{A}{m^2}$
Conduttività elettrica	ρ			$\dfrac{S}{m}$
Conduttività molare	ρ			$\dfrac{S \cdot m^2}{mol}$
Permittività elettrica	ε			$\dfrac{F}{m}$
Permeabilità magnetica	μ			$\dfrac{H}{m}$
Campo elettrico	E			$\dfrac{V}{m}$
Campo magnetico	H			$A \cdot m^{-1}$
Luminanza				$\dfrac{cd}{m^2}$

costanti fisiche			
Grandezza fisica	Simbolo	Valore	Unità di misura
Velocità della luce nel vuoto	c	299752458	$m \cdot s^{-1}$
Costante dielettrica del vuoto	ε_0	$8.854187817 \cdot 10^{-12}$	$F \cdot m^{-1}$

Permeabilità del vuoto	μ_0	$4\pi \cdot 10^{-7}$	$T \cdot m \cdot A^{-1}$
Costante di gravitazione universale	G	$6.67259(85) \cdot 10^{-11}$	$N \cdot m^2 \cdot Kg^{-2}$
Costante di Planck	h	$6.62606876(52) \cdot 10^{-34}$	$J \cdot s$
Carica dell'elettrone	e	$1.602176472(52) \cdot 10^{-}$	C
Massa a riposo dell'elettrone	m_e	$9.10938188(72) \cdot 10^{-31}$	Kg
Massa a riposo del protone	m_p	$1.67262158(13) \cdot 10^{-27}$	Kg
Massa a riposo del neutrone	m_n	$1.67492716(13) \cdot 10^{-27}$	Kg
Unità di massa atomica	$1\ amu$	$1.66053873(13) \cdot 10^{-27}$	Kg
Numero di Avogadro	N_A	$6.02214199(47) \cdot 10^{23}$	mol^{-1}
Costante di Boltzmann	K	$1.3806503(24) \cdot 10^{-23}$	$J \cdot K^{-1}$
Costante di Faraday	F	$9.64853415(39) \cdot 10^{4}$	$C \cdot mol^{-1}$
Costante dei gas	R	$8.314472(15)$	$J \cdot K^{-1} \cdot mol^{-1}$
Costante di struttura fine	α	$7.297352533(27) \cdot 10^{-}$	

Raggio di Bohr	r_B	$5.291772083(19) \cdot 10^{-1}$	m
Costante di Rydberg	R_∞	$1.0973731568549(83)$	m^{-1}
Magnetone di Bohr	μ_B	$9.27400899(37) \cdot 10^{-24}$	$J \cdot T^{-1}$
Volume molare per gas perfetto a $1\ bar,\ 0\ °C$		$22.710981(40)$	$L \cdot mol^{-1}$
Energia di Hartree	E_H	$4.35974381(34) \cdot 10^{-18}$	J
Momento magnetico dell'elettrone	μ_e	$-9.28476362(37) \cdot 10^{-}$	$J \cdot T^{-1}$
Momento magnetico del protone	μ_p	$1.41060761(47) \cdot 10^{-26}$	$J \cdot T^{-1}$
Magnetone nucleare	μ_N	$5.0507866(17) \cdot 10^{-27}$	$J \cdot T^{-1}$
Rapporto giromagnetico del protone	y_p	$2.67522128(81) \cdot 10^{8}$	$s^{-1} \cdot T^{-1}$
Costante di Stefan e Boltzmann	σ	$5.670400(40) \cdot 10^{-8}$	$W \cdot m^{-2} \cdot K^4$
Prima costante di radiazione	c_1	$3.7417749(22) \cdot 10^{-16}$	$W \cdot m^2$
Seconda costante di radiazione	c_2	$1.438769(22) \cdot 10^{-2}$	$m \cdot K$

Accelerazione di gravità a livello del mare	g	9.80665	$m \cdot s^{-2}$

costanti matematiche		
Grandezza	**Simbolo**	**Valore**
Pi greco	π	3.141592653589793
Numero di Nepero	e	2.718281828459045
Costante di Pitagora	$\sqrt{2}$	1.414213562373095
Costante deliana	$\sqrt[3]{2}$	1.259921049894873
Costante di Teodoro di Cirene	$\sqrt{3}$	1.732050807568877

E' stato visto che per definire un sistema di unità di misura è necessario scegliere un certo numero di grandezze fisiche fondamentali e definire per ognuna di esse una unità di misura. Quindi, il sistema di unità di misura può cambiare sia perché si scegle un diverso insieme di grandezze fisiche fondamentali sia perché si possono cambiare le unità di misura, mantenendo fisse le grandezze fisiche fondamentali. Quest'ultimo caso è quello che più si verifica soprattutto in un corso di fisica dove lo studente, impegnato a risolvere esercizi e problemi, è costretto, più volte, ad un cambiamento delle unità di misura.

per chiarire il significato di queste affermazioni

Sia $m^{x_1} s^{x_2} kg^{x_3} A^{x_4} K^{x_5} cd^{x_6} mol^{x_7}$ l'unità di misura della grandezza x nel sistema internazionale delle unità di misura e siano $\alpha, \beta, \gamma, \rho, \sigma, \mu, \eta$ *(leggere rispettivamente alfa, beta, gamma, ro, sigma, mi, eta)* i simboli che rappresentano le unità di misura delle grandezze fisiche fondamentali in un altro sistema di unità di misura e tale che siano legate a quelle del sistema internazionale dalle seguenti relazioni:

$$m = R_1\alpha$$
$$s = R_2\beta$$
$$(1.3.3) \quad kg = R_3\lambda$$
$$A = R_4\rho$$
$$K = R_5\sigma$$
$$cd = R_6\mu$$
$$mol = R_7\eta$$

in cui $R_1, R_2, R\ , R_4, R_5, R_6, R_7$ sono costanti.

Volendo conoscere come cambia l'unità di misura della grandezza x quando si cambia il sistema di unità di misura è sufficiente sostituire le relazioni (1.3.3) nell'equazione (1.3.2). Così facendo, si ottiene l'equazione:

$$(1.3.4) \quad m^{x_1} s^{x_2} kg^{x_3} A^{x_4} K^{x_5} cd^{x_6} mol^{x_7} =$$
$$= R_1^{x_1} R_2^{x_2} R_3^{x_3} R_4^{x_4} R_5^{x_5} R_6^{x_6} R_7^{x_7} \alpha_1^{x_1} \beta_2^{x_2} \gamma_3^{x_3} \rho_4^{x_4} \sigma_5^{x_5} \mu_6^{x_6} \eta_7^{x_7}$$

che rappresenta il passaggio da un sistema di unità di misura ad un altro.

esempio di cambiamento dell'unità di misura

Si supponga di conoscere il valore della velocità di un corpo nel sistema internazionale delle unità di misura: $v = 20ms^{-1}$ e di volere conoscere il valore in un altro sistema di unità di misura che utilizza come unità di misura delle lunghezze il chilometro km tale che $m = (1/1000)km$ e come unità di misura delle durate l'ora h tale che $s = (1/3600)h$.

Poiché le dimensioni della velocità nel S.I. sono $\left[LT^{-1}\right]$, la sua unità di misura è: $\dfrac{m}{s}$ e quindi si può scrivere la seguente relazione:

$$\frac{1m}{1s} = \frac{\frac{1}{1000}\,km}{\frac{1}{3600}\,h} = \frac{1}{1000}\cdot\frac{3600}{1}\,\frac{km}{h} = 3.6\,\frac{km}{h}$$

da cui segue l'equazione seguente:

$$(1.3.5) \qquad \frac{1m}{1s} = 3.6\,\frac{km}{h}$$

Moltiplicando per 20 primo e secondo membro della (2.5) si ottiene l'equazione:

$$20\,\frac{m}{s} = 72\,\frac{km}{h}$$

che fornisce la trasformazione richiesta.

Da queste considerazioni è possibile ricavare una utile regola pratica: quando si conosce la velocità in unità di ms^{-1} e la si vuole conoscere in unità di kmh^{-1} è sufficiente moltiplicarla per il fattore 3.6 ; viceversa si divide per il fattore 3.6 Analoghe considerazioni per ogni altra grandezza fisica conducono ad altrettanto regole pratiche.

FATTORI DI CONVERSIONE DI UNITÀ DI MISURA DELL'ENERGIA

	J	kWh	kcal	Btu	tec	tep
J	1	$2.777 \cdot 10^{-7}$	$2.388 \cdot 10^{-4}$	$9.478 \cdot 10^{-4}$	$3.412 \cdot 10^{-11}$	$2.388 \cdot 10^{-11}$
kWh	$3.600 \cdot 10^{6}$	1	$8.600 \cdot 10^{2}$	$3.412 \cdot 10^{3}$	$1.228 \cdot 10^{-4}$	$8.598 \cdot 10^{-5}$
kcal	$4.186 \cdot 10^{3}$	$1.162 \cdot 10^{-3}$	1	3.967	$1.428 \cdot 10^{-7}$	$9.998 \cdot 10^{-8}$
Btu	$1.055 \cdot 10^{3}$	$2.930 \cdot 10^{-4}$	$2.520 \cdot 10^{-1}$	1	$3.599 \cdot 10^{-8}$	$2.519 \cdot 10^{-8}$
tec	$3.098 \cdot 10^{10}$	$8.606 \cdot 10^{3}$	$7.401 \cdot 10^{6}$	$2.937 \cdot 10^{7}$	1	$7.4 \cdot 10^{-1}$
tep	$4.186 \cdot 10^{10}$	$1.163 \cdot 10^{4}$	10^{7}	$3.968 \cdot 10^{7}$	1.351	1

(J): joule, (kWh): kilowattora, (kcal): kilocaloria, (Btu): British thermal unit, (tec): tonnellate equivalenti di carbone, (tep): tonnellate equivalenti di petrolio.

Ogni relazione che esprime una legge fisica si ottiene indipendentemente dal sistema di unità di misura adottato. Ciò implica che i due membri di una equazione devono essere omogenei e quindi devono avere le stesse dimensioni. Per contro, se due grandezze fisiche hanno le stesse dimensioni non sono necessariamente omogenee. Infatti, se si considera la **_grandezza fisica lavoro_** W, definita come prodotto scalare del vettore forza per il vettore spostamento, nel sistema internazionale delle unità di misura ha le dimensioni:

$$(1.3.6) \qquad [W] = ML^2T^{-2}$$

inoltre, se si considera la **_grandezza fisica momento_** $\vec{M}$ di una forza applicata in un punto, definito come prodotto vettoriale del vettore forza e del vettore posizione che individua il punto di applicazione della forza, nel sistema internazionale delle unità di misura ha le dimensioni seguenti:

$$(1.3.7) \qquad [M] = ML^2T^{-2}$$

che coincidono con le dimensioni del lavoro. Quindi ci si trova di fronte a due grandezze fisiche che per definizione non sono omogenee ed hanno le stesse dimensioni. Questa è la ragione per la quale si è indotti ad assumere due grandezze fisiche fuori sistema: **_l'angolo piano e l'angolo solido._** Infatti, definendo il momento di una forza facendo uso dell'equazione di rotazione $M = I\alpha$ in cui I rappresenta il **_momento di inerzia_** e α l'angolo di rotazione, si ottiene che il momento ha le seguenti dimensioni:

$$(1.3.8) \qquad [M] = ML^2T^{-2}\alpha$$

che sono diverse, per la presenza dell'angolo piano α, dalle dimensioni del lavoro.

Il concetto di omogeneità di un'equazione fisica può essere utilizzato sia per controllare una formula qualora si avessero dubbi sulla sua trascrizione, sia per determinare la struttura di una legge fisica

Si supponga di aver eseguito un esperimento in laboratorio e di avere raccolto l'informazione che il periodo di un pendolo semplice dipende solo dalla lunghezza l e dall'accelerazione di gravità g. In termini matematici la questione si sintetizza come:

$$(1.3.9) \qquad \tau = f(l,g)$$

Orbene, il problema è quello di conoscere la struttura dell'equazione (1.3.9). A questo proposito si osservi che le dimensioni di τ sono:

$$(1.3.10) \qquad [\tau] = L^0 T M^0 I^0 \theta^0 I_\nu^0 Q^0 = T$$

quindi $f(l,g)$ deve avere le stesse dimensioni di τ

$$(1.3.11) \qquad [f(l,g)] = L^0 T M^0 I^0 \theta^0 I_\nu^0 Q^0 = T$$

Poiché g è un'accelerazione, le sue dimensioni sono:

$$(1.3.12) \qquad [g] = LT^{-2} M^0 I^0 \theta^0 I_\nu^0 Q^0 = LT^{-2}$$

Allora l'equazione (1.3.11) si potrà scrivere, ponendo in luogo di l il suo simbolo dimensionale, come:

$$L^{x_1} \left(LT^{-2} \right)^{x_2} = T \Rightarrow L^{x_1} L^{x_2} T^{-2x_2} = T \Rightarrow L^{x_1 + x_2} T^{-2x} = T$$

Affinché quest'equazione sia soddisfatta si deve verificare:

$$\begin{cases} x_1 + x_2 = 0 \\ -2x_2 = 1 \end{cases} \Rightarrow \begin{cases} x_1 = \dfrac{1}{2} \\ x_2 = -\dfrac{1}{2} \end{cases}$$

Quindi si ha $\tau = l^{\frac{1}{2}} g^{-\frac{1}{2}}$ da cui segue $\tau = \sqrt{\dfrac{l}{g}}$. Poiché nel calcolo dimensionale non intervengono le costanti numeriche, è opportuno tenerne conto e scrivere la seguente equazione:

$$(1.3.13) \qquad \tau = k \sqrt{\frac{l}{g}}$$

in cui k deve essere sperimentalmente determinata.

Questo esempio mostra come sulla base del calcolo dimensionale e di poche informazioni sulla dipendenza funzionale delle grandezze fisiche sia possibile determinare la struttura di una legge fisica che, d'altro canto, solo il controllo sperimentale può garantire la sua validità.

1.4 ESERCITAZIONI NUMERICHE

Esercizio 1

Si calcolino le dimensioni della lunghezza L e della velocità v nel *sistema di misura* che assume come grandezze fisiche fondamentali la forza F, la massa M e il tempo T . Inoltre, si calcolino le dimensioni della costante G di gravitazione universale sia in questo sistema che nel sistema internazionale.

Dall'equazione fondamentale della dinamica si ricava l'accelerazione a :

$$(1.4.1.1) \qquad a = \frac{F}{m}$$

Dalla definizione di accelerazione si ricava:

$$(1.4.1.2) \qquad a = \frac{dv}{dt}$$

Confrontando le equazioni (1.4.1.1) e (1.4.1.2) si ricava l'equazione:

$$(1.4.1.3) \qquad dv = \frac{F}{m} dt$$

da cui seguono le dimensioni di v :

$$(1.4.1.4) \qquad [v] = FM^{-1}T$$

Dalla definizione di velocità si ha:

$$(1.4.1.5) \qquad v = \frac{ds}{dt}$$

e tenendo conto dell'equazione (1.4.4) si hanno le dimensioni della lunghezza L:

$$(1.4.1.6) \qquad [L] = FM^{-1}T^2$$

Dall'equazione $F = G\dfrac{m_1 m_2}{r^2}$ si ricava la costante G:

$$(1.4.1.7) \qquad G = \frac{Fr^2}{m_1 m_2}$$

in cui r^2 esprime il quadrato della distanza tra le due masse. Tenendo conto dell'equazione (1.4.6) si hanno le dimensioni di G:

$[G] = FM^{-2}\left[FM^{-1}T^2\right]^2 = F^3 M^{-4}T^4$ da cui segue l'equazione:

$$(1.4.1.8) \qquad [G] = F^3 M^{-4}T^4$$

Nel sistema internazionale la lunghezza L è una grandezza fondamentale e la forza F è una grandezza derivata; in tale sistema la forza ha le dimensioni espresse dall'equazione:

$$(1.4.1.9) \qquad [F] = LMT^{-2}$$

che posta nell'equazione (1.4.1.8) consente di scrivere le dimensioni di G nel sistema internazionale:

$$(1.4.1.10) \qquad [G] = \left[LMT^{-2}\right]^3 M^{-4}T^4 = L^3 M^{-1}T^{-2}$$

Un sistema di unità di misura assume come grandezze fisiche fondamentali la quantità di calore Q, la lunghezza L e il tempo T e come unità di misura rispettivamente la caloria cal, il metro m e il secondo s . Si calcolino, in tale sistema, le dimensioni ed il valore numerico della costante di gravitazione G .

Poiché la quantità di calore Q è una grandezza fisica omogenea con il lavoro ha le sue stesse dimensioni che nel sistema internazionale sono date dalla seguente equazione:

$$(1.4.2.1) \qquad [Q] = L^2 M T^{-2}$$

da cui si ricava la seguente equazione:

$$(1.4.2.2) \qquad M^{-1} = L^2 [Q]^{-1} T^{-2}$$

che utilizzata nell'equazione (1.4.1.10) dell'esercizio precedente fornisce l'equazione:

$$(1.4.2.3) \qquad [G] = L^3 L^2 [Q]^{-1} T^{-2} T^{-2} = L^5 [Q]^{-1} T^{-4}$$

in cui considerando la quantità di calore Q come grandezza fisica fondamentale si ottiene l'equazione:

$$(1.4.2.4) \qquad [G] = L^5 Q^{-1} T^{-4}$$

che esprime le dimensioni della costante di gravitazione universale G nel sistema di misura che adotta come grandezze fondamentali la quantità di calore Q, la lunghezza L e il tempo T. Il valore numerico di G nel sistema internazionale è:

$$(1.4.2.5) \qquad G = 6.67 \cdot 10^{-11} m^3 kg^{-2} s^{-2}$$

Osservando che il valore numerico del rapporto tra la caloria e il joule è:

$$(1.4.2.6) \qquad 1cal = 4.186\,Joule$$

si può scrivere, tenendo conto dell'equazione (1.4.2.1), la seguente equazione:

$$(1.4.2.7) \qquad 1cal = 4.186m^2kgs^{-2}$$

da cui si ottiene:

$$(3.2.8) \qquad kg^{-1} = 4.186m^2cal^{-1}s^{-2}$$

che posta nell'equazione (1.4.2.5) fornisce il richiesto valore numerico della costante G :

$$G = 6.67\cdot 10^{-11}m^3 \cdot \left(4.186m^2cal^{-1}s^{-2}\right)^2 s^{-2}$$

$$\Rightarrow$$

$$(1.4.2.9) \qquad G = 1.17\cdot 10^{-9}cal^{-2}m^7s^{-6}$$

Esercizio 3

Un sistema di unità di misura assume come grandezze fisiche fondamentali la Potenza P, il volume V e l'accelerazione A e come unità di misura rispettivamente il *watt*, il *litro* e il $\dfrac{m}{s^2}$. Determinare in tale sistema: le dimensioni, il valore numerico e l'unità di misura della costante di gravitazione universale G.

Per calcolare le dimensioni di G si osservi che si possono scrivere le seguenti relazioni:

$$(1.4.3.1) \quad [G] = P^{x_1} V^{x_2} A^{x_3} \qquad (1.4.3.2) \quad \begin{aligned} [P] &= ML^2 T^{-3} \\ [V] &= L^3 \\ [A] &= LT^{-2} \end{aligned}$$

Combinando le equazioni (1.4.3.1) con le equazioni (1.4.3.2) si ottiene l'equazione:

$$(1.4.3.3) \qquad [G] = \left[ML^2 T^{-3} \right]^{x_1} \left[L^3 \right]^{x_2} \left[LT^{-2} \right]^{x_3}$$

il cui confronto con l'equazione (1.4.1.10) dell'esercizio 1 fornisce l'equazione:

$$(1.4.3.4) \qquad [G] = M^{x_1} L^{2x_1 + 3x_2 + x_3} T^{-3x_1 - 2x_2} = M^{-1} L^3 T^{-2}$$

da cui segue il seguente sistema:

$$(1.4.3.5) \qquad \begin{cases} x_1 = -1 \\ 2x_1 + 3x_2 + x_3 = 3 \\ 3x_1 + 2x_3 = 2 \end{cases}$$

che risolto fornisce le dimensioni di: G

$$(1.4.3.6) \qquad \begin{cases} x_1 = -1 \\ x_2 = \dfrac{5}{6} \\ x_3 = \dfrac{5}{2} \end{cases} \qquad \text{quindi si ottiene: } [G] = P^{-1} V^{\frac{5}{6}} A^{\frac{5}{2}}$$

Pertanto, il valore numerico di G sarà:

$$G = 6.67 \cdot 10^{-11} W^{-1} \left(m^3 \right)^{\frac{5}{6}} \left(ms^{-2} \right)^{\frac{5}{2}} \Rightarrow$$

$$G = 6.67 \cdot 10^{-11} W^{-1} \left(10^3 l \right)^{\frac{5}{6}} \left(ms^{-2} \right)^{\frac{5}{2}} \Rightarrow$$

$$G = 6.67 \cdot 10^{-11} W^{-1} 10^2 \sqrt{10} l^{\frac{5}{6}} \left(ms^{-2} \right)^{\frac{5}{2}} \Rightarrow$$

$$G = 2.11 \cdot 10^{-8} W^{-1} l^{\frac{5}{6}} \left(ms^{-2} \right)^{\frac{5}{2}}$$

Esercizio 4

Determinare il cambiamento del valore della grandezza fisica lavoro W quando cambia l'unità di misura passando dal sistema internazionale ai sistemi c.g.s., degli ingegneri e all'unità pratica.

Nel sistema internazionale il lavoro W soddisfa la seguente equazione dimensionale:

$$(1.4.4.1) \qquad [W] = L^2 M T^{-2}$$

in cui sostituendo i simboli delle unità di misura si ottiene la seguente equazione:

$$(1.4.4.2) \qquad [J] = m^2 kg s^{-2}$$

Nel sistema c.g.s. l'unità di misura delle lunghezze, delle masse e del tempo sono rispettivamente il centimetro cm, il grammo g e il secondo s, legate a quelle del sistema internazionale dalle seguenti relazioni:

$$(1.4.4.3) \quad m = 100 cm = 10^2 cm \ ; \quad kg = 1000 g = 10^3 g \ ; \quad s = s$$

Sostituendo queste relazioni nell'equazione (3.4.2) si ottiene seguente equazione:

$$[J] = m^2 kgs^{-2} = 10^4 cm^2 \cdot 10^3 gs^{-2} = 10^7 cm^2 gs^{-2}$$

in cui ponendo $[erg] = cm^2 gs^{-2}$ si ottiene:

$$(1.4.4.4) \qquad 1J = 10^7 erg$$

Nel sistema degli ingegneri il lavoro W soddisfa la seguente equazione dimensionale:

$$(1.4.4.5) \qquad [W] = FL$$

Infatti, questo sistema assume come grandezza fondamentale la forza invece che la massa. Sostituendo i simboli dell'unità di misura si ottiene l'equazione:

$$(1.4.4.6) \qquad [kgm] = kg_p m$$

Poiché è: $1kg_p = 9.8N$ si ha: $1kg_p \cdot 1m = 9.8Nm$ da cui segue:

$$(1.4.4.7) \qquad 1kg_p \cdot 1m = 9.8J = 9.8 \cdot 10^7 erg$$

La caloria è l'unità di misura della quantità di calore; sperimentalmente si dimostra che calore e lavoro sono equivalenti e perciò la caloria può essere anche utilizzata per misurare il lavoro. Risulta:

$$(1.4.4.8) \qquad 1cal = 4.186J$$

Quindi, possiamo scrivere la seguente relazione:

$$(1.4.4.9) \qquad 1cal = 4.186J = 4.186 \cdot 10^7 erg = 0.427 kg_p m$$

Esercizio 5
Determinare il cambiamento del valore della grandezza fisica

pressione quando cambia l'unità di misura:

$$pascal, atm, bar, barìa, \frac{dine}{cm^2}$$

Nel sistema internazionale la pressione soddisfa la seguente equazione dimensionale:

$$(1.4.5.1) \qquad [P] = L^{-1}MT^{-2}$$

in cui sostituendo i simboli delle unità di misura si ottiene l'equazione che esprime il , pascal:

$$(1.4.5.2) \qquad [P_a] = m^{-1}kgs^{-2}$$

L'atmosfera atm è la pressione esercitata da una colonna di mercurio alta 76 cm al livello del mare e alla temperatura di $15°C$; per il principio di Stevino è:

$$1atm = \rho gh = 13.59 \frac{g}{cm^3} \cdot 980 \frac{cm}{s^2} \cdot 76cm$$

$$\left(\begin{array}{l} \rho = \text{densità di mercurio} \\ g = \text{accelerazione di gravità} \\ h = \text{altezza della colonna di mecurio} \end{array} \right)$$

Segue:

$$(1.4.5.3) \qquad 1atm \cong 1.01 \cdot 10^6 \, gcm^{-1}s^{-2}$$

in cui osservando che $gcm^{-1}s^{-2} = \dfrac{dine}{cm^2}$ si ottiene:

$$(1.4.5.4) \qquad 1atm \cong 1.01 \cdot 10^6 \frac{dine}{cm^2}$$

Osservando che valgono le relazioni:

$$(1.4.5.5) \qquad 1g = 10^{-3}\,kg \quad ; \quad 1cm = 10^{-2}\,m$$

si ottiene: $gcm^{-1}s^{-2} = 10^{-1}kgm^{-1}s^{-2}$ che posta nell'equazione (3.5.3) fornisce la relazione tra atm e P_a:

$$(1.4.5.6) \qquad 1atm \cong 1.01 \cdot 10^5\,kgm^{-1}s^2 = 1.01 \cdot 10^5\,P_a$$

Inoltre osservando che per definizione è: $1bar = 10^6 \dfrac{dine}{cm^2}$ si ha, per la (1.4.5.4), la seguente espressione:

$$(1.4.5.7) \qquad 1atm = 1.01bar$$

e osservando che la barìa è per definizione:

$$(1.4.5.8) \qquad 1barìa = 1\frac{dine}{cm^2}$$

Si può scrivere, per le equazioni (1.4.5.4) e (1.4.5.6), la seguente equazione:

$$(1.4.5.9) \qquad 1atm \cong 1.01 \cdot 10^6 barìa = 1.01 \cdot 10^5\,P_a$$

da cui segue l'equazione:

$$(1.4.5.10) \qquad 1P_a = 10barìa$$

Esercizio 6

Un corpo ha la massa $m = 200g$, esprimi il suo peso P nei sistemi di unità di misura: c.g.s., internazionale e degli ingegneri.

Dall'equazione fondamentale della dinamica si ha che il peso di un corpo è:

$$(1.4.6.1) \qquad P = mg$$

in cui m è la massa e g l'accelerazione di gravità.

Nel sistema $c.g.s.$ è $m = 200g$ e $g = 980\dfrac{cm}{s^2}$ quindi si ha:

$$P = 200 \cdot 980 = 1.96 \cdot 10^5 \, dine \, .$$

Nel sistema internazionale è: $m = 0.2kg$ e $g = 9.8\dfrac{m}{s^2}$ quindi ha:

$$P = 0.2kh \cdot 9.8\frac{m}{s^2} = 1.96N$$

Nel sistema degli ingegneri il kg_p è il peso di un corpo che ha la massa unitaria; si ha: $P = 200g = 0.2kg_p$.

Si osservi che talvolta capita di trovare il peso espresso semplicemente in kg invece che in kg_p; è evidente che si tratta di un grossolano errore dimensionale, dato che il kg è l'unità di massa mentre il kg_p è l'unità di forza. Tuttavia in pratica si trascura spesso di precisare di quale chilogrammo si tratti. Una frase come la seguente *"un uomo di 80kg "* va intesa nel senso che l'uomo ha una massa di $80kg$ e un

peso di $80kg \cdot 9.8\dfrac{m}{s^2} = 784N = 784 \cdot 10^7 \, dine = 80kg_p$ in cui si è

tenuto conto della seguente relazione:

$$(1.4.6.2) \qquad 1kg_p = 9.8N$$

	TEST DI VERIFICA (1.1)
1	cosa si intende per misurazione di una grandezza fisica
2	cosa si intende per misura di una grandezza fisica
3	quali sono le fasi fondamentali della definizione operativa di una grandezza fisica
4	cosa si intende per misurazione diretta di una grandezza fisica
5	cosa si intende per misurazione indiretta di una grandezza fisica
6	cosa si intende per sistema di misura
7	cosa si intende per sistema di unità di misura
8	quali sono le unità di misura adottate dal sistema internazionale delle unità di misura
9	quali proprietà soddisfa il sistema internazionale delle unità di misura
10	cosa si intende per *"dimensioni"* di una grandezza fisica
11	quali proprietà devono soddisfare i due membri di un'equazione fisica e quali sono le conseguenze che ne derivano
12	la velocità è una grandezza fisica: a. fondamentale b. derivata c. scalare d. elettrica
13	la misura della velocità di un'automobile eseguita dal tachimetro di bordo è una misurazione: a. diretta b. indiretta c. fondamentale d. passiva

14	il sistema internazionale delle unità di misura fa uso di: a. cinque grandezze fisiche fondamentali b. sette grandezze fisiche fondamentali c. sei grandezze fisiche fondamentali ed una derivata d. sette grandezze fisiche fondamentali di cui cinque elettriche e due meccaniche
15	il sistema delle unità di misura MKS fa uso delle grandezze fisiche fondamentali: a. lunghezza, massa e tempo b. lunghezza, massa e velocità c. lunghezza, forza e tempo d. lunghezza, forza e velocità
16	nel sistema internazionale delle unità di misura, l'unità di misura della lunghezza è: a. il chilometro b. il metro c. il decimetro d. l'anno luce
17	nel sistema internazionale delle unità di misura, l'unità di misura della temperatura è: a. il grado Centigrado b. il grado Reamur c. il grado Kelvin d. il grado Fahrenheit
18	quali sono le dimensioni dell'accelerazione a nel sistema internazionale delle unità di misura a. $[a] = LT^{-2}$ b. $[a] = LT^{-1}$ c. $[a] = MLT^{-2}$ d. $[a] = L^2T^{-2}$
19	quali sono le dimensioni della lunghezza L nel sistema di misura che assume come grandezze fisiche fondamentali la

forza F, la massa M e il tempo T

a. $[L] = FM^{-1}T^2$

b. $[L] = FM^{-2}T^{-1}$

c. $[L] = FM^{-1}T^{-2}$

d. $[L] = F^{-1}M^{-1}T^{-2}$

20

il valore della velocità di un corpo è $20\dfrac{m}{s}$ nel sistema internazionale delle unità di misura. Cambiando il sistema delle unità di misura in cui si assume come unità di misura della lunghezza il chilometro e come unità di misura del tempo l'ora, il valore della velocità in questo sistema è:

a. $25\dfrac{km}{h}$

b. $72\dfrac{km}{h}$

c. $68\dfrac{km}{h}$

d. $3.6\dfrac{km}{h}$

21

quali sono le dimensioni del momento M nel sistema internazionale delle unità di misura

a. $[M] = L^2T^{-2}$

b. $[M] = L^2T^{-2}M^{-1}$

c. $[M] = L^2T^{-2}M\alpha$

d. $[M] = L^2T^{-2}M$

22	quale delle seguenti equazioni dimensionali è corretta:
	a. $[G] = L^5 Q^{-1} T^{-4}$
	b. $[G] = L^4 Q^{-1} T^{-4}$
	c. $[G] = L^5 Q^{-1} T^{-3}$
	d. $[G] = L^3 Q^{-1} T^{-3}$
23	quale delle seguenti equazioni dimensionali è corretta nel sistema delle unità di misura che adotta come grandezze fisiche fondamentali la potenza P, il volume V e l'accelerazione A (G esprime la costante di gravitazione universale)
	a. $P^{-1} V^{\frac{5}{6}} A^{\frac{5}{2}}$
	b. $P V^{\frac{5}{6}} A^{\frac{5}{2}}$
	c. $P^{-2} V^{\frac{5}{3}} A^{\frac{1}{2}}$
	d. $P^{-1} V^{-\frac{5}{2}} A^{\frac{5}{2}}$
24	quale dei seguenti valori della costante di gravitazione universale G è esatto nel sistema delle unità di misura che adotta come grandezze fisiche fondamentali la potenza P, il volume V, l'accelerazione A e come unità di misura rispettivamente il *Watt*, *il litro* e il $\frac{m}{s}$

a. $G = 3.4 \cdot 10^{-4} W l^{\frac{5}{6}} \left(ms^{-2} \right)^{\frac{5}{2}}$

b. $G = 2.11 \cdot 10^{-8} W l^{-1} l^{\frac{5}{6}} \left(ms^{-2} \right)^{\frac{5}{2}}$

c. $G = 6.67 \cdot 10^{-11} m^3 kg^{-1} s^{-2}$

d. $G = 2.792 \cdot 10^3 W l^{\frac{5}{6}} \left(ms^{-2} \right)^{\frac{5}{2}}$

| 25 | Un corpo ha la massa di $200g$. Il suo peso P nei sistemi di unità di misura *c.g.s.*, *internazionale e degli ingegneri è rispettivamente:* |

a. $P = 1.96 \cdot 10^5 dine; P = 1.96 N; P = 0.2 Kg_p$

b. $P = 1.96 \cdot 10^7 dine; P = 1.96 N; P = 0.2 Kg_p$

c. $P = 2.02 \cdot 10^5 dine; P = 215 N; P = 0.02 Kg_p$

d. $P = 3.96 \cdot 10^3 dine; P = 7.14 N; P = 1.8 Kg_p$

| 26 | l'atmosfera atm è la pressione esercitata da una colonna di mercurio:
 a. alta $76 cm$ al livello del mare e alla temperatura di $15 C°$
 b. alta $70 cm$ al livello del mare e alla temperatura di $15 C°$
 c. alta $80 cm$ al livello del mare e alla temperatura di $25 C°$
 d. alta $100 cm$ alla quota di $1000 m$ e alla temperatura di $0 C°$ |

| 27 | si supponga di aver eseguito un esperimento in laboratorio e di aver raccolta l'informazione che il periodo τ di un oscillatore armonico massa – molla dipende dalla costante elastica k della molla e dalla massa m : |

$$\tau = f(k, m)$$

Si determini la struttura di questa relazione sapendo che le dimensioni della costante elastica k nel sistema internazionale sono: $[k] = MT^{-2}$

SECONDO CAPITOLO

LA MISURA E LA VALUTAZIONE DELLA SUA INCERTEZZA

2.1 STRUMENTI DI MISURA

Gli strumenti di misura svolgono un ruolo fondamentale nella costruzione del sapere fisico; essi consentono di determinare i valori numerici delle grandezze fisiche che caratterizzano i fenomeni e quindi di dare una forma matematica alle loro relazioni.

Qualunque strumento di misura, per quanto riguarda il suo funzionamento, è caratterizzato da alcuni parametri che determinano le condizioni di impiego:

- *il campo di misura definito come modulo della differenza tra il valore più grande e il valore più piccolo misurabili*

- *la soglia di sensibilità definita come la minima quantità della grandezza in ingresso allo strumento responsabile di una deviazione apprezzabile rispetto all'inizio scala; essa determina il limite inferiore del campo di misura. Il limite superiore è, invece, determinato dal valore di fondo scala*

Figura (2.1.1)

Durante la fase di taratura di uno strumento di misura si determina la caratteristica che esprime la relazione tra la grandezza in ingresso e la grandezza in uscita; questa caratteristica in generale non è lineare e consente la definizione di un parametro molto importante: la *sensibilità* definita come rapporto tra la variazione Δu della grandezza in uscita e la corrispondente variazione Δi della grandezza in ingresso:

$$(2.1.1) \qquad S = \frac{\Delta u}{\Delta i}$$

Questo parametro fornisce la più piccola variazione apprezzabile della grandezza in esame attraverso l'intero campo di misura; esso fornisce il valore dell'ultima cifra significativa. Le dimensioni della sensibilità sono quelle di numero di divisioni della scala su grandezza: per esempio, se lo strumento di misura è un amperometro *(strumento misuratore dell'intensità di corrente elettrica)* la sensibilità può essere

$0.5 \dfrac{divisioni}{mA}$. Usualmente si adopera il parametro inverso alla

sensibilità che nel caso in esame vale $2 \dfrac{mA}{divisioni}$. Se la scala dello

strumento parte dal valore 0 e la relazione (2.1.1) è lineare *(strumento lineare)*, la sensibilità S è costante lungo tutto il campo di misura e risulta *numericamente* uguale alla soglia di sensibilità.

per chiarire il significato di queste affermazioni

si consideri un **dinamometro** *(strumento misuratore del modulo del vettore forza)* che abbia costante elastica di valore k e si sospenda al suo gancio un peso P. Il dinamometro, sotto l'azione del peso P, sposta il suo indice di una quantità Δu portandosi dalla posizione di riposo $u = 0$ *(zero della scala)* alla posizione di equilibrio u *(vedi figura (2.1.2))*. Nella condizione di equilibrio il dinamometro esercita sul peso P una forza *(forza peso $\vec{P}$)*, in modulo, pari a:

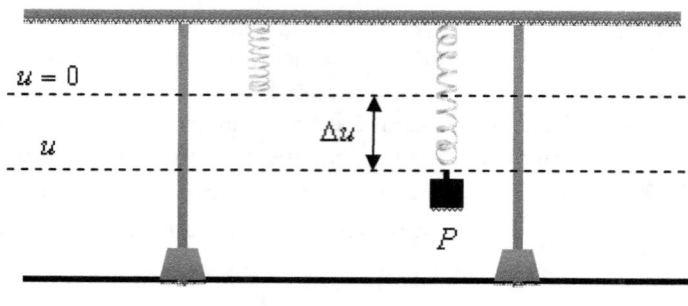

Figura $(2.1.2)$

$$(2.1.2) \quad P = k\Delta u$$

e poiché P ed u sono rispettivamente la grandezza in ingresso e la grandezza in uscita al dinamometro, per le equazioni (2.1.1) e (2.1.2) si ottiene l'equazione:

$$(2.1.3) \qquad S = \frac{\Delta u}{\Delta i} = \frac{\frac{P}{k}}{P} = \frac{1}{k}$$

dalla quale si deduce che la relazione tra la grandezza in ingresso e la grandezza in uscita è lineare e la sensibilità vale $\frac{1}{k}$.

Si osservi che la sensibilità dello strumento di misura dipende dai parametri costitutivi, ad ogni modo, qualunque sia lo strumento di misura, oltre un certo limite la sensibilità non può andare e pertanto al valore numerico che esso fornisce si deve sempre associare *un'incertezza* pari alla sua sensibilità. Oltre ai parametri già visti si hanno anche i seguenti:

- la *prontezza* definita come la rapidità con cui lo strumento raggiunge la definitiva posizione di regime in una misura
- la *precisione* definita come la somma della *ripetibilità* e della *accuratezza:*

La *ripetibilità* si valuta dall'osservazione ripetuta, in tempi successivi, del valore in uscita in corrispondenza dello stesso valore in ingresso; essa è caratterizzata dalla presenza di fluttuazioni casuali. Si avrà ripetibilità tanto più buona quanto minore è la dispersione dei valori della misura.

La *accuratezza* si valuta dall'osservazione ripetuta, in tempi successivi, del valore in uscita in corrispondenza dello stesso valore in ingresso; se questi valori sono tali che la loro media aritmetica differisce molto poco dal valore della grandezza in ingresso, lo strumento è sufficientemente accurato. Si osservi che per confrontare la media aritmetica di questi valori con quello della grandezza all'ingresso, quest'ultimo deve essere noto a priori. Per avere uno strumento preciso si devono avere valori poco dispersi in uscita ed il valore della loro media aritmetica deve essere poco disperso rispetto al valore della grandezza in ingresso.

2.2 INCERTEZZA SULLA MISURA DI UNA GRANDEZZA FISICA

Si supponga di dovere eseguire la misurazione della lunghezza di un tavolo facendo uso del metro. Poiché il sistema internazionale delle unità di misura fa uso di multipli e sottomultipli delle unità che si esprimono come potenze del 10, si potranno costruire regoli di lunghezza:

$$(2.2.1) \quad l_m, 10l_m, 10^2 l_m, \ldots\ldots\ldots\ldots, 10^k l_m, \ldots\ldots \quad \text{con } k \in \{1, \ldots\ldots, n\}$$

e regoli di lunghezza:

$$(2.2.2) \quad 10^{-1} l_m, 10^{-2} l_m, \ldots\ldots\ldots\ldots, 10^{-h} l_m, \ldots\ldots \quad \text{con } h \in \{1, \ldots\ldots, n\}$$

in cui l_m è la lunghezza del metro.

Orbene, sia il regolo di lunghezza $10l_m$ il più piccolo regolo che verifichi la relazione:

$$(2.2.3) \quad l_t < 10 l_m$$

in cui l_t indica la lunghezza del tavolo. Ne consegue che il confronto va eseguito con il regolo di lunghezza unitaria l_m riportandolo un certo numero di volte sul tavolo e curando, in modo particolare, l'allineamento tra una posizione e la successiva. Si supponga che la lunghezza del metro sia contenuta nella lunghezza del tavolo quasi 3 volte: cioè che il regolo di lunghezza $3l_m$ ed il regolo di lunghezza $4l_m$ siano rispettivamente più corto e più lungo della lunghezza l_t del tavolo (*vedi Figura(2.2.1)*). A questo punto, se si arrestasse il confronto si potrebbe solo affermare che la lunghezza l_t del tavolo è compresa tra i valori:

$$(2.2.4) \quad 3l_m < l_t < 4l_m$$

ovvero, le operazioni di confronto che sono state eseguite non forniscono un valore numerico univoco da assegnare a l_t bensì un insieme di valori.

$3l_m$

l_t

$4l_m$

Figura $(2.2.1)$

Continuando il confronto, si supponga che il regolo di lunghezza $\left(3+6\cdot10^{-1}\right)l_m$ ed il regolo di lunghezza $\left(3+7\cdot10^{-1}\right)l_m$ siano rispettivamente più corto e più lungo della lunghezza del tavolo l_t che è compresa tra i valori:

$$(2.2.5) \qquad 3.6l_m < l_t < 3.7l_m$$

Se si confronta questo intervallo con quello espresso dalla disuguaglianza (2.2.4) si può notare che l'ultima operazione di confronto ha solo ridotto significativamente l'ampiezza dell'intervallo di valori ma non ha eliminato l'indeterminazione sul valore numerico da assegnare a l_t. Continuando ulteriormente il confronto si constata che regoli di lunghezza:

$$\left(3+6\cdot10^{-1}+5\cdot10^{-2}+3\cdot10^{-3}\right)l_m$$

e di lunghezza:

$$\left(3+6\cdot10^{-1}+5\cdot10^{-2}+4\cdot10^{-3}\right)l_m$$

sono, per l'operatore, indistinguibili sicché non è più possibile scrivere una disuguaglianza del tipo (2.2.5) ed il valore numerico che si assegna a l_t è:

$$(2.2.6) \qquad l_t = 3.653\ m$$

in cui è stato posto m in luogo di l_m come si è soliti fare.

Si osservi che l'indistinguibilità tra le lunghezze dei regoli e quella del tavolo dipende dalla capacità del comparatore *(operatore)* di apprezzare differenze sempre più piccole di lunghezze; evidentemente quanto più è elevata la capacità del comparatore tanto più piccole sono le differenze che si possono valutare, quindi facendo uso di lenti di ingrandimento si può spingere ulteriormente il confronto scoprendo che, anche in questo caso, il valore numerico della grandezza l_t è indeterminato nell'intervallo seguente:

$$(2.2.7) \qquad 3.653 l_m < l_t < 3.654 l_m$$

Questi risultati inducono a ritenere che, utilizzando regoli sempre più fini, sia possibile ottenere intervalli sempre più piccoli, a limite un unico valore numerico da assegnare alla grandezza sottoposta a misurazione. Ciò non è possibile per diverse ragioni:

- *non è tecnologicamente possibile costruire regoli sempre più fini oltre un certo limite*
- *il confronto deve necessariamente avere termine per l'incapacità del comparatore di apprezzare differenze di grandezze omogenee sempre più piccole*

Qualora la capacità del comparatore venisse in qualche modo elevata dalla tecnologia, oltre un certo limite si verificano fatti nuovi per i quali la misura di una grandezza fisica non è più ripetibile nel senso che, pur mantenendo costante le condizioni sperimentali e i criteri adoperati, i risultati sono, in generale, diversi tra loro. Di ciò si dirà più ampiamente nei prossimi paragrafi. Pertanto, arrestando il confronto al valore espresso dall'equazione (2.2.6), si dovrà comunque considerare un'incertezza sul valore della misura pari alla capacità del comparatore di apprezzare quantità diverse di una stessa grandezza fisica. Questa caratteristica del comparatore si chiama ***sensibilità*** che nel caso in esame è pari a $0.001\,m$; quindi la lunghezza del tavolo l_t si dovrà scrivere come :

$$(2.2.8) \qquad l_t = (3.653 \pm 0.001)\,m$$

Ritornando al punto precedente, si osservi che quando uno strumento di misura fornisce direttamente il numero da associare alla grandezza fisica svolge anche il ruolo di comparatore che, nel caso della misurazione della lunghezza del tavolo è svolto dall'operatore. Pertanto, in questi casi, come già è stato detto, è lecito considerare un'incertezza sulla misura pari alla sensibilità dello strumento.

Si osservi che se il valore numerico della misura della lunghezza del tavolo venisse scritto secondo l'equazione:

$$(2.2.9) \quad l_t \left(3.6530 \pm 0.0001 \right) m$$

non avrebbe senso. Infatti, se è vero che, da un punto di vista matematico, non c'è nessuna differenza tra i numeri 3.653 e 3.6530 perché l'aggiunta di uno zero all'ultima cifra decimale non altera il valore del numero, non è così dal punto di vista della fisica perché, in tal caso, significa che è stata eseguita una misura la cui incertezza non cade sulla cifra 3 ma sulla cifra 0. Ciò non ha nessun fondamento in quanto la misurazione è stata eseguita con un regolo la cui sensibilità è al millesimo di metro $0.001 \, m$ e non al decimillesimo di metro $0.0001 \, m$.

Si diranno cifre significative le cifre che hanno un significato sperimentale di cui l'ultima è incerta.

2.3 FLUTTUAZIONI CASUALI SULLA MISURA DI UNA GRANDEZZA FISICA

Il modo corretto di indicare il risultato di una misurazione di una grandezza fisica è quello di esprimere insieme al valore numerico della grandezza anche l'intervallo di incertezza sperimentale che viene usualmente detto *incertezza assoluta;* essa ha le stesse dimensioni della grandezza alla quale si riferisce. L'incertezza assoluta, pur fornendo informazioni sulla indeterminazione di una misura, non è in grado, da sola, di fornire informazioni sulla *precisione;* per questo scopo viene utilizzata *l'incertezza relativa* definita dal rapporto tra l'incertezza assoluta ed il valore misurato della grandezza:

$$(2.3.1) \quad \varepsilon_r = \frac{incertezza}{valore \; misurato}$$

Spesso si utilizza la sua versione percentuale definita nel modo seguente:

$$(2.3.2) \quad \varepsilon_r \% = 100\varepsilon_r$$

Si osservi che quando si esegue la misurazione di una grandezza fisica si cerca sempre di ottenerla con la maggiore precisione possibile, ciò significa che si deve ridurre il più possibile il valore del rapporto fornito dall'equazione (2.3.1) che può farsi in un solo modo: riducendo l'incertezza assoluta; questo obiettivo può essere raggiunto usando strumenti di misura sempre più sensibili.

per chiarire il significato di queste affermazioni

si esegua la misurazione del diametro di un cilindro usando un calibro in grado di apprezzare variazioni di lunghezza dell'ordine del decimo di millimetro. Ripetendo più volte la misurazione, nelle stesse condizioni sperimentali, si ottiene sempre lo stesso risultato:

$$(2.3.3) \quad l_d = (11.3 \pm 0.1)\, m$$

la cui precisione è: $\varepsilon_r \% = 0.9\%$.

Si ripeta la misurazione facendo uso di uno strumento più sensibile, per esempio un micrometro centesimale in grado di apprezzare variazioni di lunghezza dell'ordine del centesimo di millimetro. Ripetendo più volte la misurazione, nelle stesse condizioni sperimentali, si ottiene sempre lo stesso risultato:

$$(2.3.4) \quad l_d = (11.35 \pm 0.01)\, m$$

la cui precisione è: $\varepsilon_r \% = 0.09\%$.

Confrontando le precisioni ottenute nelle due misurazioni eseguite, si deduce che l'uso di uno strumento con maggiore sensibilità migliora la precisione della misura. Ora, si supponga che la lunghezza del diametro del cilindro debba essere valutata con una precisione maggiore di 0.09%, si può usare un micrometro ottico in grado di apprezzare variazioni di lunghezza dell'ordine del millesimo di millimetro. Il risultato di questa misurazione è sconcertante ed inatteso: ripetendo più volte la misurazione, nelle stesse condizioni sperimentali, lo strumento di misura non fornisce più un solo valore ma un insieme di valori, in generale, diversi tra loro.

Quando si usano strumenti di misura ad elevata sensibilità, con l'intento di diminuire l'incertezza assoluta sulla misura di una grandezza fisica, si passa da una situazione ben determinata: lo strumento di misura fornisce sempre lo stesso valore in prove ripetute, ad una situazione indeterminata: lo strumento di misura fornisce valori diversi in prove ripetute; *ciò pone un limite alla conoscenza dei fenomeni naturali:* non si è più di fronte ad un'incertezza dovuta alla limitazione del comparatore di apprezzare variazioni comunque piccole della grandezza fisica, ma di fronte ad un'incertezza dovuta a cause molto più profonde e radicate, cause ineliminabili come le variazioni di temperatura, di pressione, di umidità, presenza di polvere ecc. Le variazioni del valore della misura dovute a queste cause si dicono *fluttuazioni casuali;* esse risultano evidenti tutte le volte che si aumenta la precisione di una misura fino a mettere in evidenza il comportamento reale e non ideale del comparatore e il non perfetto isolamento dell'apparato sperimentale dal mondo esterno. I valori delle fluttuazioni, nel caso esaminato nel precedente punto formativo, sono minori sia di 0.1 sia di 0.01 ma devono essere maggiori di 0.001 per potersi manifestare.

2.4 ACCURATEZZA DI UNA MISURAZIONE

Quando si esegue una misurazione di una grandezza fisica si possono introdurre, anche se inconsapevolmente, veri e propri errori sia nel momento della formulazione del modello che conduce alla progettazione della misura, sia nel momento operativo in laboratorio. In quest'ultimo caso, un esempio può essere offerto dal cattivo azzeramento degli strumenti di misura oppure dall'uso di uno strumento mal tarato che fornisce un'unità di misura non conforme all'unità campione del sistema internazionale. In tutti questi casi i valori delle grandezze misurate vengono spinti *sistematicamente* più in alto o più in basso del valore corretto. Queste *differenze sistematiche* sul valore corretto della grandezza sono particolarmente insidiose perché non vengono poste in evidenza con una serie di ripetizioni della misurazione usando lo stesso strumento di misura, quindi sarà compito dell'operatore eseguire un'accurata verifica degli strumenti di misura prima di iniziare la misurazione e, per essere garantiti, eseguire la stessa misurazione con strumenti diversi e verificare se i risultati, nei limiti delle incertezze sperimentali, coincidono o meno. Altre cause di **differenze sistematiche** possono essere l'uso inconsapevole di un modello approssimato che conduce a misurare qualcosa di diverso da quello che si è pensato in fase di progettazione. Questi errori sono meno rari di quanto si possa credere, anzi non si sarebbe lontano dal vero qualora si asserisse che essi sono sempre presenti in ogni operazione di misura. Volendo dare un chiarimento di queste affermazioni, si supponga di eseguire la misurazione del peso P di un corpo con una bilancia, senza tener conto della spinta S di Archimede.

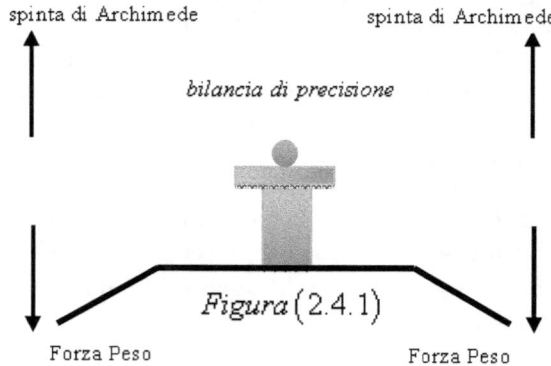

Il modello approssimato consiste nell'avere supposto che, per determinare il peso P di un corpo con l'uso della bilancia, sia sufficiente porre il corpo sulla bilancia e leggere il risultato. In realtà, la parte mobile della bilancia si muove sia a causa della forza peso, diretta verso il basso, sia a causa della spinta di Archimede S, diretta verso l'alto, quindi la posizione di equilibrio della bilancia è determinata dalla combinazione di entrambe le forze. Trascurare la spinta di Archimede porta ad una **differenza sistematica** sul valore della misura che non può essere scoperta con la semplice ripetizione della misurazione. Si osservi che quando si studia un fenomeno naturale non si è mai sicuri di avere individuato tutti i parametri che concorrono al suo verificarsi, sicché l'unico modo di procedere, per scoprire la presenza di eventuali *differenze sistematiche* dovute all'uso di modelli approssimati, è quello di eseguire la misurazione con un procedimento indipendente e confrontare i risultati. Se i risultati coincidono nei limiti delle incertezze sperimentali, allora non vi sono *differenze sistematiche,* in caso contrario bisogna sospettare la presenza di *differenze sistematiche* ed istituire una ricerca che conduce alla determinazione delle cause. Questa ricerca conduce, inevitabilmente, ad un perfezionamento del modello e, in alcuni casi, potrebbe anche condurre a scoperte importanti come si è verificato quando si è misurata la densità dell'azoto. In questo caso, quando si usavano campioni di azoto estratti dall'aria, si ottenevano valori di densità più grandi di quelli che si ottenevano con campioni di azoto estratti per via chimica. L'analisi di queste *differenze sistematiche* ha condotto alla scoperta dei gas nobili che, presenti nell'aria e non separati dall'azoto, facevano determinare un valore di densità maggiore di quello corretto.

per chiarire il significato di queste affermazioni

Un esempio di facile comprensione di quanto è stato appena detto è quello di eseguire la misurazione della profondità s di un pozzo fino al livello della superficie dell'acqua facendo cadere liberamente in esso una biglia d'acciaio. Misurando, con un cronometro in grado di apprezzare variazioni dell'ordine di $0.05 \, s$, il tempo intercorso tra l'istante in cui si è lasciata cadere la biglia e l'istante in cui si sente il tonfo sull'acqua, si può, a mezzo della formula $s = kt^2$, calcolare il valore della profondità del pozzo. Ripetendo più volte la misura dell'intervallo di tempo si ottengono valori affetti da *fluttuazioni casuali,* quindi il valore numerico e l'incertezza assoluta dovranno essere calcolati con metodi statistici di cui si dirà nei prossimi paragrafi. Supponendo di aver eseguito questi calcoli e di aver stabilito che l'intervallo di tempo ha il valore:

$$(2.4.1) \qquad t = \left(4.32 \pm 0.07 \right) s$$

conoscendo il valore della costante k :

$$(2.4.2) \qquad k = \left(4.90 \pm 0.01 \right) \frac{m}{s^2}$$

si può calcolare la profondità s del pozzo che risulta essere:

$$(2.4.3) \quad s = (91 \pm 3)\, m$$

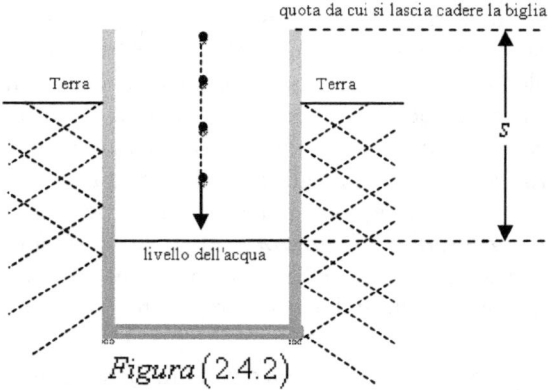

Figura $(2.4.2)$

Si ripeta la misurazione della profondità s del pozzo con un metodo diverso dal precedente. Si può pensare di srotolare un filo di lunghezza poco superiore al valore espresso dall'equazione (2.4.3) fino a toccare la superficie dell'acqua. Usando poi un regolo a nastro si può determinare la lunghezza del filo e quindi la profondità s del pozzo. Ne consegue che il problema consiste nel sapere determinare quando il filo tocca la superficie dell'acqua. Per raggiungere questo obiettivo, si consideri un filo conduttore di lunghezza di poco superiore al valore espresso dall'equazione (2.4.3) e lo si srotoli fino ad immergerlo nell'acqua. Un altro filo conduttore, collegato al filo precedente tramite una batteria in modo da costituire un circuito aperto, può essere srotolato fino a toccare la superficie dell'acqua. Evidentemente, quando il filo tocca l'acqua il circuito si chiude e circola corrente, ciò può essere controllato con un amperometro inserito nel circuito. Ciò fatto, si supponga che la lunghezza del filo svolta venga misurata con un metro a nastro e si ottenga come risultato $s = 79.90\ m$ poiché il metro a nastro, suddiviso in centimetri, è lungo $10\ m$, è stato necessario riportarlo 7 volte sul filo, quindi si ritiene di avere accumulato ogni volta un'incertezza pari a $1 cm$ e pertanto $\Delta s = 0.07\ m$, ne consegue:

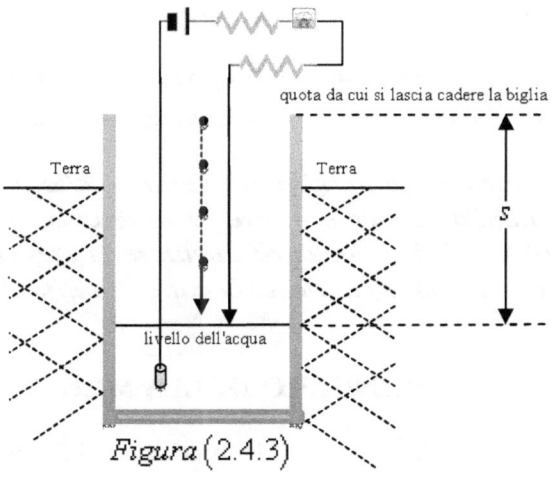

quota da cui si lascia cadere la biglia

Terra

Terra

s

livello dell'acqua

Figura $(2.4.3)$

$$(2.4.4) \qquad s = (79.20 \pm 0.07)\,m$$

I risultati delle due misurazioni espressi dalle equazioni (2.4.3) e (2.4.4) non sono compatibili e ciò fa nascere il sospetto che sia presente una differenza sistematica, quindi deve essere istituita una ricerca con l'obiettivo di determinarne le cause. Supposto che i risultati di questa ricerca inducono a formulare l'ipotesi che il modello usato nella prima misurazione debba essere corretto tenendo conto che il suono provocato dal tonfo della biglia nell'acqua, per giungere all'orecchio dell'osservatore, viaggia con una velocità di $(341 \pm 1)\dfrac{m}{s}$ (in condizioni di pressione standard e temperatura di $20\ ^{\circ}C$) e quindi impiega un tempo $t' = \dfrac{79.20\ m}{341\dfrac{m}{s}} \cong 0.23\ s$ che deve essere sottratto al tempo misurato con il cronometro espresso dall'equazione (2.4.1); eseguendo questa operazione si ottiene il valore:

$$(2.4.5) \qquad \tau = t - t' = 4.32\ s - 0.23\ s = 4.09\ s$$

in cui τ esprime il tempo che la biglia d'acciaio impiega realmente nella sua caduta lungo il pozzo. Usando questo tempo e la formula $s = kt^2$ si ottiene il seguente risultato: $s = (82 \pm 3)\,m$ che confrontato con il risultato espresso dall'equazione (2.4.4) risulta essere compatibile.

Giunti a questo punto, si può affermare che non esiste un metodo infallibile per scoprire le differenze sistematiche: l'unica possibilità è quella di misurare la stessa grandezza con metodi diversi e verificare la compatibilità dei risultati.

2.5 PRINCIPIO DELLA MEDIA

Quando si tenta di migliorare la precisione della misura di una grandezza fisica si introducono fluttuazioni casuali sul suo valore ottenendo un insieme di valori, in generale, diversi tra loro. In tale situazione si pone il problema di decidere il valore da attribuire alla grandezza e la relativa incertezza. Eseguendo la misurazione della lunghezza del diametro di un cilindro con una precisione maggiore del 0.09%, e supponendo di averla eseguita e di averla ripetuta, nelle stesse condizioni sperimentali, un numero considerevole di volte e di avere ottenuto i risultati raccolti nella tabella (2.5.1):

numero d'ordine della misura i	lunghezza del diametro $l_{d_i}\,(mm)$	numero d'ordine della misura i	lunghezza del diametro $l_{d_i}\,(mm)$	numero d'ordine della misura i	lunghezza del diametro $l_{d_i}\,(mm)$
1	11.351	13	11.353	25	11.350
2	11.352	14	11.355	26	11.355
3	11.354	15	11.352	27	11.357
4	11.353	16	11.356	28	11.353
5	11.350	17	11.354	29	11.354
6	11.355	18	11.357	30	11.351
7	11.354	19	11.355	31	11.355
8	11.356	20	11.352	32	11.353
9	11.357	21	11.356	33	11.354
10	11.358	22	11.358	34	11.352

11	11.351	23	11.353	35	11.356
12	11.354	24	11.352		
Tabella (2.5.1)					

Rappresentando questi risultati in un piano cartesiano ponendo sull'asse delle ascisse il numero d'ordine *i (cioè il numero che indica la prima, la seconda, la iesima misurazione eseguita)* e sull'asse delle ordinate i valori della misura, si ottiene il seguente grafico:

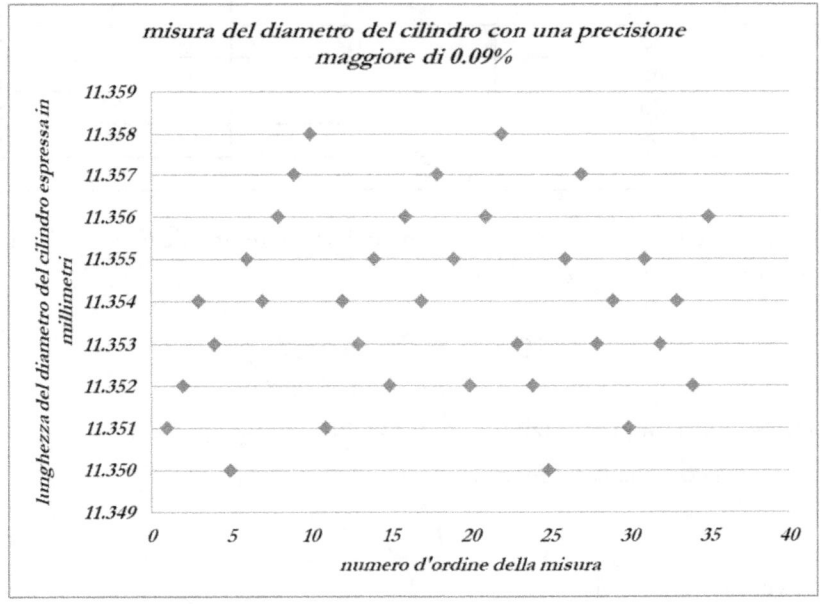

Figura (2.5.1)

dal quale si nota che i valori della misura sono molto addensati nell'intorno di una retta di equazione cartesiana $y = \text{cost}$ *(il valore della costante coincide con la media aritmetica dei valori della misura)* e molto meno addensati man mano che si allontanano simmetricamente da essa. Introducendo la *molteplicità di un valore* definita come il numero m_i di volte che l'iesimo valore si presenta, si può trasformare la tabella (1.2.5.1) nella tabella seguente:

85

lunghezza del diametro espressa in millimetri $l_{d_i} \, (mm)$	molteplicità m_i	variabile indiciale i
11.350	2	1
11.351	3	2
11.352	4	3
11.353	5	4
11.354	7	5
11.355	5	6
11.356	4	7
11.357	3	8
11.358	2	9
Tabella (2.5.2)		

E' facile rendersi conto che la somma di tutte le molteplicità è uguale al numero N di misurazioni eseguite:

$$(2.5.1) \qquad \sum_i m_i = N$$

Dividendo la molteplicità iesima m_i per il numero N di misurazioni eseguite si ottiene la frequenza iesima:

$$(2.5.2) \qquad f_i = \frac{m_i}{N}$$

Si verifica facilmente che:

$$(2.5.3) \qquad \sum_i f_i = 1$$

Infatti, dalla (2.5.2) si ottiene:

$$\sum_i f_i = \frac{\sum_i m_i}{N} =$$

in cui tenendo conto della (2.5.1) si ottiene la (2.5.3).

La tabella (2.5.2) rappresenta un buon punto di partenza per costruire un grafico, diverso dal grafico (2.5.1), che conduce alla soluzione del problema inizialmente posto. Ponendo sull'asse delle ascisse i valori l_i della lunghezza del diametro, ciascuno dei quali è il centro di un intervallo la cui larghezza è pari alla sensibilità dello strumento $(0.001 \; mm)$ e sull'asse delle ordinate la molteplicità m_i con cui ciascun risultato è ottenuto, si ottiene il seguente grafico:

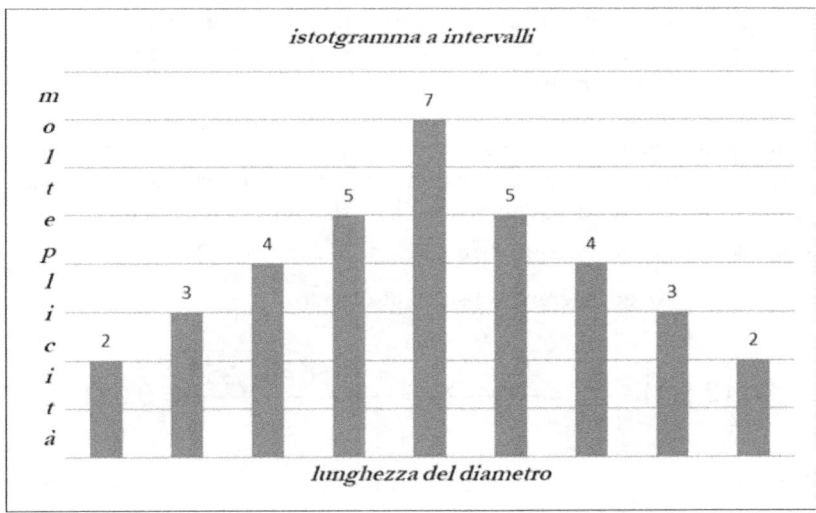

$$Figura \, (2.5.2)$$

che prende il nome di istogramma a intervalli. La distribuzione dei risultati visualizzati nell'istogramma presenta caratteristiche simili a quelle riscontrate nel grafico di figura (2.5.1): il rettangolo centrale è il più ricco di dati e man mano che ci si allontana simmetricamente da esso il numero di risultati che cadono in ciascun intervallo tende a diminuire. Se si esegue il calcolo della media aritmetica dei valori della misura, si ottiene il valore: $\bar{l}_\alpha = \dfrac{\sum_i l_i}{N} = 11.354$ che coincide sia con il valore della costante dell'equazione cartesiana della retta del grafico di figura (2.5.1) sia con il valore avente maggiore molteplicità nel grafico di figura (2.5.2). Queste considerazioni inducono ad affermare che la

87

media aritmetica, calcolata da un gruppo di dati sperimentali soggetti a fluttuazioni casuali, sia la migliore stima possibile della grandezza in esame. Questo risultato può essere giustificato anche con considerazioni statistiche nel senso che se le fluttuazioni agiscono realmente a caso, allora dopo molte misure il loro effetto si deve statisticamente bilanciare: cioè, mediamente, tante misure vengono spinte al di sopra del risultato corretto quante al di sotto. La media aritmetica, che rappresenta il baricentro dei dati, è il parametro più stabile della distribuzione. Per determinare l'incertezza da assegnare al valore attribuito alla misura, si osservi che quando in una misurazione si manifestano le fluttuazioni casuali, la loro entità è maggiore della sensibilità dello strumento di misura. Pertanto la sensibilità dello strumento non può costituire un parametro idoneo per la determinazione dell'incertezza. Una stima molto rozza potrebbe essere fatta valutando la semi dispersione massima; per esempio, nel caso della misurazione della lunghezza del diametro del cilindro, si può considerare il valore massimo $l_{max} = 11.358$ ed il valore minimo $l_{min} = 11.350$ ed operare nel seguente modo:

$$(2.5.4) \quad \Delta l = \frac{l_{max} - l_{min}}{2} = \frac{11.356 - 11.350}{2} = 0.004$$

Una siffatta valutazione è, però, una stima troppo pessimistica perché si basa sui valori più distanti dai valori centrali che, come indicano i grafici (2.5.1) e (2.5.2), sono i più numerosi. Allora si può tentare di stimare un'incertezza che tenga conto, soprattutto dei valori che siano meno distanti dai valori centrali sicché, ritornando al grafico di figura (2.5.1), si osserva che i valori della misura si dispongono intorno alla retta di equazione cartesiana $y = \text{cost}$ la cui costante coincide con il valore medio della misura : $\text{cost} = 11.354$. Indicando con ε_i la deviazione di ciascun dato dalla media, la stima dell'incertezza potrebbe essere ricondotta alla determinazione della deviazione media in analogia al valore attribuito alla misura. Questa operazione non conduce a nessun risultato utile perché si ottiene $\sum_i \varepsilon_i = 0$ e quindi $\frac{\sum_i \varepsilon_i}{N} = 0$

Allora, se si elevano al quadrato le deviazioni iesime si ha $\sum_i \varepsilon_i^2 \neq 0$, quindi si può considerare l'espressione:

$$(2.5.5) \qquad \mu = \sqrt{\frac{\sum_i \varepsilon_i^2}{N}} = \sqrt{\frac{\sum_i \left(l_i - \bar{l}\right)^2}{N}}$$

detta **deviazione standard** come utile parametro per definire l'incertezza.

Osservando che il numeratore della frazione sotto radice esprime N differenze rispetto ad un dato unico: il valore medio, si dovrà avere una riduzione di una unità dei valori indipendenti o, come si dice con altro linguaggio, una riduzione dei gradi di libertà del problema e ciò implica che l'equazione (2.5.5) deve essere scritta come:

$$(2.5.6) \qquad \mu = \sqrt{\frac{\sum_i \varepsilon_i^2}{N-1}} = \sqrt{\frac{\sum_i \left(l_i - \bar{l}\right)^2}{N-1}}$$

La deviazione standard μ esprime quanto, mediamente, un singolo valore differisce dalla media aritmetica dei valori. Eseguendo la misurazione di una grandezza fisica, si può determinare un insieme di valori sufficientemente numeroso e dividerlo in gruppi di valori, quindi si può determinare per ogni gruppo la media aritmetica dei valori e per tutto l'insieme la media aritmetica delle medie. In tal caso, si può dimostrare che la **deviazione standard** μ e la **deviazione standard della media** σ sono legate dalla seguente relazione:

$$(2.5.7) \qquad \sigma = \frac{\mu}{\sqrt{N}}$$

in cui N esprime il numero di misurazioni eseguite.

La **deviazione standard della media** σ esprime quanto, mediamente, la media aritmetica dei valori di un gruppo di valori differisce dalla media aritmetica delle medie e può essere assunta come incertezza da associare al valore della misura. Dalla relazione (2.5.7) si nota che la **deviazione standard della media** diminuisce al crescere del numero di misurazioni e ciò induce a ritenere che può essere resa infinitamente piccola. Comunque, pur disponendo di molto tempo e di molta pazienza per eseguire numerose misurazioni, esiste un limite invalicabile legato, sostanzialmente, all'intervallo di taratura dello strumento di misura che non può essere considerato come un effetto puramente casuale a valore medio nullo; esso comprende delle differenze sistematiche che non possono essere rimosse ripetendo la misurazione nello stesso modo. Su tempi lunghi, poi, non è possibile mantenere inalterate le condizioni sperimentali e pertanto si avrebbero valori ancora più dispersi. Quindi, quando la deviazione standard della media diventa dell'ordine di grandezza confrontabile con la sensibilità dello strumento di misura, non ha più senso ridurla ulteriormente perché l'incertezza dello strumento di misura non può diminuire. Volendo migliorare la precisione della misura bisogna modificare l'apparato sperimentale. Calcolando la *deviazione standard* della media nel caso della misurazione della lunghezza del diametro del cilindro, si ottiene:

$$(2.5.8) \quad \sigma \equiv 0.0003 \ mm$$

Poiché questo valore è più piccolo del valore che esprime la sensibilità dello strumento di misura, non può essere accettato in quanto il procedimento statistico è stato spinto al di là delle reali prestazioni che può fornire l'apparato sperimentale. Pertanto si assumerà come incertezza da associare al valore della misura la sensibilità dello strumento, quindi il risultato si dovrà scrivere come:

$$(2.5.9) \quad l_d = (11.354 \pm 0.001) \, mm$$

2.6 LA DISTRIBUZIONE DI GAUSS

Se nell'istogramma di figura (2.5.2) del paragrafo (2.5) si sostituisce la molteplicità m_i con la *densità di frequenza* definita *come frequenza per unità di intervallo:*

$$(2.6.1) \quad \rho_i = \frac{1}{\Delta x_i} f_i$$

si ottiene che l'area dell'iesimo rettangolo è uguale alla corrispondente frequenza e, per l'equazione (2.5.3) del paragrafo (2.5), l'area totale dell'istogramma è uguale a 1. Un siffatto istogramma si dice **normalizzato**. Facendo tendere all'infinito il numero di misurazioni $N \rightarrow \infty$ e a zero l'incertezza dello strumento di misura $\Delta x \rightarrow 0$, l'istogramma si trasforma in una curva che esprime la distribuzione limite **(distribuzione di Gauss)** la cui espressione analitica è fornita dalla seguente funzione **(funzione di Gauss):**

$$(2.6.2) \qquad \rho(x) = \frac{1}{\beta\sqrt{2\pi}} e^{-\frac{(x-X)^2}{2\beta^2}}$$

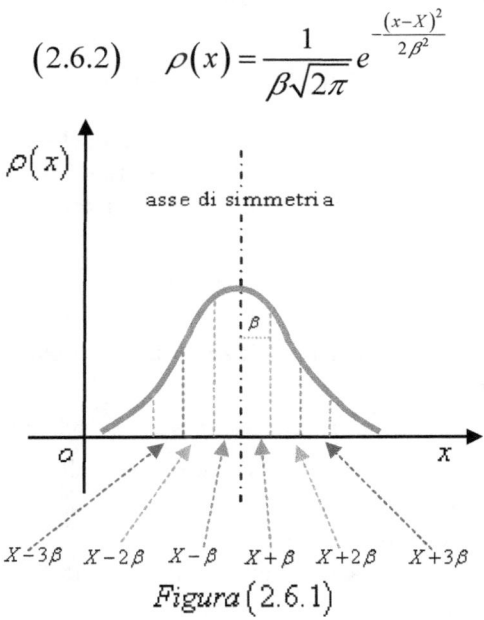

$$Figura\,(2.6.1)$$

Quindi l'area sottesa dalla curva, relativa ad un certo intervallo, rappresenta il valore limite a cui tende la frequenza di quell'intervallo. Poiché il valore limite a cui tende la frequenza coincide con la probabilità a priori, la distribuzione di Gauss assume anche il nome di **distribuzione di probabilità.** Si osservi che la frequenza si calcola sulla base dei dati sperimentali, diverso è il concetto di probabilità di un evento intesa come il numero atteso dopo moltissime prove **(infinite prove).** Per esempio, se si eseguono mille lanci di una moneta si può ottenere che 470 volte si verifica l'evento testa e 530 volte si verifica l'evento croce; le rispettive frequenze sono:

$$f_t = 0.47 \qquad ; \qquad f_c = 0.53$$

Aumentando il numero di lanci si verifica che le due frequenze tendono ad assumere il valore 0.5 che coincide con il valore di probabilità a priori calcolato come rapporto del numero di eventi favorevoli e del numero di eventi possibili:

$$(2.6.3) \quad p = \frac{1}{2} = 0.5$$

Ne consegue che la probabilità di un evento è quel numero a cui tende la frequenza quando vengono eseguite infinite prove. In ogni caso, la probabilità di un evento può solo assumere valori compresi nell'intervallo chiuso $[0,1]$.

Un *evento* si dice *certo* se la sua probabilità vale 1, si dice *impossibile* se la sua probabilità vale 0 .

Nel caso della moneta, l'evento *: in un lancio si verifica testa o croce* è un evento *certo*.

La funzione di Gauss oltre ad essere sempre positiva $\rho(x) > 0$ è anche normalizzata nel senso che l'area sottesa dalla sua curva è uguale a 1; inoltre verifica le seguenti proprietà:

ha un massimo nel punto $x = X$

è simmetrica rispetto all'asse parallelo all'asse delle ordinate e passante per il punto $x = X$

• ha due punti di flesso in $x = X - \beta$ e $x = X + \beta$

(i punti di flesso sono quei punti in cui la curva cambia concavità , β si chiama parametro di larghezza)

• il calcolo dell'area sottesa dalla curva fra i punti $x = X - \beta$ e $x = X + \beta$ fornisce il valore 0.68; quello dell'area sottesa fra i punti $x = X - 2\beta$ e $x = X + 2\beta$ fornisce il valore 0.95; quello dell'area sottesa fra i punti $x = X - 3\beta$ e $x = X + 3\beta$ fornisce il valore 0.997. Si osservi che in un qualsiasi istogramma a intervallo e normalizzato il *massimo* è localizzato in corrispondenza di una stretta fascia di valori centrali; questa fascia si restringe sempre più attorno al valore fornito dalla media aritmetica dei valori quanto più aumenta il numero di misurazioni e quanto più diminuisce l'incertezza dello strumento di misura. Quindi per $N \to \infty$ e $\Delta x \to 0$ la media aritmetica dei valori tende ad X, per il quale è massima la probabilità della distribuzione di Gauss, e la deviazione standard tende al parametro di larghezza β. Ne consegue che il problema di determinare la distribuzione limite a partire da un insieme di risultati, casualmente distribuiti, si può risolvere assegnando ai parametri X e β della funzione (2.6.2) i valori $\overline{X}$ della media aritmetica dei valori e μ della deviazione standard calcolati dai dati stessi. Per esempio, nel caso della misurazione della lunghezza del diametro del cilindro si ha:

$$\overline{X} = \overline{l}_d = 11.354 \qquad ; \qquad \beta = \mu \cong 0.002$$

quindi la funzione limite stimata è:

$$(2.6.4) \qquad \rho(x) = \frac{1}{0.002\sqrt{2\pi}} e^{-(X-11.354)^2/2(0.002)^2}$$

La distribuzione di Gauss consente di determinare la probabilità che compete ad un qualsiasi intervallo di valori; in particolare si ha:

• la probabilità che compete all'intervallo di valori $\left[\overline{l} - \mu, \overline{l} + \mu\right]$ è 0.68

• la probabilità che compete all'intervallo di valori $\left[\overline{l} - 2\mu, \overline{l} + 2\mu\right]$ è 0.95

• la probabilità che compete all'intervallo di valori $\left[\overline{l} - 3\mu, \overline{l} + 3\mu\right]$ è 0.97

Queste affermazioni sono tante più vere quanto più l'istogramma approssima la curva di Gauss. Infine, si osservi che si può dimostrare che il rapporto tra la deviazione standard μ e la media del modulo delle deviazioni del valore aritmetico medio $\sum_i |\varepsilon_i| / N$ è costante e vale:

$$(2.6.5) \qquad \frac{\mu}{\dfrac{\sum_i |\varepsilon_i|}{N}} = 1.2533$$

Questo valore è caratteristico di tutte le distribuzioni gaussiane e può essere utilizzato per verificare, sommariamente, se un gruppo di dati segue o meno la distribuzione di Gauss. Nel caso della misurazione della lunghezza del diametro del cilindro si ha:

$$(2.6.6) \qquad \frac{\mu}{\dfrac{\sum_i |\varepsilon_i|}{N}} \cong \frac{0.002}{0.060} = 1.17$$

il che indica che i dati di questa misurazione seguono la distribuzione di Gauss.

2.7 PROPAGAZIONE DELLE INCERTEZZE SULLE MISURE INDIRETTE

Sia G una grandezza fisica legata alle grandezze $x_1, x_2, \ldots\ldots, x_n$ dalla relazione:

$$(2.7.1) \qquad G = f\left(x_1, x_2, \ldots\ldots, x_n\right)$$

Si supponga di dover eseguire una misura indiretta di G; in tal caso, com'è noto, bisogna misurare direttamente $x_1, x_2, \ldots\ldots, x_n$ e ricavare tramite la relazione (2.7.1) la misura G. Ciò fatto, si pone il problema di determinare l'incertezza da associare alla misura di G a partire dalle incertezze sulle misure di $x_1, x_2, \ldots\ldots, x_n$. Quest'ultime possono essere dichiarate sia come intervalli di taratura degli strumenti di misura sia come deviazione standard e ciò corrisponde a due diversi modi di intendere la misura: quello legale che si preoccupa di determinare in modo certo la grandezza in esame e quello scientifico di laboratorio che si preoccupa di determinare in modo rigoroso l'incertezza sperimentale. Dichiarando le incertezze sulle misure dirette come intervalli di taratura degli strumenti di misura, l'incertezza sulla misura indiretta si calcola nel modo seguente:

$$(2.7.2) \quad \Delta G = \frac{G_{max} - G_{min}}{2}$$

in cui G_{max} e G_{min} rappresentano rispettivamente il massimo e il minimo valore che la grandezza G assume negli estremi degli intervalli delle incertezze sulle misure dirette. Come applicazione della relazione (2.7.2) verranno determinate le incertezze di alcune relazioni di grandezze fisiche che ricorrono molto spesso:

---

la grandezza fisica G è legata alle grandezze x e y dalla relazione:

$$(2.7.3) \quad G = x + y$$

eseguendo la misurazione di x si ottiene il seguente valore:

$$(2.7.4) \quad x + \Delta x$$

eseguendo la misurazione di y si ottiene il seguente valore:

$$(2.7.5) \quad y + \Delta y$$

Calcolando G_{max} e G_{min} si ha:

$$\begin{cases} G_{max} = x_{max} + y_{max} = x + \Delta x + y + \Delta y \\ G_{min} = x_{min} + y_{min} = x - \Delta x + y - \Delta y \end{cases}$$

e sostituendo nella relazione (2.7.2) si ottiene la relazione:

$$(2.7.6) \quad \Delta G = \Delta x + \Delta y$$

> *la grandezza fisica* G *è legata alle grandezze* x *e* y *dalla*
> *relazione:*
> $$(2.7.7) \quad G = x - y$$

con una procedura analoga alla precedente si ricava:
$$(2.7.8) \quad \Delta G = \Delta x + \Delta y$$
anche nel caso della differenza le incertezze si sommano.

> *la grandezza fisica* G *è legata alle grandezze* x *e* y *dalla*
> *relazione:*
> $$(2.7.9) \quad \Delta G = x \cdot y$$

eseguendo la misura di x si ottiene il seguente valore:
$$(2.7.10) \quad x \pm \Delta x$$
eseguendo la misura di y si ottiene il seguente valore:
$$(2.7.11) \quad y \pm \Delta y$$
Calcolando G_{max} e G_{min} si ha:

$$\begin{cases} G_{max} = x_{max} \cdot y_{max} = (x + \Delta x) \cdot (y + \Delta y) \\ G_{min} = x_{min} \cdot y_{min} = (x - \Delta x) \cdot (y - \Delta y) \end{cases}$$

e sostituendoli nella relazione (2.7.2) si ottiene la relazione:
$$(2.7.12) \quad \Delta G = y\Delta x + x\Delta y$$
in cui tenendo conto della relazione (2.7.9), si ottiene la relazione:
$$(2.7.13) \quad \frac{\Delta G}{G} = \frac{\Delta x}{x} + \frac{\Delta y}{y}$$
dalla quale si deduce che in un prodotto sono le incertezze relative che si sommano.

la grandezza fisica G *è legata alla grandezza* x *dalla relazione:*
$$(2.7.14) \quad G = x^2$$

poiché questa relazione si può scrivere come:
$$G = x \cdot x$$
si può utilizzare la relazione (2.7.12) e scrivere la relazione:
$$(2.7.15) \quad \Delta G = 2x\Delta x$$
in cui tenendo conto della relazione (2.7.14) si ottiene la relazione:
$$(2.7.16) \quad \frac{\Delta G}{G} = 2\frac{\Delta x}{x}$$
Generalizzando il risultato (2.7.15) al caso in cui la grandezza fisica G sia legata alla grandezza x dalla relazione:
$$(2.7.17) \quad G = x^n$$
si ottiene la seguente relazione:
$$(2.7.18) \quad \Delta G = nx^{n-1}\Delta x$$
in cui dividendo il primo membro per G ed il secondo membro per x^n, si ottiene la relazione:
$$(2.7.19) \quad \frac{\Delta G}{G} = n\frac{\Delta x}{x}$$

la grandezza fisica G *è legata alla grandezza* x *dalla relazione:*
$$(2.7.20) \quad G = kx$$
in cui k è costante.

Utilizzando l'equazione (2.7.12) si ha: $\Delta G = k\Delta x + x\Delta k$ in quanto è: $\Delta k = 0$, quindi segue l'equazione:
$$(2.7.21) \quad \frac{\Delta G}{G} = \frac{\Delta x}{x}$$

la grandezza fisica G è legata alle grandezze x e y dalla relazione:

$$(2.7.22) \quad G = \frac{x}{y}$$

eseguendo la misura di x si ottiene il seguente valore:

$$(2.7.23) \quad x \pm \Delta x$$

eseguendo la misura di y si ottiene il seguente valore:

$$(2.7.24) \quad y \pm \Delta y$$

Calcolando G_{max} e G_{min} si ha:

$$\begin{cases} G_{max} = \dfrac{x_{max}}{y_{max}} = \dfrac{x + \Delta x}{y + \Delta y} \\[3mm] G_{min} = \dfrac{x_{min}}{y_{min}} = \dfrac{x - \Delta x}{y - \Delta y} \end{cases}$$

e sostituendoli nella relazione (2.7.2) si ottiene la relazione:

$$\Delta G = \frac{x \Delta x + y \Delta y}{y^2 - (\Delta y)^2}$$

in cui trascurando $(\Delta y)^2$ perché piccolo rispetto a y^2 si ha:

$$\Delta G = \frac{x \Delta x + y \Delta y}{y^2}$$

in cui dividendo primo e secondo membro per $\dfrac{x}{y}$ si ottiene la seguente relazione:

$$(2.7.25) \quad \frac{\Delta G}{G} = \frac{\Delta x}{x} + \frac{\Delta y}{y}$$

la grandezza fisica G è una funzione trascendente di una grandezza x, per esempio:

$(2.7.26)$ $\quad G = \log x \quad$ oppure $\quad G = \sin x \quad$ oppure..........

Se le incertezze sulla grandezza x sono sufficientemente piccole, come in realtà accade, allora si può ritenere che tra G e x ci sia una relazione lineare e ricondurre il calcolo dell'incertezza da associare a G, a quello fornito dalla seguente relazione:

$$(2.7.27) \qquad \Delta G = \frac{\left| G(x+\Delta x) - G(x-\Delta x) \right|}{2}$$

oppure

$$(2.7.28) \qquad \Delta G = \left| G(x+\Delta x) - G(x-\Delta x) \right|$$

Si osservi che, com'è stato già detto, l'incertezza è una quantità positiva e, qualora risultasse negativa dai calcoli, deve essere considerato il suo valore assoluto. Infine, si osservi che i risultati raccolti nella tabella (2.7.1) possono essere riprodotti molto velocemente con l'uso della seguente formula compatta:

$$(2.7.29) \qquad \Delta G = \left| \frac{\partial G}{\partial x} \right| \Delta x + \left| \frac{\partial G}{\partial y} \right| \Delta y + \left| \frac{\partial G}{\partial z} \right| \Delta z + \ldots\ldots$$

Questa formula è facilmente comprensibile al lettore che conosce il calcolo differenziale.

grandezza	incertezza assoluta o relativa
$G = x + y$	$\Delta G = \Delta x + \Delta y$
$G = x - y$	$\Delta G = \Delta x + \Delta y$
$G = xy$	$\dfrac{\Delta G}{\lvert G \rvert} = \dfrac{\Delta x}{\lvert x \rvert} + \dfrac{\Delta y}{\lvert y \rvert}$
$G = x^2$	$\dfrac{\Delta G}{\lvert G \rvert} = 2\dfrac{\Delta x}{\lvert x \rvert}$
$G = x^n$	$\dfrac{\Delta G}{\lvert G \rvert} = n\dfrac{\Delta x}{\lvert x \rvert}$
$G = kx$	$\Delta G = k\Delta x$
$G = \dfrac{x}{y}$	$\dfrac{\Delta G}{\lvert G \rvert} = \dfrac{\Delta x}{\lvert x \rvert} + \dfrac{\Delta y}{\lvert y \rvert}$
$G = G(x)$	$\Delta G = \dfrac{1}{2}\lvert G(x + \Delta x) - G(x - \Delta x)\rvert$

Tabella (2.7.1)

Quando le incertezze sulle misure dirette vengono dichiarate come deviazioni standard, per determinare l'incertezza da associare alla misura indiretta si devono usare metodi matematici-statistici.

per chiarire il significato di questa affermazione si osservi che:

se G è legata alle grandezze x e y dalla relazione: $G = x + y$, si può dimostrare che se le misure di x e di y sono disperse e seguono la distribuzione di Gauss, allora anche la misura di G risulta dispersa e segue la distribuzione di Gauss. Pertanto se $\bar{x}$ e $\bar{y}$ sono le medie aritmetiche dei valori di x e y rispettivamente, la media aritmetica dei valori di G sarà:

$$(2.7.30) \quad \bar{G} = \bar{x} + \bar{y}$$

Per quanto riguarda l'incertezza da associare alla grandezza G, si osservi che se μ_x e μ_y sono le deviazioni standard di x e y rispettivamente, si ha che la deviazione standard di G è data dalla relazione seguente:

$$(2.7.31) \quad \mu_G = \sqrt{\left(\mu_x\right)^2 + \left(\mu_y\right)^2}$$

che prende il nome di **somma quadratica;** essa può essere generalizzata ad una funzione qualsiasi ottenendo la seguente formula compatta:

$$(2.7.32) \quad \Delta G = \sqrt{\left(\frac{\partial G}{\partial x}\mu_x\right)^2 + \left(\frac{\partial G}{\partial y}\mu_y\right)^2 + \left(\frac{\partial G}{\partial z}\mu_z\right)^2 + \ldots\ldots\ldots}$$

Questa formula è corretta dal punto di vista della fisica sperimentale e può essere giustificata matematicamente in una più ampia *teoria della misura*

2.8 ESERCIZI SVOLTI

Esercizio n. 1

Si calcoli la somma L di due lunghezze l_1 e l_2 misurate rispettivamente con un calibro ventesimale e un calibro palmer.

Siano $l_1 = \left(4.00 + 0.05\right)mm$ e $l_2 = \left(3.30 + 0.01\right)mm$

Si calcoli: $L \rightarrow$

$$L = l_1 + l_2 = \left(4 + 3.30\right)mm = 7.30mm$$

Si calcoli $\Delta L \rightarrow$

$$\Delta L = \Delta l_1 + \Delta l_2 = (0.05 + 0.01)\,mm = 0.06mm$$

Il risultato della misura di L è: $L = (7.30 \pm 0.06)\,mm$

Esercizio n. 2

Si calcoli il peso netto P_N di un materiale contenuto in una cassa. Il peso lordo P_L e la tara T sono stati misurati direttamente e sono stati ottenuti i seguenti risultati:

$$P_L = (30.5 \pm 0.5)\,kg \qquad ; \qquad T = (1.5 \pm 0.1)\,kg$$

Si calcoli $P_N \rightarrow$

$$P_N = P_L - T = (30.5 - 1.5)\,kg = 29kg$$

Si calcoli $\Delta P_N \rightarrow$

$$\Delta P_N = \Delta P_L - \Delta T = (0.5 + 0.1)\,kg = 0.6kg$$

Il risultato della misura è: $P_N = (29.0 \pm 0.6)\,kg$

Esercizio n. 3

Si calcoli la forza F che agisce su un corpo di massa $m = (420 \pm 1)\,g$

e che cade liberamente con accelerazione $g = (980 \pm 1)\dfrac{cm}{s^2}$.

Si calcoli $F \rightarrow$

$$F = mg = (420 \cdot 980)\,g\frac{cm}{s^2} = 4.116 \cdot 10^5\,g\frac{cm}{s^2}$$

Si calcoli $\dfrac{\Delta F}{F} \rightarrow$

$$\frac{\Delta F}{F} = \left(\frac{\Delta m}{m} + \frac{\Delta g}{g}\right) = \left(\frac{1}{420} + \frac{1}{980}\right) \cong 3.40 \cdot 10^{-3} = 0.34\%$$

Il risultato della misura è:

$$F = (4.116 \pm 0.014) \cdot 10^5\,g\frac{cm}{s^2} = (4.116 \pm 0.014)\,N$$

Nell'eseguire questi esercizi, il lettore si sarà reso conto che i risultati dei calcoli che conducono al valore della misura indiretta e alla sua incertezza sono quasi sempre rappresentati da cifre non intere che devono essere approssimate. Il criterio con cui si eseguono queste approssimazioni consiste nel determinare il numero di cifre significative.

Detto n questo numero è sufficiente condurre i calcoli con un'approssimazione a $n+1$ cifre.

Esercizio n. 4

Si calcoli la velocità media v di un'atleta che percorre uno spazio $s = (300.0 \pm 0.1)\,m$ impiegando un tempo $t = (32.50 \pm 0.01)\,s$. Si calcoli l'ordine di grandezza della velocità media v^*

$$v^* = \frac{300}{30}\frac{m}{s} = 10\frac{m}{s}$$

Si calcoli l'ordine di grandezza dell'incertezza assoluta Δv^*

$$\Delta v^* = \left(\frac{0.1}{300} + \frac{0.01}{30} \right) \cdot 10 \cong 0.007\frac{m}{s}$$

Poiché il numero di cifre significative dell'incertezza assoluta è quattro, i calcoli che conducono alla determinazione della velocità media e della sua incertezza saranno condotti con cinque cifre.

Si calcoli $v \rightarrow$

$$v = \frac{s}{t} = \frac{300}{32.50}\frac{m}{s} = 9.23.07\frac{m}{s}$$

Si calcoli $\dfrac{\Delta v}{v} \rightarrow$

$$\frac{\Delta v}{v}\left(\frac{\Delta s}{s} + \frac{\Delta t}{t} \right) = \left(\frac{0.1}{300} + \frac{0.01}{32.50} \right) \cong (0.0003 + 0.0003) =$$
$$= (0.0006) = 0.06\%$$

Si calcoli $\Delta v \rightarrow$

$$\Delta v = \left(\frac{\Delta s}{\Delta t} + \frac{\Delta t}{t} \right) v = \left(\frac{0.1}{300} + \frac{0.01}{32.50} \right) \cdot 9.2307 \frac{m}{s} =$$

$$= 0.0006 \cdot 9.2307 \frac{m}{s} \cong 0.0056 \frac{m}{s}$$

Il risultato della misura è: $v = (9.2307 + 0.0056) \dfrac{m}{s}$

Esercizio n. 5

Si calcoli l'incertezza ΔG da associare alla misura della grandezza $G \sin \alpha$ sapendo che l'angolo α è stato direttamente misurato avendo ottenuto il valore $\alpha = (30 \pm 1)°$

Si calcoli $G \rightarrow$

$$G = \sin \alpha = \sin 30° = 0.5$$

Si calcoli $\Delta G \rightarrow$

$$\Delta G = \Delta \sin \alpha = \frac{\left| \sin (30 + 1)° - \sin (30 - 1)° \right|}{2} \cong 0.02$$

Il risultato della misura è: $G = (0.50 \pm 0.02)$

Esercizio n. 6

Il modulo M del momento angolare di un corpo che si muove rispetto ad un punto fisso O è espresso dalla seguente relazione $M = mvr \sin \alpha$ in cui è:

m = massa del corpo

v = velocità

r = distanza del corpo dal punto O

α = angolo formato tra r e la direzione del moto

Queste grandezze sono state misurate direttamente e la loro misura è:

$$m = (50 \pm 1)\, g$$

$$v = (10 \pm 1)\, \frac{m}{s}$$

$$r = (20 \pm 1)\, cm$$

$$\alpha = (30 \pm 1)^\circ$$

Si calcoli il valore di $M \rightarrow$

$$M = mvr \sin \alpha = 50 \cdot 10 \cdot 20 \cdot 0.5 = 5.0 \cdot 10^3 \, g\, \frac{cm^2}{s}$$

Si calcoli $\dfrac{\Delta M}{M} \rightarrow$

$$\frac{\Delta M}{M} = \frac{\Delta m}{m} + \frac{\Delta v}{v} + \frac{\Delta r}{r} + \frac{\Delta \sin \alpha}{\sin \alpha} = \frac{1}{50} + \frac{1}{10} + \frac{1}{20} + \frac{0.02}{0.5} = 0.21$$

$$\frac{\Delta M}{M}\% = 2\% + 10\% + 5\% + 4\% = 21\%$$

Si osservi come le incertezze sulle misure dirette sono dello stesso ordine di grandezza e ciò significa che l'apparato sperimentale è stato ben calibrato. Infatti, poiché la precisione della misura di M è determinata dalla somma delle precisioni di tutte le grandezze, non avrebbe avuto senso usare qualche strumento con una maggiore sensibilità.

Si calcoli $\Delta M \rightarrow$

$$\Delta M = \frac{\Delta M}{M} M = 0.21 \cdot 5 \cdot 10^3 \cong 10^3 \, g\, \frac{cm^2}{s}$$

Il risultato della misura è: $M = (5 \pm 1) \cdot 10^3 \, g\, \frac{cm^2}{s}$

Si osservi che ΔM può essere determinato anche usando la formula (2.7.29):

$$\Delta M = \left|\frac{\partial M}{\partial m}\right| \Delta m + \left|\frac{\partial M}{\partial v}\right| \Delta v + \left|\frac{\partial M}{\partial r}\right| \Delta r + \left|\frac{\partial M}{\partial \sin \alpha}\right| \Delta \sin \alpha \Rightarrow$$

$$\Delta M = vr \sin \alpha \Delta m + mr \sin \alpha \Delta v + mv \sin \alpha \Delta r + mvr \cos \alpha \Delta \alpha \Rightarrow$$

$$\Delta M = 10 \cdot 20 \cdot 0.5 \cdot 1 + 50 \cdot 20 \cdot 0.5 \cdot 1 + 50 \cdot 10 \cdot 05 \cdot 1 + 50 \cdot 10 \cdot 20 \cdot 0.87 \cdot 1 =$$

$$= 100 + 500 + 250 + 8700 \cong 10^3 \, g \, \frac{cm^2}{s}$$

Esercizio n. 7

Si determini la misura della grandezza $G = Ax^2 + y$ in cui è:

$$\begin{cases} A = \text{cost} = 27 \\ x = (10.3 \pm 0.5) \\ y = (9 \pm 1) \end{cases}$$

Si calcoli $G \rightarrow$

$$G = Ax^2 + y = 27 \cdot (10.3)^2 + 9 = 2873.43 \cong 2873$$

Si calcoli $\Delta G \rightarrow$

$$\Delta G = \Delta \left(Ax^2 y \right) = \Delta \left(Ax^2 \right) + \Delta y \text{ in cui usando la relazione (2.7.15) si}$$
ha:

$$\Delta G = A2x\Delta x + \Delta y \Rightarrow$$
$$\Delta G = 27 \cdot 2 \cdot 10.3 \cdot 0.5 + 1 \cong 300$$

Il risultato della misura è: $G = (2.9 \pm 0.3) \cdot 10^3$

Esercizio n. 8

Si consideri la funzione $V = V_0 e^{-\frac{t}{RC}}$; essa esprime la legge con cui un condensatore di capacità C si scarica su una resistenza R : si chiede di determinare la differenza di potenziale elettrico V ai capi del condensatore ad un dato istante di tempo t avendo eseguito la misurazione diretta delle seguenti grandezze:

$$\begin{cases} V_0 = (320 \pm 0.5)\,volt \\ R = (1.00 \pm 0.01)\cdot 10^6\,\Omega \\ C = (40 \pm 1)\cdot 10^6\,F \\ t = (100.0 \pm 0.2)\,s \end{cases}$$

Si calcoli $\dfrac{t}{RC} \rightarrow$

$$\frac{t}{RC} = \frac{100}{1\cdot 40 \cdot 10^6 \cdot 10^{-6}} = 2.5$$

Si calcoli l'incertezza relativa $\dfrac{\Delta\left(\dfrac{t}{RC}\right)}{\dfrac{t}{RC}}$ sull'esponente:

$$\frac{\Delta\left(\dfrac{t}{RC}\right)}{\dfrac{t}{RC}} = \frac{\Delta t}{t} + \frac{\Delta R}{R} + \frac{\Delta C}{C} = \frac{0.2}{100} + \frac{0.01}{1} + \frac{1}{40} \cong 0.04$$

Si calcoli l'incertezza assoluta $\Delta\left(\dfrac{t}{RC}\right)$ sull'esponente:

$$\Delta\left(\frac{t}{RC}\right) = \left(\frac{\Delta t}{t} + \frac{\Delta R}{R} + \frac{\Delta C}{C}\right) = 0.04 \cdot 2.5 = 0.1$$

Il valore dell'esponente è: $\dfrac{t}{RC} = \left(2.5 \pm 0.1\right)$

Si calcoli il valore della funzione $e^{-\frac{t}{RC}} \rightarrow$

$$e^{-\frac{t}{RC}} = e^{-2.5} \cong 0.082$$

Si calcoli il valore della differenza di potenziale elettrico all'istante t:

$$V = V_0 e^{-\frac{t}{RC}} = 32 \cdot 0.082 \cong 2.62$$

Si calcoli l'incertezza relativa $\dfrac{\Delta V}{V} \rightarrow$

$$\frac{\Delta V}{V} = \frac{\Delta V_0}{V_0} + \frac{\Delta e^{-\frac{t}{RC}}}{e^{-\frac{t}{RC}}} \quad \text{in cui osservando che è:}$$

$$\Delta e^{-\frac{t}{RC}} = \frac{\left| e^{-(2.5+0.1)} - e^{-(2.5-0.1)} \right|}{2} \cong 0.008 \quad \text{si ottiene:}$$

$$\frac{\Delta V}{V} = \frac{0.5}{32} + \frac{0.008}{0.082} = 0.11 \qquad \text{quindi} \qquad \text{è:}$$

$$\Delta V = \frac{\Delta V}{V} V = 0.11 \cdot 2.62 \cong 0.3 volt$$

Il risultato della misura è: $V = (2.6 \pm 0.3)\, volt$

L'incertezza assoluta ΔV può essere calcolata usando la formula (2.7.29):

$$\Delta V = \left|\frac{\partial V}{\partial V_0}\right|\Delta V_0 + \left|\frac{\partial V}{\partial Vt}\right|\Delta t + \left|\frac{\partial V}{\partial R}\right|\Delta R + \left|\frac{\partial V}{\partial C}\right|\Delta C \Rightarrow$$

$$\Delta V = e^{-\frac{t}{RC}}\Delta V_0 + \left|\frac{1}{RC}\right|V_0 e^{-\frac{t}{RC}}\Delta t + \frac{t}{R^2 C}V_0 e^{-\frac{t}{RC}}\Delta R + \frac{t}{R^2 C}V_0 e^{-\frac{t}{RC}}\Delta C \Rightarrow$$

$$\frac{\Delta V}{V} = \frac{\Delta V_0}{V_0} + \left|-\frac{\Delta T}{RC}\right| + \frac{t}{R^2 C}\Delta R + \frac{t}{RC^2}AC \Rightarrow$$

$$\frac{\Delta V}{V} = 0.016 + 0.05 + 0.025 + 0.063 \cong 0.11\% \Rightarrow$$

$$\Delta V = \frac{\Delta V}{V}V = 0.11 \cdot 2.62 \cong 0.3 \quad \text{in} \quad \text{accordo} \quad \text{con} \quad \text{il} \quad \text{risultato}$$

precedente.

Quindi risulta: $V = (2.6 \pm 0.3)\, volt$

	TEST DI VERIFICA (2.1)
1	quale ruolo svolgono gli strumenti di misura nello studio dei fenomeni fisici
2	quali parametri definiscono le condizioni di impiego degli strumenti di misura
3	cosa si intende per strumento lineare
4	cos'è il metro
5	come si scrive il risultato di una misurazione e cosa si intende per cifre significative
6	quali sono le dimensioni dell'incertezza assoluta e quali quelle dell'incertezza relativa
7	cosa si intende per precisione di una misura
8	cosa sono le fluttuazioni casuali
9	cos'è una differenza sistematica
10	quali sono i criteri per garantirsi rispetto alle differenze sistematiche
11	quale valore si attribuisce alla misura di una grandezza fisica quando, in prove ripetute, lo strumento di misura fornisce valori, in generale, diversi tra loro
12	quale incertezza si attribuisce al valore medio di una misura
13	quali sono le proprietà della funzione di Gauss
14	quale criterio si utilizza per verificare, grossolanamente, se un insieme di dati sperimentali segue la distribuzione di Gauss.

15	nel caso si voglia determinare l'incertezza da associare alla misura di una grandezza fisica G ottenuta con un procedimento di misurazione indiretta, come si possono dichiarare le incertezze relative alle misure delle grandezze x_i legate alla grandezza G
16	la sensibilità di uno strumento di misura è definita come: A. la minima quantità della grandezza in ingresso allo strumento responsabile di una deviazione apprezzabile rispetto all'inizio scala B. il rapporto tra la variazione della grandezza in ingresso e la corrispondente variazione della grandezza in uscita C. il rapporto tra la variazione della grandezza in uscita e la corrispondente variazione della grandezza in ingresso D. la massima quantità della grandezza che lo strumento è in grado di apprezzare
17	quanto vale la sensibilità s di un dinamometro: (k = costante elastica) A. $s = k$ B. $s = \dfrac{1}{k}$ C. $s = 2k$ D. $s = \dfrac{k}{2}$

18	il sistema internazionale delle unità di misura fa uso di multipli e sottomultipli delle unità che si esprimono come :
	    A. potenze di base 2
	    B. potenze di base 10
	    C. potenze di base 2 ed esponente frazionario
	    D. potenze di base 5

19	l'incertezza relativa si definisce come : A. prodotto dell'incertezza assoluta per il valore misurato della grandezza

	B. prodotto di 100 per l'incertezza assoluta
	C. rapporto tra l'incertezza assoluta ed il valore misurato della grandezza
	D. rapporto tra il valore misurato della grandezza e l'incertezza assoluta
20	la molteplicità di un valore è definita come : A. il più grande valore che assume una grandezza in prove ripetute nelle stesse condizioni sperimentali B. il valore più vicino al valore medio della grandezza C. il numero di volte che l'iesimo valore si presenta D. la somma degli N/2 valori delle N misurazioni
21	quale delle seguenti relazioni esprime la relazione corretta tra la deviazione standard della media σ e la deviazione standard μ A. $\sigma = \dfrac{\mu}{\sqrt{N}}$ B. $\sigma = k\mu$ C. $\sigma = \dfrac{1}{2}\mu^2$ D. $\sigma = \dfrac{\mu}{2\sqrt{N}}$
22	la forza F che agisce su un corpo di massa $m = (420 \pm 1)\,g$ che cade liberamente con accelerazione $g = (980 \pm 1)\dfrac{cm}{s^2}$ è:

A. $F = (4.116 \pm 0.014) \cdot 10^5 \, g \dfrac{cm}{s^2}$

B. $F = (3.907 \pm 0.011) \cdot 10^5 \, g \dfrac{cm}{s^2}$

C. $F = (4.116 \pm 0.002) \cdot 10^4 \, g \dfrac{cm}{s^2}$

D. $F = (4.002 \pm 0.01) \, N$

23	la misura dell'angolo α, legato alla grandezza G dalla relazione $G = \sin \alpha$, con $\alpha = (30 \pm 1)^\circ$. L'incertezza sulla grandezza G è: A. $\Delta G = 1.8$ B. $\Delta G = 0.18$ C. $\Delta G \cong 0.02$ D. $\Delta G = 0.10$
24	la misura della grandezza G *[legata alle grandezze x e y dalla relazione* $G = Ax^2 + y$ *in cui è:* $A = 27$, $x = (1.03 \pm 0.5)$, $y = (9 \pm 1)$*]* è: A. $G = (2.9 \pm 0.1) \cdot 10^6$ B. $G = (2.9 \pm 0.3) \cdot 10^3$ C. $G = (2.9 \pm 0.1)$ D. $G = (2.9 \pm 0.1) \cdot 10^4$
25	la funzione $V = V_0 e^{-\frac{t}{RC}}$ esprime la legge con cui un condensatore di capacità $C = (40 \pm 1) \cdot 10^{-6} \, F$ si scarica su una resistenza $R = (1.00 \pm 0.01) \cdot 10^6 \, \Omega$. Se nell'istante iniziale la differenza di potenziale misurata ai capi del condensatore è $V_0 = (32.0 \pm 0.5) \, volt$, nell'istante

$t = (100.0 \pm 0.2)s$ è:

A. $V = (2.6 \pm 0.3)volt$

B. $V = (1.8 \pm 0.2)volt$

C. $V = (3.1 \pm 0.3)volt$

D. $V = (2.0 \pm 0.1)volt$

TERZO CAPITOLO

ELABORAZIONE DEI DATI SPERIMENTALI

3.1 LA MEDIA PESATA

Nel paragrafo (2.5) del precedente capitolo è stato visto che la media aritmetica, calcolata da un gruppo di dati sperimentali soggetti a fluttuazioni casuali, è la migliore stima possibile della misura di una grandezza fisica e che il risultato di ogni misurazione ha, nell'operazione di media, una stessa importanza perché viene ottenuto in condizioni sperimentali costanti. Questo risultato può essere giustificato anche da un altro punto di vista; infatti, siano $x_1, x_2, \ldots\ldots, x_n$ n determinazioni di una grandezza fisica ottenute in condizioni sperimentali costanti e indicato con X il valore più attendibile da attribuire alla misura della grandezza, si può definire la quantità:

$$(3.1.1) \quad r_i = x_i - X$$

detto residuo relativo alla iesima determinazione

Poiché x_i fornisce un valore approssimato della misura della grandezza, è naturale chiedersi che X sia tale da rendere minimo il valore assoluto del residuo r_i; d'altro canto, considerando tutte le n determinazioni x_i come equivalenti, la X dovrà rendere minimo, in valore assoluto, tutti i residui r_i e ciò equivale a dire che la X deve soddisfare la seguente relazione:

$$(3.1.2) \quad \sum_{i=1}^{n} r_i^2 = \sum_{i=1}^{n} (x_i - X)^2 = \text{minimo}$$

Eseguendo il calcolo di questo minimo si ottiene la seguente equazione:

$$(3.1.3) \quad \sum_{i=1}^{n} (x_i - X) = 0$$

da cui segue l'equazione: $(3.1.4)$ $\quad X = \dfrac{\sum\limits_{i=1}^{n} x_i}{n}$

dalla quale si deduce che l'applicazione del criterio dei minimi quadrati conduce, nell'ipotesi di misure aventi lo stesso peso, ad assegnare come valore più attendibile della misura della grandezza quello fornito dalla media aritmetica dei valori delle n determinazioni. Spesso si hanno a disposizione diverse determinazioni di una grandezza fisica ottenute con procedimenti indipendenti, in condizioni sperimentali diverse e con precisioni diverse; in tal caso può sorgere la necessità di conoscere il valore della grandezza con la massima precisione possibile e quindi di sapere qual è il valore più attendibile che le si può attribuire. È il caso, per esempio, di grandezze fisiche il cui valore entra come parametro essenziale nelle leggi fondamentali della fisica come la **_velocità della luce o la carica elettrica dell'elettrone._** Queste grandezze sono state ripetutamente misurate da vari ricercatori con diversi apparecchi e diverse precisioni, quindi è naturale pretendere di tenere conto di tutti questi risultati per determinare il valore più attendibile. In tali casi, diversamente dal caso precedente, le x_i determinazioni non possono essere considerate equivalenti e perciò è necessario attribuire ad ognuna di esse un peso p_i da determinare successivamente. Ne consegue che la X dovrà ancora rendere minima la somma dei quadrati dei residui, ma tenendo conto dei rispettivi pesi: Quindi si potrà scrivere la relazione:

$$(3.1.5) \qquad \sum_{i=1}^{n} p_i r_i^2 = \sum_{i=1}^{n} p_i \left(x_i - X \right)^2 = \text{minimo}$$

eseguendo il calcolo di questo minimo si ottiene la seguente equazione:

$$(3.1.6) \qquad \sum_{i=1}^{n} p_i \left(x_i - X \right) = 0$$

da cui segue l'equazione: $(3.1.7) \qquad X = \dfrac{\displaystyle\sum_{i=1}^{n} p_i x_i}{\displaystyle\sum_{i=1}^{n} p_i}$

dalla quale si deduce che l'applicazione del criterio dei minimi quadrati conduce ad assegnare come valore più attendibile della misura della grandezza quello fornito dalla media pesata. Orbene, restano da determinare i valori da attribuire ai pesi p_i e l'incertezza σ_x da associare a X. Si può dimostrare, ricorrendo al criterio dei minimi quadrati, che i valori dei pesi p_i sono dati dalla relazione:

$$(3.1.8) \qquad p_i = \frac{1}{\sigma^2}$$

in cui σ_i rappresenta la deviazione standard della media relativa alla iesima determinazione. L'incertezza σ_x su X può essere calcolata tramite le regole di combinazione quadratica delle incertezze, pertanto risulta:

$$(3.1.9) \qquad \sigma_x = \frac{1}{\sqrt{p_1 + p_2 +,\ldots\ldots\ldots, + p_n}}$$

alcune delle principali misure della velocità della luce nel vuoto sono indicate nella tabella seguente:

autori	metodo	risultato $\frac{km}{s}$	deviazione standard $\frac{km}{s}$
Römer 1676	satelliti di Giove	$214 \cdot 10^3$	
Bradley 1727	aberrazione stellare	$308 \cdot 10^3$	
Fizeau 1849	ruota dentata	$314 \cdot 10^3$	
Michelson 1879	specchio rotante	299910	75
Karolus e Mittelstaedt 1928	cella di Kerr	299786	15

Essen e Gordon 1947	cavità risonante	299792	4
Bergsrtand 1949	geodimetro	299796	2
Froome 1951	interferometro a microonde	299792,6	0.7
Karolus e Helmberger 1967	ultrasuoni	299792,5	0.15
1972	sistema laser	299792.462	0.018
1980	sistema laser	299792.4581	0.0019

esempio di calcolo della determinazione più attendibile del valore di una grandezza fisica

In un laboratorio di fisica vengono eseguite tre misurazioni indipendenti della velocità del suono nell'aria ottenendo le seguenti determinazioni:

$$v_1 = (340 \pm 2)\frac{m}{s} \quad ; \quad v_1 = (345 \pm 5)\frac{m}{s} \quad ; \quad v_1 = (341 \pm 1)\frac{m}{s}$$

Si determini il valore v più attendibile da attribuire alla velocità del suono nell'aria e la relativa incertezza.

Utilizzando la relazione (3.1.8) si ha:

$$p_1 = \frac{1}{4} = 0.25 \quad ; \quad p_2 = \frac{1}{25} = 0.04 \quad ; \quad p_1 = 1$$

Utilizzando la relazione (3.1.7) si ha:

$$v = \frac{p\,v_1 + p_2 v_2 + p_3 v_3}{p_1 + p_2 + p_3} = \frac{0.25 \cdot 340 + 0.04 \cdot 345 + 1 \cdot 341}{0.25 + 0.04 + 1} = 340.93 \frac{m}{s}$$

120

Utilizzando la relazione (3.1.9) si ha:

$$\sigma_v = \frac{1}{\sqrt{p_1 + p_2 + p_3}} = \frac{1}{\sqrt{0.25 + 0.04 + 1}} \cong 0.9$$

Il valore più attendibile della misura è:

$$v = (340.9 \pm 0.9)\frac{m}{s}$$

3.2 ALLA RICERCA DI FORMULE EMPIRICHE

Colui che si accinge a studiare un fenomeno naturale deve individuare le grandezze fisiche che concorrono al suo verificarsi e successivamente deve progettare un apparato sperimentale che consente di riprodurre il fenomeno in laboratorio in modo da poterlo studiare in condizioni controllate. Quindi si eseguono le misurazioni delle grandezze fisiche e si ottengono dei dati che esprimono numericamente i valori delle misure; questi dati vengono poi elaborati in modo da poter determinare una relazione matematica tra le grandezze che caratterizzano il fenomeno.

Per vedere tutto ciò come si realizzi, si supponga che le grandezze fisiche che caratterizzano il fenomeno, oggetto di indagine, siano, per semplicità, solo due: x e y e che nel corso delle loro misurazioni si siano determinati i valori di una: y_i in corrispondenza dei valori dell'altra: x_i determinando n coppie (x_i, y_i) di valori corrispondenti. Si chiede di determinare la funzione:

$$(3.2.1) \quad y = f(x)$$

che rappresenta analiticamente la legge fisica di dipendenza tra x e y. Risolvere questo problema in astratto non ha senso: infatti esistono infinite funzioni che possono rappresentare tutti i dati:

$$(3.2.2) \quad y_i = f(x_i) \qquad con \ \ i \in \{1, \ldots\ldots, n\}$$

e con n esprimente il numero di misurazioni eseguite per ogni grandezza. Queste funzioni possono essere, per esempio, tutti i polinomi di grado $m \geq n-1$ ma, in realtà, il problema si pone in maniera diversa perché quasi sempre la forma della funzione (3.2.1) è fissata a priori sulla base dell'accordo con qualche teoria oppure per analogia con qualche altro fenomeno oppure, molto brevemente, in base ad esigenze di semplicità come per esempio la scelte di funzioni del tipo:

$$(3.2.3) \quad \begin{cases} y = ax + b \\ y = ax \\ y = \dfrac{a}{x} \\ y = ax^2 \\ y = ax^2 + bx + c \\ y = y_0 e^{-x} \\ y = \dfrac{a}{x^n} \\ y = \sin x \end{cases}$$

Quando si fissa la forma della funzione si deve osservare che la misura di una grandezza fisica è espressa da un intervallo di valori e ciò implica, nella costruzione del grafico cartesiano, che bisogna riportare, su ogni asse e per ogni misura, un intervallo di valori a cui corrisponderà un ben definito segmento il cui punto medio rappresenta il valore centrale dell'intervallo di valori. Componendo gli intervalli di valori rappresentati sull'asse delle ascisse con quelli rappresentati sull'asse delle ordinate si ottiene un grafico caratterizzato dal fatto che ad ogni coppia di intervalli di valori è univocamente associata una determinata area del piano cartesiano, inversamente ad ogni determinata area del piano cartesiano è univocamente associata una coppia di intervalli di valori. Si stabilisce, quindi, una corrispondenza biunivoca tra le coppie di intervalli di valori e determinate aree del piano cartesiano.

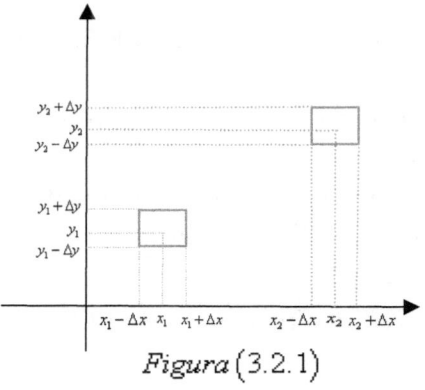

Figura $(3.2.1)$

Una siffatta rappresentazione è certamente rigorosa ma poco efficace per cercare di carpire qualche utile indicazione per la scelta della forma della funzione. Più efficace, quindi, risulta il grafico cartesiano che si ottiene associando ai punti del piano cartesiano la coppia dei valori centrali degli intervalli dei valori e marcando su ogni punto dei segmenti orizzontali e verticali che corrispondono alle incertezze sperimentali delle grandezze *(vedi grafico di figura (3.2.2))*. Fissata la forma della funzione restano da determinare i valori dei parametri che figurano in essa e ciò va fatto in modo da ottenere la curva che meglio interpola i dati sperimentali. Per esempio, se si trova che la funzione è del tipo: $y = ax + b$ i valori dei parametri a e b devono essere determinati in modo tale da ottenere la retta che meglio interpola i dati sperimentali. Per raggiungere questo obiettivo si ricorre al criterio dei minimi quadrati richiedendo che la somma dei quadrati delle differenze tra le coordinate dei punti sperimentali e i corrispondenti punti sulla curva sia il minimo.

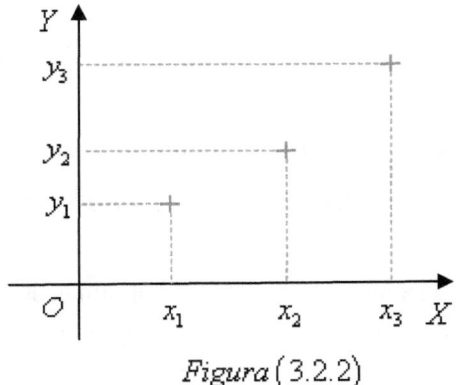

Figura $(3.2.2)$

Si supponga di conoscere la forma della funzione:

$$(3.2.4) \qquad y = f\left(x, P_0 P_1, \ldots\ldots\ldots, P_m\right)$$

e si proponga di determinare i valori degli $m+1$ parametri $x, P_0 P_1, \ldots\ldots\ldots, P_m$. Si ponga:

$$(3.2.5) \qquad y_i = f\left(x_i, P_0 P_1, \ldots\ldots P_m\right) + r_i \qquad \text{con } i \in \{1, \ldots\ldots, n\}$$

in cui y_i è il valore misurato, $f\left(x_i, P_0 P_1, \ldots\ldots P_m\right)$ il valore calcolato e r_i il residuo. In accordo con il criterio dei minimi quadrati gli $m+1$ parametri devono essere tali da rendere minima la somma dei quadrati dei residui:

$$(3.2.6) \qquad \sum_{i=1}^{n} r_i^2 = \sum_{i=1}^{n}\left[y_i - f\left(x_i, P_0 P_1, \ldots\ldots P_m\right)\right]^2 = \text{minimo}$$

Questo problema può essere risolto sotto condizioni assai larghe ma, in questo caso, si preferisce rivolgere l'attenzione a funzioni del tipo polinomiale:

$$(3.2.7) \qquad y = P_0 + P_1 x + P_2 x^2 + \ldots\ldots\ldots\ldots + P_m x^m$$

in quanto per valori non troppo grandi di m conduce a formule abbastanza semplici da essere utilizzate praticamente. Sostituendo la funzione (3.2.7.) nella relazione (3.2.6) si ottiene la seguente relazione:

$$(3.2.8) \quad \sum_{i=1}^{n}\left[y_i - \left(P_0 + P_1 x_i + P_2 x_i^2 + \ldots\ldots\ldots + P_m x_i^m\right)\right]^2 = \text{minimo}$$

Eseguendo il calcolo di questo minimo si ottiene la seguente relazione:

$$(3.2.9) \sum_{i=1}^{n}\left[y_i - \left(P_0 + P_1 x + P_2 x^2 + \ldots\ldots + P_m x^m\right)\right] x_i^k = 0 \text{ con } k \in \{0, 1, \ldots, m\}$$

Scrivendo la relazione (3.2.9) per estesa si ottiene il seguente sistema costituito da $m+1$ equazioni in $m+1$ incognite.

$$\begin{cases} \sum_{i=1}^{n} \left(P_0 + P_1 x + P_2 x_i^2 + \ldots\ldots\ldots + P_m x_i^m \right) = 0 \\[2mm] \sum_{i=1}^{n} x_i \left(P_0 + P_1 x + P_2 x_i^2 + \ldots\ldots\ldots + P_m x_i^m \right) = 0 \\[2mm] \sum_{i=1}^{n} x_i^2 \left(P_0 + P_1 x + P_2 x_i^2 + \ldots\ldots\ldots + P_m x_i^m \right) = 0 \\[2mm] \ldots\ldots\ldots\ldots\ldots\ldots\ldots\ldots\ldots\ldots\ldots\ldots\ldots\ldots \\[2mm] \sum_{i=1}^{n} x_i^m \left(P_0 + P_1 x + P_2 x_i^2 + \ldots\ldots\ldots + P_m x_i^m \right) = 0 \end{cases}$$

(3.2.10)

la cui risoluzione fornisce i valori dei parametri $P_o, P_1, P_2,,,,,,,,,, P_m$.
Si osservi che nei casi che più interessano in pratica, il polinomio in questione è di primo grado *(dipendenza lineare)* e raramente di secondo o terzo grado il che significa che il sistema (3.2.10) può essere risolto molto agevolmente con uno dei metodi che si conoscono.

per meglio chiarire il significato di quanto è stato detto si consideri il seguente esempio:
studiando le caratteristiche elastiche di una molla si osserva che le grandezze fisiche che concorrono al verificarsi del fenomeno, oggetto dell'indagine in questione, sono la lunghezza l della molla e la massa m dei corpi che vengono sospesi alla molla per provocare la deformazione elastica. Utilizzando il dispositivo sperimentale di figura (3.2.3) si ottengono i dati raccolti nella tabella (3.2.1):

$m(g)$	$\Delta m(g)$	$l(cm)$	$\Delta l(cm)$
100	± 1	20.6	± 2
200	± 1	21.1	± 2
300	± 1	21.5	± 2
400	± 1	22.0	± 2
500	± 1	22.7	± 2
600	± 1	23.1	± 2
Tabella (3.2.1)			

Rappresentando i dati della tabella (3.2.1) su un piano cartesiano si ottiene il grafico di figura (3.2.4) in cui si sono trascurate le incertezze sulle masse perché troppo piccole per poterle rappresentare. L'osservazione del grafico suggerisce che la funzione

interpolatrice sia del tipo: $l = l_0 + km$; questo suggerimento trova conforto anche nel fatto che analizzando i rapporti $(l - l_0)/m$ si verifica che sono costanti. Allora, fissata la forma della funzione, si possono determinare i parametri l_0 e k. Scrivendo le equazioni (3.2.10) per il caso in esame si ottengono le equazioni:

$$(3.2.11) \begin{cases} \sum_{i=1}^{6} (l_0 + km_i - l_i) = 0 \\ \dotfill \\ \sum_{i=1}^{6} m_i (l_0 + km_i - l_i) = 0 \end{cases}$$

da cui seguono le equazioni:

$$(3.2.12) \begin{cases} 6l_0 + k \sum_{i=1}^{6} m_i = \sum_{i=1}^{6} l_i \\ \dotfill \\ l_0 \sum_{i=1}^{6} m_i + \sum_{i=1}^{6} m_i^2 = \sum_{i=1}^{6} m_i l_i \end{cases}$$

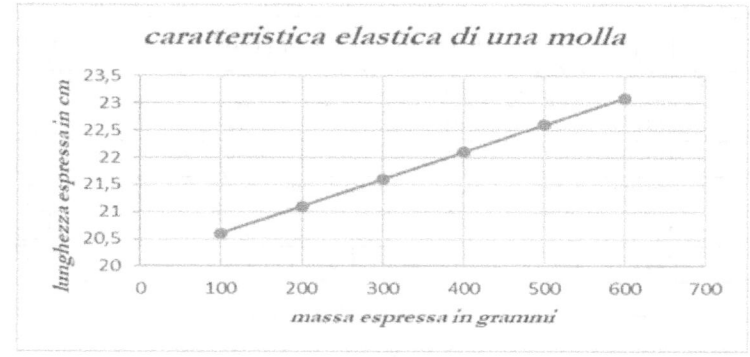

$\vec{F}$ molla

$\vec{F}$ gravità

Figura (3.2.3)

Figura (3.2.4)

Per calcolare con facilità e ordine i parametri l_0 e k conviene disporre i numeri secondo la seguente tabella:

i	m_i	l_i	m_i^2	$l_i \cdot m_i$
1	100	20.6	10000	2060
2	200	21.1	40000	4220
3	300	21.5	90000	6450
4	400	22.0	160000	8800
5	500	22.7	250000	11350
6	600	23.1	360000	13860
Tabella (3.2.2)				

Usando i dati di questa tabella il sistema (3.2.12) diventa:

$$(3.2.13) \qquad \begin{cases} 6l_0 + 2100k = 131 \\ 2100l_0 + 91 \cdot 10^4 k = 46740 \end{cases}$$

Risolvendo questo sistema si ha:

$$\Delta = \begin{vmatrix} 6 & 2100 \\ 2100 & 91 \cdot 10^4 \end{vmatrix} = 6 \cdot 91 \cdot 10^4 - 2100 \cdot 2100 = 1050000$$

$$\Delta k = \begin{vmatrix} 6 & 131 \\ 2100 & 46740 \end{vmatrix} = 6 \cdot 46740 - 131 \cdot 2100 = 5340$$

$$\Delta l_0 = \begin{vmatrix} 131 & 2100 \\ 46740 & 91 \cdot 10^4 \end{vmatrix} = 131 \cdot 91 \cdot 10^4 - 2100 \cdot 46740 = 21056000$$

$$l_0 = \frac{\Delta l_0}{\Delta} = \frac{21056000}{1050000} \cong 20.1 \ cm$$

$$k = \frac{\Delta k}{\Delta} = \frac{5340}{1050000} \cong 0.0051 \frac{cm}{g}$$

Quindi la funzione interpolatrice assume la seguente forma esplicita:

$$(3.2.14) \quad l = 20.1 + 0.005 \ m$$

3.3 ATTENDIBILITÀ DI UNA "IPOTESI"

La determinazione della legge empirica, che lega matematicamente le grandezze fisiche che caratterizzano un fenomeno, è un problema fondamentale della fisica.

Esso consiste nel selezionare, nell'insieme delle funzioni, la forma più opportuna da assegnare alla funzione interpolatrice e nel determinare i parametri che figurano in essa. Questo problema è stato trattato solo in parte nel paragrafo precedente in cui, facendo uso del criterio dei minimi quadrati, sono stati determinati parametri per una classe particolare di funzioni: le funzioni polinomiali, ma nulla è stato detto circa i criteri che conducono alla scelta della forma della funzione interpolatrice.

In questo paragrafo si vogliono discutere criticamente questi criteri restando, sempre, nei limiti delle funzioni polinomiali; quindi si tratta di capire se un insieme di dati sperimentali può essere rappresentato da un polinomio di primo grado o se sia più opportuno un polinomio di secondo grado, di terzo grado, ecc. Intanto si osservi che più è grande il grado del polinomio tanto meglio vengono interpolati i dati sperimentali; se n è il numero di coppie $\left(x_i, y_i \right)$ delle grandezze x e y, si può verificare che se si sceglie il grado m del polinomio in modo che risulti $m = n - 1$ il polinomio riproduce esattamente tutti i dati sperimentali, ma questa precisione è tutt'altro che un pregio. Una prima osservazione da fare è che i dati sperimentali sono soggetti alle fluttuazioni casuali e per questo motivo presentano nella loro distribuzione delle complicazioni che, molto probabilmente, non hanno nulla da condividere con le caratteristiche del fenomeno che si studia. Per esempio, si consideri il caso estremo della misurazione ripetuta di una grandezza fisica x eseguita in condizioni sperimentali costanti e siano $x_1,\ldots\ldots\ldots,x_n$ i risultati conseguiti; in questo caso, si possono formulare le seguenti ipotesi:

a) *la diversità dei valori della misura è da attribuire ad una dipendenza dal tempo della grandezza x*
b) *la diversità dei valori della misura è da attribuire alla presenza di fluttuazioni casuali*
c) *la diversità dei valori della misura è da attribuire ad entrambe le ipotesi a) e b)*

È immediato verificare che l'ipotesi b) è la più semplice in quanto implica la determinazione di un numero minore di parametri, uno solo: il valore della grandezza x da determinare sperimentalmente, quindi sulla base del criterio di semplicità l'ipotesi b) è da preferire alle ipotesi a) e c) solo perché conduce ad una semplificazione del calcolo dei parametri. In realtà, ogni volta che si fissa un parametro equivale a postulare l'esistenza di una proprietà o dello spazio in cui ha luogo il fenomeno o delle sostanze che prendono parte al fenomeno; inoltre, può verificarsi il fatto notevole che questa proprietà non sia contenuta in nessuno dei fenomeni conosciuti. Ne consegue che o è stata scoperta una nuova proprietà o ci si è lasciato trarre in inganno da apparenze dovute esclusivamente alla presenza di fluttuazioni casuali. In quest'ultimo caso fissare i parametri equivale ad inventare delle proprietà che spiegano in modo formalmente corretto ma inutilmente, a causa della presenza delle fluttuazioni casuali, i dati di una determinata esperienza, ma purtroppo solo di essa. Tutto ciò viola uno dei principi fondamentali della metodologia scientifica, secondo il quale le teorie scientifiche devono essere elaborate in modo tale da spiegare unitariamente la maggior parte dei fenomeni conosciuti e di poter prevedere l'esistenza di altri non ancora osservati. Ciò implica che una teoria è tanto più buona quanto più è piccolo, a parità di fenomeni interpretati, il numero delle proprietà della materia o dello spazio che essa postula cioè, quanto più è piccolo il numero dei parametri dei quali deve essere determinato il valore empiricamente. Ciò detto, si osservi che la legge empirica dedotta sulla base di un certo numero di dati sperimentali, deve possedere le capacità di prevedere il valore della grandezza che si sta esaminando in condizioni diverse da quelle in cui sono state eseguite le precedenti misurazioni, inoltre se degli n dati sperimentali ne vengono utilizzati solo una parte per ricavare la legge, i restanti possono essere utilizzati per una verifica delle capacità di previsione della legge stessa. Ma utilizzare pochi dati sperimentali significa anche fissare, nella legge postulata, un piccolo numero di parametri; quindi la legge empirica avrà una capacità tanto più grande quanto minore è il numero di parametri introdotti e quanto maggiore è il numero di dati sperimentali che riesce a soddisfare. Se n è il numero di dati sperimentali ed m il numero di parametri introdotti nella funzione, il numero $n-m$ esprime il grado di libertà ed è un indice della capacità di previsione della legge. Orbene, ricordando il risultato conseguito nel paragrafo precedente si giunge alla conclusione che la funzione che meglio interpola i dati sperimentali è quella che soddisfa le due condizioni contrastanti:

a) rendere minima la somma dei quadrati dei residui
b) rendere massimo il grado di libertà

Queste due condizioni possono essere sintetizzate nella seguente espressione:

$$(3.3.1) \qquad \frac{\sum_{i=1}^{n} p_i r_i^2}{n-m} = \text{minimo}$$

che assume il nome di *criterio di Gauss* e costituisce una guida molto utile per giudicare l'attendibilità di una ipotesi sulla forma più opportuna da dare alla funzione che lega matematicamente le grandezze fisiche che caratterizzano il fenomeno oggetto di studio.

per meglio chiarire il significato di quanto è stato detto si consideri il seguente: esempio

In un laboratorio di fisica si eseguono le misurazioni di due grandezze fisiche correlate x e y ottenendo i risultati riportati nella tabella seguente:

x	y	Δy
1	1.0	0.5
2	2.3	0.5
3	3.0	0.5
4	3.7	0.5
5	3.0	0.5
Tabella (3.3.1)		

I valori x_i sono stati ottenuti con misurazioni dirette e con incertezze trascurabili; i valori y_i sono stati ottenuti come medie di campioni di dati, ciascuno dei quali con deviazione standard della media dell'ordine di 0.5, Si determini la legge empirica che descrive la relazione tra x e y.

Riportando i dati della tabella (3.3.1) su un piano cartesiano si ottiene il grafico di figura (3.3.1)

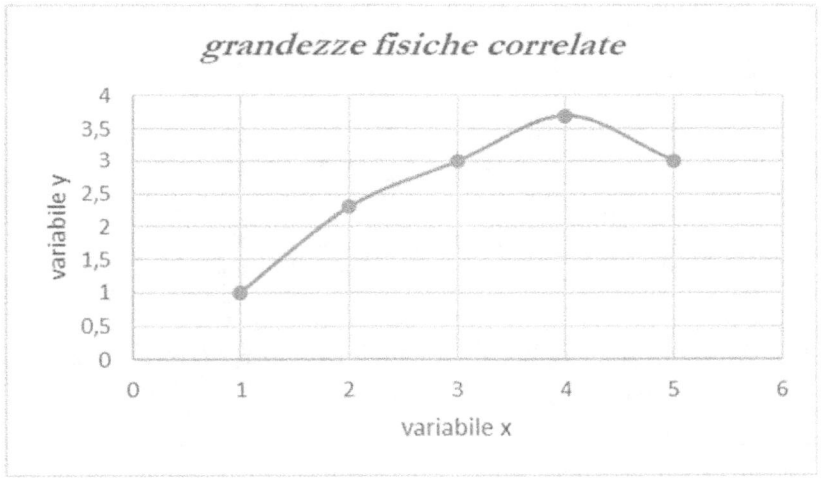

Figura $(3.3.1)$

dal quale risulta che i punti sperimentali potrebbero essere interpolati o con un polinomio di primo grado:

$$(3.3.2) \qquad y = P_0 + Px$$

oppure con un polinomio di secondo grado:

$$(3.3.3) \qquad y = P_0 + P_1 x + P_2 x^2$$

Per scegliere tra i due polinomi quello che meglio rappresenta la legge empirica che descrive la relazione tra x e y è necessario determinare prima i parametri e poi, usando il criterio di Gauss, la loro attendibilità relativa.

Scrivendo le equazioni (3.2.10) per il polinomio (3.3.2) si ottiene il seguente sistema di equazioni:

$$(3.3.4) \quad \begin{cases} \sum_{i=1}^{5} \left(P_0 + Px_i - y_i \right) = 0 \\ \sum_{i=1}^{5} x_i \left(P_0 + Px_i - y_i \right) = 0 \end{cases}$$

da cui segue:

$$(3.3.5) \quad \begin{cases} 5P_0 + P \sum_{i=1}^{5} x_i = \sum_{i=1}^{5} y_i \\ P_0 \sum_{i=1}^{5} x_i + P \sum_{i=1}^{5} x_i^2 = \sum_{i=1}^{5} x_i y_i \end{cases}$$

Per calcolare con facilità e ordine i parametri $P_0 \, e \, P$, conviene disporre i numeri secondo la seguente tabella:

i	x_i	y_i	x_i^2	$x_i y_i$
1	1	1.0	1	1
2	2	2.3	4	4.6
3	3	3.0	9	9
4	4	3.7	16	14.8
5	5	3.0	25	15
********	$\sum_{i=1}^{5} x_i$	$\sum_{i=1}^{5} y_i$	$\sum_{i=1}^{5} x_i^2$	$\sum_{i=1}^{5} x_i y_i$
********	15	13	55	44.4
Tabella (3.3.2)				

Usando i dati della tabella (3.3.2) nel sistema (3.3.5), si ottiene il seguente sistema:

$$(3.3.6) \quad \begin{cases} 5P_0 + 15P = 13 \\ 15P + 55P = 44.4 \end{cases}$$

Risolvendo questo sistema si ha:

$$\Delta = \begin{vmatrix} 5 & 15 \\ 15 & 55 \end{vmatrix} = 50 \ ; \ \Delta P_o \begin{vmatrix} 13 & 15 \\ 44.4 & 55 \end{vmatrix} = 49 \ ; \ \Delta P = \begin{vmatrix} 5 & 13 \\ 15 & 44.4 \end{vmatrix} = 27$$

$$P_0 = \frac{\Delta P_0}{\Delta} = \frac{49}{50} = 0.98 \quad ; \quad P = \frac{\Delta P}{\Delta} = \frac{27}{50} = 0.54$$

Pertanto, la legge empirica descrivente la relazione tra x e y è:

$$(3.3.7) \quad y = 0.98 + 0.54x$$

Scrivendo le equazioni (3.2.10) per il polinomio (3.3.3) si ottiene il seguente sistema:

$$(3.3.8) \quad \begin{cases} \displaystyle\sum_{i=1}^{5} \left(P_0 + P_1 x_i + P_2 x_i^2 - y_i \right) = 0 \\ \displaystyle\sum_{i=1}^{5} x_i \left(P_0 + P_1 x_i + P_2 x_i^2 - y_i \right) = 0 \\ \displaystyle\sum_{i=1}^{5} x_i^2 \left(P_0 + P_1 x_i + P_2 x_i^2 - y_i \right) = 0 \end{cases}$$

da cui segue il sistema:

$$(3.3.9) \quad \begin{cases} 5P_0 + P_1 \sum_{i=1}^{5} x_i + P_2 \sum_{i=1}^{5} x_i^2 = \sum_{i=1}^{5} y_i \\ P_0 \sum_{i=1}^{5} x_i + P_1 \sum_{i=1}^{5} x_i^2 + P_2 \sum_{i=1}^{5} x_i^3 = \sum_{i=1}^{5} x_i y_i \\ P_0 \sum_{i=1}^{5} x_i^2 + P_1 \sum_{i=1}^{5} x_i^3 + P_2 \sum_{i=1}^{5} x_i^4 = \sum_{i=1}^{5} x_i^2 y_i \end{cases}$$

Per calcolare con facilità e ordine i parametri P_0, P_1 e P_2 conviene disporre i numeri secondo la seguente tabella:

i	x_i	y_i	x_i^2	x_i^3	x_i^4	$x_i y_i$	$x_i^2 y_i$
1	1	1.0	1	1	1	1	1
2	2	2.3	4	8	16	4.6	9.2
3	3	3.0	9	27	81	9	27
4	4	3.7	16	64	256	14.8	59.2
5	5	3.0	25	125	625	15	75
******	$\sum_{i=1}^{5} x_i$	$\sum_{i=1}^{5} y_i$	$\sum_{i=1}^{5} x_i^2$	$\sum_{i=1}^{5} x_i^3$	$\sum_{i=1}^{5} x_i^4$	$\sum_{i=1}^{5} x_i y_i$	$\sum_{i=1}^{5} x_i^2 y_i$
******	15	13	55	225	979	44.4	17.14
Tabella (3.3.3)							

Usando i dati della tabella (3.3.3) nel sistema (3.3.9), si ottiene il seguente sistema:

$$(3.3.10) \quad \begin{cases} 5P_0 + 15P_1 + 55P_2 = 13 \\ 15P_0 + 55P_1 + 225P_2 = 44.4 \\ 55P_0 + 225P_1 + 979P_2 = 171.4 \end{cases}$$

Risolvendo questo sistema si ha:

$$\Delta = \begin{vmatrix} 5 & 15 & 55 \\ 15 & 55 & 225 \\ 55 & 225 & 979 \end{vmatrix} = 700 \quad ; \quad \Delta P = \begin{vmatrix} 13 & 15 & 55 \\ 44.4 & 55 & 225 \\ 171.4 & 225 & 979 \end{vmatrix} = -714$$

$$\Delta P_1 = \begin{vmatrix} 5 & 13 & 55 \\ 15 & 44.4 & 225 \\ 55 & 171.4 & 979 \end{vmatrix} = 1578 \quad ; \quad \Delta P_2 = \begin{vmatrix} 5 & 15 & 13 \\ 15 & 55 & 44.4 \\ 55 & 225 & 171.4 \end{vmatrix} = -200$$

$$P_0 = \frac{\Delta P_0}{\Delta} = -\frac{714}{700} = -1.02 \quad ; \quad P_1 = \frac{\Delta P_1}{\Delta} = \frac{1578}{700} = 2.25$$

$$P_2 = \frac{\Delta P_2}{\Delta} = -\frac{200}{700} = -0.29$$

Pertanto la legge empirica descrivente la relazione tra x e y è:

$$(3.3.11) \quad -1.02 + 2.25x - 0.29x^2$$

Usando l'equazione (3.3.7) si possono calcolare i valori della grandezza y in corrispondenza dei valori della grandezza x e quindi i relativi residui. Indicando con y_r questi valori si può scrivere la seguente tabella numerica:

i	x_i	y_{r_i}	y_i	r_i	r_i^2
1	1	1.5	1.0	0.5	0.25
2	2	2.1	2.3	-0.2	0.04
3	3	2.6	3.0	-0.4	0.16
4	4	3.1	3.7	-0.6	0.36
5	5	3.7	3.0	0.7	0.49
Tabella 3.3.4					

Usando il criterio di Gauss espresso dall'equazione (3.3.1), si ottiene:

$$\frac{\sum_{i=1}^{5} p_i r_i^2}{n-m} = \frac{\frac{1}{(0.5)^2}0.25 + \frac{1}{(0.5)^2}0.04 + \frac{1}{(0.5)^2}0.16 + \frac{1}{(0.5)^2}0.36 + \frac{1}{(0.5)^2}0.49}{5-2} =$$

$$= \frac{\frac{1}{(0.5)^2}(0.25 + 0.04 + 0.16 + 0.36 + 0.49)}{3} = 1.73$$

Ciò fatto, usando l'equazione (3.3.11) si possono calcolare i valori della grandezza y in corrispondenza dei valori della grandezza x e quindi i relativi residui. Indicando con y_p questi valori si può scrivere la seguente tabella:

i	x_i	y_p	y_i	r_i	r_i^2
1	1	0.9	1.0	-0.1	0.01
2	2	2.3	2.3	0	0
3	3	3.1	3.0	0.1	0.01
4	4	3.3	3.7	-0.4	0.16
5	5	3.0	3.0	0	0
Tabella (3.3.5)					

Usando il criterio di Gauss espresso dall'equazione (3.3.1), si ottiene:

$$\frac{\sum_{i=1}^{5} p_i r_i^2}{n-m} = \frac{\frac{1}{(0.5)^2}0.01 + \frac{1}{(0.5)^2}0.01 + \frac{1}{(0.5)^2}0.16}{5-3} =$$

$$= \frac{\frac{1}{(0.5)^2}(0.01 + 0.01 + 0.16)}{2} = 0.36$$

Confrontando questo risultato con quello ottenuto precedentemente si nota che il polinomio di secondo grado approssima molto meglio del polinomio di primo grado i dati sperimentali. D'altro canto se si rappresentano graficamente le funzioni (3.3.7) e (3.3.11) si ottiene il grafico di figura (1.3.3.2) con il quale si può dare una forma visiva al confronto operato con il criterio di Gauss.

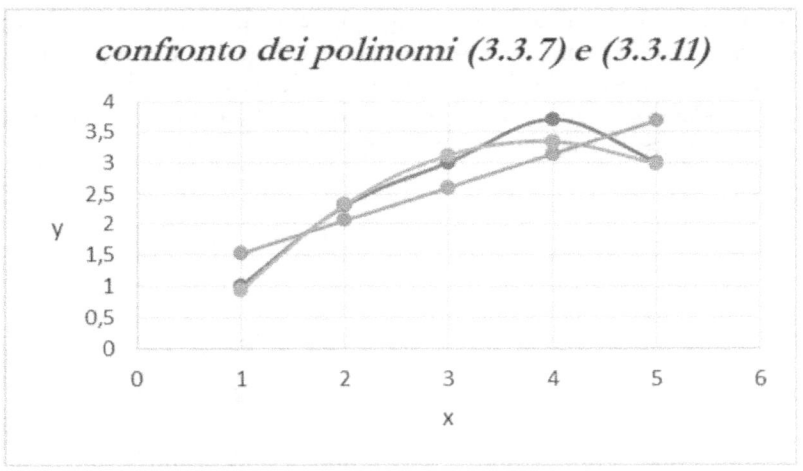

Come si può notare, questo criterio fornisce una guida per scegliere tra le diverse funzioni ipotizzate quella che meglio approssima i dati sperimentali ma non dice nulla sull'attendibilità assoluta di questa scelta e ciò perché non tiene conto, in modo adeguato del carattere intrinsecamente statistico dei risultati delle misurazioni. Per esprimere un giudizio in tal senso si osservi che anche se le ipotesi formulate sulla forma delle funzioni sono quelle giuste, i risultati calcolati tramite la legge che riflette queste ipotesi non coincidono con i risultati sperimentali a causa della presenza delle fluttuazioni casuali sui valori delle misure. Quindi, calcolati i residui , possono essere raggruppati in un certo numero di intervalli sulla base del loro valore e determinare la distribuzione sperimentale. Si può verificare che i residui seguono la stessa legge di distribuzione dei valori della misura, pertanto nota la distribuzione teorica, si domanda con quale probabilità la distribuzione sperimentale approssima la distribuzione teorica, ovvero qual è la probabilità a priori che la distribuzione sperimentale dei residui sia un puro effetto delle fluttuazioni casuali. Il valore di questa probabilità è un indice dell'attendibilità in assoluto della forma della funzione; seguendo la consuetudine si riterrà che se il valore di tale probabilità supera il 5% si potranno ritenere accettabili le ipotesi formulate, diversamente si riterrà doveroso respingere, in attese di altre conferme, tale ipotesi come non sufficientemente provata. Altresì è doveroso fare osservare che il calcolo di questa probabilità dà luogo ad un problema piuttosto complesso che è stato risolto in alcuni casi particolarmente semplici dando origine ai criteri di Pearson, di Student, di Fisher ecc. Su questi criteri si rimanda il lettore a testi più specialistici.

TEST DI VERIFICA (3.1)	
1	come si giustifica il principio della media ricorrendo al criterio dei minimi quadrati
2	esprimere il concetto di media pesata ricorrendo al principio dei minimi quadrati
3	cosa significa che i valori di due grandezze fisiche si corrispondono
4	quale criterio viene usato per determinare i parametri presenti nella funzione che interpola i dati sperimentali
5	quale condizione deve soddisfare il grado del polinomio affinché riproduca esattamente tutti i dati sperimentali
6	secondo quale principio vengono elaborate le teorie scientifiche
7	quali caratteristiche deve possedere una legge empirica
8	come si può valutare la capacità di previsione di una legge empirica
9	qual è il significato del criterio di Gauss
10	come si può valutare l'attendibilità assoluta di una ipotesi
11	in un laboratorio di fisica vengono eseguite tre misurazioni indipendenti della velocità v del suono ottenendo le seguenti determinazioni:

$$\begin{cases} v_1 = (340 \pm 2)\dfrac{m}{s} \\[2ex] v_2 = (345 \pm 5)\dfrac{m}{s} \\[2ex] v_1 = (341 \pm 1)\dfrac{m}{s} \end{cases}$$

quale dei seguenti valori di velocità è il più attendibile:

a. $(340 \pm 0.9)\dfrac{m}{s}$

b. $(338 \pm 1)\dfrac{m}{s}$

c. $(342 \pm 1)\dfrac{m}{s}$

a. $(34009 \pm 0.1)\dfrac{m}{s}$

12	studiando le caratteristiche elastiche di una molla si osserva che le grandezze fisiche che concorrono al verificarsi del fenomeno sono: la lunghezza l della molla e la massa m dei corpi che provocano la deformazione. Quale delle seguenti funzioni interpolatrici approssima meglio i dati sperimentali: a. $l = l_0 + ke^m$ b. $l = l_0 + ke \sin m$ c. $l = l_0 + k \log m$ d. $l = l_0 + km$
13	la determinazione della legge empirica, che lega matematicamente le grandezze fisiche di un fenomeno, è un problema fondamentale della fisica. Esso consiste: a. nell'individuare le grandezze fisiche che caratterizzano

il fenomeno
b. nel selezionare, nell'insieme delle funzioni, la forma più opportuna da assegnare alla funzione interpolatrice e nel determinare i parametri che figurano in essa
c. nel rappresentare su un sistema di assi cartesiani i dati sperimentali
d. nel selezionare, nell'insieme dei polinomi, il polinomio che meglio approssima i dati sperimentali

14	quale delle seguenti condizioni deve soddisfare la funzione che meglio interpola i dati sperimentali: a. rendere minima la somma dei quadrati dei residui b. rendere massimo il grado di libertà c. rendere minima la somma dei quadrati dei residui e massimo il grado di libertà d. rendere minimo il grado di libertà e massima la somma dei quadrati dei residui
15	una teoria è tanto più buona quanto, a parità di fenomeni osservati, è: a. più piccolo il numero delle proprietà della materia o dello spazio che essa postula b. più grande il numero delle proprietà dello spazio che essa postula c. più grande il numero delle proprietà della materia che essa postula d. più piccolo il grado di libertà che la caratterizza
16	in un laboratorio di fisica, uno studente carica con varie masse una molla e ne misura la lunghezza: 表格 Sapendo che la lunghezza dipende linearmente dalla massa, si trovi, con il criterio dei minimi quadrati, la retta che meglio interpola i dati sperimentali. Inoltre si stimi la lunghezza della molla non deformata.

Table for problem 16:

$m(g)$	100	200	300	400	500	600
$l(cm)$	10.6	11.1	11.5	12.0	12.7	13.1

QUARTO CAPITOLO

STUDIO SPERIMENTALE
DI
ALCUNI FENOMENI DI MOTO

4.1 CADUTA LIBERA DI UN CORPO

Un'esperienza molto semplice, che può essere eseguita senza alcuna difficoltà, è quella di osservare che qualsiasi corpo, posto ad una certa quota h e lasciato libero, cade ritornando sul piano dal quale è stato sollevato.

Facendo cadere liberamente e simultaneamente da una stessa quota h una coppia di corpi si osserva:

a) se i corpi hanno diversa natura e identica geometria, per esempio due palline una d'acciaio e l'altra di legno aventi lo stesso diametro, giungono simultaneamente su uno stesso piano

b) se i corpi hanno natura e geometria diversa, per esempio una pallina di legno e un foglio di carta, non giungono simultaneamente su uno stesso piano: la pallina di legno precede il foglio di carta

c) se i corpi hanno una stessa natura e una diversa geometria, per esempio due fogli di carta di cui uno appallottolato molto strettamente, non giungono simultaneamente su uno stesso piano: il foglio di carta appallottolato precede quello non appallottolato

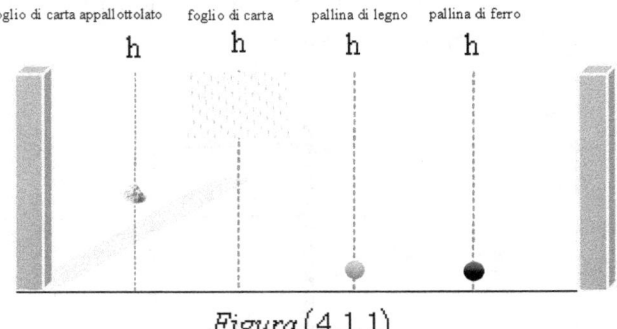

Figura $(4.1.1)$

Le esperienze a), b) e c) inducono a formulare l'ipotesi che il moto di un corpo in caduta libera non dipende dalla sua natura ma è influenzato da circostanze *(l'aria),* esterne allo stesso moto, che agisce sulla sua geometria.

Volendo eseguire uno studio quantitativo sul moto di caduta libera, si deve istituire, in laboratorio, un esperimento in assenza di aria che consente la misurazione delle grandezze fisiche che lo caratterizzano. Per raggiungere questo obiettivo si può fare uso di un apparato sperimentale così costituito:

- *un elettromagnete di tenuta corredato di una pallina d'acciaio*
- *un cronografo elettronico in grado di apprezzare variazioni di durate dell'ordine del centesimo di secondo*
- *due traguardi fotoelettrici*
- *un sostegno su cui vengono sistemati l'elettromagnete e i due traguardi fotoelettrici*

Sistemato l'apparato sperimentale la cui schematizzazione è riportata nella figura (4.1.2), si esegua la misurazione della distanza tra i due traguardi fotoelettrici e si ponga tutto sotto una campana di vetro in modo che si possa eliminare l'aria con una pompa aspirante. Ciò fatto, tramite l'interruttore i si escluda il passaggio di corrente nell'elettromagnete, questo provoca la caduta della pallina che attraversando il primo traguardo fotoelettrico comanda l'accensione del cronografo che inizia a contare i secondi, mentre il passaggio per il secondo traguardo fotoelettrico comanda lo spegnimento del cronografo; quindi si leggerà sul display del cronografo il numero di secondi che la pallina ha impiegato nella sua caduta per percorrere la distanza S tra i due traguardi fotoelettrici.

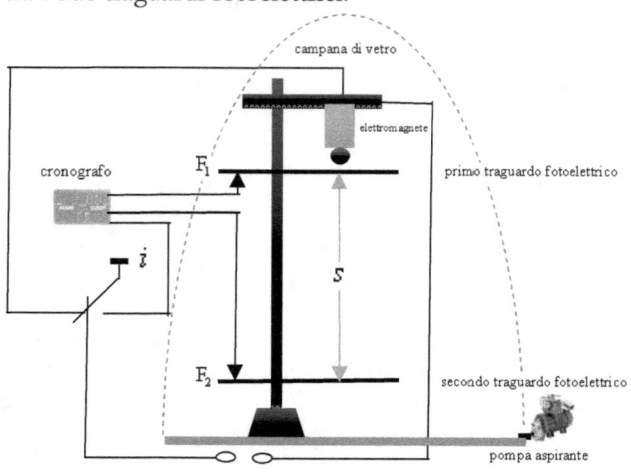

Figura $(4.1.2)$

L'esperimento viene ripetuto, nelle stesse condizioni sperimentali, un certo numero di volte. Facendo variare la distanza s tra i due traguardi fotoelettrici e misurando i tempi t che la pallina impiega per percorrerla, si ottengono i risultati riportati nella tabella (4.1.1) da cui si rileva che lo strumento di misura utilizzato per le misurazioni delle distanze fornisce, in prove ripetute nelle stesse condizioni sperimentali, sempre lo stesso valore, quindi si assumerà come incertezza assoluta Δs la sensibilità dello strumento di misura che vale 0.01; d'altro canto, lo strumento per la misurazione dei tempi fornisce valori diversi e quindi bisogna calcolare il valore medio e la relativa deviazione standard della media.

distanze s espresse in metri	tempo di caduta t espresso in secondi	tempo di caduta t espresso in secondi	tempo di caduta t espresso in secondi	tempo di caduta t espresso in secondi	tempo di caduta t espresso in secondi
********	1	2	3	4	5
2.00	0.66	0.64	0.64	0.63	0.65
1.80	0.59	0.62	0.63	0.61	0.62
1.60	0.58	0.56	0.55	0.58	0.57
1.40	0.54	0.53	0.52	0.53	0.55
1.20	0.50	0.48	0.51	0.48	0.49
1.00	0.44	0.45	0.46	0.45	0.46
0.80	0.41	0.39	0.41	0.40	0.39
0.60	0.36	0.35	0.37	0.35	0.34
0.40	0.27	0.29	0.28	0.29	0.26
0.20	0.20	0.21	0.23	0.19	0.18
Tabella (4.1.1)					

Elaborando i dati della tabella (4.1.1) si ottengono, per le deviazioni standard della media, valori minori della sensibilità dello strumento di misura, questo significa che il procedimento statistico è stato spinto al di là delle prestazioni che l'apparato sperimentale può fornire. Quindi si dovrà assumere come incertezza da associare al valore medio della misura dei tempi la sensibilità dello strumento di misura che è pari a $0.01\ s$. Ne conseguono i risultati riportati nella tabella (4.1.2) che fornisce i valori delle misure delle grandezze fisiche che caratterizzano il moto di caduta libera della pallina d'acciaio: *la distanza s tra i due traguardi fotoelettrici ed il tempo t impiegato a percorrerla.*

distanze s espresse in metri	incertezze Δs espresse in metri	valori medi dei tempi di caduta $\bar{t}$ espressi in secondi	incertezze Δt espresse in secondi
2.00	0.01	0.64	0.01
1.80	0.01	0.61	0.01
1.60	0.01	0.57	0.01
1.40	0.01	0.53	0.01
1.20	0.01	0.49	0.01
1.00	0.01	0.45	0.01
0.80	0.01	0.40	0.01
0.60	0.01	0.35	0.01
0.40	0.01	0.28	0.01
0.20	0.01	0.20	0.01
Tabella (4.1.2)			

La tabella (4.1.2) non consente alcuna previsione della distanza percorsa per un assegnato intervallo di tempo, per esempio: *se la pallina cade liberamente per un intervallo di tempo pari a 5s, quanto spazio percorre?*

Per dare una risposta a questa domanda è necessario elaborare i dati della tabella (4.1.2) in modo che si possa ottenere una relazione matematica tra le distanze percorse e i tempi impiegati a percorrerle.

elaborazione dei dati sperimentali

Si consideri un sistema di assi cartesiani nel piano, scelta convenientemente l'unità di misura, si rappresentino i valori delle distanze s e dei tempi t rispettivamente sugli assi delle ordinate e delle ascisse; così facendo si ottiene il grafico di figura (4.1.3) in cui sono state trascurate le incertezze in quanto troppo piccole per poterle rappresentare.

146

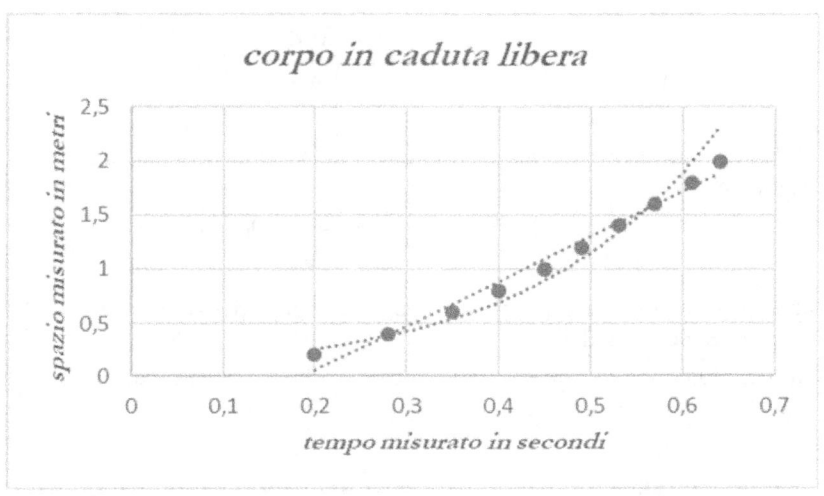

$$\textit{Figura}(4.1.3)$$

Osservando questo grafico si rileva che i punti sperimentali possono essere interpolati con una delle seguenti funzioni:

$$(4.1.1) \quad s = a + bt \ ; \quad (4.1.2) \quad s = a' + b't + c't^2 \ ; \quad (4.1.3) \quad s = kt^2$$

Per decidere quale delle tre funzioni sia più opportuna a rappresentare la relazione matematica tra lo spazio s e il tempo t, è necessario determinare i parametri delle tre funzioni e fare uso del criterio di Gauss. Operando in quest'ordine di idee e scrivendo per la funzione (4.1.1) le equazioni (3.2.10) del terzo capitolo, si ottengono le seguenti equazioni:

$$(4.1.4) \quad \begin{cases} \sum_{i=1}^{10} (a + bt - s_i) = 0 \\ \sum_{i=1}^{10} t_i (a + bt - s_i) = 0 \end{cases}$$

che risolte rispetto ai parametri a e b forniscono i seguenti valori:

$$(4.1.5) \qquad \begin{cases} a = -0.89 \\ b = 4.40 \end{cases}$$

Ponendo questi valori nella funzione (4.1.1) si ottiene la sua forma esplicita:

$$(4.1.6) \quad s = -0.89 + 4.40t$$

che consente di calcolare i valori di s in corrispondenza dei valori di t e quindi i relativi residui.

Indicando con s_r questi valori, i relativi residui sono dati dalla seguente espressione:

$$(4.1.7) \quad r_i = s_i - s_{r_i} = s_i - \left(4.40t_i - 0.89\right)$$

in cui s_i sono i valori sperimentali.

eseguendo questi calcoli è possibile scrivere la seguente tabella:

i	t_i	s_i	s_{r_i}	r_i	r_i^2
1	1.64	2.00	1.93	0.07	0.0049
2	0.61	1.80	1.79	0.01	0.0001
3	0.57	1.60	1.62	-0.02	0.0004
4	0.53	1.40	1.44	-0.04	0.0016
5	0.49	1.20	1.27	-0.07	0.0049
6	0.45	1.00	1.09	-0.09	0.0081
7	0.40	0.80	0.87	-0.07	0.0049
8	0.35	0.60	0.65	-0.05	0.0025
9	0.28	0.40	0.34	0.06	0.0036
10	0.20	0.20	-0.01	0.21	0.0041
Tabella (4.1.3)					

in cui utilizzando i valori di r_i^2 è possibile determinare il valore del criterio di Gauss per la funzione (4.1.6):

$$\frac{\sum_{i=1}^{10} p_i r_i^2}{n-m} = \frac{\frac{1}{(0.01)^2} 0.0751}{10-2} = 93.875$$

Scrivendo le equazioni (4.2.10) del terzo capitolo per la funzione (4.1.2), si ottengono le seguenti equazioni:

$$(4.1.8) \quad \begin{cases} \sum_{i=1}^{10} \left(a' + b't_i + c't_i^2 - s_i \right) = 0 \\ \sum_{i=1}^{10} t_i \left(a' + b't_i + c't_i^2 - s_i \right) = 0 \\ \sum_{i=1}^{10} t_i^2 \left(a' + b't_i + c't_i^2 - s_i \right) = 0 \end{cases}$$

che risolte rispetto ai parametri a', b', c' forniscono i seguenti valori:

$$(4.1.9) \quad \begin{cases} a' = 0.26 \\ b' = -1.86 \\ c' = 7.55 \end{cases}$$

Ponendo questi valori nella funzione (4.1.2) si ottiene la sua forma esplicita data dalla seguente relazione:

$$(4.1.10) \quad s = 0.26 - 1.86t + 7.55t^2$$

che consente di calcolare i valori di s in corrispondenza dei valori di t e quindi i relativi residui.

Indicando con s_r questi valori, i relativi residui sono dati dalla seguente espressione:

$$(4.1.11) \quad r_i = s_i - s_{r_i} = s_i - \left(0.26 - 1.86t_i + 7.55t_i^2 \right)$$

in cui s_i sono i valori sperimentali.

Eseguendo questi calcoli è possibile scrivere la seguente tabella:

i	t_i	s_i	s_{r_i}	r_i	r_i^2
1	0.64	2.00	2.16	-0.16	0.0256
2	0.61	1.80	1.93	-0.13	0.0169
3	0.57	1.60	1.65	-0.05	0.0025
4	0.53	1.40	1.39	0.01	0.0001
5	0.49	1.20	1.16	0.04	0.0016
6	0.45	1.00	0.95	0.05	0.0025
7	0.40	0.80	0.72	0.08	0.0064
8	0.35	0.60	0.53	0.07	0.0049
9	0.28	0.40	0.33	0.07	0.0049
10	0.20	0.20	0.19	0.01	0.0001
Tabella (4.1.4)					

in cui utilizzando i valori di r_i^2 è possibile determinare il valore del criterio di Gauss per la funzione (4.1.10):

$$\frac{\sum_{i=1}^{10} p^i r_i^2}{n-m} = \frac{\dfrac{1}{(0.01)^2} 0.0655}{10-3} = 93.571$$

Confrontando questo valore con quello ottenuto per la funzione (4.1.6) si nota che per evidenziare una differenza è necessario considerare la prima cifra decimale, tuttavia il criterio di Gauss indica che la funzione 4.1.10) è più appropriata della funzione (4.1.6) a rappresentare la relazione matematica tra lo spazio s e il tempo t.

Scrivendo le equazioni (3.2.10) del terzo capitolo per la funzione (4.1.3), si ottiene la seguente equazione:

$$(4.1.12) \quad \sum_{i=1}^{10} k t_i^2 = \sum_{i=1}^{10} s_i$$

che risolta rispetto al parametro k fornisce il valore:

$$(4.1.13) \quad k = 4.95$$

Ponendo questo valore nella funzione (4.1.3) si ottiene la sua forma esplicita data dalla seguente relazione:

$$(4.1.14) \quad s = 4.95t^2$$

che consente di calcolare i valori di s in corrispondenza dei valori di t e quindi i relativi residui.

Indicando con s_{r_i} questi valori, i relativi residui sono dati dalla seguente espressione:

$$(4.1.15) \quad r_i = s_i - s_{r_i} = s_i - kt_i^2$$

in cui s_i sono i valori sperimentali.

Eseguendo questi calcoli è possibile scrivere la seguente tabella:

i	t_i	s_i	s_{r_i}	r_i	r_i^2
1	0.64	2.00	2.03	-0.03	0.0009
2	0.61	1.80	1.84	-0.04	0.0016
3	0.57	1.60	1.61	-0.01	0.0001
4	0.53	1.40	1.39	0.01	0.0001
5	0.49	1.20	1.19	0.01	0.0001
6	0.45	1.00	1.00	0.00	0.0000
7	0.40	0.80	0.79	0.01	0.0001
8	0.35	0.60	0.61	-0.01	0.0001
9	0.28	0.40	0.39	0.01	0.0001
10	0.20	0.20	0.20	0.00	0.0000
Tabella (4.1.5)					

in cui utilizzando i valori di r_i^2 è possibile determinare il valore del criterio di Gauss per la funzione (4.1.14):

$$\frac{\sum_{i=1}^{10} p^i r_i^2}{n-m} = \frac{\dfrac{1}{(0.01)^2} 0.0031}{10-1} = 3.444$$

151

Confrontando questo valore con quelli ottenuti precedentemente per le funzioni (4.1.6) e (4.1.10) si vede chiaramente come il criterio di Gauss indica la funzione (4.1.14) come la più idonea a rappresentare la legge empirica che descrive il moto di caduta libera della pallina in assenza di aria. Usando lo stesso apparato sperimentale che ha consentito la determinazione dell'equazione (4.1.14), si possono controllare le previsioni che questa equazione consente di fare sui valori dei tempi di caduta della pallina in corrispondenza dei valori delle distanze riportati nella seguente tabella:

$s(m)$	1.90	1.70	1.50	1.30	1.10	0.90	0.70	0.50	0.30	0.10
Tabella (4.1.6)										

Dall'equazione (4.1.14) si ha: $t = \sqrt{\dfrac{s}{4.95}}$ ed eseguendo i calcoli si ottengono i valori che vengono riportati nella tabella seguente:

$s(m)$	1.90	1.70	1.50	1.30	1.10	0.90	0.70	0.50	0.30	0.10
$t(s)$	0.62	0.59	0.55	0.51	0.47	0.43	0.38	0.32	0.25	0.14
Tabella (4.1.7)										

Questi valori devono essere verificati sperimentalmente, quindi eseguendo le misurazioni si ottengono i valori riportati nella tabella seguente:

distanze s espresse in metri	tempo di caduta t espresso in secondi	tempo di caduta t espresso in secondi	tempo di caduta t espresso in secondi	tempo di caduta t espresso in secondi	tempo di caduta t espresso in secondi
******	1	2	3	4	5
1.90	0.62	0.61	0.61	0.63	0.64
1.70	0.59	0.60	0.61	0.58	0.60
1.50	0.55	0.55	0.53	0.56	0.53

1.30	0.51	0.49	0.53	0.50	0.50
1.10	0.47	0.47	0.46	0.45	0.47
0.90	0.43	0.41	0.42	0.42	0.44
0.70	0.38	0.40	0.40	0.39	0.37
0.50	0.32	030	0.32	0.32	0.31
0.30	0.25	0.26	0.26	0.27	0.25
0.10	0.14	0.12	0.13	0.13	0.15
Tabella (4.1.8)					

Elaborando questi valori si ottengono i valori riportati nella tabella seguente:

$s(m)$	1.90	1.70	1.50	1.30	1.10	0.90	0.70	0.50	0.30	0.10
$\bar{t}(s)$	0.62	0.60	0.54	0.51	0.46	0.42	0.39	0.31	0.26	0.13
Tabella (4.1.9)										

Confrontando questi valori con quelli calcolati e posti nella tabella (4.1.7), si osserva che le previsioni dell'equazione (4.1.14) coincidono, nei limiti delle incertezze sperimentali, con i valori sperimentali. Infine si osservi che la relazione (4.1.14) può essere utilizzata per prevedere quali saranno le distanze percorse nella caduta libera di un corpo, in assenza di aria, per determinati valori di tempo assegnati o quali saranno i tempi impiegati a percorrere determinate distanze assegnate. Se le previsioni vengono confermate per corpi di natura e geometria qualsiasi e indipendentemente dal contesto sperimentale in cui si opera, allora l'equazione (4.1.14) acquisisce il carattere di legge naturale e può essere utilizzata per descrivere il moto di caduta libera in assenza di aria.

Le previsioni fornite dall'equazione (4.1.14) sono state sempre confermate.

Dall'equazione $s = kt^2$ si ricavano le dimensioni di k : $[k] = LT^{-2}$

4.2 MOTO DI UN CORPO LUNGO UN PIANO INCLINATO

Seguendo lo sviluppo storico della fisica si osserva che la legge del moto di un corpo in caduta libera $s = kt^2$ non è stata ricavata con esperimenti atti ad eseguire misurazioni di distanze percorse da corpi in caduta libera e di tempi impiegati a percorrerli. Esperimenti di questo tipo non erano realizzabili perché i tempi di osservazione sono dell'ordine del centesimo di secondo e, all'epoca, non si possedevano le tecnologie necessarie per risolvere queste difficoltà. Galileo Galilei, a cui si deve la relazione $s = kt^2$, superò questa difficoltà dimostrando che *il moto di caduta libera è equivalente al moto lungo un piano inclinato* che risulta decisamente più lento e può essere, quindi, studiato con più tranquillità; ancora, Galileo Galilei eseguì gli esperimenti che lo condussero alla formulazione della relazione $s = kt^2$ in presenza di aria e ciò significa che i corpi utilizzati avevano una geometria tale che l'influenza esercitata dall'aria era trascurabile. Si consideri:

- un piano inclinato di altezza $h = (1.00 \pm 0.01)m$ e di lunghezza $l = (250 \pm 0.01)m$
- un elettromagnete di tenuta corredato di una pallina d'acciaio
- un cronografo elettronico in grado di apprezzare variazioni di durate dell'ordine del centesimo di secondo
- una coppia di traguardi fotoelettrici

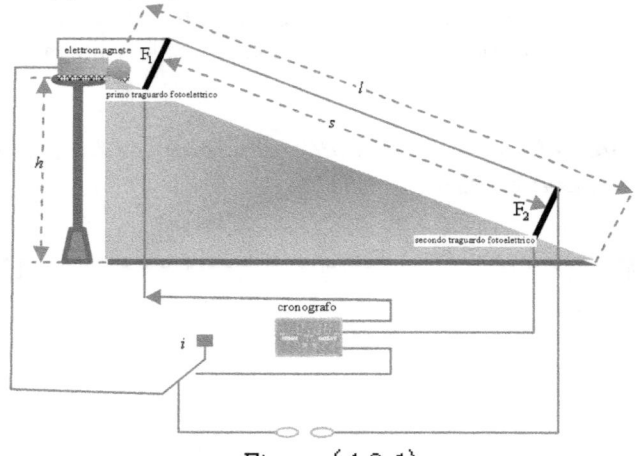

Figura $(4.2.1)$

Gli elementi considerati vengono assemblati in modo che il primo traguardo fotoelettrico e l'elettromagnete di tenuta siano collocati sull'estremità più alta del piano inclinato ed il secondo traguardo fotoelettrico sia collocato su posizioni variabili in modo da realizzare dieci valori diversi di distanze. Nell'approntare l'apparato sperimentale si fa in modo che la pallina incontra, durante la sua caduta lungo il piano inclinato, il minimo attrito, quindi si collegano l'elettromagnete, il cronografo e i due traguardi fotoelettrici. Ciò fatto, tramite l'interruttore i si escluda la corrente dall'elettromagnete, conseguentemente la pallina cade lungo il piano inclinato e il suo passaggio per il primo traguardo fotoelettrico comanda l'accensione del cronografo che inizia a contare i secondi. Il passaggio per il secondo traguardo fotoelettrico comanda lo spegnimento del cronografo, quindi si può leggere sul display il numero di secondi che la pallina ha impiegato nella sua caduta per percorrere la distanza che va dal primo al secondo traguardo fotoelettrico. L'esperimento viene ripetuto, nelle stesse condizioni sperimentali, un certo numero di volte. Facendo variare la distanza tra i due traguardi fotoelettrici e misurando i tempi che la pallina impiega a percorrerla, si ottengono i risultati riportati nella tabella (4.2.1) da cui si rileva che lo strumento di misura utilizzato per la misurazione delle distanze fornisce, in prove ripetute nelle stesse condizioni sperimentali, sempre lo stesso valore, quindi si assumerà come incertezza assoluta Δs sulle distanze la sensibilità dello strumento di misura che vale $0.01\ m$. Per la misurazione dei tempi impiegati a percorrere le distanze, lo strumento di misura non fornisce sempre lo stesso valore in prove ripetute nelle stesse condizioni sperimentali, quindi bisogna calcolare il valore medio e la relativa deviazione standard della media.

distanze s espresse in metri	tempo di caduta t espresso in secondi	tempo di caduta t espresso in secondi	tempo di caduta t espresso in secondi	tempo di caduta t espresso in secondi	tempo di caduta t espresso in secondi
*******	1	2	3	4	5
0.25	0.36	0.37	0.35	0.35	0.38
0.50	0.51	0.32	0.50	0.53	0.49

0.75	0.62	0.64	0.60	0.61	0.62
1.00	0.71	0.70	0.73	0.70	0.69
1.25	0.89	0.79	0.83	0.82	0.82
1.50	0.89	0.90	0.91	0.88	0.84
1.75	0.95	0.93	0.94	0.96	0.94
2.00	1.01	1.00	1.04	1.03	1.02
2.25	1.08	1.06	1.09	1.08	1.07
2.50	1.12	1.14	1.16	1.12	1.10
Tabella (4.2.1)					

Elaborando i dati forniti dalla tabella (4.2.1) si ottengono i risultati riportati nella tabella (4.2.2) che fornisce i valori delle distanze percorse dalla pallina lungo il piano inclinato ed i valori dei tempi impiegati a percorrerle.

distanze s espresse in metri	incertezze Δs espresse in metri	valori medi dei tempi di caduta $\bar{t}$ espressi in secondi	incertezze Δt espresse in secondi
0.25	0.01	0.36	0.01
0.50	0.01	0.51	0.01
0.75	0.01	0.62	0.01
1.00	0.01	0.71	0.01
1.25	0.01	0.81	0.01
1.50	0.01	0.88	0.01
1.75	0.01	0.94	0.01
2.00	0.01	1.02	0.01
2.25	0.01	1.08	0.01
2.50	0.01	1.13	0.01
Tabella (4.2.2)			

Per determinare la relazione matematica tra le distanze percorse s ed i tempi t impiegati a percorrerle, si consideri un sistema di assi cartesiani nel piano e scelta convenientemente l'unità di misura, si riportino i valori delle distanze sull'asse delle ordinate e i corrispondenti valori dei tempi sull'asse delle ascisse; così facendo si ottiene il grafico riportato

156

nella figura (4.2.2) in cui sono state trascurate le incertezze perché troppo piccole per poterle rappresentare.

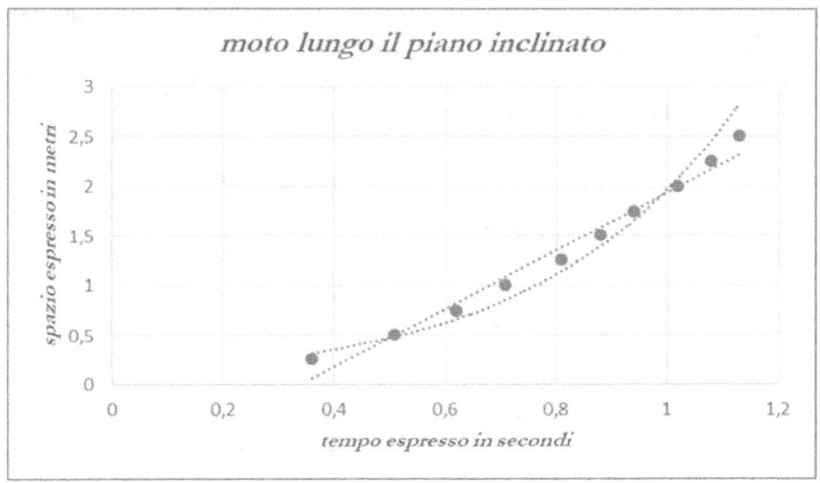

$$Figura\,(4.2.2)$$

Osservando questo grafico, identicamente a quanto è stato visto nel punto precedente, sembra che i punti sperimentali possono essere interpolati con una delle seguenti funzioni:

$$(4.2.1)\ s = a + bt\ ;\ (4.2.2)\ s = a' + b't + c't^2\ ;\ (4.2.3)\ s = \lambda t^2$$

Ripetendo il discorso identicamente a quanto fatto nel paragrafo precedente, si ricava che la funzione più idonea a rappresentare la legge empirica tra le distanze percorse dalla pallina in caduta lungo il piano inclinato ed i tempi impiegati a percorrerli è quella espressa dall'equazione (4.2.3) la cui costante λ vale 1.94 e le cui dimensioni sono: $[\lambda] = LT^{-2}$. L'equazione (4.2.3) è matematicamente identica all'equazione (4.1.3) del paragrafo precedente, ciò significa che il moto di un corpo che cade lungo un piano inclinato avviene con le stesse modalità del moto di un corpo in caduta libera. Confrontando il tempo che la pallina impiega, per percorrere l'intera lunghezza del piano inclinato, con quello che la stessa pallina impiega quando cade liberamente da un'altezza pari a quella del piano inclinato, si rileva dai dati disponibili nelle tabelle (4.2.2) e (4.1.2), che il moto lungo il piano inclinato è più lento. A differenza dell'equazione (4.1.3) la costante di proporzionalità λ che figura nell'equazione (4.2.3) dipende dall'inclinazione del piano inclinato.

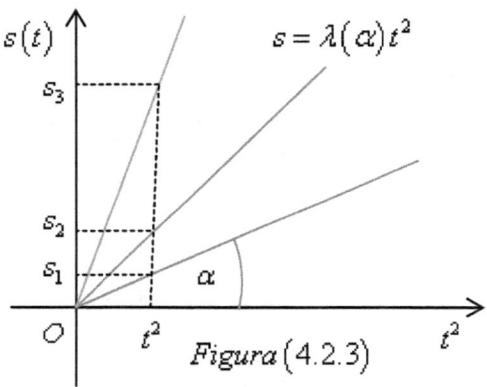

Generalizzando l'equazione (4.2.3) per un piano inclinato qualsiasi si ha:

$$(4.2.4) \quad s = \lambda(\alpha)t^2$$

in cui λ è una funzione dell'angolo α che definisce l'inclinazione del piano inclinato rispetto ad un piano orizzontale assunto come riferimento. Se si rappresenta l'equazione (4.2.4) su un sistema di assi cartesiani nel piano, si ottiene il grafico di figura (4.2.3) in cui si nota che fissato arbitrariamente un valore di t^2, il moto più veloce corrisponde alla retta con maggiore inclinazione rispetto all'asse dei tempi; ma ad una retta con maggiore inclinazione, come risulta dai corsi di matematica, corrisponde un λ maggiore, sicché il moto di caduta libera può essere considerato come un moto su un piano inclinato quando l'angolo di inclinazione tende ad assumere il valore $\dfrac{\pi}{2}$.

$$(4.2.5) \quad k = \lim_{\alpha \to \frac{\pi}{2}} \lambda(\alpha)$$

E' stato detto che il moto lungo il piano inclinato è più lento del moto di caduta libera o anche che il moto di caduta libera è più rapido di quello sul piano inclinato. Affermazioni di questo tipo possono essere rese più rigorose introducendo una nuova grandezza fisica: la **velocità** definita come rapporto della distanza percorsa Δs ed il tempo Δt impiegato a percorrerla:

$$(4.2.6) \quad v = \frac{\Delta s}{\Delta t}$$

la cui unità di misura è: $\dfrac{m}{s}$

osservazione

L'equivalenza tra il moto di caduta libera e il moto sul piano inclinato suggerisce di indagare sulla velocità che acquisisce un corpo quando cade prima liberamente da un'altezza h *e poi lungo un piano inclinato altezza* h *e lunghezza* l *.*

Si consideri la legge $s_k = kt_k^2$ che governa il moto di caduta libera. La posizione che il corpo occupa rispetto a una posizione di riferimento, ad un determinato valore del tempo t_{k_0} è $s_{k_0} = kt_{k_0}^2$, mentre quella relativa ad un valore qualsiasi del tempo è $s_k = kt_k^2$. La distanza che il corpo percorre nell'intervallo di tempo $t_k - t_{k_0}$ è pari a $s_k - s_{k_0} = k\left(t_k^2 - t_{k_0}^2\right)$, quindi volendo conoscere il valore della velocità v_k si dovrà usare l'equazione (4.2.6) e scrivere:

$$v_k = \frac{s_k - s_{k_0}}{t_k - t_{k_0}} = \frac{k\left(t_k^2 - t_{k_0}^2\right)}{\left(t_k - t_{k_0}\right)} = \frac{k\left(t_k + t_{k_0}\right)\left(t_k - t_{k_0}\right)}{\left(t_k - t_{k_0}\right)}$$

e ponendo $t_k \cong t_{k_0}$ si ha l'equazione seguente: $(4.2.7)$ $v_k = 2\lambda t_k$ che fornisce il valore della velocità di un corpo in caduta libera in un generico istante di tempo. Con una procedura analoga, usando la legge che governa il moto lungo un piano inclinato, è possibile calcolare la velocità istantanea di un corpo che si muove in caduta lungo un piano inclinato: $(4.2.7)$ $v_\lambda = 2\lambda t_\lambda$. Supponendo che la velocità del corpo dipenda solo dal dislivello di caduta si deve avere: $v_k = v_\lambda$ da cui segue, per la (4.2.7) e la (4.2.8): $kt_k = \lambda t_\lambda$ da cui segue:

$$(4.2.9) \quad \frac{k}{\lambda} = \frac{t_\lambda}{t_k}$$

Conoscendo il rapporto $\dfrac{k}{\lambda}$ si possono misurare i tempi t_k e t_λ di arrivo sul piano di riferimento e controllare, nei limiti delle incertezze sperimentali, che il loro rapporto uguaglia il rapporto inverso delle costanti k e λ. Supponendo di fare cadere liberamente un corpo da un'altezza $h = (1.00 \pm 0.01)m$ e poi di farlo cadere lungo un piano inclinato di altezza $h = (1.00 \pm 0.01)m$ e di lunghezza $l = (2.50 \pm 0.01)m$ riferendosi ai dati delle tabelle (4.2.1) e (4.2.2) si ha:

$$\frac{t_\lambda}{t_k} = 2.51 \quad ; \quad \frac{k}{\lambda} = 2.55$$

Quindi l'ipotesi che la velocità di un corpo acquisita in caduta libera da un'altezza h uguaglia quella che lo stesso corpo acquisisce in caduta lungo un piano inclinato di altezza h e di lunghezza l risulta sperimentalmente confermata.

4.3 MOTO DI UN CORPO IN SALITA LUNGO UN PIANO INCLINATO

Un corpo cadendo liberamente acquisisce una velocità $v = 2kt$; supponendo di farlo risalire con una velocità iniziale pari a quella acquisita nella sua caduta, si domanda:

a quale altezza il corpo giunge nella risalita?

Il corpo giunge alla stessa altezza dalla quale è caduto, non vi è alcuna ragione per ritenere che ciò non avvenga. Questa risposta per avere validità scientifica deve essere controllata sperimentalmente.

Si è dimostrato che il moto di caduta libera è equivalente al moto lungo un piano inclinato, quindi la risposta alla domanda posta può essere controllata facendo uso dell'apparato sperimentale schematizzato nella figura (4.3.1) in cui si osservano due piani inclinati contigui aventi lo stesso angolo di inclinazione e raccordati dolcemente da un piano orizzontale di riferimento.

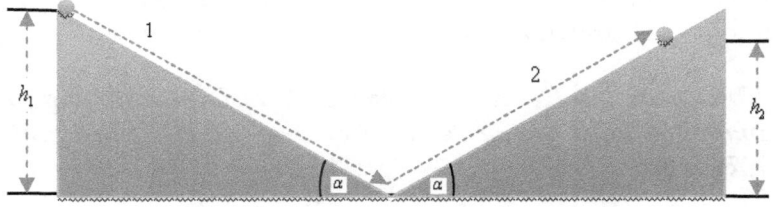

Figura $(4.3.1)$

Facendo cadere liberamente il corpo lungo il piano inclinato si osserva un aumento continuo della sua velocità acquistando il suo massimo valore quando giunge sul piano di riferimento. Con questo valore di velocità il corpo inizia la sua risalita sul piano inclinato contiguo, si osserva un decremento continuo della sua velocità arrestandosi ad un'altezza inferiore a quella di caduta. Lavorando le superfici dei piani inclinati e del corpo in modo da ridurre sensibilmente gli attriti, si osserva che la differenza tra l'altezza di caduta e l'altezza di risalita è decisamente più piccola; extrapolando questo risultato si può affermare: *qualora non vi fossero attriti il corpo risalirebbe ad un'altezza pari a quella di caduta.*

Modificando l'apparato sperimentale in modo che il secondo piano inclinato della figura (4.3.1) sia dotato di un meccanismo che consente di variare l'angolo d'inclinazione, si possono realizzare diverse configurazioni dei due piani inclinati *(vedi figura (4.3.2)).*

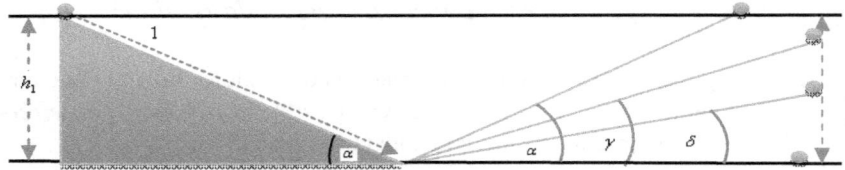

$$Figura\,(4.3.2)$$

Facendo cadere il corpo lungo il primo piano inclinato lo si può far risalire lungo il piano d'inclinazione α e poi con successive esperienze lungo i piani d'inclinazione α, γ, δ, ecc. Poiché, com'è stato visto, il corpo deve risalire ad un'altezza pari a quella di caduta, cambiando il piano inclinato di risalita con un piano inclinato di minore inclinazione, il corpo sarà costretto a percorrere un tratto sempre più lungo.

Cosa accade al corpo se invece di farlo risalire lungo un piano inclinato lo si fa muovere sul piano orizzontale di riferimento?

Dovendo risalire ad un'altezza pari a quella di caduta e non potendolo fare perché costretto a muoversi su un piano orizzontale, *il suo moto non potrà arrestarsi e avverrà con velocità costante.*

4.4 IL MOTO PARABOLICO

Quando un giocatore colpisce un pallone in modo da costringerlo ad eseguire un percorso parabolico, il pallone si muove avanzando in avanti al giocatore e salendo fino ad una certa altezza, poi, avanzando sempre in avanti, scende dall'altezza a cui era salito. Il percorso che il pallone esegue è schematicamente illustrato nella *figura (4.4.1)*

162

Figura (4.4.1)

Simili percorsi sono osservabili anche in altri fenomeni, per esempio: un proiettile che viene sparato da un cannone. Volendo studiare il moto parabolico di un corpo, si deve approntare un apparato sperimentale in grado di riprodurre il fenomeno per quegli aspetti che si ritengono essenziali ai fini della conoscenza del moto. Si consideri un cannoncino in grado di sparare palline d'acciaio con diversi valori di velocità e lo si appronti su un sistema goniometrico in modo che si possa variare e misurare l'inclinazione della bocca di fuoco rispetto al suolo *(angolo di puntamento)*. Sistemato l'apparato sperimentale, come si vede nella figura (4.4.2), la domanda che si pone è la seguente:

sparata la pallina, in che modo la distanza a cui essa giunge dipende dall'angolo di puntamento e dalla velocità ?

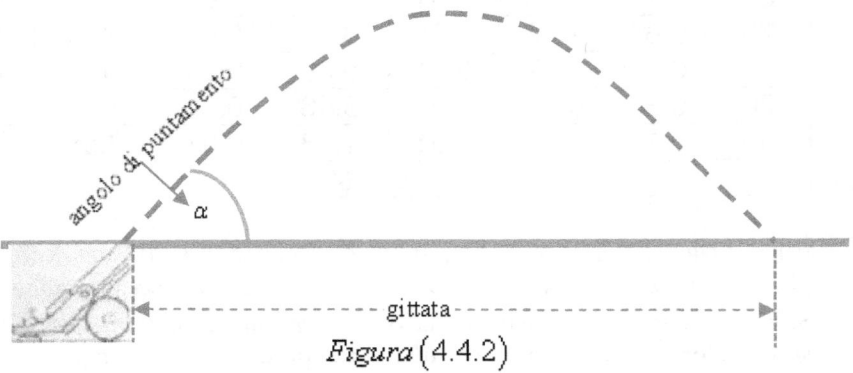

Figura (4.4.2)

Si definisce gittata X la distanza tra il punto di sparo e il punto di arrivo della pallina.

163

Per rispondere alla domanda posta, si esegua la misurazione della gittata X facendo variare l'angolo di puntamento α per diversi valori della velocità v impressa dal cannoncino alla pallina. I risultati ottenuti sono stati raccolti nella seguente tabella:

***********		$v = \left(5.0 \pm 0.1\right)\dfrac{m}{s}$		$v = \left(10.0 \pm 0.1\right)\dfrac{m}{s}$		$v = \left(15.0 \pm 0.1\right)\dfrac{m}{s}$	
$\alpha(gradi)$	$\sin 2\alpha$	$X(m)$	$\Delta X(m)$	$X(m)$	$\Delta X(m)$	$X(m)$	$\Delta X(m)$
5	0.17	0.43	0.01	1.72	0.01	3.88	0.01
10	0.34	0.87	0.01	3.46	0.01	7.79	0.01
15	0.50	1.27	0.01	5.09	0.01	11.47	0.01
20	0.64	1.64	0.01	6.51	0.01	14.68	0.01
25	0.77	1.96	0.01	7.84	0.01	17.65	0.01
30	0.87	2.22	0.01	8.86	0.01	19.93	0.01
35	0.94	2.41	0.01	9.57	0.01	21.54	0.01
40	0.98	2.52	0.01	9.98	0.01	22.47	0.01
45	1.00	2.55	0.01	10.17	0.01	22.93	0.01
50	0.98	2.51	0.01	9.97	0.01	22.48	0.01
55	0.94	2.41	0.01	9.55	0.01	21.55	0.01
60	0.87	2.22	0.01	8.86	0.01	19.94	0.01
65	0.77	1.95	0.01	7.83	0.01	17.65	0.01
70	0.64	1.63	0.01	6.50	0.01	14.65	0.01
75	0.50	1.27	0.01	5.08	0.01	11.47	0.01
80	0.34	0.87	0.01	3.46	0.01	7.80	0.01
85	0.17	0.43	0.01	1.73	0.01	3.88	0.01
Tabella (4.4.1)							

dalla quale si rileva che la gittata X dipende sia dall'angolo di puntamento α sia dalla velocità V impressa dal cannoncino alla pallina. Si osservi che i valori della gittata X che figurano nella tabella (4.4.1) sono valori medi ottenuti da una serie di misurazioni ripetute in condizioni sperimentali costanti, le relative incertezze sono pari alla sensibilità dello strumento di misura *(metro a nastro)* perché il calcolo delle deviazioni standard delle medie ha dato valori più piccoli della sensibilità dello strumento di misura; inoltre i valori dell'angolo di puntamento sono stati considerati senza tenere conto delle incertezze.

Elaborando questi dati si ottiene la seguente equazione:

$$(4.4.1) \quad X = kv^2 \sin 2\alpha$$

che fornisce il valore della gittata per qualsiasi valore di velocità e per qualsiasi angolo di puntamento. Il valore di k è 0.102 le sue dimensioni sono: $[k] = LT^{-2}$

elaborazione dei dati sperimentali

Si consideri un sistema di assi cartesiani nel piano, scelta convenientemente l'unità di misura, si rappresentino i valori delle gittate X ed i valori dell'angolo di puntamento α, corrispondenti al valore di velocità $v = (15.0 \pm 0.1)\dfrac{m}{s}$ rispettivamente sugli assi delle ordinate e delle ascisse; così facendo si ottiene il grafico riportato in figura (4.4.3) in cui sono state trascurate le incertezze perché troppo piccole per poterle rappresentare. Osservando l'andamento dei punti sperimentali si nota che la gittata X aumenta all'aumentare dell'angolo di puntamento fino a raggiungere il suo massimo valore per il valore dell'angolo $\alpha = 45°$. Da questa osservazione risulta anche che la forma più opportuna da dare alla funzione interpolatrice è

$$(4.4.2) \quad X = a + b\alpha + c\alpha^2$$

in quanto il grafico di figura (4.4.3) è il più caratteristico grafico di una parabola espressa da un'equazione del tipo (4.4.2).

Si osservi che i parametri a, b, c dell'equazione (4.4.2) dipendono dai valori della velocità che il cannoncino imprime alla pallina, quindi per determinare una relazione matematica tra la gittata X, l'angolo di puntamento α e la velocità v che il cannoncino imprime alla pallina, è necessario determinare la relazione tra i parametri a, b, c e la velocità della pallina (vedi la figura (4.4.3)).

Figura(4.4.4)

Ad ogni modo, risulta molto più interessante del grafico (4.4.3) il grafico cartesiano che si ottiene riportando sull'asse delle ordinate i valori delle gittate X e sull'asse delle ascisse il seno del doppio dell'angolo di puntamento: ; così facendo si ottiene il grafico di figura (4.4.4) in cui sono state trascurate le incertezze perché troppo piccole per poterle rappresentare.

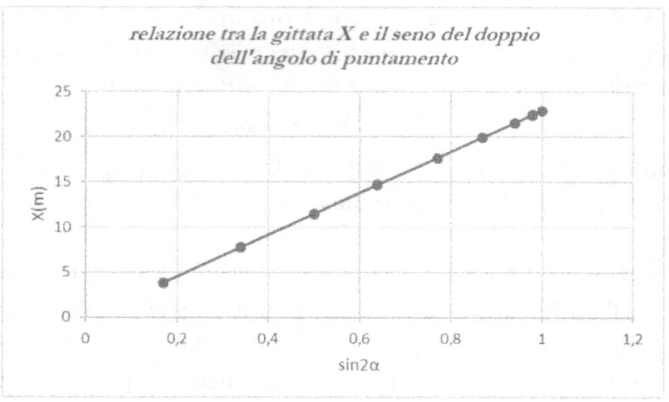

Figura(4.4.4)

Osservando l'andamento dei punti sperimentali, si può ipotizzare una relazione di diretta proporzionalità tra la gittata X ed il seno del doppio dell'angolo di puntamento: $\sin 2\alpha$:

$$(4.4.3) \quad X = \beta \sin 2\alpha$$

Scrivendo le equazioni (3.2.10) del terzo capitolo per la relazione (4.4.3) si ottiene la seguente equazione:

$$(4.4.4) \quad \beta \sum_{i=1}^{17} \sin 2\alpha = \sum_{i=1}^{17} X_i$$

che risolta rispetto a β fornisce il seguente valore:

$$(4.4.5) \quad \beta = \frac{\displaystyle\sum_{i=1}^{17} X_i}{\displaystyle\sum_{i=1}^{17} \sin 2\alpha}$$

Poiché β dipende dalla velocità della pallina, il suo valore calcolato con l'equazione (4.4.5) corrispondente ai valori di velocità:

$$22.92$$

$$v = \left(5.0 \pm 0.1\right)\frac{m}{s} \; ; \; v = \left(10.0 \pm 0.1\right)\frac{m}{s} \; ; \; v = \left(15.0 \pm 0.1\right)\frac{m}{s}$$

è rispettivamente: $2.55, \; 10.17, \; 22.92$.

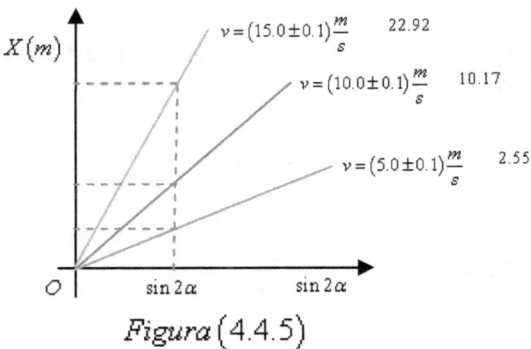

Figura $(4.4.5)$

167

Osservando il grafico di figura (4.4.5), si rileva che fissato un valore dell'angolo di puntamento, la gittata è tanto più grande quanto più è grande la velocità della pallina impressa dal cannoncino, risultato questo che può essere anche rilevato dall'esame dei dati della tabella (4.4.1). Se si fissa l'angolo di puntamento ad un valore qualsiasi, per esempio $\alpha = 45°$, si possono misurare le gittate X in corrispondenza di un certo insieme di valori delle velocità; così facendo si ottengono i risultati raccolti nella tabella (4.4.2).

angolo di puntamento $\alpha = 45°$			
$v \left(\dfrac{m}{s} \right)$	$\Delta v \left(\dfrac{m}{s} \right)$	$X(m)$	$\Delta X(m)$
5.0	0.1	2.6	0.1
41.0	0.1	10.2	0.1
15.0	0.1	22.9	0.1
20.0	0.1	40.8	0.1
25.0	0.1	63.8	0.1
30.0	0.1	91.8	0.1
35.0	0.1	124.9	0.1
40.0	0.1	163.2	0.1
45.0	0.1	206.5	0.1
50.0	0.1	255.0	0.1
Tabella (4.4.2)			

Riportando questi dati su un sistema di assi cartesiani rappresentando i valori delle gittate X sull'asse delle ordinate ed i valori delle velocità sull'asse delle ascisse, si ottiene il grafico di figura (4.4.6) in cui si sono trascurate le incertezze perché troppo piccole per poterle rappresentare.

Osservando questo grafico non si ha difficoltà ad ammettere che la funzione interpolatrice sia del tipo:

$$(4.4.6) \quad X = \lambda v^2$$

Scrivendo le equazioni (3.2.10) del terzo capitolo per la relazione (4.4.6) si ottiene la seguente equazione:

Figura $(4.4.6)$

$$(4.4.7) \quad \lambda \sum_{i=1}^{10} v_i^2 = \sum_{i=1}^{10} X_i$$

che risolta rispetto a λ fornisce il seguente valore:

$$(4.4.8) \quad \lambda = \frac{\displaystyle\sum_{i=1}^{10} X_i}{\displaystyle\sum_{i=1}^{10} v_i^2} = \frac{981.7}{9625} \cong 0.102$$

Tenendo conto dei risultati espressi dalle equazioni (4.4.3) e (4.4.6) si può scrivere la seguente equazione:

$$(4.4.9) \quad X = \lambda \beta v^2 \sin 2\alpha$$

in cui il prodotto $\lambda\beta$ non dipende né dalla velocità né dall'angolo di puntamento, esso è costante come si può facilmente verificare usando i valori della tabella (4.4.1). Infatti, dall'equazione (4.4.9) si ha:

$$(4.4.10) \quad \lambda\beta = \frac{X}{v^2 \sin 2\alpha}$$

in cui sostituendo i valori della gittata, della velocità e dell'angolo di puntamento si ottiene: $\lambda\beta \cong 0.102$. Quindi ponendo $\lambda\beta = k$ l'equazione (4.4.9) si può scrivere come:

$$(4.4.11) \quad X = kv^2 \sin 2\alpha$$

e fornisce il valore della gittata per qualsiasi valore di velocità e per qualsiasi angolo di puntamento. Ne consegue che il valore di k è $\cong 0.102$ e le sue dimensioni sono: $[k] = L^{-1}T^2$

4.5 VERIFICA SPERIMENTALE DELLA RELAZIONE
$$X = kv^2 \sin 2\alpha$$

Volendo eseguire una verifica della relazione $X = kv^2 \sin 2\alpha$ al di fuori del contesto sperimentale con il quale è stata ottenuta, si può considerare una pista avente nel centro una scanalatura lungo la quale può scorrere, in caduta, una pallina d'acciaio. Alla base della pista è fissata una placca metallica che serve a bloccarla sul tavolo di lavoro. Sul tavolo, in corrispondenza dell'estremo della rampa *(vedi la figura (4.5.1))*, si dispone di un foglio di carta bianca, e sopra di questo, un foglio di carta carbone, rivolto verso il foglio bianco. La pallina, lasciata libera nel punto più alto della guida, cade verso il punto più basso, quindi risale e viene lanciata dalla rampa con una velocità che può essere facilmente ottenuta con una misurazione indiretta. Infatti, tenendo conto del risultato sperimentale, ottenuto nel precedente capitolo, che la velocità di un corpo acquisita nella caduta libera da un'altezza s è uguale alla velocità che lo stesso corpo acquisisce nella caduta lungo un piano inclinato di altezza s e lunghezza l qualsiasi, si può scrivere la seguente equazione:

$$(4.5.1) \quad v = 2k_l t$$

in cui k_l è la costante che figura nell'equazione (3.1.3) del precedente capitolo ed è stata qui indicata con l'indice l per distinguerla dalla costante dell'equazione (4.4.11) che verrà indicata con l'indice p, cioè: k_p.

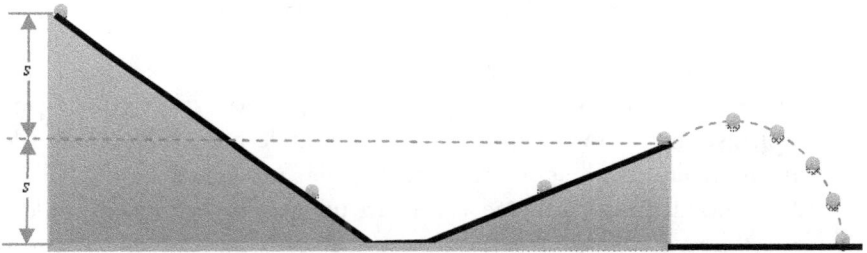

$$Figura\,(4.5.1)$$

Quindi, considerando l'equazione $s = k_l t^2$ si può scrivere l'equazione:

$$(4.5.2) \quad t = \sqrt{\frac{s}{k_l}}$$

Sostituendo questo valore nell'equazione (4.5.1) si ottiene la seguente equazione:

$$(4.5.3) \quad v = 2\sqrt{k_l s}$$

che posta nell'equazione (4.4.11) del paragrafo precedente consente di scrivere la seguente equazione:

$$(4.5.4) \quad X = 4k_l k_p s \left(\sin 2\alpha\right)$$

in cui, essendo già noti i valori di k_l e k_p è sufficiente misurare s *(vedi figura (4.5.1))* e l'angolo α di inclinazione della rampa per calcolare il valore della gittata X. Questo valore può essere verificato misurando la distanza che intercorre tra l'estremo della rampa e il punto d'impatto della pallina, individuato dal segno lasciato sul foglio bianco dalla carta carbone.

4.6 IL MOTO DEL PENDOLO

Il *pendolo* è un *sistema fisico* capace di compiere delle oscillazioni intorno ad un punto di equilibrio. Questo sistema si può rappresentare con un apparato sperimentale costituito da un filo inestensibile di massa trascurabile, da un insieme di palline d'acciaio di masse diverse e recanti un gancio tramite il quale è possibile vincolarle al filo, e da un sostegno su cui viene sospeso il filo con la pallina vincolata.

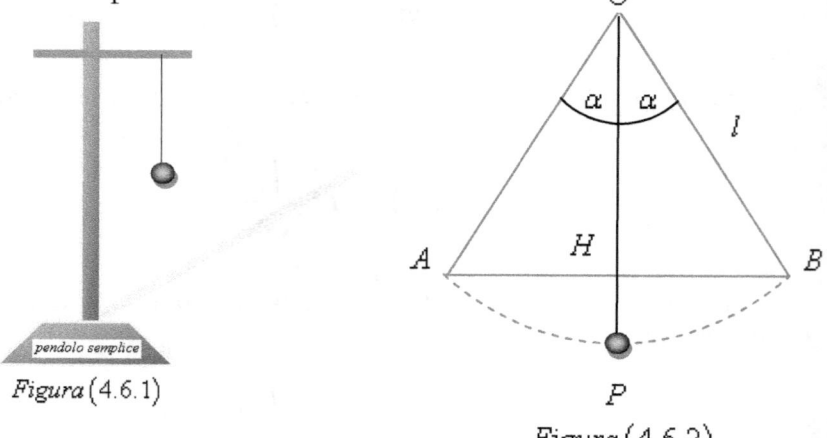

Figura $(4.6.1)$

Figura $(4.6.2)$

Le grandezze fisiche che caratterizzano il moto oscillatorio di un pendolo semplice sono: il *periodo T* definito come il tempo necessario alla pallina per compiere un percorso di andata e ritorno dal punto di massima altezza **(vedi figura (4.6.2))**, la massa m delle palline, l'ampiezza di oscillazione 2α.

Si definisce *oscillazione* il percorso di andata e ritorno dal punto di massima altezza.

Si definisce *massa* la grandezza fisica misurabile con la bilancia a due piatti; la sua unità di misura è il chilogrammo massa kg

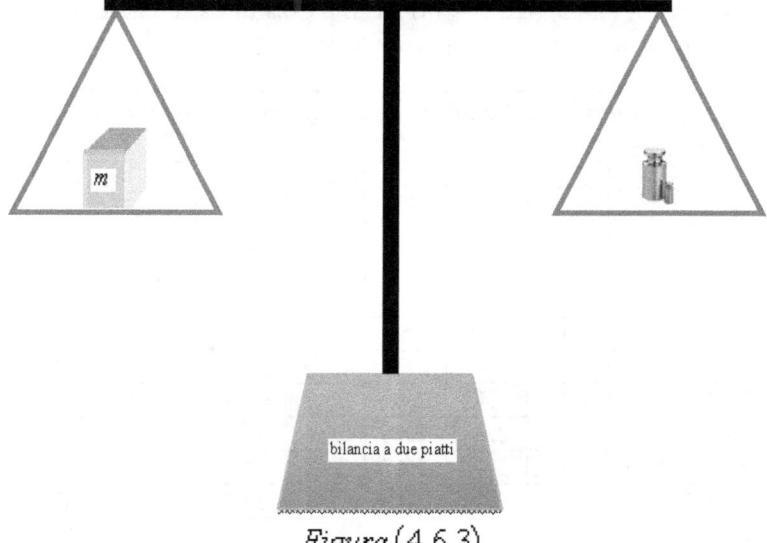

Figura $(4.6.3)$

Si pongono le seguenti domande:

a) come varia il periodo T di un pendolo semplice al variare dell'ampiezza di oscillazione 2α

b) come varia il periodo T di un pendolo semplice al variare della massa m della pallina

c) come varia il periodo T di un pendolo semplice al variare della lunghezza l del filo

Per rispondere alla domanda a) si esegua la misurazione del periodo T facendo variare l'ampiezza di oscillazione 2α in un insieme di valori compresi nell'intervallo $[1°,..............,10°]$ mantenendo costanti la lunghezza del filo ad un valore $l = (1.50 \pm 0.01)m$ e la massa della pallina ad un valore $m = (0.250 \pm 0.001) kg$. Si osservi che nell'eseguire le operazioni di misura, poiché gli angoli da misurare sono molto piccoli, si preferisce misurare il segmento $\overline{HB}$ che, come si vede nella figura (4.6.2), è collegato all'ampiezza di oscillazione. I risultati di questa misurazione sono riportati nella seguente tabella:

periodo T in funzione dell'ampiezza di oscillazione 2α									
periodo T espresso in secondi	periodo T espresso in secondi	periodo T espresso in secondi	periodo T espresso in secondi	periodo T espresso in secondi	valore medio del periodo $\overline{T}(s)$	incertezza $\Delta\overline{T}(s)$	$\overline{HB}$ misurato in metri	incertezza $\Delta\overline{HB}$ misurato in metri	semiampiezza di oscillazione $\alpha(°)$
1	2	3	4	5	****	****	****	****	****
2.45	2.43	2.46	2.47	2.44	2.45	0.01	0.13	0.01	4.90
2.44	2.43	2.47	2.42	2.47	2.45	0.01	0.10	0.01	3.80
2.43	2.46	2.47	2.44	2.48	2.46	0.01	0.07	0.01	2.70
2.46	2.46	2.43	2.47	2.47	2.45	0.01	0.05	0.01	1.90
2.44	2.47	2.45	2.48	2.48	2.46	0.01	0.03	0.01	1.10

Tabella (4.6.1)

dalla quale si deduce che per piccoli valori dell'ampiezza di oscillazione il periodo si mantiene costante. Facendo variare la massa m e fissando il valore dell'ampiezza di oscillazione

a $2\alpha = 9.80°$, si esegua la misurazione del periodo T con lo stesso valore della lunghezza l del filo. Così facendo si ottengono i valori riportati nella tabella seguente:

periodo T in funzione della massa m									
periodo T espresso in secondi	periodo T espresso in secondi	periodo T espresso in secondi	periodo T espresso in secondi	periodo T espresso in secondi	valore medio del periodo $\overline{T}(s)$	incertezza $\Delta\overline{T}(s)$	m misurata in kg	incertezza Δm misurata in kg	semiampiezza di oscillazione $\alpha(°)$
1	2	3	4	5	****	****	****	****	****

2.47	2.43	2.45	2.46	2.43	2.45	0.01	0.250	0.001	4.90
2.45	2.44	2.48	2.43	2.47	25.45	0.01	0.350	0.001	4.90
2.43	2.48	2.47	2.46	2.44	2.46	0.01	0.450	0.001	4.90
2.43	2.44	2.44	2.48	2.47	2.45	0.01	0.600	0.001	4.90
2.44	2.45	2.45	2.47	2.46	2.46	0.01	0.750	0.001	4.90
Tabella (4.6.2)									

dalla quale si deduce che, per piccoli valori dell'ampiezza di oscillazione 2α, il periodo T non dipende dalla massa m del corpo oscillante *(risposta alla domanda b)*.

Fissando il valore della massa $m = (0.250 \pm 0.001) kg$ e il valore dell'ampiezza di oscillazione $2\alpha = 9.80°$ si faccia variare la lunghezza l e si misuri il periodo T. I risultati di questa misurazione sono stati raccolti nella tabella (4.6.3).

periodo T in funzione della lunghezza l								
periodo T espresso in secondi	periodo T espresso in secondi	periodo T espresso in secondi	periodo T espresso in secondi	periodo T espresso in secondi	valore medio del periodo $\bar{T}(s)$	incertezza $\Delta\bar{T}(s)$	l misurata in metri	incertezza Δl misurata in metri
1	2	3	4	5	****	****	****	****
1.42	1.41	1.44	1.42	1.43	1.42	0.01	0.50	0.01
1.55	1.53	1.56	1.57	1.52	1.55	0.01	0.60	0.01
1.68	1.70	1.71	1.66	1.67	1.68	0.01	0.70	0.01
1.79	1.77	1.80	1.81	1.78	1.79	0.01	0.80	0.01
1.90	1.92	1.89	1.93	1.88	1.90	0.01	0.90	0.01
2.00	2.02	1.99	2.03	2.00	2.00	0.01	1.00	0.01
2.10	2.08	2.11	2.09	2.11	2.10	0.0	1.10	0.0
2.19	2.17	2.20	2.21	2.16	2.19	0.0	1.20	0.0
2.28	2.30	2.32	2.31	2.27	2.30	0.0	1.30	0.0
2.27	2.39	2.40	2.38	2.37	2.28	0.0	1.40	0.0
2.46	2.48	2.47	2.48	2.49	2.48	0.0	1.50	0.0
Tabella (4.6.3)								

dalla quale si osserva che il periodo T è funzione della lunghezza l. Elaborando questi dati si ottiene la seguente relazione:

$$(4.6.1) \qquad l = 0.25T^2$$

che può scriversi come:

$$(4.6.2) \qquad l = kT^2$$

Sulla base di questi risultati si può affermare, sinteticamente, che per un pendolo semplice il periodo di oscillazione, sotto la condizione che l'ampiezza di oscillazione sia sufficientemente piccola, dipende dalla lunghezza del filo ed è indipendente dall'ampiezza di oscillazione *(isocronismo delle oscillazioni)* e dalla massa.

elaborazione dei dati sperimentali

Per determinare la relazione matematica tra il periodo T e la lunghezza l si rappresenti su un sistema di assi cartesiani nel piano il periodo T sull'asse delle ascisse e la lunghezza l sull'asse delle ordinate utilizzando i dati della tabella (4.6.3) . Così facendo si ottiene il grafico di figura (4.6.4) dal quale non è possibile distinguere se la relazione matematica può essere ipotizzata di tipo lineare o di tipo parabolica:

$$(4.6.1) \quad l = a + bT \qquad ; \qquad (4.6.2) \quad l = kT^2$$

Figura $(4.6.4)$

Per decidere quale delle due relazioni sia più idonea a rappresentare la relazione tra la lunghezza del pendolo ed il suo periodo è necessario fare uso del criterio di Gauss. Procedendo in tal senso si scrivano le equazioni (3.2.10) del terzo capitolo per la relazione (4.6.1); così facendo si ottengono le seguenti equazioni:

$$(4.6.3) \quad \begin{cases} \sum_{i=1}^{11}(a + bT_i - l_i) = 0 \\ \sum_{i=1}^{11}T_i(a + bT_i - l_i) = 0 \end{cases}$$

che risolte rispetto ai parametri *e a b* forniscono i seguenti valori:

$$(4.6.4) \quad \begin{cases} a = -0.89 \\ b = 0.95 \end{cases}$$

Ponendo questi valori nella funzione (4.6.1) si ottiene la seguente forma esplicita:

$$(4.6.5) \quad l = -0.89 + 0.95T$$

che consente di calcolare i valori del periodo T, in corrispondenza dei valori di l, ed i relativi residui. Indicando con T_r questi valori, i relativi residui sono dati dalla seguente espressione:

$$(4.6.6) \quad r_i = T_i - T_r = T_i - \left(\frac{l_i + 0.89}{0.95} \right)$$

eseguendo questi calcoli è possibile scrivere la seguente tabella:

i	l_i	T_i	T_{r_i}	r_i	r_i^2
1	0.50	1.42	1.46	-0.04	0.0016
2	0.60	1.55	1.57	-0.02	0.0004
3	0.70	1.69	1.67	0.01	0.0001
4	0.80	1.79	1.78	0.01	0.0001
5	0.90	1.90	1.88	0.02	0.0004
6	1.00	2.00	1.99	0.01	0.0001
7	1.10	2.10	1.09	0.01	0.0001
8	1.20	2.19	2.20	-0.01	0.0001

9	1.30	2.30	2.31	-0.01	0.0001
10	1.40	2.38	2.41	-0.03	0.0009
11	1.50	2.48	2.52	-0.04	0.0016
Tabella (4.6.4)					

in cui utilizzando i valori r_i^2 è possibile determinare il valore del criterio di Gauss per la funzione (4.6.1):

$$\frac{\sum_{i=1}^{11} p_i r_i^2}{n-m} = \frac{\frac{1}{0.01}(0.0055)}{9} = 0.06111$$

Scrivendo le equazioni (3.2.10) del terzo capitolo per la funzione (4.6.2), si ottiene la seguente equazione:

$$(4.6.7) \quad \sum_{i=1}^{11} kT_i^2 = \sum_{i=1}^{11} l_i$$

che risolta rispetto al parametro k fornisce il valore:

$$(4.6.8) \quad k = 0.25$$

Ponendo questo valore nella funzione (4.6.2) si ottiene la sua forma esplicita:

$$(4.6.9) \quad l = 0.25T^2$$

che consente di calcolare i valori del periodo T, in corrispondenza dei valori l, ed i relativi residui. Indicando con T_r questi valori, i relativi residui sono dati dalla seguente espressione:

$$(4.6.10) \quad r_i = T_i - T_{r_i} = T_i - \sqrt{\frac{l_i}{0.25}}$$

eseguendo questi calcoli è possibile scrivere la seguente tabella:

i	l_i	T_i	T_{r_i}	r_i	r_i^2
1	0.50	1.42	1.41	0.01	0.0001
2	0.60	1.55	1.55	0.00	0.0000
3	0.70	1.69	1.67	0.01	0.0001
4	0.80	1.79	1.79	0.00	0.0000
5	0.90	1.90	1.90	0.00	0.0000
6	1.00	2.00	2.00	0.00	0.0000
7	1.10	2.10	2.10	0.00	0.0000
8	1.20	2.19	2.19	0.00	0.0000
9	1.30	2.30	228	0.02	0.0004
10	1.40	2.38	2.37	0.01	0.0001
11	1.50	2.48	2.45	0.03	0.0009
Tabella (4.6.5)					

in cui utilizzando i valori di r_i^2 è possibile determinare il valore del criterio di Gauss per la funzione (4.6.2):

$$\frac{\sum_{i=1}^{11} p_i r_i^2}{n-m} = \frac{\dfrac{1}{0.01}(0.0016)}{10} = 0.00016$$

Confrontando questo valore con quello ottenuto per la funzione (4.6.1), si vede chiaramente come il criterio di Gauss indichi la funzione (4.6.2) come la più idonea a rappresentare la legge empirica descrivente il moto del pendolo.

Dall'equazione (4.6.2) si ricavano le dimensioni di k : $\quad [k] = LT^{-2}$

4.7 L'OSCILLATORE ARMONICO

Un altro modo di studiare i fenomeni oscillatori è quello di considerare come apparato sperimentale un sistema fisico costituito da una molla e da un carrellino ad essa vincolato, il tutto è posto su un piano orizzontale ben levigato in modo da ridurre al più gli attriti, inoltre l'estremità libera della molla è rigidamente fissata alla parete *(vedi figura (4.7.1))*.

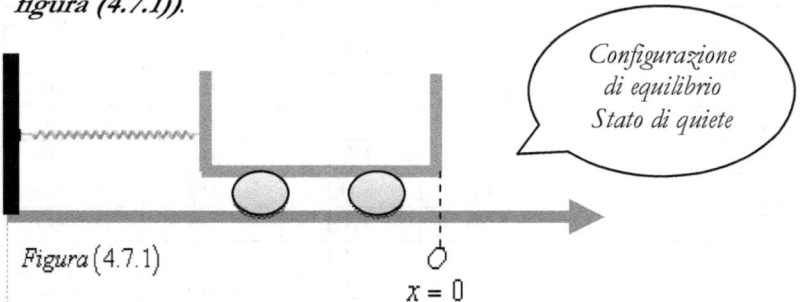

Figura (4.7.1)

$x = 0$

Inizialmente il sistema è in quiete rispetto al punto O ; esercitando una compressione o una trazione sul carrellino tale da alterare lo stato di quiete, il sistema oscilla intorno al punto O .

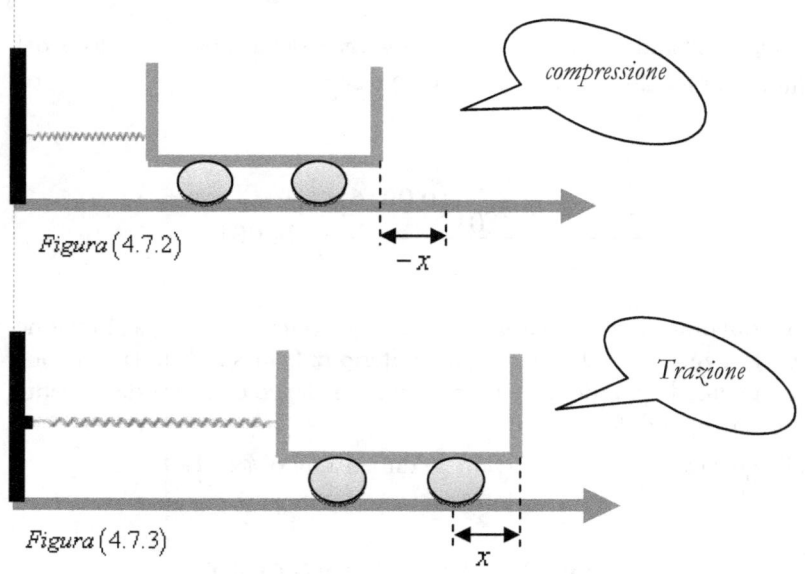

Figura (4.7.2)

Figura (4.7.3)

Questo apparato sperimentale si dice oscillatore armonico.

Si pone la seguente domanda: in che modo il periodo T dell'oscillatore armonico è determinato dalla molla e dalla massa m del carrellino ?

180

Si osservi che la massa del carrellino vale **1 kg** , essa può essere fatta variare caricando sul carrellino corpi di massa nota.

La prima misurazione viene eseguita con il carrellino vuoto; i risultati delle misurazioni sono stati raccolti nella tabella (4.7.1) in cui si osserva che il periodo dell'oscillatore armonico varia in funzione della massa.

periodo T in funzione della massa m								
periodo T espresso in secondi	periodo T espresso in secondi	periodo T espresso in secondi	periodo T espresso in secondi	periodo T espresso in secondi	valore medio del periodo $\bar{T}(s)$	incertezza $\Delta \bar{T}(s)$	massa m misurata in kg	incertezza Δm misurata in kg
1	2	3	4	5	****	****	****	****
1.06	1.03	1.05	1.08	1.09	1.06	0.01	1.000	0.001
1.11	1.12	1.14	1.13	1.09	1.12	0.01	1.100	0.001
1.16	1.17	1.15	1.16	1.18	1.16	0.01	1.200	0.001
1.21	1.19	1.20	1.23	1.24	1.21	0.01	1.300	0.001
1.26	1.25	1.23	1.27	1.26	1.25	0.01	1.400	0.001
1.30	1.29	1.31	1.33	1.34	1.31	0.01	1.500	0.001
1.34	1.31	1.35	1.37	1.36	1.35	0.01	1.600	0.001
1.38	1.36	1.35	1.39	1.40	1.38	0.01	1.700	0.001
1.42	1.44	1.45	1.43	1.43	1.43	0.01	1.800	0.001
1.46	1.47	1.49	1.46	1.48	1.47	0.01	1.900	0.001
1.50	1.53	1.51	1.52	1.54	1.52	0.01	2.000	0.001
Tabella (4.7.1)								

Per determinare la relazione matematica tra il periodo T e la massa *m*, si rappresenti su un sistema di assi cartesiani nel piano il periodo *T* sull'asse delle ascisse e la massa *m* sull'asse delle ordinate. Così facendo si ottiene il grafico di figura (4.7.4) dal quale non è possibile distinguere se la relazione può essere ipotizzata di tipo lineare o di tipo parabolica:

$$(4.7.1) \quad m = a + bT \quad ; \quad (4.7.2) \quad m = kT^2$$

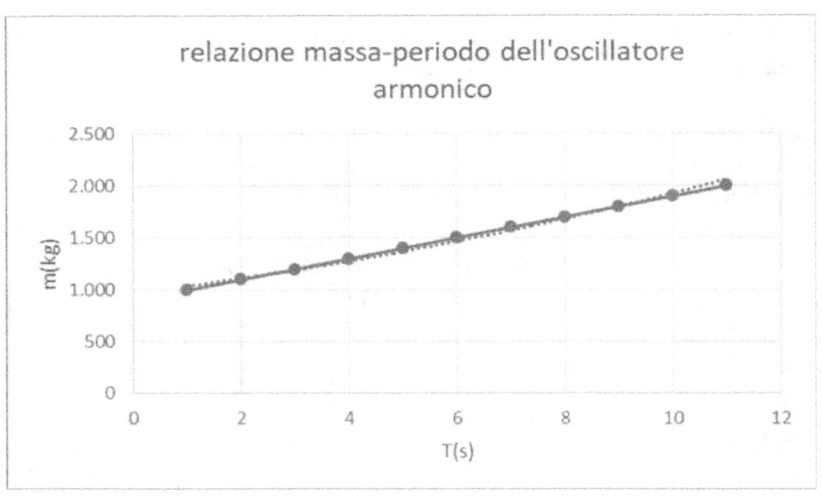

relazione massa-periodo dell'oscillatore armonico

Figura $(4.7.4)$

Per decidere quale delle due relazioni sia più idonea a rappresentare la relazione tra la massa dell'oscillatore armonico ed il suo periodo è necessario fare uso del criterio di Gauss. Procedendo in tal senso, si scrivano le equazioni $(.3.2.10)$ del terzo capitolo per la relazione $(4.7.1)$; così facendo si ottengono le seguenti equazioni:

$$(4.7.3) \quad \begin{cases} \displaystyle\sum_{i=1}^{11} \left(a+bT_i - m_i\right) = 0 \\ \displaystyle\sum_{i=1}^{11} T_i\left(a+bT_i - m_i\right) = 0 \end{cases}$$

che risolte rispetto ai parametri **a** e **b** forniscono i seguenti valori:

$$(4.7.4) \quad \begin{cases} a = -1.34 \\ b = 5.39 \end{cases}$$

Ponendo questi valori nella funzione $(4.7.1)$ si ottiene la sua forma esplicita:

$$(4.7.5) \quad m = -1.34 + 5.39T$$

che consente di calcolare i valori del periodo T in corrispondenza del valori della massa m ed i relativi residui. Indicando con T_r questi valori, i relativi residui sono dati dalla seguente espressione:

$$(4.7.6) \quad r_i = T_i - T_{r_i} = T_i - \left(\frac{m_i + 1.34}{5.39} \right)$$

Eseguendo questi calcoli è possibile scrivere la seguente tabella:

i	m_i	T_i	T_{r_i}	r_i	r_i^2
1	1.000	1.06	0.43	0.63	0.3969
2	1.100	1.12	0.45	0.71	0.5041
3	1.200	1.16	0.47	0.69	0.4761
4	1.300	1.21	0.49	0.72	0.5184
5	1.400	1.25	0.51	0.74	0.5476
6	1.500	1.31	0.53	0.78	0.6084
7	1.600	1.35	0.55	0.80	0.6400
8	1.700	1.38	0.56	0.82	0.6724
9	1.800	1.43	0.58	0.85	0.7225
10	1.900	1.47	0.60	0.87	0.7569
11	2.000	1.52	0.62	0.90	0.8100
Tabella (4.7.2)					

dalla quale si può vedere che la funzione (4.7.5) non è in grado di prevedere, nei limiti delle incertezze sperimentali, neanche i dati con la quale è stata ottenuta. Pertanto, la funzione (4.7.1) deve essere scartata perché non idonea a rappresentare la relazione matematica tra il periodo T e la massa m dell'oscillatore armonico. Riferendosi al grafico di figura (4.7.4), questo risultato sorprende perché

inatteso, infatti i valori dei residui r_i come risulta dalla tabella (4.7.2), superano i corrispondenti valori T_{r_i}, forniti dall'equazione (4.7.5), del 32% circa. Da ciò si capisce come sia facile incorrere in errori

183

nell'assegnare la forma di una funzione interpolatrice di punti sperimentali.

Scrivendo le equazioni (3.2.10) del terzo capitolo per la funzione (4.7.2) si ottiene l'equazione:

$$(4.7.7) \qquad \sum_{i=1}^{11} kT_i^2 = \sum_{i=1}^{11} m_i$$

che risolta rispetto al parametro k fornisce il valore:

$$(4.7.8) \qquad k = 0.88$$

Ponendo questo valore nella funzione (4.7.2) si ottiene la sua forma esplicita data dalla relazione seguente:

$$(4.7.9) \qquad m = 0.88T^2$$

che consente di calcolare i valori del periodo T in corrispondenza dei valori della massa m ed i relativi residui.

Indicando con T_r questi valori, i relativi residui sono dati dalla seguente espressione:

$$(4.7.10) \qquad r_i = T_i - T_{r_i} = T_i - \sqrt{\frac{m}{0.88}}$$

Eseguendo questi calcoli è possibile scrivere la seguente tabella:

i	m_i	T_i	T_{r_i}	r_i
1	1.000	1.06	1.07	-0.01
2	1.100	1.12	1.12	0.00
3	1.200	1.16	1.17	-0.01
4	1.300	1.21	1.22	-0.01
5	1.400	1.25	1.26	-0.01
6	1.500	1.31	1.31	0.01

7	1.600	1.35	1.35	0.00
8	1.700	1.38	1.39	-0.01
9	1.800	1.43	1.43	0.00
10	1.900	1.47	1.47	0.00
11	2.000	1.52	1.51	0.01
		Tabella (4.7.3)		

dalla quale si osserva che, nei limiti delle incertezze sperimentali, l'equazione (4.7.9) consente di riprodurre tutti i valori sperimentale del periodo T. Ad ogni modo, com'è stato più volte detto, la funzione (4.7.9) deve essere verificata al difuori del contesto sperimentale con il quale è stata ottenuta. Procedendo in tal senso è sufficiente cambiare la molla dell'oscillatore e ripetere la misurazione del periodo T in corrispondenza di determinati valori della massa m. I risultati di queste misurazioni sono stati raccolti nella tabella (4.7.4).

periodo T in funzione della massa m								
periodo T espresso in secondi	periodo T espresso in secondi	periodo T espresso in secondi	periodo T espresso in secondi	periodo T espresso in secondi	valore medio del periodo $\bar{T}(s)$	incertezza $\Delta\bar{T}(s)$	massa m misurata in kg	incertezza Δm misurata in kg
1	2	3	4	5	****	****	****	****
1.57	1.58	1.59	1.56	1.55	1.57	0.01	1.000	0.001
1.65	1.68	1.64	1.63	1.67	1.65	0.01	1.100	0.001
1.72	1.74	1.71	1.75	1.72	1.73	0.01	1.200	0.001
1.79	1.77	1.78	1.80	1.78	1.78	0.01	1.300	0.001
1.85	1.87	1.89	1.84	1.83	1.85	0.01	1.400	0.001
1.92	1.94	1.93	1.91	1.93	1.93	0.01	1.500	0.001
1.98	1.96	1.99	1.97	1.96	1.97	0.01	1.600	0.001
2.05	2.03	2.06	2.07	2.04	2.05	0.01	1.700	0.001
2.11	2.10	2.12	2.14	2.11	2.12	0.01	1.800	0.001
2.16	2.19	2.17	2.15	2.16	2.17	0.01	1.900	0.001
2.22	2.20	2.03	2.25	2.24	2.23	0.01	2.000	0.001
				Tabella (4.7.1)				

Usando i dati di questa tabella si può costruire il grafico di figura (4.7.5) in cui osservando l'andamento dei punti sperimentali si può, in analogia con il caso precedente, ipotizzare una relazione tra il periodo T e la massa m identica alla relazione (4.7.2):

$$(4.7.11) \quad m = T^2$$

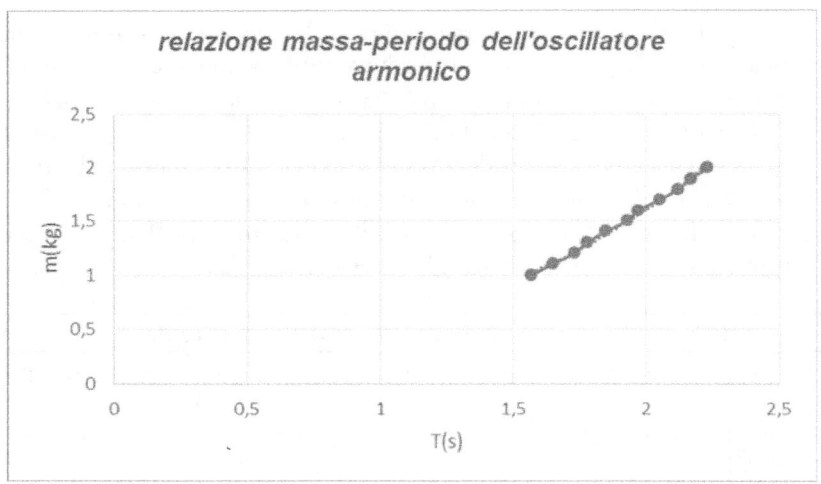

$$Figura(4.7.5)$$

Per determinare il valore di λ bisogna fare uso delle equazioni (3.2.10) del terzo capitolo; esse consentono di scrivere la seguente equazione:

$$(4.7.12) \quad \sum_{i=1}^{11} \lambda T_i^2 = \sum_{i=1}^{11} m_i$$

Risolvendo quest'equazione rispetto a λ, si ottiene il seguente valore:

$$(4.7.13) \quad \lambda = 0.40$$

Ponendo questo valore nell'equazione (4.7.11) si ottiene la sua forma esplicita data dalla seguente relazione:

$$(4.7.14) \quad m = 0.40T^2$$

che consente di calcolare i valori del periodo T in corrispondenza dei valori delle masse ed i relativi residui.

Indicando con T_r questi valori, i relativi residui sono dati dalla seguente espressione:

$$(4.7.15) \quad r_i = T_i - T_{r_i} = T_i - \sqrt{\frac{m}{0.40}}$$

Eseguendo questi calcoli è possibile scrivere la seguente tabella:

i	m_i	T_i	T_{r_i}	r_i
1	1.000			
2	1.100			
3	1.200			
4	1.300			
5	1.400			
6	1.500			
7	1.600			
8	1.700			
9	1.800			
10	1.900			
11	2.000			
Tabella (4.7.5)				

dalla quale si osserva che, nei limiti delle incertezze sperimentali, la funzione (4.7.14) riproduce tutti i valori sperimentali del periodo T. Confrontando l'equazione (4.7.14) con l'equazione (4.7.9) si nota che esse differiscono solo per il valore del parametro, quindi il periodo T di un oscillatore armonico è determinato, oltre che dalla massa, anche dalla molla la cui influenza si manifesta attraverso il valore del parametro che figura nelle due equazioni. Il significato di quest'ultima affermazione è reso più chiaro dal grafico di figura (4.7.6) in cui si vede che per uno stesso valore di massa corrisponde un valore diverso del periodo e ciò perché ogni retta rappresenta un diverso oscillatore

Le dimensioni delle costanti sono: $[k] = [\lambda] = MT^{-2}$

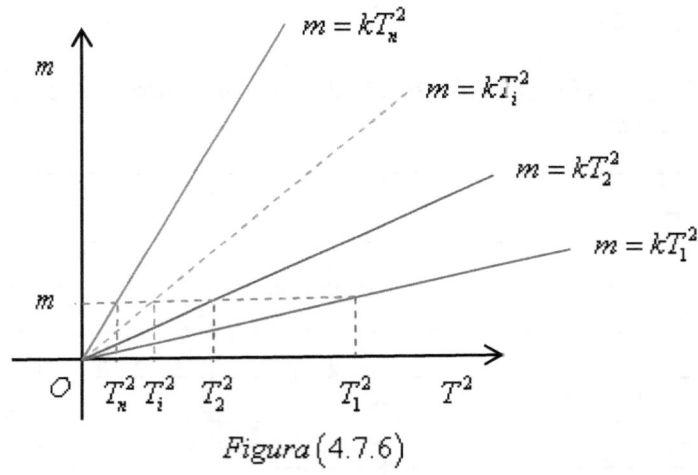

$$m = kT_n^2$$
$$m = kT_i^2$$
$$m = kT_2^2$$
$$m = kT_1^2$$

Figura $(4.7.6)$

	TEST DI VERIFICA (4.1)
1	nello studio del moto di caduta libera lo strumento per la misurazione dei tempi fornisce valori diversi in prove ripetute nelle stesse condizioni sperimentali. Spiegare perché viene assunta come incertezza sulla misura dei tempi la sensibilità dello strumento di misura invece che la deviazione standard della media, come sarebbe naturale.
2	descrivere l'apparato sperimentale usato per lo studio del moto di caduta libera

3	facendo cadere liberamente da una stessa quota h due sferette di ugual diametro, di cui una di legno e una d'acciaio, si chiede: come giungono su uno stesso piano di riferimento:
	  a. la sferetta d'acciaio precede di molto la sferetta di legno
	  b. la sferetta d'acciaio e la sferetta di legno giungono simultaneamente su uno stesso piano di riferimento
	  c. la sferetta di legno precede di molto la sferetta d'acciaio
	  d. la sferetta d'acciaio e la sferetta di legno giungono quasi simultaneamente

4	nello studio del moto di caduta libera, quale delle seguenti funzioni interpola meglio i dati sperimentali: A. $s = a + e^t$ B. $s = a + bt$ C. $s = a' + b't + c't^2$ D. $s = kt^2$
5	come fu determinata la legge di caduta libera da Galileo Galilei
6	quale delle seguenti relazioni esprime la relazione corretta tra il moto di caduta libera e il moto lungo un piano inclinato: a. $k = \lim\limits_{\alpha \to \frac{\pi}{2}} \lambda(\alpha)$

	b. $k = \lambda^2 (\alpha)$ c. $k = \lambda$ a. $k = \lim_{\alpha \to \frac{\pi}{2}} \frac{1}{2} \lambda(\alpha)$
7	come può essere verificato sperimentalmente che il moto di caduta libera è equivalente al moto lungo un piano inclinato
8	un corpo cadendo liberamente da un'altezza h acquisisce una velocità $2vkt$; supponendo di farlo risalire con una velocità iniziale pari a quella acquisita nella sua caduta e trascurando gli attriti, si chiede a quale dei seguenti valori dell'altezza h_s giunge:
9	come si muove un corpo che cadendo lungo un piano inclinato prosegue il suo moto lungo un piano orizzontale privo di attrito

	TEST DI VERIFICA (4.2)
1	la traiettoria del moto di un proiettile è: A. una parabola B. un'ellisse C. un'iperbole D. una retta
2	la gittata è: A. la distanza tra il punto di partenza e il punto di arrivo del corpo quando l'angolo di puntamento è $45°$ B. la distanza tra il punto di partenza e il punto che si ottiene calando la verticale per il punto di massima altezza raggiunto C. la distanza tra il punto di partenza e il punto di arrivo del corpo D. la distanza tra il punto di partenza e il punto di massima altezza raggiunto
3	quale delle seguenti relazioni esprime la relazione corretta tra la gittata X e l'angolo di puntamento α : A. $X = kv^2 \sin 2\alpha$ B. $X = \beta \cos \alpha$ C. $X = \beta \tan 2\alpha$ D. $X = \beta \alpha$
4	quale delle seguenti relazioni esprime la relazione corretta tra la gittata X e la velocità v A. $X = kv^2 \sin 2\alpha$ B. $X = \lambda v$ C. $X = \lambda + Qv$ D. $X = \lambda v^3$

5	quale delle seguenti relazioni esprime la relazione corretta tra la gittata X, l'angolo di puntamento α e la velocità v A. $X = \beta\lambda v \sin 2\alpha$ B. $X = kv^2 \sin 2\alpha$ C. $X = \beta\lambda v \cos 2\alpha$ D. $X = \beta\lambda v^2 \tan 2\alpha$

	TEST DI VERIFICA (4.3)
1	quali grandezze fisiche caratterizzano il moto oscillatorio di un pendolo semplice
2	cosa si intende per oscillazione: A. il percorso di andata e ritorno dal punto di massimo altezza B. il percorso dal punto di massima altezza al punto di minima altezza C. il triplo del percorso dal punto di massima altezza al punto di minima altezza D. la metà del percorso di andata e ritorno dal punto di massima altezza
3	facendo variare l'ampiezza di oscillazione di un pendolo semplice, nell'insieme dei valori compresi nell'intervallo $$\left[1°,\ldots\ldots\ldots,10°\right]$$ e mantenendo costanti le altre grandezze, si può determinare la relazione tra il periodo T e l'ampiezza di oscillazione 2α. Dire quale delle seguenti relazioni è quella corretta: A. $T = \text{cost} \cdot \alpha$ B. $T = \text{cost}$ C. $T = a + b\alpha$ D. $T = T_0 e^{-\alpha}$
4	fissando la lunghezza l di un pendolo semplice ad un certo valore e l'ampiezza di oscillazione ad un valore appartenente all'intervallo $\left[1°,\ldots\ldots\ldots,10°\right]$, si può determinare la relazione tra il periodo T e la massa m del corpo oscillante. Dire quale delle seguenti relazioni è quella corretta.

A. $T = \text{cost}$

B. $T = \text{cost} \left(\sin m \right)$

C. $T = \text{cost} \cdot m^2$

D. $T = a + bm$

5	il periodo di oscillazione di un pendolo semplice, per valori dell'ampiezza di oscillazione compresi nell'intervallo $$\left[1°, \ldots\ldots\ldots, 10° \right]$$ è funzione solo della lunghezza. Dire quale delle seguenti relazioni esprime la relazione corretta tra il periodo T e la lunghezza l. A. $T = a + bl$ B. $T = k \sin l$ C. $T = \dfrac{l}{k}$ D. $T = \sqrt{\dfrac{l}{k}}$
6	cos'è un oscillatore armonico
7	il periodo di un oscillatore armonico è determinato, oltre che dalla massa, anche dalla costante elastica della molla. Per un determinato oscillatore armonico, dire quale delle seguenti relazioni esprime la relazione corretta tra il periodo T e la massa m : A. $T = \sqrt{\dfrac{m}{k}}$ B. $T = a + bm$ C. $T = k \sin m$ D. $T = T_0 e^{-m}$

QUINTO CAPITOLO

ALGEBRA VETTORIALE

*Scrive Galilei nella sua opera **IL SAGGIATORE:** la filosofia è scritta in questo grandissimo libro che continuamente ci sta aperto innanzi agli occhi **(io dico l'Universo),** ma non si può intendere se prima non si impara a intendere la lingua, e conoscere i caratteri, nei quali è scritto. Egli è scritto in lingua matematica, e i caratteri son triangoli, cerchi, ed altre figure geometriche, senza quali mezzi è impossibile a intendere umanamente parola; senza questo è un aggirarsi vanamente per uno oscuro laberinto.*

5.1 SCALARI E VETTORI

Vi sono grandezze fisiche che sono completamente determinate quando si conosce il valore numerico seguito dall'unità di misura. Tali grandezze sono dette *scalari* di cui sono esempi: la temperatura, la massa, la densità, l'energia, ecc. Insieme alle grandezze scalari, vi sono grandezze fisiche per le quali la conoscenza del valore numerico seguito dall'unità di misura non basta per una loro completa determinazione. Tali grandezze sono dette *vettoriali* di cui sono esempi: la velocità, l'accelerazione, la forza, la quantità di moto ecc. Le grandezze scalari possono essere trattate, dal punto di vista del calcolo, secondo le regole dell'algebra ordinaria; diversamente, per le grandezze vettoriali devono essere definiti degli *enti* a carattere matematico in grado di rappresentarne tutte le caratteristiche: il loro *valore numerico (detto modulo o intensità)*, la *direzione* e il *verso*. Gli enti in grado di descrivere queste caratteristiche sono i *segmenti orientati* in quanto ad essi si possono associare: una direzione che è quella della retta di giacitura, un verso che è quello definito dall'ordinamento dei loro punti che va da un estremo all'altro, un modulo che è quello definito dalla loro lunghezza rispetto ad una prefissata unità di misura.

Si definiscono vettori i segmenti orientati

essi si rappresentano, *simbolicamente*, con una *lettera* segnata da una *freccia* e, *geometricamente,* con una *freccia* la cui lunghezza fornisce il *modulo*, la punta fornisce il *verso* e la retta sulla quale giace fornisce la *direzione.*

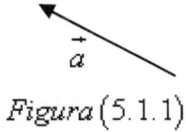

Figura (5.1.1)

Si osservi che qualora si fosse interessati al solo modulo del vettore, la notazione simbolica viene privata della segnatura della freccia oppure viene posta tra due barre verticali. Per esempio se si vuole indicare il modulo del vettore $\vec{a}$ si può scrivere semplicemente a oppure $\left|\vec{a}\right|$.

Una direzione nello spazio è definita da un fascio improprio di rette parallele.

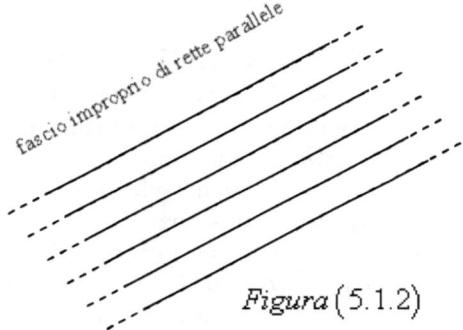

Figura $(5.1.2)$

due vettori $\vec{a}$ e $\vec{b}$ si dicono uguali se hanno lo stesso modulo, lo stesso verso e la stessa direzione

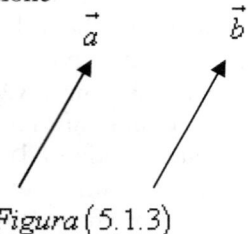

Figura $(5.1.3)$

due vettori $\vec{a}$ e $\vec{b}$ si dicono opposti se hanno lo stesso modulo, la stessa direzione e versi opposti

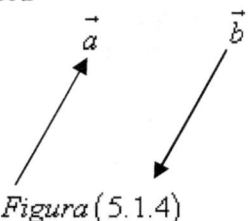

Figura $(5.1.4)$

Sia k un numero reale positivo ed $\vec{a}$ un vettore, si definisce prodotto dello scalare k per il vettore $\vec{a}$, *il vettore* $k\vec{a}$ avente la stessa direzione e verso di $\vec{a}$ e modulo k volte il modulo di $\vec{a}$

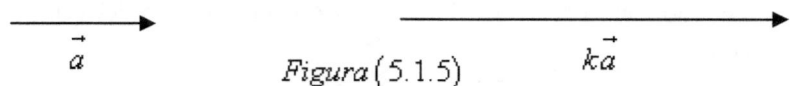

$$\text{Figura}\,(5.1.5)$$

Se k e un numero reale negativo, il vettore $-k\vec{a}$ ha la stessa direzione di $\vec{a}$, verso opposto ad $\vec{a}$ e modulo pari a k volte il modulo di $\vec{a}$.

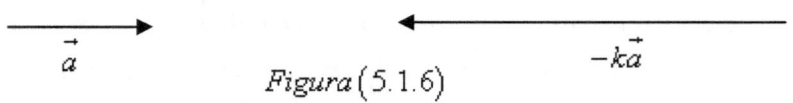

$$\text{Figura}\,(5.1.6)$$

Consegue che moltiplicare un vettore per lo scalare -1 equivale a cambiare il verso del vettore, cioè a considerare il suo opposto.

Si dice versore di un vettore $\vec{a}$ il vettore $\vec{u}$ avente la stessa direzione e verso di $\vec{a}$ e modulo unitario.

$$(5.1.1) \qquad \vec{a} = \vec{u}a$$

Proiettando il vettore $\vec{a}$ su una retta orientata r si ottiene il vettore $\vec{a}_r$ che può essere concorde o discorde con la retta r

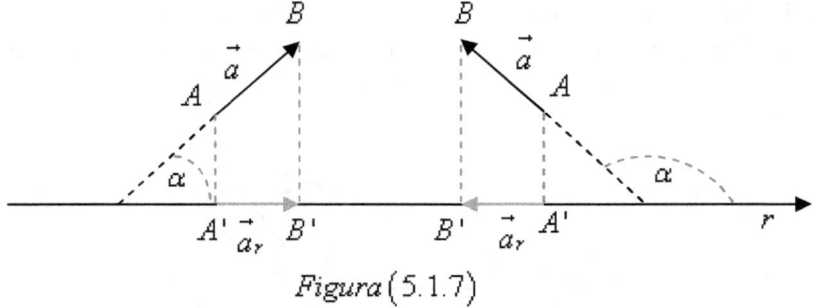

$$\text{Figura}\,(5.1.7)$$

Si definisce il componente del vettore $\vec{a}$ secondo la retta r il vettore $\vec{a}_r$ proiezione su r del segmento rappresentativo di $\vec{a}$.

Si definisce la componente del vettore $\vec{a}$ secondo la retta r la misura a_r del segmento orientato $\overline{A'B'}$ proiezione del modulo del vettore $\vec{a}$ sulla retta r :

$$(5.1.2) \qquad \mathrm{a}_r = a\cos\alpha$$

5.2 SOMMA DI VETTORI

Si dice che il vettore $\vec{s}$ è la somma dei vettori $\vec{a}$ e $\vec{b}$ se $\vec{s}$ si ottiene riportando i vettori $\vec{a}$ e $\vec{b}$ come lati consecutivi di un parallelogrammo in modo che l'estremo del vettore $\vec{a}$ coincide con l'origine del vettore $\vec{b}$ e l'origine e l'estremo del vettore $\vec{s}$ coincidono rispettivamente con l'origine del vettore $\vec{a}$ e l'estremo del vettore $\vec{b}$.

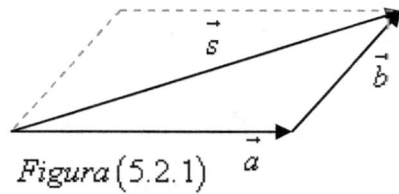

Figura $(5.2.1)$

Per determinare il modulo di $\vec{s}$ si consideri la figura (5.2.2) e si applichi il teorema di Pitagora al triangolo rettangolo ACD, così facendo si ottiene la seguente relazione:

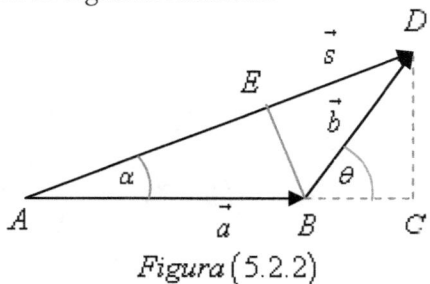

Figura $(5.2.2)$

$$(5.2.1) \qquad \overline{AD}^2 = \left(\overline{AB} + \overline{BC}\right)^2 + \overline{CD}^2$$

Poiché $\overline{AD} = s$; $\overline{AB} = a$; $\overline{BC} = b\cos\theta$; $\overline{CD} = b\sin\theta$, la relazione (5.2.1) si può scrivere come: $s^2 = \left(a + b\cos\theta\right)^2 + b^2\sin^2\theta$ che sviluppata fornisce il modulo del vettore $\vec{s}$:

$$(5.2.2) \qquad s = \sqrt{a^2 + b^2 + 2ab\cos\theta}$$

Per determinare la direzione e il verso è sufficiente conoscere l'angolo α. A tal fine si considerino i triangoli rettangoli ACD e BCD, si può scrivere *(vedi la figura (5.2.2)):*

$$\overline{CD} = s\left(\sin\alpha\right) = b\left(\sin\theta\right) \Rightarrow (5.2.3) \qquad \frac{s}{\sin\theta} = \frac{b}{\sin\alpha}$$

Ora, si considerino i triangoli rettangoli ABE e BED si può scrivere *(vedi la figura (5.2.2)):*

$$\overline{BE} = a\left(\sin\alpha\right) = b\left(\sin\beta\right) \Rightarrow (5.2.4) \qquad \frac{a}{\sin\beta} = \frac{b}{\sin\alpha}$$

Combinando le equazioni (5.2.3) e (5.2.4) si ottiene la seguente relazione:

$$(5.2.5) \qquad \frac{s}{\sin\theta} = \frac{a}{\sin\beta} = \frac{b}{\sin\alpha}$$

che consente la determinazione della direzione e del verso del vettore somma.

Applicando più volte la regola di somma di due vettori, si vede subito che la somma di più vettori si ottiene costruendo la poligonale che ha i vettori assegnati come lati: la somma cercata è il vettore che ha l'origine coincidente con l'origine del primo vettore e l'estremo coincidente con l'estremo dell'ultimo vettore.

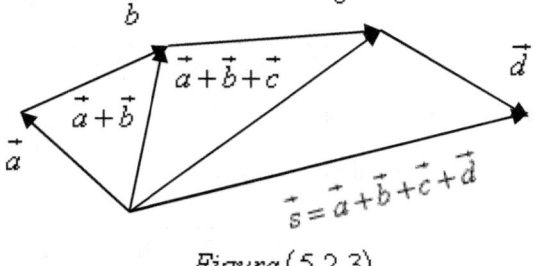

$$Figura\,(5.2.3)$$

La somma di due vettori gode della proprietà commutativa. Siano $\vec{a}$ e $\vec{b}$ due vettori, si ha: $\vec{a}+\vec{b}=\vec{b}+\vec{a}$ come risulta dalla figura (5.2.4):

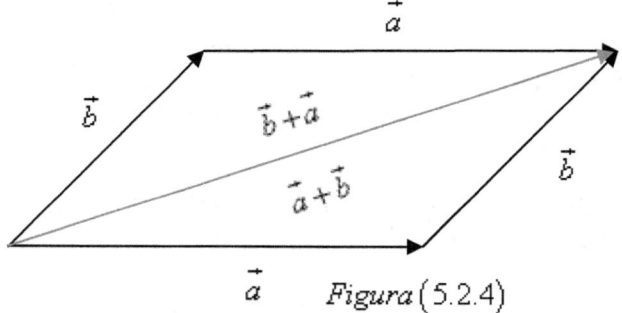

$$Figura\,(5.2.4)$$

La somma di vettori gode della proprietà associativa. Siano $\vec{a},\vec{b},\vec{c}$ tre vettori, si ha:

$$\vec{a}+\vec{b}+\vec{c}=\left(\vec{a}+\vec{b}\right)+\vec{c}=\vec{a}+\left(\vec{b}+\vec{c}\right)$$

come risulta dalla figura (5.2.5)

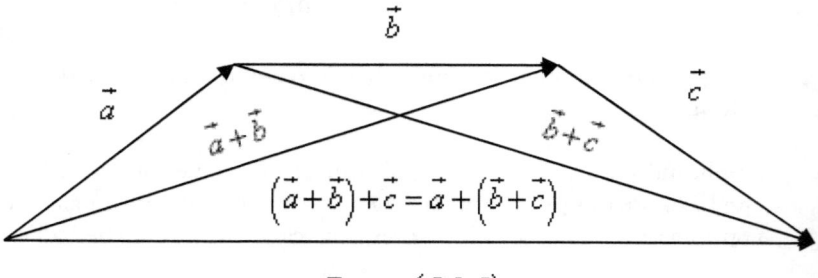

$$Figura\,(5.2.5)$$

Si osservi che la differenza di due vettori può essere determinata ricordandosi che il segno meno, davanti al simbolo che rappresenta il vettore, indica un cambiamento del verso dello stesso vettore: quindi si può scrivere la relazione: $\vec{s} = \vec{a} - \vec{b} = \vec{a} + \left(-\vec{b}\right)$

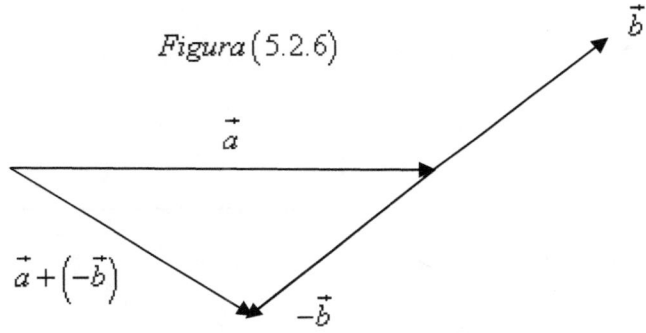

Figura $(5.2.6)$

5.3 RELAZIONE TRA VETTORI E COORDINATE CARTESIANE ORTOGONALI

Si consideri uno spazio tridimensionale e sia OXY un sistema di coordinate cartesiane ortogonali tale che la sua origine coincide con l'origine di un generico vettore $\vec{a}$

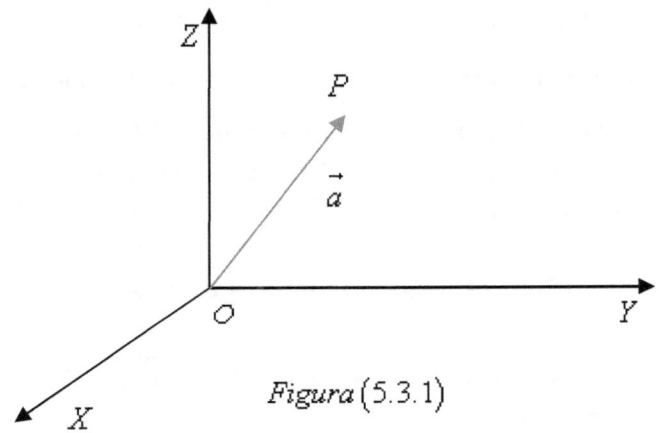

Figura $(5.3.1)$

Sia Q la proiezione del punto P, estremo del vettore $\vec{a}$, sul piano XY e si consideri la retta passante per i punti O e Q orientata da O verso Q:

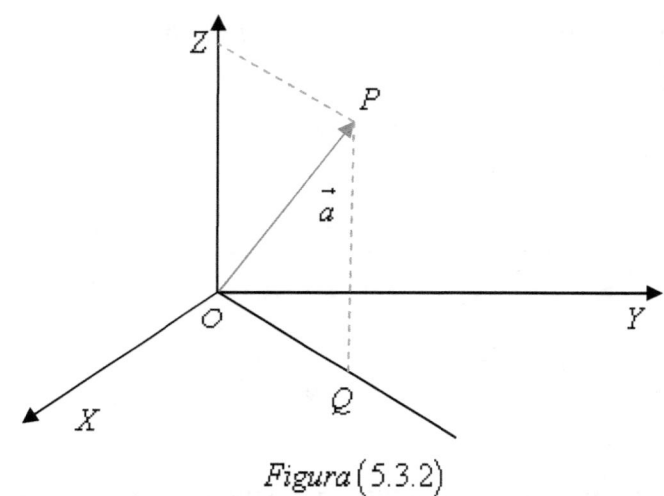

Figura $(5.3.2)$

Proiettando il vettore $\vec{a}$ sull'asse Z e sulla retta OQ si determinano i vettori $\vec{a}_z$ e $\vec{a}_{xy}$ che sono rispettivamente i componenti di $\vec{a}$ lungo l'asse Z e la retta OQ. Il vettore $\vec{a}_{xy}$ può essere proiettato sull'asse X e sull'asse Y determinando i vettori $\vec{a}_x$ e $\vec{a}_y$ che sono rispettivamente i component di $\vec{a}_{xy}$ lungo l'asse X e lungo l'asse Y. I vettori $\vec{a}_x, \vec{a}_y, \vec{a}_z$ sono i vettori component del vettore $\vec{a}$ lungo le direzioni degli assi coordinati X, Y, Z. Pertanto si può scrivere la seguente relazione:

$$(5.3.1) \qquad \vec{a} = \vec{a}_x + \vec{a}_y + \vec{a}_z$$

Indicando con $\vec{i}, \vec{j}, \vec{k}$ .I versori dei vettori $\vec{a}_x, \vec{a}_y, \vec{a}_z$, l'equazione (5.3.1) si può scrivere come:

202

$$(5.3.2) \qquad \vec{a} = \vec{i}a_x + \vec{j}a_y + \vec{k}a_z$$

in cui a_x, a_y, a_z sono le componenti del vettore $\vec{a}$ lungo gli assi coordinati e si dicono ***componenti cartesiane*** del vettore $\vec{a}$.

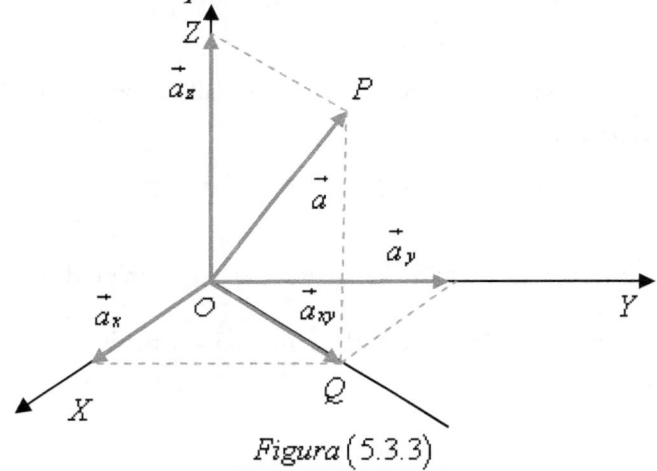

Figura $(5.3.3)$

Si osservi che l'equazione (5.3.2), pur esprimendo una relazione fra un generico vettore $\vec{a}$ ed i sistemi di coordinate cartesiane ortogonali in uno spazio tridimensionale, è valida per spazi di dimensioni qualsiasi.

Volendo determinare modulo direzione e verso del vettore $\vec{a}$, si consideri la figura (5.3.4) in cui considerando il triangolo rettangolo OAQ si può scrivere la relazione:

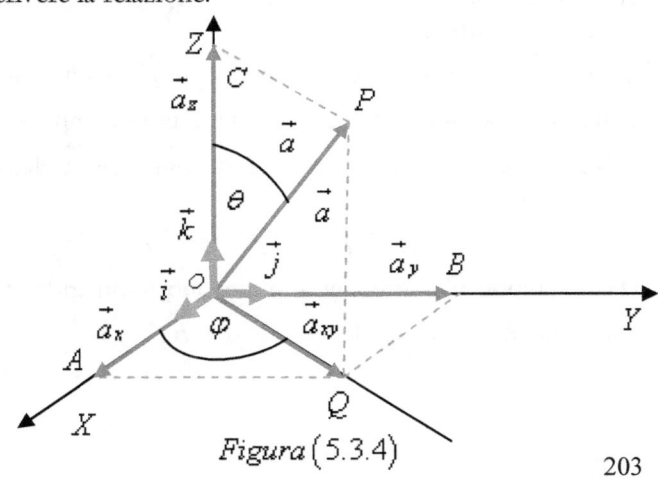

Figura $(5.3.4)$

203

$$(5.3.3) \qquad a_{xy} = \sqrt{a_x^2 + a_y^2}$$

Considerando il triangolo OCP si può scrivere la seguente relazione:

$$(5.3.4) \qquad a = \sqrt{a_{xy}^2 + a_z^2}$$

in cui sostituendo il valore di a_{xy} dato dall'equazione (5.3.3) si ottiene la relazione:

$$(5.3.5) \qquad a = \sqrt{a_x^2 + a_y^2 + a_z^2}$$

che esprime il modulo del vettore $\vec{a}$ in termini delle componenti cartesiane.

Dai triangoli OAQ e OCP si ricavano rispettivamente le seguenti formule:

$$(5.3.6) \qquad \begin{cases} \varphi = \arctan \dfrac{a_y}{a_x} \\[3mm] \theta = \arctan \dfrac{\sqrt{a_x^2 + a_y^2}}{a_z} \end{cases}$$

che esprimono direzione e verso del vettore $\vec{a}$ in termini delle component cartesiane.

Siano $\vec{a} = \vec{i}a_x + \vec{j}a_y + \vec{k}a_z$ e $\vec{b} = \vec{i}b_x + \vec{j}b_y + \vec{k}b_z$ due vettori di uno spazio tridimensionale espresso in termini di componenti cartesiane, si definisce **somma** dei vettori $\vec{a}$ e $\vec{b}$ il vettore $\vec{s}$ dato dalla seguente espressione:

$$(5.3.7) \qquad \vec{s} = \vec{i}s_x + \vec{j}s_y + \vec{k}s_z$$

le cui componenti cartesiane si ottengono sommando algebricamente le componenti cartesiane dei vettori $\vec{a}$ e $\vec{b}$:

$$\begin{cases} s_x = a_x + b_x \\ s_y = a_y + b_y \\ s_z = a_z + b_z \end{cases}$$

Questi risultati non sono limitati a due soli vettori ma si applicano ad un numero qualsiasi di vettori.

5.4 PRODOTTO SCALARE DI VETTORI

Siano $\vec{a}$ e $\vec{b}$ due vettori, si definisce **prodotto scalare o interno** dei vettori $\vec{a}$ e $\vec{b}$ la quantità $\vec{a} \cdot \vec{b}$ *(leggere a scalare b oppure a interno b)* che si ottiene dal prodotto dei moduli del vettore $\vec{a}$ e del vettore $\vec{b}$ e dal coseno dell'angolo α compreso tra le loro direzioni:

$$(5.4.1) \quad \vec{a} \cdot \vec{b} = ab\cos\alpha$$

Il prodotto scalare di due vettori si può anche determinare facendo il prodotto del modulo del vettore $\vec{a}$ e della componente del vettore $\vec{b}$ sulla direzione del vettore $\vec{a}$:

Il prodotto scalare di due vettori si può anche determinare facendo il prodotto del modulo del vettore $\vec{a}$ e della componente del vettore $\vec{b}$ sulla direzione del vettore $\vec{a}$:

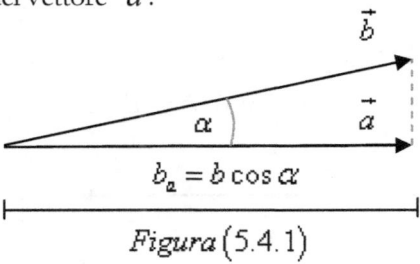

Figura $(5.4.1)$

oppure, inversamente, facendo il prodotto del modulo del vettore $\vec{b}$ e della componente del vettore $\vec{a}$ sulla direzione del vettore $\vec{b}$:

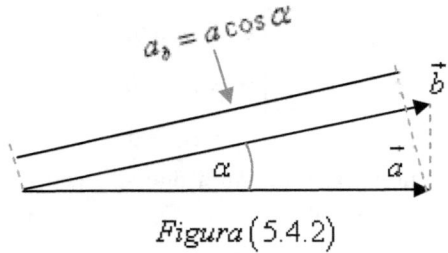

Figura (5.4.2)

Segue, banalmente, che il prodotto scalare è *commutativo:*

$$\vec{a}\cdot\vec{b} = \vec{b}\cdot\vec{a}$$

Si verifica che il prodotto scalare gode della **proprietà distributiva rispetto alla somma di vettori:**

$$\vec{a}\cdot\left(\vec{b}+\vec{c}\right) = \vec{a}\cdot\vec{b} + \vec{a}\cdot\vec{c}$$

da cui deriva la più generale formula:

$$(5.4.2) \quad \left(\vec{a}_1 + \vec{b}_1\right)\cdot\left(\vec{a}_2 + \vec{b}_2\right) = \vec{a}_1\cdot\vec{a}_2 + \vec{a}_1\cdot\vec{b}_2 + \vec{b}_1\cdot\vec{a}_2 + \vec{b}_1\cdot\vec{b}_2$$

che esprime l'usuale regola di sviluppo delle parentesi quando si moltiplicano i polinomi.
Dall'equazione (5.4.1) si deduce che:

- se $\vec{a}$ e $\vec{b}$ hanno la stessa direzione e lo stesso verso allora è
- $\alpha = 0$ e quindi risulta: $\vec{a}\cdot\vec{b} = ab$

Figura (5.4.3)

- se $\vec{a}$ e $\vec{b}$ hanno la stessa direzione e versi opposti allora è $\alpha = \pi$ e quindi risulta: $\vec{a}\cdot\vec{b} = -ab$

206

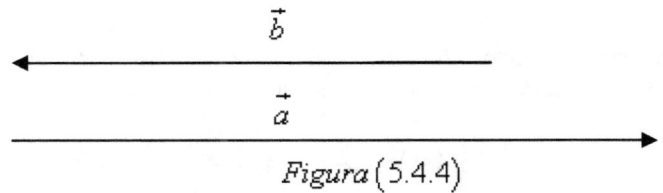

$\vec{b}$

$\vec{a}$

Figura $(5.4.4)$

- se $\vec{a}$ e $\vec{b}$ hanno direzioni ortogonali allora è $\alpha = \dfrac{\pi}{2}$ e quindi risulta: $\vec{a} \cdot \vec{b} = 0$

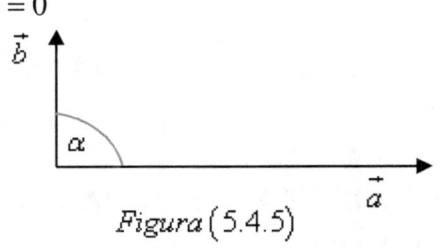

$\vec{b}$

α

Figura $(5.4.5)$

$\vec{a}$

In particolare si ha: $\vec{a} \cdot \vec{a} = aa = a^2$. Per i versori $\vec{i}, \vec{j}, \vec{k}$ degli assi coordinate XYZ si ha:

$$(5.4.3) \quad \begin{cases} \vec{i} \cdot \vec{i} = 1 & ; \quad \vec{i} \cdot \vec{j} = 0 \quad ; \quad \vec{i} \cdot \vec{k} = 0 \\ \vec{j} \cdot \vec{j} = 1 & ; \quad \vec{k} \cdot \vec{k} = 1 \quad ; \quad \vec{j} \cdot \vec{k} = 0 \end{cases}$$

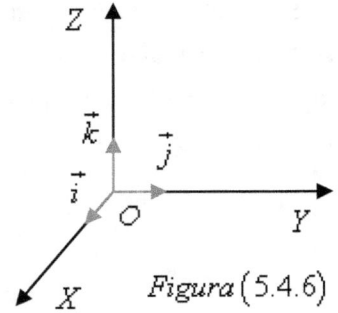

Z

$\vec{k}$

$\vec{j}$

$\vec{i}$

O

Y

X *Figura* $(5.4.6)$

Siano $\left(a_x, a_y, a_z \right)$ e $\left(b_x, b_y, b_z \right)$ le componenti cartesiane rispettivamente dei vettori $\vec{a}$ e $\vec{b}$. Si definisce **prodotto scalare o** *interno* dei vettori $\vec{a}$ e $\vec{b}$ la quantità $\vec{a} \cdot \vec{a}$ che si ottiene dalla somma dei prodotti delle componenti omonime:

$$(5.4.4) \quad \vec{a} \cdot \vec{b} = a_x b_x + a_y b_y + a_z b_z$$

Questa definizione è equivalente alla (5.4.1) . Infatti si ha:

$$\vec{a} \cdot \vec{b} = \left(\vec{i} a_x + \vec{j} a_y + \vec{k} a_z \right) \cdot \left(\vec{i} b_x + \vec{j} b_y + \vec{k} b_z \right)$$

in cui tenendo conto dell'equazione (5.4.2) e delle relazioni (5.4.3), si ottiene l'equazione (5.4.4).

5.5 PRODOTTO VETTORIALE DI VETTORI

Siano $\vec{a}$ e $\vec{b}$ due vettori, si definisce *prodotto vettoriale o esterno* dei vettori $\vec{a}$ e $\vec{b}$ la quantità vettoriale $\vec{a} \wedge \vec{b}$ *(leggere a vettore b oppure a esterno b)* tale che il modulo si ottiene dal prodotto dei moduli dei vettori $\vec{a}$ e $\vec{b}$ e dal seno dell'angolo α compreso tra le loro direzioni:

$$(5.5.1) \quad \left| \vec{a} \wedge \vec{b} \right| = ab \sin \alpha$$

la direzione è quella ortogonale al piano dei vettori $\vec{a}$ e $\vec{b}$ ed il verso è tale che supposto $\vec{a}$ e $\vec{b}$ applicati allo stesso punto, un osservatore avente i piedi in O e disposto lungo il vettore $\vec{a} \wedge \vec{b}$ vede la rotazione di $\vec{a}$ verso $\vec{b}$ *(vedi la figura (5.5.1))*.

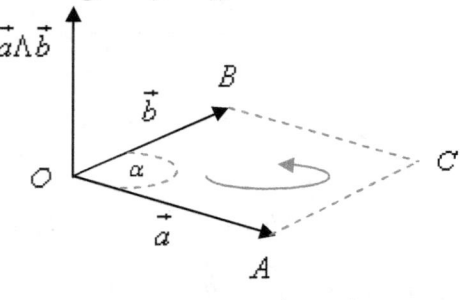

Figura $(5.5.1)$

Dal punto di vista geometrico il secondo membro dell'equazione (5.5.1) esprime l'area del parallelogrammo $OACB$ della figura (5.5.1) avente per lati i vettori $\vec{a}$ e $\vec{b}$. Per quanto riguarda il modulo del prodotto vettoriale, esso può anche essere determinato facendo il prodotto del modulo del vettore $\vec{a}$ per la componente del vettore $\vec{b}$ ortogonale alla direzione del vettore $\vec{a}$ *(vedi la figura (5.5.2)):*

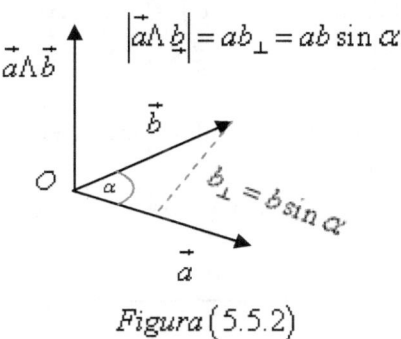

$$\left|\vec{a}\wedge\vec{b}\right| = ab_\perp = ab\sin\alpha$$

$$b_\perp = b\sin\alpha$$

Figura $(5.5.2)$

oppure, facendo il prodotto del modulo del vettore $\vec{b}$ per la componente del vettore $\vec{a}$ ortogonale alla direzione del vettore $\vec{b}$ *(vedi la figura (5.5.3):*

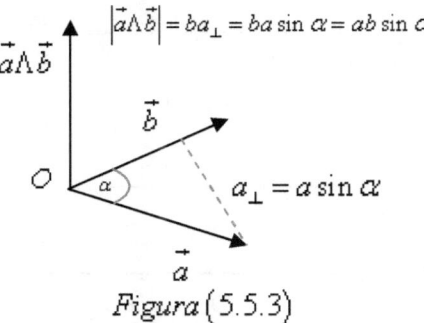

$$\left|\vec{a}\wedge\vec{b}\right| = ba_\perp = ba\sin\alpha = ab\sin\alpha$$

$$a_\perp = a\sin\alpha$$

Figura $(5.5.3)$

Il prodotto vettoriale è un'operazione anticommutativa:

$$\vec{a}\wedge\vec{b} = -\vec{b}\wedge\vec{a}$$

Il prodotto vettoriale verifica la ***proprietà distributiva*** rispetto alla somma di vettori:

$$\vec{a}\wedge\left(\vec{b}+\vec{c}\right)=\vec{a}\wedge\vec{b}+\vec{a}\wedge\vec{c}$$

Il prodotto vettoriale verifica la proprietà associativa:

$$\vec{a}\wedge\vec{b}\wedge\vec{c}=\vec{a}\left(\vec{b}\wedge\vec{c}\right)=\left(\vec{a}\wedge\vec{b}\right)\wedge\vec{c}$$

Dall'equazione (5.5.1) si ha:

- se $\vec{a}$ e $\vec{b}$ hanno la stessa direzione e verso allora è $\alpha=0$ e quindi risulta:

$$\vec{a}\wedge\vec{b}=0$$

$$\vec{b}$$

$$\vec{a}$$

Figura $(5.5.4)$

- se $\vec{a}$ e $\vec{b}$ hanno la stessa direzione e versi opposti allora è $\alpha=\pi$ e quindi risulta:

$$\vec{a}\wedge\vec{b}=0$$

$$\vec{b}$$

$$\vec{a}$$

Figura $(5.5.5)$

- se $\vec{a}$ e $\vec{b}$ hanno direzioni ortogonali allora è $\alpha=\dfrac{\pi}{2}$ e quindi risulta:

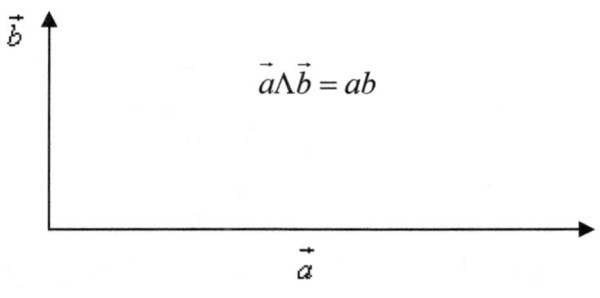

$$\vec{a} \wedge \vec{b} = ab$$

Figura $(5.5.6)$

In particolare si ha per i versori:

$$\overbrace{i \wedge \vec{i} = 0}^{1} \quad ; \quad \overbrace{j \wedge \vec{j} = 0}^{2} \quad ; \quad \overbrace{k \wedge \vec{k} = 0}^{3}$$

$$\overbrace{i \wedge \vec{j} = -j \wedge \vec{i} = \vec{k}}^{4} \quad ; \quad \overbrace{j \wedge \vec{k} = -k \wedge \vec{j} = \vec{i}}^{5} \quad ; \quad \overbrace{k \wedge \vec{i} = -i \wedge \vec{k} = \vec{j}}^{6}$$

Figura $(5.5.7)$

Siano $\left(a_{x}, a_{y}, a_{z}\right)$ e $\left(b_{x}, b_{y}, b_{z}\right)$ le componenti cartesiane dei vettori $\vec{a}$ e $\vec{b}$, si definisce ***prodotto vettoriale o esterno*** dei vettori $\vec{a}$ e $\vec{b}$ la quantità vettoriale $\vec{a} \wedge \vec{b}$ che si ottiene sviluppando il seguente determinante simbolico:

$$\vec{a}\wedge\vec{b} = \begin{vmatrix} \vec{i} & \vec{j} & \vec{k} \\ a_x & a_y & a_z \\ b_x & b_y & b_z \end{vmatrix}$$

$$(5.5.2) \quad \vec{a}\wedge\vec{b} = \vec{i}\left(a_y b_z - a_z b_y\right) + \vec{j}\left(a_z b_x - a_x b_z\right) + \vec{k}\left(a_x b_y - a_y b_x\right)$$

Questa definizione è equivalente alla definizione (5.5.1). Infatti si ha:

$$\vec{a}\wedge\vec{b} = \left(\vec{i}a_x + \vec{j}a_y + \vec{k}a_z\right) \wedge \left(\vec{i}b_x + \vec{j}b_y + \vec{k}b_z\right)$$

per la proprietà distributiva si ha:

$$\vec{a}\wedge\vec{b} = \vec{i}\wedge\vec{i}a_x b_x + \vec{i}\wedge\vec{j}a_x b_y + \vec{i}\wedge\vec{k}a_x b_z + \vec{j}\wedge\vec{i}a_y b_x + \vec{j}\wedge\vec{j}a_y b_y +$$
$$+ \vec{j}\wedge\vec{k}a_y b_z + \vec{k}\wedge\vec{i}a_z b_x + \vec{k}\wedge\vec{j}a_z b_y + \vec{k}\wedge\vec{k}a_z b_z$$

tenendo conto del prodotto vettoriale dei versori si ha:

$$\vec{a}\wedge\vec{b} = \vec{k}a_x b_y - \vec{j}a_x b_z - \vec{k}a_y b_x + \vec{i}a_y b_z + \vec{j}a_z b_x - \vec{i}a_z b_y$$

e ponendo in evidenza i versori comuni, si ha:

$$\vec{a}\wedge\vec{b} = \vec{i}\left(a_y b_z - a_z b_y\right) + \vec{j}\left(a_z b_x - a_x b_z\right) + \vec{k}\left(a_x b_y - a_y b_x\right)$$

che coincide con la definizione (5.5.2).

E' stato detto che vi sono grandezze fisiche completamente determinate dal loro valore numerico seguito dall'unità di misura: *le grandezze scalari* che possono essere trattate, dal punto di vista del calcolo, secondo le regole dell'algebra ordinaria; diversamente per l'altra classe di grandezze: *le grandezze vettoriali* per le quali si è reso necessario l'introduzione di un nuovo **ente** a carattere matematico, più complesso del semplice numero, **il vettore,** in grado di rappresentarle in maniera completa, e per il quale sono state illustrate alcune regole riguardanti le operazioni di somma e prodotto. Orbene, si vuole osservare che le operazioni di prodotto scalare e prodotto vettoriale, così come sono state definite, sono giustificate dal fatto che alcune grandezze fisiche si ottengono proprio facendo il prodotto scalare e il prodotto vettoriale di altre grandezze fisiche, per esempio: la grandezza fisica scalare **lavoro** si ottiene facendo il **prodotto scalare** del **vettore forza** e del **vettore spostamento,** la grandezza fisica vettoriale **forza di Lorentz** si ottiene facendo il **prodotto vettoriale** del **vettore velocità** e del **vettore induzione campo magnetico** per il quale la carica elettrica transita. Tuttavia, il prodotto scalare e il prodotto vettoriale di vettori non sono gli unici prodotti che possono essere definiti con i vettori. Si può definire il **prodotto tensoriale** fra vettori il cui risultato è un **tensore, ente matematico che generalizza il concetto di vettore e che serve a rappresentare grandezze fisiche più complesse.** Per esempio: **il campo gravitazionale** nella **Teoria della Relatività Generale,** è rappresentato da un **tensore** a sedici componenti $g_{\mu\nu}$ detto **tensore metrico dello spazio-tempo di Einstein.** Sicché, uno scalare è **un tensore di ordine zero** un vettore è **un tensore di ordine uno.**

5.6 VETTORI CONTROVARIANTI E VETTORI COVARIANTI

Sia dato un insieme di n vettori $\vec{a}_1, \vec{a}_2, \ldots\ldots\ldots, \vec{a}_n$, si dice che essi costituiscono un insieme di vettori *linearmente indipendenti* se considerati n scalari $s_1 s_2, \ldots\ldots\ldots s_n$ e imposto che sia:

$$(5.6.1) \qquad s_1 \vec{a}_1 + s_2 \vec{a}_2, +, \ldots\ldots\ldots, + s_n \vec{a}_n = 0$$

tale equazione risulta soddisfatta *se e soltanto se* risulta:

$$s_1 = s_2 =, \ldots\ldots, = s_n = 0$$

Diversamente, se gli scalari $s_1 s_2, \ldots\ldots\ldots s_n$ non sono tutti nulli e l'equazione (5.6.1) risulta soddisfatta, gli n vettori *sono linearmente dipendenti.*

Si osservi che in un insieme di vettori indipendenti nessuno di essi è un vettore nullo.

Si dice **base** di uno spazio vettoriale il **numero massimo di vettori linearmente indipendenti**, tali vettori generano, per combinazione lineare, l'intero spazio vettoriale.

Si dicono **componenti controvarianti** di un vettore $\vec{a}$ in una base:

$$\{e_i\} \quad \{i = 1, 2, \ldots, n\}$$

i numeri a^i, univocamente determinati, tali che risulti:

$$\vec{a} = a^1 e_1 + a^2 e_2 + a^3 e_3 +, \ldots, a^n e_n \Rightarrow$$

$$(5.6.2)$$

$$\vec{a} = a^i e_i \quad \{i = 1, 2, 3, \ldots, n\}$$

Si osservi che quando si trova ripetuto lo stesso indice in alto e in basso si sottintende la somma su quell'indice (convenzione di Einstein).

Esprimendo il vettore $\vec{a}$ anche in termini di un'altra base:

$$\{b_k\} \quad \{k = 1, 2, \ldots, n\}$$

si ha:

$$\vec{a} = s^1 b_1 + s^2 b_2 + \ldots + s^n b_n \Rightarrow$$

$$(5.6.3)$$

$$\vec{a} = s^k b_k \quad \{k = 1, 2, 3, \ldots, n\}$$

Confrontano le equazioni (6.6.2) e (6.6.3) si ottiene l'equazione:

$$\vec{a} = a^i e_i = s^k b_k \Rightarrow b_k = \frac{a^i}{s^k} e_i \Rightarrow$$

$$(5.6.4) \qquad b_k = A_k^i e_i$$

che fornisce l'equazione per il passaggio dalla base e_i alla base b_k .

D'altro canto, si osservi che risulta anche:

$$\vec{a} = s^k b_k = a^i e_i \Rightarrow e_i = \frac{s^k}{a^i} b_k = A_i^k b_k \Rightarrow s^k b_k = a^i A_i^k b_k \Rightarrow$$

$$(5.6.5) \qquad s^k = a^i A_i^k$$

che fornisce l'equazione per il passaggio delle componenti dalla base e_i alla base b_k .

Osservando l'equazione (5.6.5) si nota che le componenti di un vettore si trasformano inversamente di come si trasformano, attraverso l'equazione (5.6.4), le basi. Infatti, le loro matrici di trasformazioni sono l'una l'inverso dell'altra. È per questo motivo che le componenti a^i dei vettori si dicono **controvarianti** e l'equazione (M6.5) *legge di controvarianza*.

Si consideri una base $\{e_i\}$ di un spazio vettoriale tridimensionale V_3 e sia O un punto dello spazio. Si dice *riferimento cartesiano di origine O associato alla base* $\{e_i\}$ e si indica con la notazione: $\{O, e_i\}$, la terna cartesiana (O, X^1, X^2, X^3) di origine O con l'asse X^i parallelo e concorde con e_i per $\forall i$

Se per $\forall i$ sull'asse X^i si sceglie come unità di misura un segmento avente la lunghezza pari ai vettori della base $\{e_i\}$, le componenti controvarianti del vettore $\vec{a}$ nella base $\{e_i\}$ coincidono con le coordinate del punto P nel riferimento $\{O, e_i\}$ *(vedi la figura (M6.1))*.

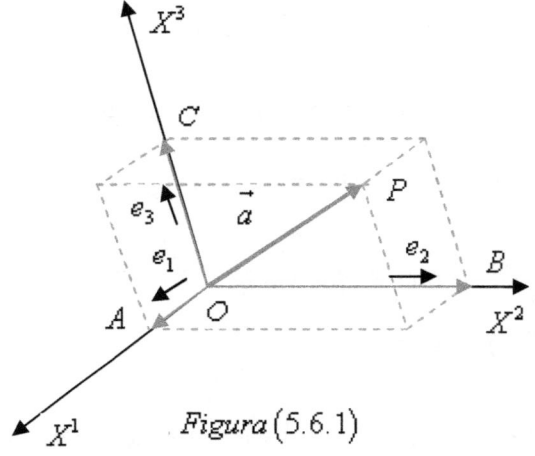

$$Figura\,(5.6.1)$$

Se x^1, x^2, x^3 sono le coordinate del punto P nel riferimento $\{O, e_i\}$ allora il vettore $\vec{a}$ si potrà esprimere nel modo seguente:

$$(5.6.6) \qquad \vec{a} = x^i e_i = x^1 e_1 + x^2 e_2 + x^3 e_3$$

Volendo definire il prodotto scalare in termini delle componenti controvarianti si considerino due vettori $\vec{a}$ e $\vec{b}$ e una base $\{e_i\}$ e si ponga:

$$(5.6.7) \qquad g_{ij} = e_i \cdot e_j \qquad \forall i, j \in \{1, 2, 3, \ldots, n\}$$

Se a^i e b^j sono le componenti controvarianti dei vettori $\vec{a}$ e $\vec{b}$ nella base $\{e_i\}$, è possibile scrivere la seguente equazione:

$$(5.6.8) \qquad \vec{a} \cdot \vec{b} = g_{ij} a^i b^j$$

che esprime il ***prodotto scalare di vettori*** in funzione delle componenti controvarianti.

Si osservi che la matrice g_{ij} è regolare in quanto risulta $\det|g_{ij}| \neq 0$

Si definisce *norma o quadrato* di un vettore $\vec{a}$ e si indica con $\|\vec{a}\|$ o a^2 il prodotto scalare del vettore $\vec{a}$ con se stesso: $\vec{a} \cdot \vec{a} = a^2$

Si definiscono *componenti covarianti* di un vettore $\vec{a}$ in una base $\{e_i\}$ i prodotti $a_i = \vec{a} \cdot e_i$

Si può dimostrare che, assegnata una base dello spazio vettoriale, esiste uno ed uno solo di vettori avente, per componenti covarianti in questa base, un'assegnata terna di numeri reali. Infatti, è sufficiente fare vedere che essendo la matrice g_{ij} regolare allora l'applicazione che alla terna $\left(a^1, a^2, a^3\right)$ associa la terna $\left(a_1, a_2, a_3\right)$ è un'applicazione biunivoca e si può scrivere:

$$a_i = a^j g_{ij}$$

$$(5.6.9)$$

$$a^i = a_j g^{ij}$$

in cui è g^{ij} inversa di g_{ij}

Le *componenti covarianti* di un vettore si trasformano come le basi *(legge di covarianza):* infatti, se $\{b_k\}$ è un'altra base si ha:

$$a_k = \vec{a} \cdot b_k = \vec{a} \cdot A_k^i e_i \Rightarrow a_k = A_k^i \vec{a} \cdot e_i \Rightarrow$$

$$(5.6.10)$$

$$a_k = A_k^i a_i$$

da cui risulta giustificato anche l'appellativo di *covariante*

Dalle equazioni (M6.9) scende che ogni relazione tra vettori si può esprimere in funzione delle solo componenti controvarianti, delle solo componenti covarianti o in forma mista. Per esempio il prodotto scalare di due vettori $\vec{a}$ e $\vec{b}$ e, in particolare, la norma di un vettore $\vec{a}$:

$$(5.6.11) \quad \begin{cases} \vec{a} \cdot \vec{b} = a^i b^j g_{ij} = a^i b_j = a_i b_j g^{ij} \\ \left\| \vec{a} \right\| = a^i a^j g_{ij} = a^i a_j = a_i a_j g^{ij} \end{cases}$$

Le componenti covarianti di un vettore $\vec{a}$ nella base $\{e_i\}$ si dicono anche *componenti covarianti* di $\vec{a}$ sugli assi di ogni riferimento $\{O, e_i\}$ associato alla base $\{e_i\}$. Per rappresentare queste componenti si consideri uno spazio tridimensionale e il vettore $\vec{a}$ giacente sul piano $X^1 X^2$ *(vedi la figura (5.6.2))*.

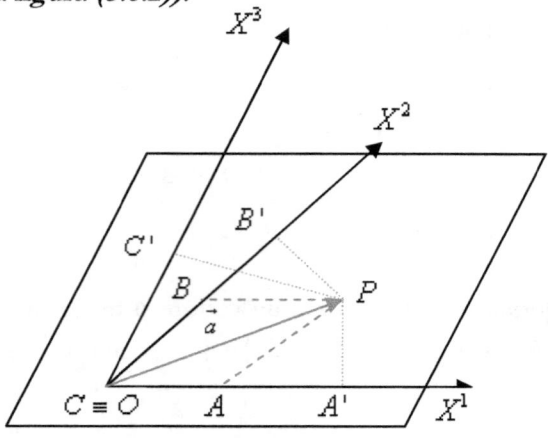

$$Figura\,(5.6.2)$$

Scegliendo sull'asse X^i per $\forall i$ come unità di misura un segmento avente la lunghezza di e_i, la iesima componente covariante del vettore $\vec{a}$ coincide con l'iesima coordinata, nel riferimento $\{O, e_i\}$, della proiezione ortogonale del punto P sull'asse X^i.

218

Le componenti controvarianti di un vettore coincidono con le componenti covarianti se e solo se i vettori che costituiscono la base sono a due a due ortogonali.

Un insieme di vettori $\left\{\vec{a}_1, \vec{a}_2, \dots \dots \dots \dots, \vec{a}_n\right\}$ si dice **ortonormale** se risulta:

$$(5.6.12) \quad \vec{a}_i \cdot \vec{a}_j = \delta_{ij} = \begin{cases} 1 & i = j \\ 0 & i \neq j \end{cases}$$

da cui segue che i vettori sono a due a due ortogonali.

Si può dimostrare che i vettori di un insieme ortonormale sono linearmente indipendenti. Si osservi che se una base $\left\{e_i\right\}$ è ortonormale le componenti controvarianti e covarianti del generico vettore $\vec{a}$ coincidono tra loro e con le coordinate omonime del punto P, estremo del vettore $\vec{a}$, nel riferimento $\left\{O, e_i\right\}$ che, in tal caso, risulta monometrico ortogonale. Viceversa, solo se i vettori di una base $\left\{e_i\right\}$ sono a due a due ortogonali le componenti controvarianti e le componenti covarianti di uno stesso vettore $\vec{a}$ coincidono tra loro e con le coordinate del punto P, estremo del vettore $\vec{a}$, nel riferimento $\left\{O, e_i\right\}$. Inoltre solo se i vettori e_i sono uguali in modulo, il riferimento $\left\{O, e_i\right\}$ è anche monometrico, purché si scelga l'unità di misura delle distanze: $u = e_1 = e_2 \dots$. Per quanto riguarda i simboli di rappresentazione delle componenti, stante la coincidenza, è indifferente usare a_i o a^i o a_{x_i}. Inoltre, si osservi che i vettori unitari costituenti una base ortonormale sono anche versori.

5.7 SPAZIO VETTORIALE DUALE

Sia data una funzione lineare φ definita su uno spazio vettoriale V tale che sia:

$$(5.7.1) \quad \begin{cases} \varphi\left(\vec{u}+\vec{v}\right) = \varphi\left(\vec{u}\right) + \varphi\left(\vec{v}\right) \\ \varphi\left(a\vec{u}\right) = a\varphi\left(\vec{u}\right) \quad (a = \text{scalare}) \end{cases}$$

Si definisce *spazio vettoriale duale* di V e si indica con la notazione: V^*, lo spazio costituito dall'insieme di tutte le funzioni lineari che soddisfano le relazioni (M7.1)

Si può dimostrare che lo spazio così definito è anch'esso uno spazio vettoriale di dimensione pari alle dimensioni di V .

Se φ_1, φ_2 e φ sono due funzioni lineari , la somma $\varphi_1 + \varphi_2$ ed il prodotto $a\varphi$ sono le applicazioni ψ e ϕ per modo che risulti:

$$(5.7.2) \quad \begin{cases} \psi\left(\vec{u}\right) = \varphi_1\left(\vec{u}\right) + \varphi_2\left(\vec{u}\right) \\ \phi\left(\vec{u}\right) = a\varphi\left(\vec{u}\right) \end{cases} \quad \left(\forall \vec{u} \in V\right)$$

esse appartengono allo spazio di V^* . Infatti risulta:

$$(5.7.3)\begin{cases}\psi\left(\vec{u}+\vec{v}\right)=\varphi_1\left(\vec{u}+\vec{v}\right)+\varphi_2\left(\vec{u}+\vec{v}\right)=\left[\varphi_1\left(\vec{u}\right)+\varphi_2\left(\vec{u}\right)\right]+\\[2mm]+\left[\varphi_1\left(\vec{v}\right)+\varphi_2\left(\vec{v}\right)\right]=\psi\left(\vec{u}\right)+\psi\left(\vec{v}\right)\\[4mm]\psi\left(\vec{u}\right)=\varphi_1\left(a\vec{u}\right)+\varphi_2\left(a\vec{u}\right)=a\left[\varphi_1\left(\vec{u}\right)+\varphi_2\left(\vec{u}\right)\right]=a\psi\left(\vec{u}\right)\end{cases}$$

dove si vede che la ψ è lineare. In modo analogo si dimostra che anche ϕ è lineare.

Assumendo come forma nulla e come forma opposta di ψ rispettivamente le applicazioni:

$$(5.7.4)\qquad\begin{cases}\Omega\left(\vec{u}\right)=0\\[2mm]\psi'\left(\vec{u}\right)=-\ \psi'\left(\vec{u}\right)\end{cases}\qquad\left(\forall\vec{u}\in V\right)$$

sono soddisfatte le (5.7.1) e V^* *ha la struttura di uno spazio vettoriale.*

Una forma lineare φ su uno spazio V_n è univocamente determinata dai valori che associa a n vettori indipendenti.

Sia $\left\{e_i\right\}$ una base di V_n e siano:

$$(5.7.5)\qquad\varphi_i=\varphi(e_i)\qquad\{i=1,2,3,\ldots\ldots,n\}$$

i valori che la forma associa ai vettori di base. Dette u^i le componenti controvarianti nella base $\left\{e_i\right\}$ del generico vettore $\vec{u}=u^i e_i$, tenendo conto della (5.7.1) , si ha:

$$(5.7.6)\qquad\varphi\left(\vec{u}\right)=\varphi\left(u^i e_i\right)=u^i\varphi(e_i)=u^i\varphi_i$$

221

Uno spazio vettoriale e il proprio duale hanno la stessa dimensione.

Si considerino le n forme lineari $\tilde{e}^i$ definite ponendo che sia:

$$(5.7.7) \qquad \tilde{e}^i\left(e_j\right) = \delta_j^i = \begin{cases} 1 & \text{per } i = j \\ 0 & \text{per } i \neq J \end{cases} \qquad \forall i, j \in \{1, 2, \ldots\ldots, n\}$$

Qualunque sia la forma appartenente a V^* si ha:

$$(5.7.8) \qquad \varphi = \varphi_i \tilde{e}^i$$

si verifica che per $\forall \tilde{e}_j \in \{e_i\}$ la forma al secondo membro della (5.7.8) dà: $\varphi_i \tilde{e}^i\left(e_j\right) = \varphi_i \delta_j^i = \varphi_i$ e ciò significa che le n forme $\tilde{e}^i$ costituiscono una base per lo spazio vettoriale V^*.

Si dice **duale di una base** $\{e_i\}$ di V_n **la base** $\left\{\tilde{e}^i\right\}$ di V^* definita dall'equazione (5.7.7).

Si osservi che le componenti di una forma φ, nella base duale di $\{e_i\}$, sono i valori φ_i che φ associa ai vettori di $\{e_i\}$.

Le componenti dei vettori di V^* sono covarianti con le basi di V .

Le formule di trasformazioni delle basi e delle componenti sono:

$$(5.7.9)\begin{cases} e_i = A_i^j e_j \Leftrightarrow e_j = A_j^i e_i \\ u^i = A_j^i u^j \Leftrightarrow u^J = A_i^j u^i \end{cases}$$

Si osservi che è: $\vec{u} = u^i e_i = u^j e_j$ segue :

$$\varphi\left(\vec{u}\right) = \varphi\left(u^i e_i\right) = \varphi\left(u^j e_j\right) \Rightarrow$$

(5.7.10)

$$\varphi_i u^i = \varphi_j u^j$$

in cui tenendo conto delle equazioni (5.7.9), si ottiene:

$$\varphi_i u^i = \varphi_j u^j \Leftrightarrow \varphi_i u'_i = \varphi_j A_i^j u^i \Rightarrow$$

(5.7.11)

$$\left(\varphi_i - \varphi_j A_i^j\right) u^i = 0 \Leftrightarrow \varphi_i = \varphi_j A_i^j \Leftrightarrow \varphi_j = \varphi_i A_j^i$$

Il confronto di questa equazione con l'equazione (M7.9) prova l'asserto.

5.8 I TENSORI

Siano $V_n, V'_m, V''_{n\,m}$ tre spazi vettoriali reali di dimensioni finite, lo spazio vettoriale $V''_{n\,m}$ si dice **prodotto tensoriale** degli spazi vettoriali V_n e V'_m e si indica con $V_n \otimes V'_m$, se esiste un'applicazione bilineare T di $V_n \times V'_m$ in $V''_{n\,m}$ tale che qualunque siano le basi $\{e_i\}$ di V_n e $\{\omega_j\}$ di V'_m i vettori $T\left(e_i, \omega_j\right)$ formano una base di $V''_{n\,m}$.

Il vettore $\left(\vec{u}, \vec{v}\right) \in V_n \times V'_m$ si dice prodotto tensoriale di $\vec{u}$ per $\vec{v}$ e si indica con il simbolo $\vec{u} \otimes \vec{v}$ che si legge $\vec{u}$ tensoriale $\vec{v}$.

Se $\{\varepsilon_{ij}\}$ è una base di $V"_{n\,m}$, $\{e_i\}$ e $\{\omega_j\}$ rispettivamente una base di V_n e V'_m , si ha:

$$(5.8.1) \quad \varepsilon_{ij} = e_i \otimes \omega_j$$

e il prodotto tensoriale $\vec{u} \otimes \vec{v}$ ha per componenti i prodotti $u^i v^j$ delle componenti dei fattori. Infatti per la proprietà di bilinearità si ha:

$$\vec{u} \otimes \vec{v} = u^i e_i \otimes v^j \omega_j = u^i v^j e_i \otimes \omega_j = u^i v^j \varepsilon_{ij}$$

I vettori di $V_n \otimes V'_m$ si dicono tensori costruiti sugli spazi di V_n e V'_m

La moltiplicazione tra spazi vettoriali si può estendere al caso di più spazi per modo che il prodotto tensoriale risulti associativo.

Si dicono **tensori affini,** associati ad uno spazio vettoriale V_n, **gli elementi degli spazi prodotto tensoriale** i cui fattori coincidono con V_n o con il suo duale $\tilde{V}_n$. Siano poste le seguenti relazioni:

$$(5.8.2) \quad \begin{cases} V_n^{(2)} = V_n \otimes V_n & ; \quad V_n^{(m)} = V_n^{m-1} \otimes V_n \\ \tilde{V}_n^{(2)} = \tilde{V}_n \otimes \tilde{V}_n & ; \quad \tilde{V}_n^{(m)} = \tilde{V}_n^{m-1} \otimes \tilde{V}_n \end{cases}$$

i *tensori affini* sono elementi degli spazi del tipo seguente:

$$(5.8.3) \quad V_n^{(r_1)} \otimes \tilde{V}_n^{(s_1)} \otimes V_n^{(r_2)} \otimes \tilde{V}_n^{(s_2)} \ldots\ldots\ldots\ldots V_n^{(r_p)} \otimes \tilde{V}_N^{(s_q)}$$

in cui se $r = r_1 + r_2 + \ldots\ldots\ldots + r_p$ e $s = s_1 + s_2 + \ldots\ldots\ldots + s_p$ e allora $s + r$ si dirà **rango** o **ordine** del tensore.

I tensori affini si dicono:

- di ordine $2, 3, \ldots, k$ o anche: ***tensori doppi, tripli, ..., k-pli***
- controvarianti se è $r \neq 0$ e $s = 0$
- covarianti se è $r = 0$ $r = 0$ e $s \neq 0$
- r volte controvarianti e s volte covarianti se è $r \neq 0$ e $s \neq 0$

Siano $\{e_i\}$ una base di V_n , $\{\tilde{e}^j\}$ una base del suo duale V_n^* e $\{e_i \otimes \tilde{e}^j\}$ la base nello spazio $V_n \otimes V_n^*$, le componenti del generico tensore T nella base $\{e_i \otimes \tilde{e}^j\}$ sono indicate come: T_j^i per modo che si scriva:

$$(5.8.4) \quad T = T_j^i e_i \otimes \tilde{e}_j$$

in cui l'indice superiore si dice ***indice di controvarianza,*** l'indice inferiore si dice ***indice di covarianza*** e T_j^i componenti di T nella base $\{e_i\}$.

Per vedere come si trasformano le componenti di un tensore affine si consideri il tensore espresso dall'equazione $(5.8.4)$ nella base $\{\omega_r\}$:

$$(5.8.5) \quad T = T_s^r \omega_r \otimes \tilde{\omega}^s$$

Dalla legge di trasformazione delle basi si ha:

$$\omega_r = A_r^i e_i \quad ; \quad \tilde{\omega}^s = A_j^s \tilde{e}^j$$

Utilizzando queste equazioni nell'equazione (5.8.5) si ottiene la seguente equazione:

$$(5.8.6) \quad T = T_s^r A_r^i e_i \otimes A_j^s \tilde{e}^j = A_r^i A_j^s T_s^r e_i \otimes \tilde{e}^j$$

Confrontando questa equazione con l'equazione (M8.4) si ottiene l'equazione:

$$T = T_j^i e_i \otimes \tilde{e}^j = A_r^i A_j^s T_s^r e_i \otimes \tilde{e}^j \Rightarrow$$

$$(5.8.7) \quad T_j^i A_r^i A_j^s T_s^r$$

in cui scambiando il ruolo delle basi seguono le formule inverse

$$(5.8.8) \quad T_s^r = A_i^r A_s^j T_j^i$$

Le equazioni (5.8.7) e (5.8.8) sono le formule di trasformazione dei tensori di $V_n \otimes V_n^*$.

Eseguendo un analogo procedimento si trovano anche le formule di trasformazioni per le componenti covarianti e controvarianti:

$$(5.8.9) \quad T_{ij} = A_i^r A_j^s T_{rs} \quad ; \quad T_{rs} = A_r^i A_s^j T_{ij}$$

$$(5.8.10) \quad T^{ij} = A_r^i A_s^j T^{rs} \quad ; \quad T^{rs} = A_i^r A_j^s T^{ij}$$

Si dice *saturazione* o *contrazione* di due indici di varianza diversa l'operazione che consiste nell'uguagliare e sommare rispetto all'indice ottenuto.

La saturazione di due indici abbassa l'ordine del tensore di due unità (legge di saturazione).

Si dice *composizione contratta* di due tensori l'operazione che consiste nel moltiplicare prima i due tensori e saturare poi due o più indici.

Un *tensore doppio covariante* T si dice *simmetrico* se in ogni base è:

$$(5.8.11) \quad T_{ij} = T_{ji}$$

Un *tensore doppio covariante* T si dice *antisimmetrico* se in ogni base è:

$$(5.8.12) \quad T_{ij} = -T_{ji}$$

Definizioni analoghe si danno anche per i tensori contravarianti.

Un *tensore doppio covariante (controvariante)* T è univocamente decomponibile nella somma di un tensore simmetrico S e di un tensore antisimmetrico A e risulta:

$$(5.8.1.3) \quad \begin{cases} S_{ij} = \dfrac{1}{2}\left(T_{ij} + T_{ji}\right) \quad ; \quad A_{ij} = \dfrac{1}{2}\left(A_{ij} - A_{ji}\right) \\[4mm] S^{ij} = \dfrac{1}{2}\left(T^{ij} + T^{ji}\right) \quad ; \quad A^{ij} = \dfrac{1}{2}\left(A^{ij} - A^{ji}\right) \end{cases}$$

Il concetto di simmetria si estende a tensori di ordine superiore e si può riferire ad una parte o a tutti gli indici.

5.9 ESERCIZI SVOLTI

E1. Siano dati due vettori: $\vec{a}$ di modulo pari a 3 unità e formante un angolo $\varphi = 30°$ con una direzione r di riferimento, $\vec{b}$ di modulo pari a 2 unità e formante un angolo $\psi = 45°$ con la stessa direzione di riferimento di $\vec{a}$. Si determini il vettore somma: $\vec{s} = \vec{a} + \vec{b}$

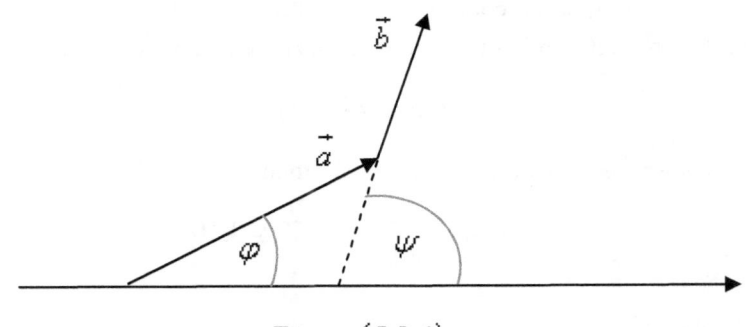

Figura $(5.9.1)$

Eseguendo la somma geometricamente si ottiene la figura (5.9.2):

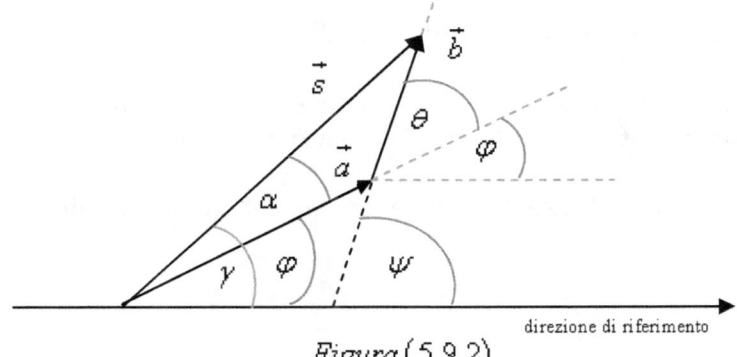

direzione di riferimento

Figura $(5.9.2)$

227

Per determinare il modulo di $\vec{s}$ si utilizzi la relazione (5.2.2), così facendo si ottiene:

$$s = \sqrt{a^2 + b^2 + 2ab\cos\theta}$$

in cui sostituendo i valori di a e b ed osservando *(vedi figura (5.9.2))* che è:

$$\theta = \psi - \varphi = 45° - 30° = 15°$$

si ottiene: $s = \sqrt{9 + 4 + 12\cos 15°} = 4.96$ unità

Per determinare la direzione e il verso di $\vec{s}$ bisogna determinare l'angolo γ *(vedi figura (5.9.2))* che la sua direzione forma con la direzione di riferimento r. Per questo scopo è sufficiente determinare l'angolo α in quanto, come si vede dalla figura (5.9.2), è $\gamma = \varphi + \alpha$ in cui φ è noto. Quindi, utilizzando la relazione (5.2.5) si può scrivere:

$$\sin\alpha = \frac{b}{s}\sin\theta$$

in cui sostituendo i valori di b, s, θ si ottiene:

$$\sin\alpha = \frac{2}{4.96}\sin 15° \cong 0.10$$

da cui segue:

$$\alpha = \arcsin 0.10 \cong 5.96°$$

Quindi $\gamma = \varphi + \alpha = 30° + 5.96° = 35.96°$

Il problema può essere risolto anche con i sistemi di coordinate cartesiane. Infatti, considerando la figura (5.9.3) si può scrivere :

$$a_x = a\cos\varphi = 3\cos 30° = 2.60 \text{ unità} \; ; \; a_y = a\sin\varphi = 3\sin 30° = 1.50 \text{ unità}$$

$b_x = b \cos \psi = 2 \cos 45° = 1.41$ unità ; $b_y = b \sin \psi = 2 \sin 45° = 1.41$ unità

$s_x = a_x + b_x = 2.60 + 1.41 = 4.01$ unità ; $s_y = a_y + b_y = 1.50 + 1.41 = 2.91$ unità

$$s = \sqrt{s_x^2 + s_y^2} = \sqrt{(4.01)^2 + (2.91)^2} = 4.95 \text{ unità}$$

risultato che coincide, come deve essere, con il risultato precedente:

$$\lambda = \arctan \frac{s_y}{s_x} = \arctan \frac{2.91}{4.01} = 35.97°$$

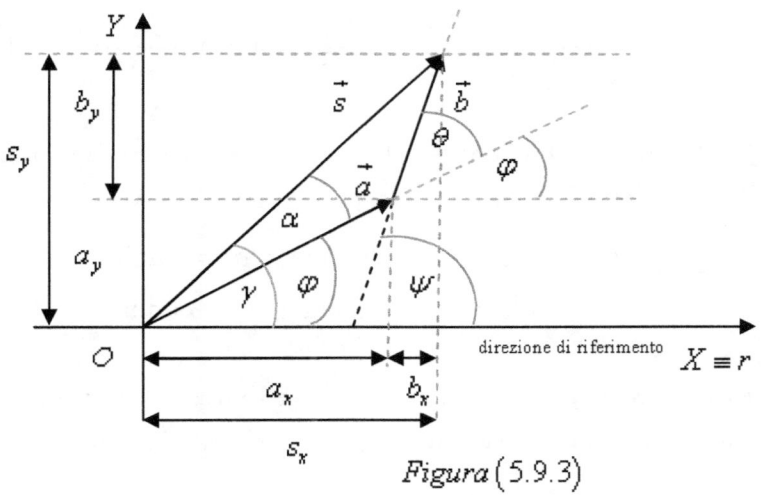

Figura (5.9.3)

E2. Determinare l'angolo α compreso tra le direzioni dei vettori $\vec{a}$ e $\vec{b}$ conoscendo i valori delle loro componenti cartesiane:

$$a_x = 3 \text{ unità } ; \ a_y = 4 \text{ unità } ; \ a_z = 2 \text{ unità}$$
$$b_x = 4 \text{ unità } ; \ b_y = 2 \text{ unità } ; \ b_z = 5 \text{ unità}$$

Confrontando le relazioni (5.4.1) e (5.4.4) si ottiene la seguente relazione:

$$\cos \alpha = \frac{a_x b_x + a_y b_y + a_z b_z}{ab}$$

in cui è:

$$a = \sqrt{a_x^2 + a_y^2 + a_z^2} \quad ; \quad b = \sqrt{b_x^2 + b_y^2 + b_z^2}$$

da cui segue:

$$\alpha = \arccos \frac{a_x b_x + a_y b_y + a_z b_z}{\sqrt{a_x^2 + a_y^2 + a_z^2} \cdot \sqrt{b_x^2 + b_y^2 + b_z^2}} =$$

$$= \arccos \frac{3 \cdot 4 + 4 \cdot 2 + 2 \cdot 5_z}{\sqrt{9 + 16 + 4} \cdot \sqrt{16 + 4 + 25}} = \arccos \frac{30}{36.12} = 39.71°$$

E3. Siano $\vec{a}$ e $\vec{b}$ due vettori le cui componenti cartesiane hanno i seguenti valori:

$$a_x = 4 \text{ unità} \; ; \; a_y = 5 \text{ unità} \; ; \; a_z = 2 \text{ unità}$$

$$b_x = 1 \text{ unità} \; ; \; b_y = 2 \text{ unità} \; ; \; b_z = 3 \text{ unità}$$

Determinare il modulo, la direzione e il verso dei vettori $\vec{a}$ e $\vec{b}$ e del vettore $\vec{c}$ che si ottiene eseguendo il prodotto vettoriale dei vettori $\vec{a}$ e $\vec{b}$.

$$a = \sqrt{a_x^2 + a_y^2 + a_z^2} = \sqrt{16 + 25 + 4} = 6.71 \text{ unità}$$

$$b = \sqrt{b_x^2 + b_y^2 + b_z^2} = \sqrt{1 + 4 + 9} = 3.74 \text{ unità}$$

$$\varphi_1 = \arctan\frac{a_y}{a_x} = \arctan\frac{5}{4} = 51.34°$$

$$\theta_1 = \arctan\frac{\sqrt{a_x^2 + a_y^2}}{a_z} = \arctan\frac{\sqrt{16+25}}{2} = 72.65°$$

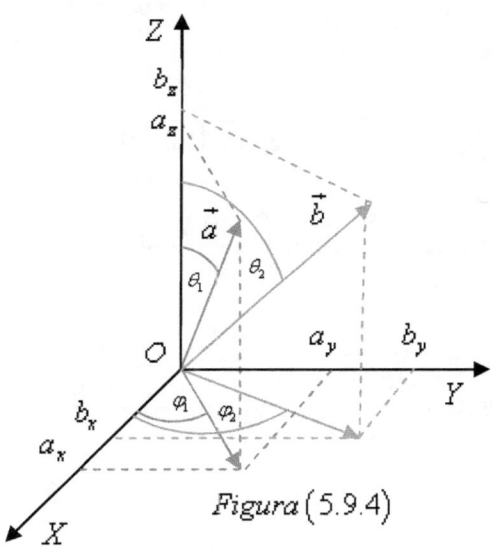

Figura (5.9.4)

$$\varphi_2 = \arctan\frac{b_y}{b_x} = \arctan 2 = 63.43°$$

$$\theta_2 = \arctan\frac{\sqrt{b_x^2 + b_y^2}}{b_z} = \arctan\frac{\sqrt{1+4}}{3} = 36.70°$$

$$\vec{c} = \vec{a} \wedge \vec{b} = \begin{vmatrix} \vec{i} & \vec{j} & \vec{k} \\ a_x & a_y & a_z \\ b_x & b_y & b_z \end{vmatrix} = \vec{i}\begin{vmatrix} a_y & a_z \\ b_y & b_z \end{vmatrix} - \vec{j}\begin{vmatrix} a_x & a_z \\ b_x & b_z \end{vmatrix} + \vec{k}\begin{vmatrix} a_x & a_y \\ b_x & b_y \end{vmatrix} =$$

$$= \vec{i}\begin{vmatrix} 5 & 2 \\ 2 & 3 \end{vmatrix} - \vec{j}\begin{vmatrix} 4 & 2 \\ 1 & 3 \end{vmatrix} + \vec{k}\begin{vmatrix} 4 & 5 \\ 1 & 2 \end{vmatrix} = \vec{i}11 - \vec{j}10 + \vec{k}3$$

$$\vec{c} = \sqrt{c_x^2 + c_y^2 + c_z^2} = \sqrt{121 + 100 + 9} = 15.17 \text{ unità}$$

$$\varphi = \arctan\frac{c_x}{c_y} = \arctan\left(-\frac{10}{11}\right) = \text{-}42.27°$$

$$\theta = \arctan\frac{\sqrt{c_x^2 + c_y^2}}{c_z} = \arctan\frac{\sqrt{121 + 100}}{3} = 78.59°$$

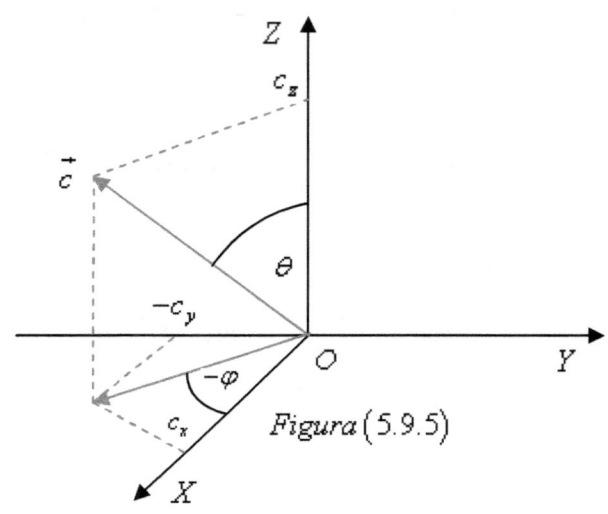

Figura (5.9.5)

SESTO CAPITOLO

TEORIA CINEMATICA DEL MOTO

6.1 POSIZIONI NELLO SPAZIO

Quando le dimensioni di un corpo che si muove sono piccole rispetto alle dimensioni dello spazio in cui avviene il moto allora, in prima approssimazione, si possono trascurare sia la forma che le proprietà strutturali del corpo. Di conseguenza, tutte le caratteristiche intrinseche si possono ricondurre ad un unico dato: *il valore della sua massa,* mentre *la posizione* risulterà individuata dalla *posizione* di uno qualsiasi dei suoi punti: *punto materiale.* Uno dei problemi che si affronta nello studio del moto è quello di determinare, in ogni istante di tempo, la posizione del corpo che si muove. Ciò viene fatto fissando nello spazio un corpo di riferimento che viene schematizzato con un sistema di coordinate la cui origine coincide con la posizione dell'osservatore nello spazio. Così, se si considera il moto di un punto materiale *P* la sua posizione, in ogni istante di tempo, può essere determinata fissando un *sistema di coordinate cartesiane ortogonali* la cui origine coincide con *la posizione dell'osservatore* nello spazio. Rispetto a questo osservatore, la conoscenza dei valori delle coordinate in ogni istante di tempo consente di determinare la posizione del punto materiale *P* nel corso del suo moto.

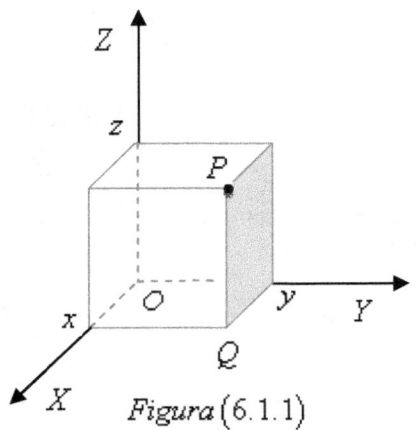

Figura (6.1.1)

Spesso risulta più conveniente determinare la posizione del punto *P* mediante un vettore spiccato dall'origine delle coordinate che ha:

modulo uguale alla distanza tra il punto P e l'osservatore O *(origine delle coordinate)*, direzione uguale a quella della retta passante per l'origine delle coordinate e per il punto P e verso uguale a quello che va dall'origine delle coordinate al punto P. Il vettore così definito viene ordinariamente chiamato ***vettore posizione*** $\vec{s}$; la sua conoscenza in ogni istante di tempo equivale alla conoscenza delle coordinate del punto P in ogni istante di tempo.

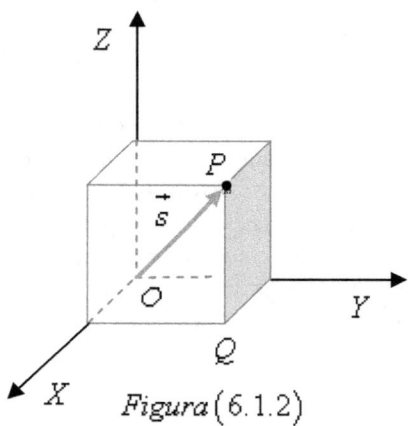

Figura $(6.1.2)$

6.2 IL CONCETTO DI VELOCITÀ

L'insieme dei punti dello spazio corrispondenti alle posizioni occupate da un corpo nel corso del suo moto definisce una curva che prende il nome *di **traiettoria del moto.***

Sia T la traiettoria del moto di un punto materiale P e siano A e B due generiche posizioni, rispettivamente al tempo t_0 e $t_0 + \Delta t$ determinate dai vettori posizione $\vec{s}_0$ e $\vec{s}$. Si definisce ***vettore spostamento*** il vettore $\vec{\Delta s}$ che si ottiene eseguendo la differenza tra i vettori posizione $\vec{s}_0$ e $\vec{s}$:

234

$$(6.2.1) \quad \Delta \vec{s} = \vec{s} - \vec{s}_0$$

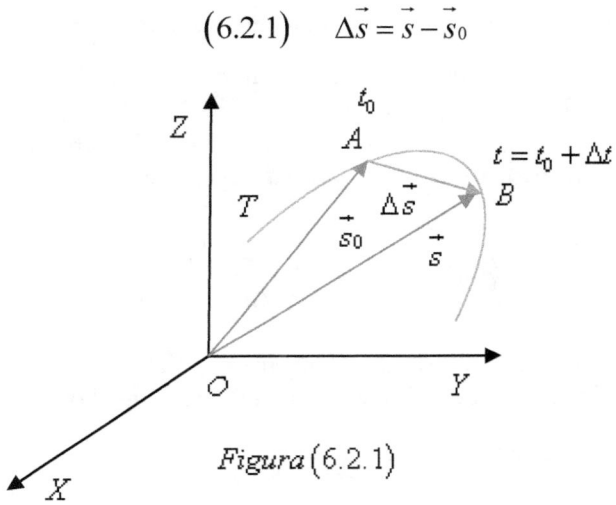

Figura $(6.2.1)$

Il vettore $\Delta \vec{s}$ determina il cambiamento di posizione del punto P ed ha direzione uguale a quella della retta passante per i punti A e B, verso che va da A a B e modulo pari alla distanza tra i punti A e B. Rapportando il vettore $\Delta \vec{s}$ all'intervallo di tempo $\Delta t = t - t_0$ nel quale si verifica lo spostamento del punto P si ottiene il vettore:

$$(6.2.2) \quad \vec{v}_m = \frac{\Delta \vec{s}}{\Delta t}$$

la cui direzione ed il cui verso coincidono con quelli del vettore spostamento ed il modulo è dato da: $\dfrac{\Delta s}{\Delta t}$.

Si definisce **vettore velocità media** il vettore definito dall'equazione (6.2.2); esso fornisce informazioni globali sul moto del punto P ma non dice nulla sulla rapidità di spostamento nel tratto compreso tra i punti A e B. Così, se si vogliono informazioni più dettagliate sulla rapidità con cui il punto P si muove lungo la traiettoria T, si possono considerare intervalli di tempo sempre più piccoli in modo che due posizioni successive del punto P distano tra loro di una quantità Δs sempre più piccola; quindi, se l'intervallo di tempo è sufficientemente piccolo, si può confrontare l'istante t con l'istante t_0, allora il punto B sarà indistinguibile dal punto A sicché il vettore $\Delta\vec{S}$, in questa condizione limite, acquisterà la direzione della tangente alla traiettoria T nel punto A. Quindi è possibile definire un nuovo vettore velocità *(vettore velocità istantanea)* come:

$$(6.2.3) \quad \vec{v} = \lim_{\Delta t \to 0} \frac{\Delta\vec{s}}{\Delta t} = \frac{d\vec{s}}{dt}$$

la cui direzione è quella della retta tangente alla traiettoria T nel punto corrispondente all'istante considerato, il cui verso è quello del moto di P ed il modulo è dato da: $\dfrac{ds}{dt}$.

L'unità di misura della velocità è, come già è stato detto, il $\dfrac{m}{s}$.

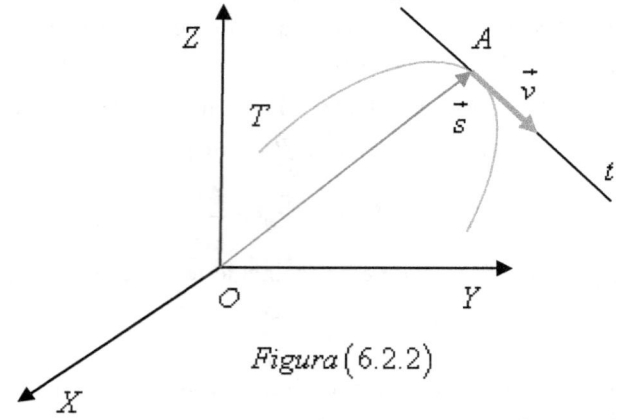

Figura $(6.2.2)$

6.3 IL CONCETTO DI ACCELERAZIONE

Nel paragrafo precedente è stata definita una grandezza a carattere vettoriale: *la velocità;* essa dà informazioni sulla rapidità con cui un corpo cambia la posizione nel corso del suo moto e può assumere valori costanti o variabili. Nel caso assume valori costanti ovvero che

236

abbia sempre la stessa direzione, lo stesso verso e lo stesso modulo la *velocità media* e la *velocità istantanea* coincidono, nel caso assume valori variabili è necessario definire una nuova grandezza fisica che prende il nome *di accelerazione.*

Siano T la traiettoria del moto di un punto materiale P, $\vec{v}_0$ e $\vec{v}$ i vettori velocità rispettivamente negli istanti di tempo t_0 e $t_0 + \Delta t$. Si definisce *vettore variazione di velocità* il vettore che si ottiene eseguendo la differenza dei vettori $\vec{v}$ e $\vec{v}_0$.

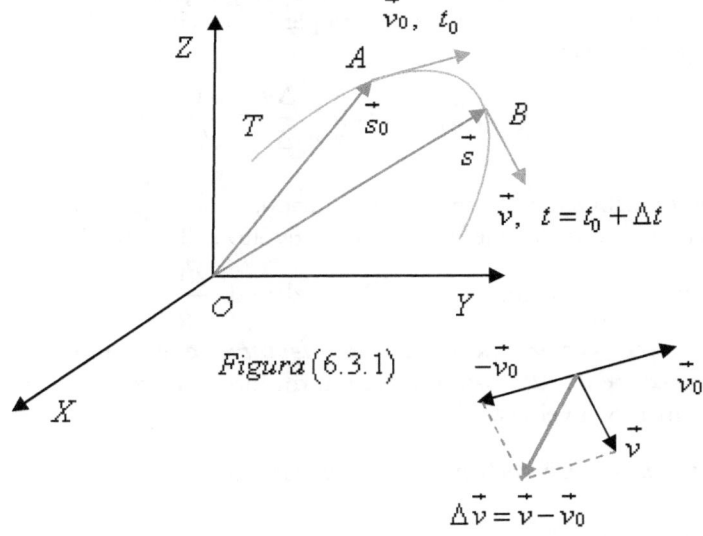

Figura $(6.3.1)$

Il vettore $\vec{\Delta v}$ determina il cambiamento di velocità del punto P, ha direzione e verso rivolto dalla parte del centro di curvatura della traiettoria e modulo pari a Δv.

Rapportando il vettore $\vec{\Delta v}$ all'intervallo di tempo nel quale si verifica il cambiamento di velocità del punto P, si ottiene il vettore:

$$(6.3.1) \quad \vec{a}_m = \frac{\vec{\Delta v}}{\Delta t}$$

la cui direzione ed il cui verso coincidono con quelli del vettore variazione di velocità ed il cui modulo è dato da: $\dfrac{\Delta v}{\Delta t}$.

Si definisce **vettore accelerazione media** il vettore definito dall'equazione (6.3.1); esso fornisce informazioni globali sul cambiamento di velocità del punto P ma non dice nulla sul cambiamento di velocità istante per istante nell'intervallo di tempo considerato. Così, se si vogliono informazioni più dettagliate si possono considerare intervalli di tempo sempre più piccoli e con un ragionamento analogo a quello svolto per la velocità istantanea, si può definire il vettore:

$$(6.3.2) \quad \vec{a} = \lim_{\Delta t \to 0} \frac{\Delta \vec{v}}{\Delta t} = \frac{d\vec{v}}{dt}$$

la cui direzione ed il cui verso coincidono con quelli del vettore variazione di velocità che risulta ancora rivolto dalla parte del centro di curvatura della traiettoria ed il modulo è dato da: $\dfrac{dv}{dt}$.

Si definisce **vettore accelerazione istantanea** il vettore definito dall'equazione (6.3.2); esso fornisce informazioni istante per istante sul cambiamento di velocità.

L'unità di misura dell'accelerazione è il $\dfrac{m}{s^2}$.

6.4 MODELLO CINEMATICO DEL MOTO

Nello studio cinematico del moto di un corpo si pone come **obiettivo fondamentale** la determinazione dello **stato di moto** prescindendo dalle cause che determinano il moto. Per determinare lo stato di moto di un punto materiale P non è sufficiente la conoscenza del **vettore posizione** in un dato istante in quanto esso non consente di prevedere la posizione in un istante successivo. Infatti, la conoscenza del solo **vettore posizione** in un dato istante significa che il punto P può avere una qualsiasi velocità e, a seconda dei diversi valori che essa assume, la posizione del punto P, in un istante successivo, può essere qualsiasi.

Se invece sono noti, in un dato istante, sia il *vettore posizione* che il *vettore velocità,* allora, come dimostra l'esperienza, è possibile determinare completamente lo *stato di moto* del punto P e prevedere il *moto futuro.* Da un punto di vista matematico ciò significa che, assegnando in un certo istante il vettore posizione ed il vettore velocità, si definisce, univocamente, anche il *vettore accelerazione* in quell'istante.

Le relazioni che legano il vettore accelerazione, il vettore posizione e il vettore velocità sono dette equazioni cinematiche del moto e sono date dalle seguenti espressioni:

$$(6.4.1) \quad \begin{cases} \vec{v} = \dfrac{d\vec{s}}{dt} \\[2mm] \vec{a} = \dfrac{d\vec{v}}{dt} \end{cases}$$

o anche, equivalentemente dall'equazione:

$$(6.4.2) \quad \vec{a} = \frac{d^2\vec{s}}{dt^2}$$

L'equazione (6.4.2) o equivalentemente le equazioni (6.4.1) rappresentano il modello cinematico del moto di un punto materiale.

6.5 MODELLO CINEMATICO DEL MOTO UNIFORME

Si consideri il moto di un punto materiale P e si faccia l'ipotesi che la sua accelerazione sia istante per istante nulla. Per determinare lo stato di moto di P si deve determinare la posizione e la velocità istante per istante e ciò può essere fatto utilizzando le equazioni (6.4.1) oppure, equivalentemente, l'equazione (6.4.2). Infatti, poiché l'accelerazione è, per ipotesi, istante per istante nulla, dalla seconda equazione (6.4.1) si ha: $d\vec{v} = 0$ da cui segue l'equazione:

$$(6.5.1) \quad \vec{v} = \vec{v}_0$$

L'equazione (6.5.1) afferma che nel moto con accelerazione nulla il vettore velocità è costante, di conseguenza la velocità media e la velocità istantanea coincidono.

Per determinare il vettore posizione si faccia uso della prima equazione (6.4.1) il cui integrale fornisce la seguente equazione:

$$(6.5.2) \quad \vec{s} = \vec{s}_0 + \vec{v}t$$

che fornisce la posizione del punto P in un generico istante t.

Le equazioni (6.5.1) e (6.5.2) rappresentano il *modello cinematico del moto uniforme.*

Si definisce moto uniforme quel moto il cui vettore accelerazione è istante per istante nullo.

Poiché il vettore velocità è istante per istante tangente alla traiettoria del moto e poiché nel moto con accelerazione nulla la direzione del vettore velocità è costante nel tempo, ne consegue che la traiettoria del moto è una retta. Quindi, il moto con accelerazione nulla può essere considerato come moto unidimensionale e, non essendoci equivocità sulla direzione di moto, la velocità può essere indicata, facendo a meno della notazione vettoriale, semplicemente con la lettera v e in luogo del vettore posizione $\vec{s}$, per la determinazione della posizione di P, si può utilizzare un sistema di coordinate cartesiane sulla retta. Allora la posizione di P sarà determinata dal valore che l'ascissa x assume istante per istante, quindi le equazioni (6.5.1) e (6.5.2) si possono scrivere come :

$$(6.5.3) \quad v = v_0 \quad ; \quad (6.5.4) \quad x = x_0 + vt$$

che rappresentano rispettivamente, da un punto di vista della geometria analitica, una retta parallela all'asse dei tempi nel piano (t, v) e una generica retta nel piano (t, x) *(vedi figura (6.5.1)).*

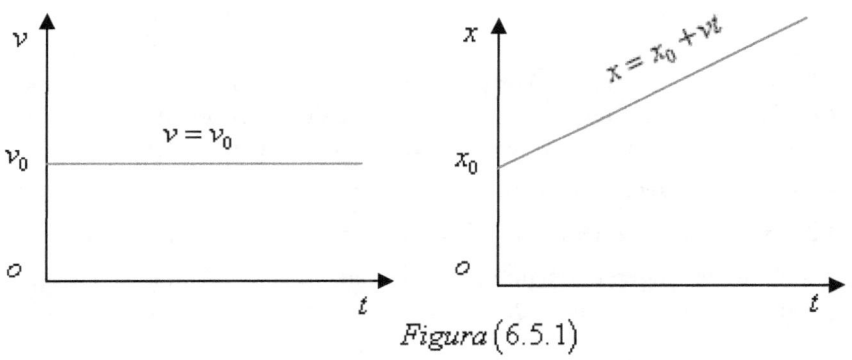

Figura $(6.5.1)$

6.6 ACCELERAZIONE TANGENZIALE E NORMALE

Si consideri la traiettoria del moto T di un punto materiale P e siano: A un punto della traiettoria corrispondente alla posizione di P nell'istante t, $\vec{a}$ il vettore accelerazione all'istante t e τ la retta tangente alla traiettoria nel punto A.

Si definisce piano osculatore alla traiettoria T il piano determinato dalla retta tangente τ in A e dal vettore accelerazione $\vec{a}$.

Si definisce normale principale alla traiettoria T nel punto A la retta n passante per A, normale alla retta tangente τ e giacente nel piano osculatore.

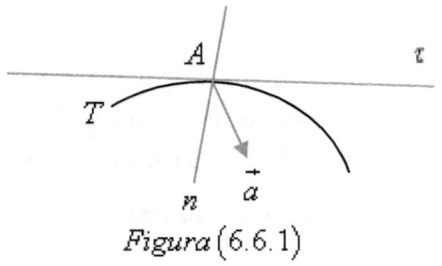

Figura $(6.6.1)$

Il vettore accelerazione, come si è visto nel paragrafo (6.3), è sempre rivolto dalla parte del centro di curvatura della traiettoria il che significa che la sua direzione, in generale, non è né tangente né normale alla traiettoria. È sempre possibile decomporre il vettore accelerazione $\vec{a}$ in due vettori componenti: un vettore $\vec{a}_\tau$, avente la direzione coincidente con la retta tangente τ e un vettore $\vec{a}_n$, avente la direzione coincidente con la normale principale n:

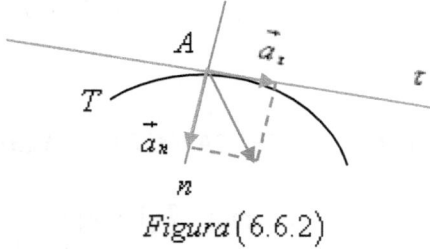

Figura $(6.6.2)$

Per determinare il significato fisico dei vettori $\vec{a}_\tau$ e $\vec{a}_n$ si esprima il vettore velocità come prodotto del suo versore e del suo modulo:

$$(6.6.1) \quad \vec{v} = \vec{u}_\tau v$$

Derivando rispetto al tempo si ottiene la seguente equazione:

$$(6.6.2) \quad \vec{a} = \vec{u}_\tau \frac{dv}{dt} + v \frac{d\vec{u}_\tau}{dt}$$

che esprime il vettore accelerazione come somma di due vettori: uno $\vec{u}_\tau \dfrac{dv}{dt}$ che ha la direzione tangente alla traiettoria, verso del moto di P e modulo pari alla variazione rispetto al tempo del modulo del vettore velocità; esso può essere identificato con il componente tangente $\vec{a}_\tau$:

$$(6.6.3) \quad \vec{a}_\tau = \vec{u}_\tau \frac{dv}{dt}$$

l'altro vettore è: $v\dfrac{d\vec{u}_\tau}{dt}$ di cui si vuole determinare il significato. A tal fine si osservi che quando il punto materiale P passa da una posizione A ad una posizione B lungo la traiettoria T, il versore $\vec{u}$ cambia la sua direzione. Questo cambiamento è espresso quantitativamente dal vettore $\Delta\vec{u} = \vec{u}'_\tau - \vec{u}_\tau$ che, come si vede in figura (6.6.3), ha la direzione della normale principale n, verso dalla parte del centro di curvatura della traiettoria e modulo pari all'angolo $\Delta\varphi$ compreso tra le normali principali n e n'.

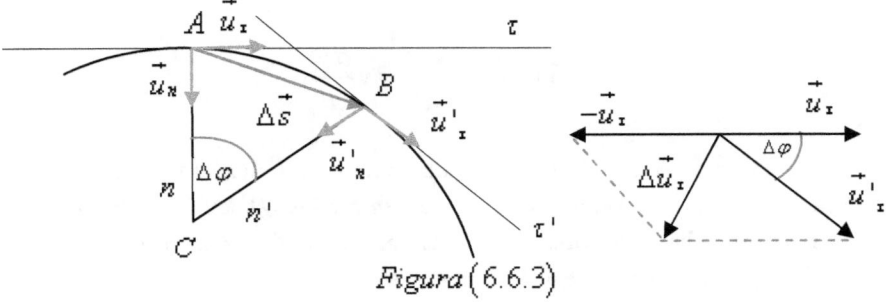

Figura (6.6.3)

Da quanto si è detto segue l'equazione:

$$(6.6.4) \quad \frac{d\vec{u}_\tau}{dt} = \vec{u}_n \frac{d\varphi}{dt}$$

in cui $\vec{u}_n$ è il versore lungo la nomale principale.

Per determinare il modulo del vettore $\dfrac{d\vec{u}_\tau}{dt}$ è sufficiente determinare il

valore $\dfrac{d\varphi}{dt}$. A tal fine si osservi che si può scrivere la seguente
equazione:

$$(6.6.5) \qquad \frac{d\varphi}{dt} = \frac{d\varphi}{dl}\frac{dl}{dt}$$

in cui dl rappresenta l'arco di traiettoria $\overgroup{AB}$. Poiché per intervalli di
tempo molto piccoli l'arco $\overgroup{AB}$ si confonde con il modulo del vettore
spostamento $\vec{ds}$ *(vedi figura (6.6.3))*, il fattore $\dfrac{dl}{dt}$ rappresenta il
modulo del vettore velocità. Pertanto l'equazione (6.6.5) si può scrivere
nel modo seguente:

$$(6.6.6) \qquad \frac{d\varphi}{dt} = v\frac{d\varphi}{dl}$$

Si osservi che le normali principali alla traiettoria T nei punti A e B si
intersecano in un punto C *(vedi figura (6.6.3))*, detto **centro di
curvatura** della traiettoria T. Chiamando R il raggio di curvatura
CA, si può scrivere la seguente relazione:

$$(6.6.7) \qquad dl = Rd\varphi$$

Combinando le equazioni (6.6.4.), (6.6.6) e (6.6.7), si ottiene
l'equazione:

$$(6.6.8) \qquad \frac{d\vec{u}_\tau}{dt} = \vec{u}_n\frac{v}{R}$$

che posta nel secondo termine del secondo membro dell'equazione
(6.6.2) consente di chiarire il significato del vettore $v\dfrac{d\vec{u}_\tau}{dt}$ che può

essere scritto come $\vec{u}_n \dfrac{v^2}{R}$. Questo vettore ha la direzione coincidente con la normale principale alla traiettoria nel punto A, verso dalla parte del centro di curvatura della traiettoria e modulo pari a $\dfrac{v^2}{R}$, quindi si può identificare con il componente normale $\vec{a}_n$:

$$(6.6.9) \quad \vec{a}_n = \vec{u}_n \frac{v^2}{R}$$

Consegue che l'equazione (6.6.2) si può scrivere come:

$$(6.6.10) \quad \vec{a} = \vec{u}_\tau \frac{dv}{dt} + \vec{u}_n \frac{v^2}{R}$$

ed esprime il vettore **accelerazione** in termini delle sue **componenti tangente e normale** alla traiettoria.

6.7 RAGGIO DI CURVATURA DI UNA TRAIETTORIA

Per chiarire il significato di raggio di curvatura della traiettoria di moto, si consideri la traiettoria di un punto materiale P e sia τ la retta tangente in un punto A. Si considerino inoltre tutte le circonferenze tangenti alla retta τ nel punto A aventi il loro centro sulla normale principale n alla traiettoria nel punto A dalla parte del centro di curvatura. Alcune di queste circonferenze non contengono alcun punto della traiettoria nel loro interno come la circonferenza Γ_1; altre, come la circonferenza Γ_2, contengono tutto un arco di traiettoria sia da una parte che dall'altra. Tutte le circonferenze di raggio minore di quello di Γ_1 godono della stessa proprietà della circonferenza Γ_1; tutte le circonferenze di raggio maggiore di quello di Γ_2 godono della stessa proprietà della circonferenza Γ_2. Quindi è possibile determinare sulla

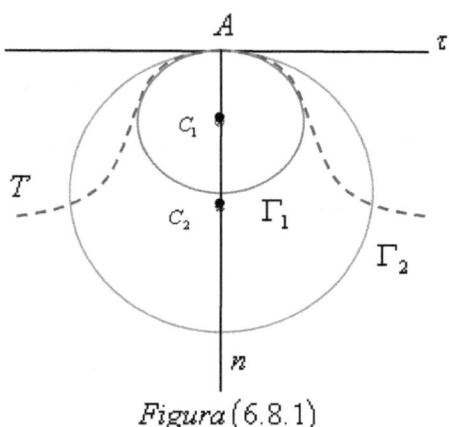

Figura $(6.8.1)$

normale principale n un punto C tale che, tutte le circonferenze tangenti in A alla retta τ aventi il centro in punti interni al segmento AC sono del tipo Γ_1 e tutte quelle aventi il centro in punti esterni al segmento AC sono del tipo Γ_2.

Si definisce cerchio osculatore il cerchio tangente alla traiettoria in A di centro C

Il centro C si dice centro di curvatura della traiettoria

Il raggio del cerchio osculatore si dice raggio di curvatura della traiettoria

6.8 MODELLO CINEMATICO DEL MOTO UNIFORMEMENTE ACCELERATO

Si consideri il moto di un punto materiale P e si faccia l'ipotesi che la sua accelerazione abbia, istante per istante, il componente normale nullo $\vec{a}_n = 0$. Il vettore accelerazione, essendo costituito solo dal componente tangente, sarà espresso dall'equazione:

$$(6.8.1) \quad \vec{a} = \vec{u}_\tau \frac{dv}{dt}$$

dalla quale si deduce che la traiettoria del moto è una retta in quanto il vettore velocità varia solo in modulo ma non in direzione e verso. Quindi, non essendoci equivocità sulla direzione del moto, il vettore velocità e il vettore accelerazione possono essere indicati facendo a meno della notazione vettoriale e, in luogo del vettore posizione si può utilizzare un sistema di coordinate cartesiane sulla retta. Allora la posizione del punto P sarà determinata dal valore che l'ascissa x assume istante per istante e le equazioni cinematiche del moto si possono scrivere come:

$$(6.8.2) \quad v = \frac{dx}{dt} \quad ; \quad (6.8.3) \quad a = \frac{dv}{dt}$$

Per determinare lo stato di moto del punto P bisogna risolvere l'equazione (6.8.2) rispetto a x e l'equazione (6.8.3) rispetto a v. Ciò può essere fatto solo se si conosce la dipendenza dal tempo dell'accelerazione, il che equivale a conoscere il tipo di moto. Supponendo l'accelerazione costante è possibile risolvere l'equazione (6.8.3) rispetto a v e scrivere: $dv = a\,dt$ da cui segue:

$$\int_{v_o}^{v} dv = a \int_{t_0}^{t} dt \Rightarrow v - v_0 = a(t - t_0) \Rightarrow v = v_o + a(t - t_0)$$

in cui scegliendo l'origine dei tempi $t_0 = 0$, si ottiene l'equazione:

$$(6.8.4) \quad v = v_0 + at$$

Usando questa equazione nell'equazione (6.8.2) si ottiene l'equazione:

$$dx = v\,dt = v_0\,dt + at\,dt$$

Integrando questa equazione e scegliendo l'origine dei tempi $t_0 = 0$,

$$\int_{x_0}^{x} dx = v_0 \int_{t_0}^{t} dt + a \int_{t_0}^{t} t\,dt$$

si ottiene la l'equazione:

$$(6.8.5) \quad x = x_0 + v_0 t + \frac{1}{2} a t^2$$

Le equazioni (6.8.4) e (6.8.5) rappresentano il modello cinematico del moto uniformemente accelerato.

Risolvendo l'equazione (6.8.4) rispetto a t e sostituendo questo valore nell'equazione (6.8.5) si ottiene l'equazione:

$$(6.8.6) \quad v^2 = v_0^2 + 2a(x - x_0)$$

che può essere utile nella soluzione di alcuni problemi.

Le equazioni (6.8.4) e (6.8.5) rappresentano, dal punto di vista della geometria analitica, rispettivamente, una generica retta nel piano (t, v) e una parabola nel piano (t, x).

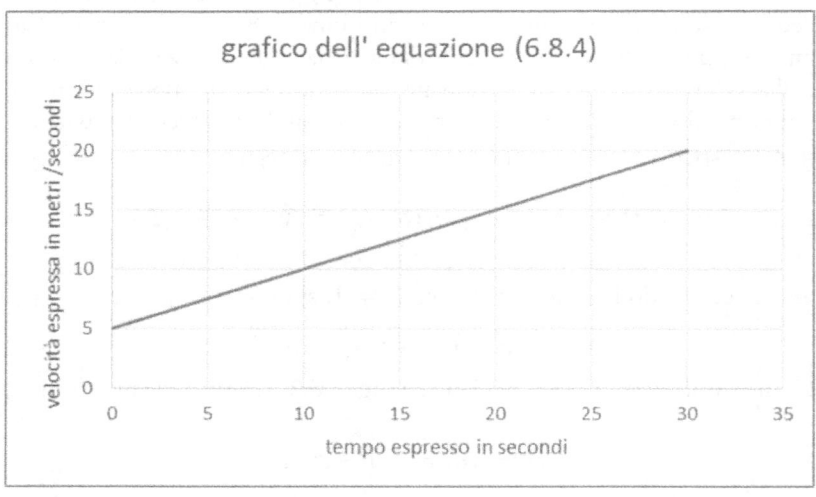

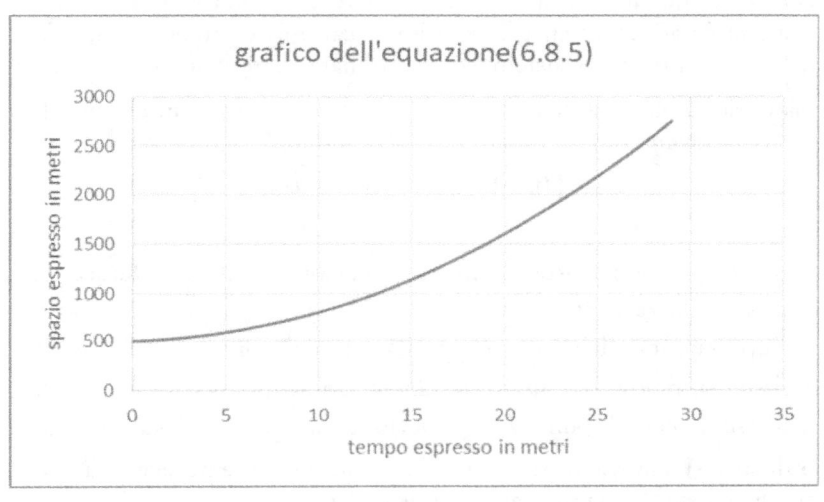

grafico dell'equazione(6.8.5)

spazio espresso in metri

tempo espresso in metri

6.9 MODELLO CINEMATICO DEL MOTO PARABOLICO

Il moto di un punto materiale P che descrive una traiettoria parabolica può essere interpretato come somma di un moto rettilineo uniforme e un moto uniformemente accelerato.

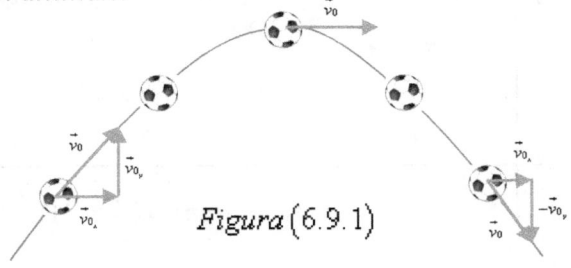

Figura (6.9.1)

Sia T la traiettoria parabolica descritta da un punto materiale P e $\vec{v_0}$ il vettore velocità all'istante iniziale. Poiché la traiettoria parabolica è una curva piana, essa è interamente contenuta in un piano (*piano del moto)* e pertanto è possibile descrivere il moto del punto P riferendolo ad un sistema di coordinate cartesiane ortogonali nel piano del moto. Fissato il sistema di coordinate cartesiane ortogonali nel piano del moto, si scriva il vettore velocità iniziale $\vec{v}_0$ in termini delle sue componenti cartesiane:

$$(6.9.1) \quad \vec{v}_0 = \vec{i}v_{0x} + \vec{j}v_{0y}$$

in cui $\vec{i}$ e $\vec{j}$ sono rispettivamente i versori dell'asse delle ascisse e dell'asse delle ordinate.

Si supponga che il punto P_x proiezione del punto P sull'asse delle ascisse, si muova di moto rettilineo uniforme nel verso positivo dell'asse e che il punto P_y, proiezione del punto P sull'asse delle ordinate, si muova di moto rettilineo uniformemente accelerato con accelerazione diretta nel verso opposto all'asse.

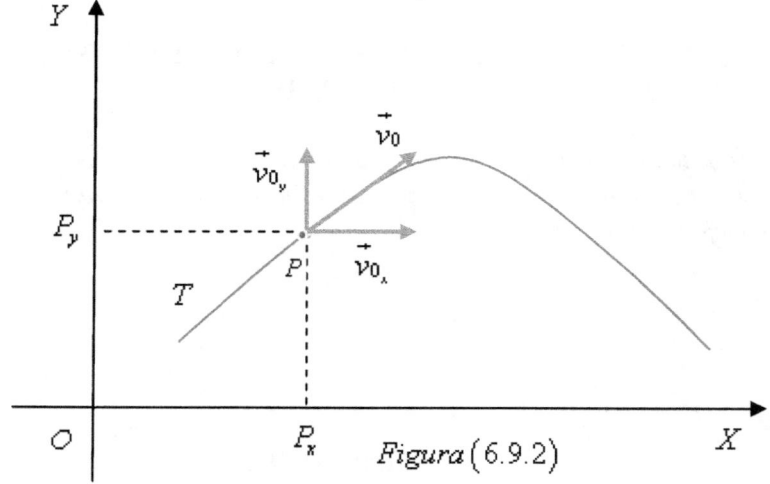

Figura (6.9.2)

Lo stato di moto del punto P_x è determinato dalle equazioni cinematiche del moto uniforme che nel caso in esame si possono scrivere come:

250

$$\begin{cases} (6.9.2) & v_x = v_{0x} = v_0 \cos \alpha = \text{cost} \\[2em] (6.9.3) & x = x_0 + v_{0x}t = x_0 + (v_0 \cos \alpha)t \end{cases}$$

Lo stato di moto del punto P_y è determinato dalle equazioni cinematiche del moto uniformemente accelerato che nel caso in esame si possono scrivere come:

$$\begin{cases} (6.9.4) & v_y = v_{0y} - a_y t = v_0 \sin \alpha - a_y t \\[2em] (6.9.5) & y = y_0 + v_{0y}t - \dfrac{1}{2}a_y t^2 = y_0 + v_0 (\sin \alpha)t - \dfrac{1}{2}a_y t^2 \end{cases}$$

Risolvendo l'equazione (6.9.3) rispetto al tempo si ottiene l'equazione:

$$t = \frac{x - x_0}{v_0 \cos \alpha}$$

che sostituita nell'equazione (6.9.5) consente di ottenere la seguente equazione:

$$(6.9.6) \quad y - y_0 = (\tan \alpha)(x - x_0) - \frac{a_y}{2v_0^2 \cos^2 \alpha}(x - x_0)^2$$

che rappresenta l'equazione della traiettoria di un moto parabolico in coordinate cartesiane ortogonali nel piano del moto. Consegue che lo stato di moto del punto P è determinato dalla composizione degli stati di moto del punto P_x e del punto P_y:

$$\begin{cases} (6.9.7) & \vec{v} = \vec{i}v_0 \cos \alpha + \vec{j}\left(v_0 \sin \alpha - a_y t\right) \\[2em] (6.9.8) & \vec{s} = \vec{s_0} + \vec{i}v_0 (\cos \alpha)t + \vec{j}\left[v_0 (\sin \alpha)t - \dfrac{1}{2}a_y t^2\right] \end{cases}$$

Le equazioni (6.9.7) e (6.9.8) rappresentano il modello cinematico del moto parabolico.

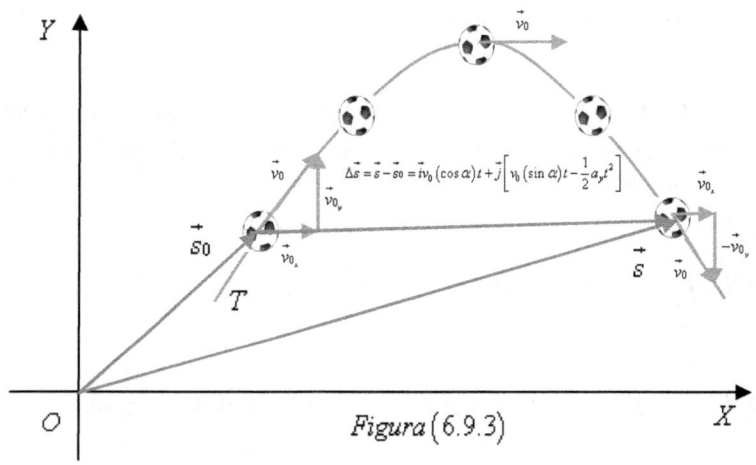

Figura $(6.9.3)$

6.10 MODELLO CINEMATICO DEL MOTO CIRCOLARE

L'equazione (6.6.10) del paragrafo (6.10) viene di seguito riportata per rendere più agevole lo studio al lettore :

$$(6.6.10) \quad \vec{a} = \vec{u}_\tau \frac{dv}{dt} + \vec{u}_n \frac{v^2}{R}$$

essa esprime il vettore accelerazione in termini del componente tangente e del componente normale alla traiettoria del moto. Il componente normale contiene una grandezza a carattere geometrico: il raggio di curvatura R, in grado di fornire informazioni sulla geometria della traiettoria. Infatti, se il raggio di curvatura è molto grande $(R \to \infty)$ il componente normale si annulla e l'equazione (6.6.10) si riduce all'equazione:

$$(6.8.1) \quad \vec{a} = \vec{u}_\tau \frac{dv}{dt}$$

di cui già si è detto.

Si supponga che il raggio di curvatura R abbia un valore finito e si mantenga costante per tutta la durata del moto, ciò implica che deve mantenersi costante anche il suo inverso $\dfrac{1}{R}$. D'altro canto, osservando che la circonferenza è una curva a *curvatura costante* il cui valore è $\dfrac{1}{R}$, essendo R il suo raggio, consegue che il moto con *raggio di curvatura costante* avviene con *traiettoria circolare*. Per descrivere il moto di un punto materiale P che descrive una traiettoria circolare, conviene introdurre nuove *grandezze fisiche a carattere vettoriale*.

Procedendo in tal senso, si osservi che se Γ è la traiettoria circolare di raggio R descritta dal punto P, essa, essendo una curva piana, è interamente contenuta in un piano *(piano del moto)*.

Si dice asse di rotazione la retta passante per il centro C della traiettoria circolare e normale al piano del moto.

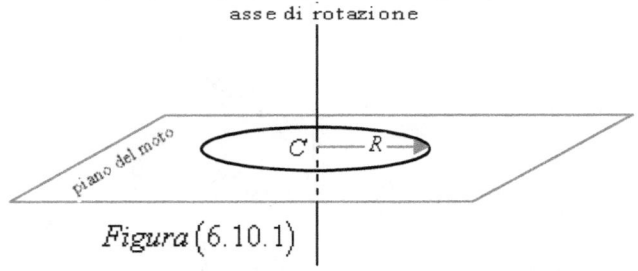

asse di rotazione

piano del moto

C — R —

Figura $(6.10.1)$

Si fissi un sistema di coordinate cartesiane ortogonali nel piano del moto avente l'origine coincidente con il centro della traiettoria circolare Γ. Una generica posizione del punto P può essere determinata da un vettore $\vec{\theta}$, detto *vettore posizione angolare,* avente modulo pari all'angolo che il raggio vettore $\vec{R}$ determina con l'asse delle ascisse, direzione coincidente con quella dell'asse di rotazione e verso determinato dal pollice della mano destra dopo aver disposto le altre dita nel verso della rotazione di P *(regola della mano destra).*

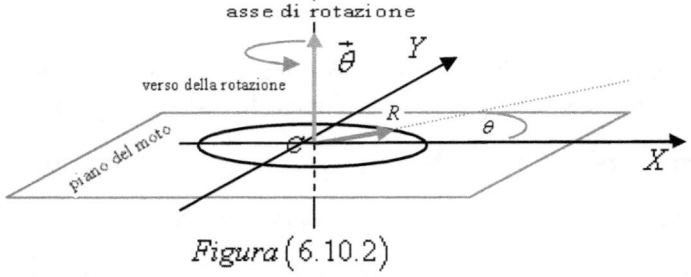

Figura $(6.10.2)$

Siano A e B due generiche posizioni di P rispettivamente al tempo t_0 e $t_0 + \Delta t$ determinate dai vettori posizione angolare $\vec{\theta_0}$ e $\vec{\theta}$.

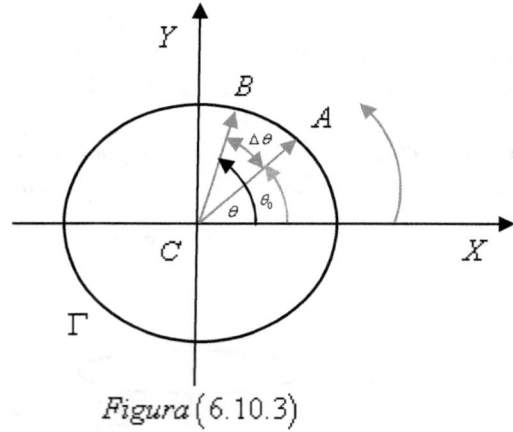

Figura $(6.10.3)$

Si definisce vettore spostamento angolare il vettore $\Delta \vec{\theta}$ che si ottiene dalla differenza vettoriale dei vettori $\vec{\theta}$ e $\vec{\theta_0}$:

$$(6.10.1) \quad \Delta \vec{\theta} = \vec{\theta} - \vec{\theta_0}$$

Il vettore $\Delta \vec{\theta}$ determina il cambiamento di posizione del punto P ed ha direzione coincidente con quella dell'asse di rotazione, verso determinato dalla regola della mano destra e modulo pari all'angolo descritto dal raggio vettore $\vec{R}$ nell'intervallo di tempo $\Delta t = t - t_0$.

Rapportando il vettore spostamento angolare $\Delta\vec{\theta}$ con l'intervallo di tempo Δt in cui si è verificato lo spostamento angolare del punto P, si ottiene il vettore:

$$(6.10.2) \quad \vec{\omega}_m = \frac{\Delta\vec{\theta}}{\Delta t}$$

la cui direzione ed il cui verso coincidono con quelli del vettore spostamento angolare ed il modulo è dato da: $\dfrac{\Delta\theta}{\Delta t}$

Si definisce **vettore velocità angolare media** il vettore definito dall'equazione (6.10.2); esso fornisce informazioni globali sul moto del punto P ma non dice nulla sulla rapidità di spostamento nel tratto compreso tra i punti A e B. Così, se si vogliono informazioni più dettagliate sulla rapidità con cui il punto P descrive la sua traiettoria circolare, si possono considerare intervalli di tempo sempre più piccoli in modo tale che due posizioni successive del punto P distano tra loro di una quantità $\Delta\theta$ sempre più piccola. Quindi, se l'intervallo di tempo è sufficientemente piccolo, è possibile confondere l'istante t con l'istante t_0, allora il punto B sarà indistinguibile dal punto A, sicché si può definire un nuovo vettore velocità angolare come:

$$(6.10.3) \quad \vec{\omega} = \lim_{\Delta t \to 0} \frac{\Delta\vec{\theta}}{\Delta t} = \frac{d\vec{\theta}}{dt}$$

avente direzione e verso coincidente con la direzione e verso del vettore spostamento angolare e modulo dato da: $\dfrac{d\theta}{dt}$.

Si definisce **vettore velocità angolare istantanea** il vettore definito dall'equazione (6.10.3); esso, diversamente dal vettore definito dall'equazione (6.10.2), fornisce informazioni istante per istante sulla rapidità con cui il punto P descrive la sua traiettoria circolare.

L'unità di misura della velocità angolare è il $\dfrac{rad}{s} \left(\dfrac{\text{radiante}}{\text{secondo}} \right)$

La velocità angolare con cui il punto P descrive la sua traiettoria circolare può assumere valori costanti o variabili. Nel caso assume valori costanti ovvero che abbia sempre la stessa direzione, lo stesso verso e lo stesso modulo la *velocità angolare media* e la *velocità angolare istantanea* coincidono, nel caso assume valori variabili è necessario definire una nuova grandezza fisica che prende il nome di *accelerazione angolare.*

Siano $\vec{\omega_0}$ e $\vec{\omega}$ i vettori velocità angolare corrispondenti, rispettivamente, agli istanti di tempo t_0 e $t_0 + \Delta t$.

Si definisce *vettore variazione di velocità angolare* il vettore $\Delta\vec{\omega}$ che si ottiene dalla differenza vettoriale dei vettori $\vec{\omega}$ e $\vec{\omega_0}$:

$$(6.10.4) \quad \Delta\vec{\omega} = \vec{\omega} - \vec{\omega_0}$$

Il vettore $\Delta\vec{\omega}$ determina il cambiamento di velocità angolare del punto P ed ha direzione e verso coincidenti con quelli del vettore velocità angolare e modulo pari a $\omega - \omega_0$.

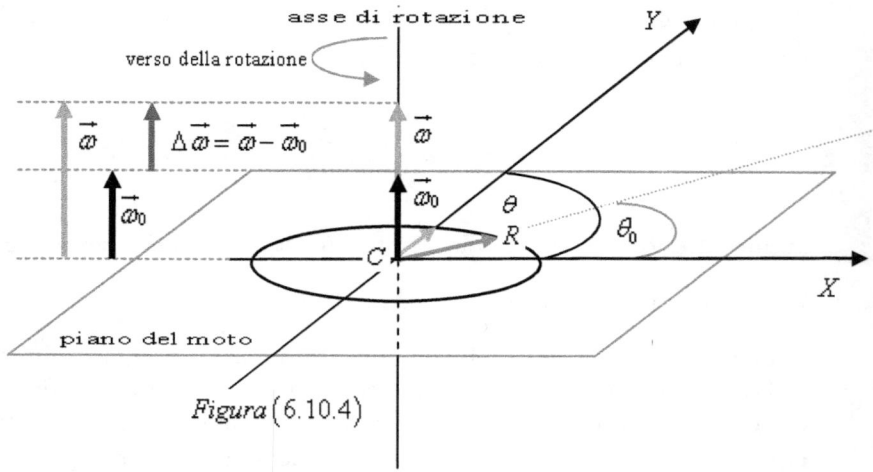

Figura $(6.10.4)$

Rapportando il vettore $\Delta\vec{\omega}$ all'intervallo di tempo nel quale si verifica il cambiamento di velocità angolare del punto P, si ottiene il vettore:

256

$$(6.10.5) \quad \vec{\alpha}_m = \frac{\Delta \vec{\omega}}{\Delta t}$$

la cui direzione ed il cui verso coincidono con quelli del vettore variazione di velocità angolare ed il cui modulo è dato da: $\dfrac{\Delta \omega}{\Delta t}$

Si definisce *vettore accelerazione angolare media* il vettore definito dall'equazione (6.10.5); esso fornisce informazioni globali sul cambiamento di velocità angolare ma non dice nulla sul cambiamento di velocità angolare istante per istante nell'intervallo di tempo considerato. Così, se si vogliono informazioni più dettagliate si possono considerare intervalli di tempo sempre più piccoli e con un ragionamento analogo a quello svolto per la velocità angolare istantanea, si può definire il vettore:

$$(6.10.6) \quad \vec{\alpha} = \lim_{\Delta t \to 0} \frac{\Delta \vec{\omega}}{\Delta t} = \frac{d \vec{\omega}}{dt}$$

la cui direzione ed il cui verso coincidono con quelli del vettore variazione di velocità angolare ed il cui modulo è dato da: $\dfrac{d \omega}{dt}$.

Si definisce *vettore accelerazione angolare istantanea* il vettore definito dall'equazione (6.10.6); esso fornisce informazioni istante per istante sul cambiamento della velocità angolare.

L'unità di misura dell'accelerazione angolare è il $\dfrac{rad}{s^2}$

Le equazioni (6.10.3) e (6.10.6) sono le equazioni cinematiche per il moto di un punto materiale P che descrive una traiettoria circolare. Inoltre, facendo le stesse considerazioni che sono state fatte nel paragrafo (6.4), le equazioni cinematiche per il moto su traiettoria circolare si scrivono come:

$$(6.10.7) \quad \vec{\omega} = \frac{d \vec{\theta}}{dt} \quad ; \quad (6.10.8) \quad \vec{\alpha} = \frac{d \vec{\omega}}{dt}$$

che combinate tra loro forniscono l'equazione:

$$(6.10.9) \quad \vec{\alpha} = \frac{d^2 \vec{\omega}}{dt^2}$$

Le equazioni (6.10.7) e (6.10.8) o equivalentemente l'equazione (6.10.9) rappresentano il modello cinematico del moto di un punto materiale che descrive una traiettoria circolare.

6.11 CURVATURA DI UNA CURVA

Siano τ e τ' due tangenti ad una curva Γ nei punti A e B e si indichi con φ l'angolo che esse formano *(vedi figura (6.11.1))*.

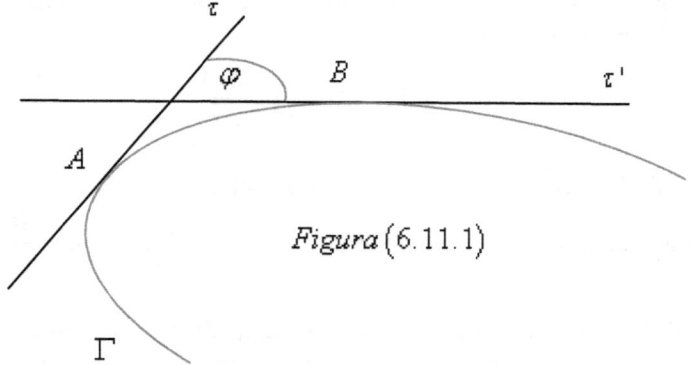

Figura $(6.11.1)$

Nell'ipotesi che la curva non interseca se stessa ed ha una tangente definita in ogni suo punto, l'angolo φ si dirà **angolo di contingenza** .
Di due archi di pari lunghezza, quello più incurvato è l'arco avente l'angolo di contingenza maggiore; per contro se si considerano archi di lunghezza diversa non si può determinare quale degli archi considerati abbia curvatura maggiore basandosi solo sull'angolo di contingenza. Quindi per caratterizzare la curvatura di una curva si può utilizzare il rapporto tra l'angolo di contingenza ed il corrispondente arco.

Si definisce **curvatura media** dell'arco $\overset{\frown}{AB}$ il rapporto:

$$(6.11.1) \quad k_m = \frac{\varphi}{\overset{\frown}{AB}}$$

che fornisce informazioni sulla curvatura di una curva relativamente ad un arco di essa. Se si vogliono informazioni più dettagliate si può introdurre il concetto di *curvatura puntuale.*

Si definisce curvatura nel punto A il limite a cui tende la curvatura media quando il punto B tende al punto A:

$$(6.11.2) \quad k_A = \lim_{B \to A} \frac{\varphi}{\overline{AB}}$$

Come esempio si calcoli la curvatura di una circonferenza Γ di raggio R.

Siano τ e τ' le rette tangenti alla circonferenza Γ nei punti A e B *(vedi figura (3.3.2.2))* ; la curvatura media è: $k_m = \dfrac{\varphi}{\overline{AB}}$ e poiché

$\overline{AB} = R\varphi$ si ottiene: $k_m = \dfrac{\varphi}{R\varphi} = \dfrac{1}{R}$

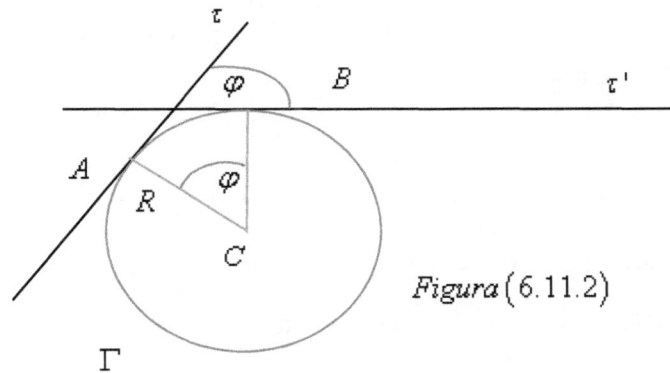

Figura $(6.11.2)$

Si deduce che la curvatura media e la curvatura nel punto A coincidono; quindi la curvatura media di un arco di circonferenza non dipende né dalla forma, né dalla posizione, né dalla lunghezza dell'arco $\overline{AB}$, essa è uguale per tutti gli archi alla quantità $\dfrac{1}{R}$; la curvatura di una circonferenza in ogni suo punto non dipende dalla posizione del punto ed è uguale a $\dfrac{1}{R}$. Consegue che:

la circonferenza è una curva a curvatura costante il cui valore è dato dall'inverso del suo raggio.

Si può dimostrare che in un punto della traiettoria di moto la curvatura è uguale alla curvatura del cerchio osculatore in quel punto.

6.12 MODELLO CINEMATICO DEL MOTO CIRCOLARE UNIFORME

Si consideri un punto materiale P che descrive una traiettoria circolare Γ di raggio R e si faccia l'ipotesi che la sua accelerazione angolare sia istante per istante nulla. Per determinare lo stato di moto del punto P , bisogna determinare la posizione angolare e la velocità angolare istante per istante e ciò può essere fatto utilizzando le equazioni (6.10.7) e (6.10.8) o equivalentemente l'equazione (6.10.9). Poiché l'accelerazione angolare è istante per istante nulla, dall'equazione (6.10.8) si ha:

$d\vec{\omega} = 0$ da cui segue:

$$(6.12.1) \quad \vec{\omega} = \vec{\omega_0}$$

dalla quale si deduce che il moto avviene con il **vettore velocità angolare costante,** di conseguenza velocità angolare media e velocità angolare istantanea coincidono.

Per determinare la posizione angolare si integra l'equazione (6.10.7), così facendo si ha: $\displaystyle\int_{\theta_0}^{\theta} d\vec{\theta} = \vec{\omega} \int_{t_0}^{t} dt$ da cui segue l'equazione:

$$(6.12.2) \quad \vec{\theta} = \vec{\theta_0} + \vec{\omega}t$$

in cui si è posto $t_0 = 0$.

Le equazioni (6.12.1) e (6.12.2) consentono la determinazione dello stato di moto del punto P ; esse, dal punto di vista della geometria analitica, rappresentano rispettivamente una retta parallela all'asse dei tempi nel piano (t,ω) e una generica retta nel piano (t,θ)

Le equazioni (6.12.1) e (6.12.2) rappresentano il modello cinematico del moto circolare uniforme.

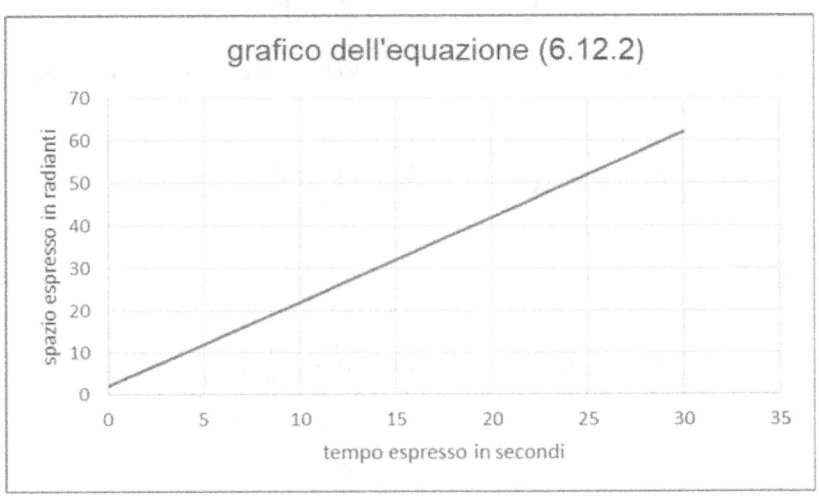

6.13 MODELLO CINEMATICO DEL MOTO CIRCOLARE UNIFORMEMENTE ACCELERATO

Si consideri un punto materiale P che descrive una traiettoria circolare Γ di raggio R e si faccia l'ipotesi che la sua accelerazione angolare sia costante. Per determinare lo stato di moto del punto P , bisogna determinare la posizione angolare e la velocità angolare istante per istante e ciò può essere fatto utilizzando le equazioni (6.10.7) e (6.10.8) o equivalentemente l'equazione (6.10.9). Così facendo si osservi che, poiché l'accelerazione angolare è costante, si può risolvere l'equazione (6.10.8) rispetto a $\vec{\omega}$ e scrivere: $d\vec{\omega} = \vec{\alpha}dt$ da cui segue:

$$\int_{\omega_0}^{\omega} d\vec{\omega} = \vec{\alpha} \int_{t_0}^{t} dt \Rightarrow \vec{\omega} - \vec{\omega}_0 = \vec{\alpha}(t - t_0) \Rightarrow \vec{\omega} = \vec{\omega}_0 + \vec{\alpha}(t - t_0)$$

in cui scegliendo l'origine dei tempi $t_0 = 0$, si ottiene l'equazione:

$$(6.13.1) \quad \vec{\omega} = \vec{\omega}_0 + \vec{\alpha}t$$

Usando questa equazione nell'equazione (6.10.8) si ottiene l'equazione:

$$d\vec{\theta} = \vec{\omega}dt = \vec{\omega}_0 + \vec{\alpha}tdt$$

Integrando questa equazione e scegliendo l'origine dei tempi $t_0 = 0$,

$$\int_{\theta_0}^{\theta} d\vec{\theta} = \vec{\omega}_0 \int_{t_0}^{t} dt + \vec{\alpha} \int_{t_0}^{t} tdt$$

si ottiene la l'equazione:

$$(6.13.2) \quad \vec{\theta} = \vec{\theta}_0 + \vec{\omega}_0 t + \frac{1}{2}\vec{\alpha}t^2$$

Le equazioni (6.13.1) e (6.13.2) rappresentano il modello cinematico del moto circolare uniformemente accelerato. Risolvendo l'equazione (6.13.1) rispetto a *t* e sostituendo questo valore nell'equazione (6.13.2) si ottiene l'equazione:

$$(6.13.3) \quad \omega^2 = \omega_0^2 + 2\alpha(\theta - \theta_0)$$

che può essere utile nella soluzione di alcuni problemi.

Le equazioni (6.13.1) e (6.13.2) rappresentano dal punto di vista della geometria analitica, rispettivamente una generica retta nel piano (t, ω) e una parabola nel piano (t, θ).

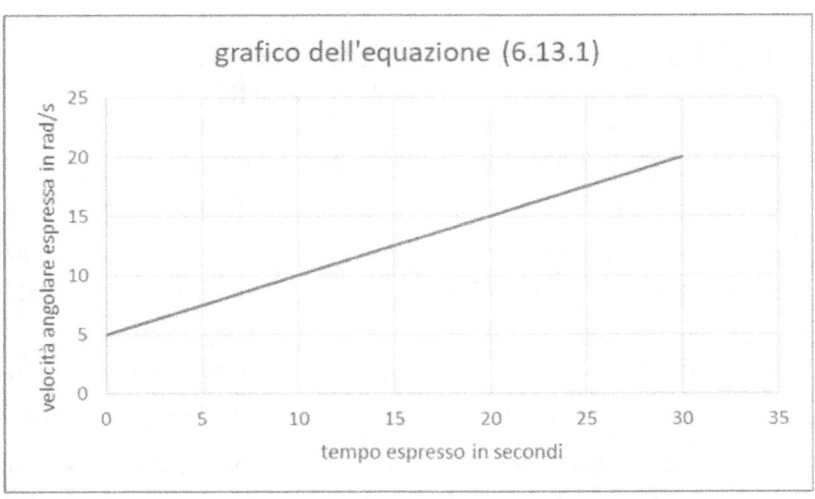

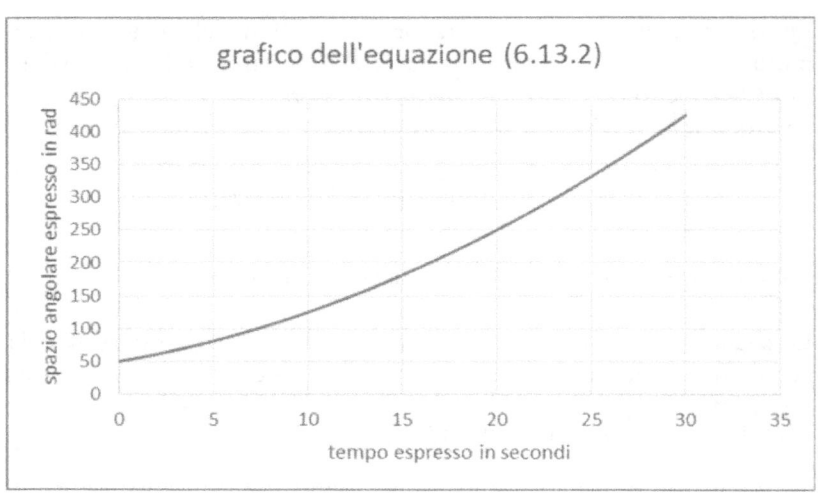

grafico dell'equazione (6.13.2)

6.14 RELAZIONE TRA CINEMATICA LINEARE E CINEMATICA ANGOLARE

Per la descrizione cinematica dei moti con traiettoria circolare sono stati introdotti il vettore posizione angolare $\vec{\theta}$, il vettore velocità angolare $\vec{\omega}$ e il vettore accelerazione angolare $\vec{\alpha}$ in luogo, rispettivamente, del vettore posizione $\vec{s}$, del vettore velocità $\vec{v}$ e del vettore accelerazione $\vec{a}$ motivando questa scelta come conveniente.

Una descrizione cinematica del moto con traiettoria circolare può essere fatta sia con le variabili $\vec{s}, \vec{v}, \vec{a}$ *(variabili lineari)* sia con le variabili $\vec{\theta}, \vec{\omega}, \vec{\alpha}$ *(variabili angolari)*. Per determinare la relazione tra le variabili lineari e le variabili angolari, si consideri un sistema di coordinate cartesiane ortogonali nello spazio tale che l'asse Z coincide con l'asse di rotazione di un punto materiale P che descrive una traiettoria circolare Γ di raggio R. Siano A e B due posizioni del punto materiale P, corrispondenti rispettivamente agli istanti t_0 e $t_0 + \Delta t$, determinate dai vettori posizione $\vec{s}_0$ e $\vec{s}$.

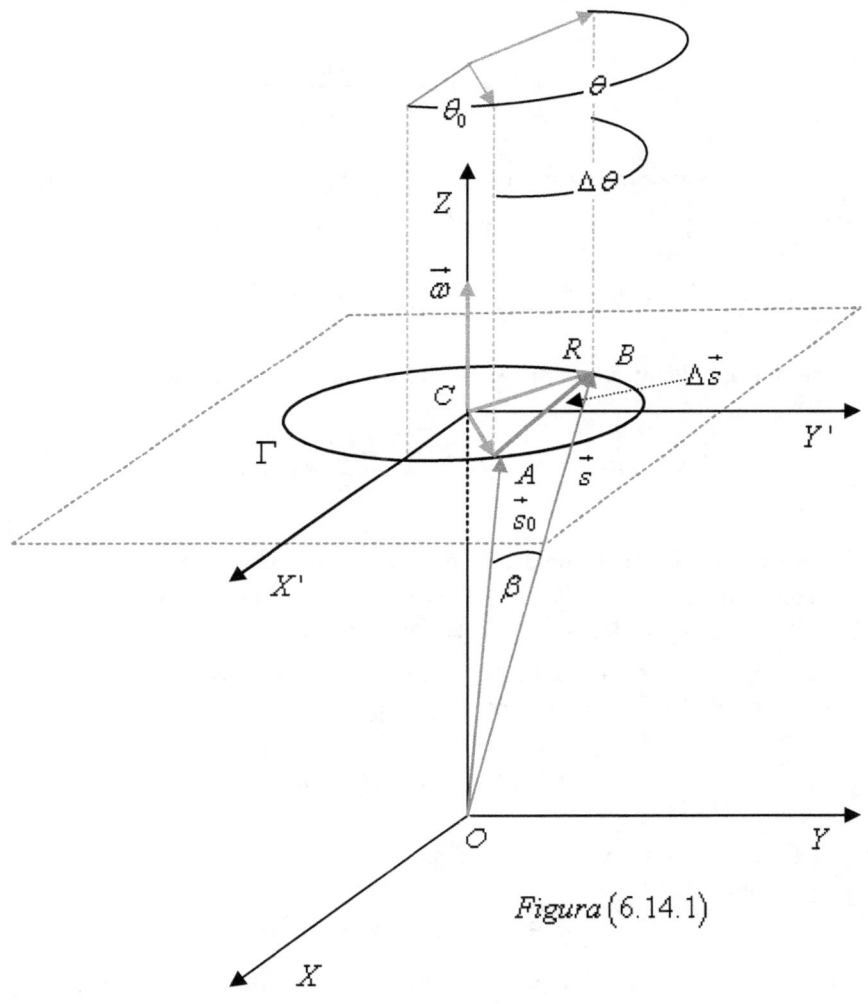

Figura $(6.14.1)$

Per intervalli di tempo sufficientemente piccoli il modulo del vettore spostamento $\vec{\Delta s}$ differisce molto poco dalla lunghezza $\overset{\frown}{AB}$ dell'arco di traiettoria, quindi si può scrivere l'equazione: $v = \dfrac{ds}{dt} \simeq \dfrac{\overset{\frown}{AB}}{dt}$ da cui segue:

$$(6.14.1) \quad v = \frac{\widehat{AB}}{dt}$$

Poiché le posizioni dei punti A e B si possono determinare anche con i vettori posizione angolare $\vec{\theta}_0$ e $\vec{\theta}$, dalla figura (6.14.1) si ricava la seguente relazione:

$$(6.14.2) \quad \widehat{AB} = Rd\theta$$

che posta nell'equazione (6.14.1) dà luogo all'equazione seguente:

$$(6.14.3) \quad v = \frac{\widehat{AB}}{dt} = \frac{d\theta}{dt} R = \omega R$$

che esprime la relazione tra il modulo della velocità angolare ed il raggio R della traiettoria Γ. Per determinare la forma vettoriale dell'equazione (6.14.3) si osservi la figura (6.14.1) e si scriva la relazione tra il raggio R della traiettoria ed il vettore posizione $\vec{s}$ in termini dei loro moduli. Così facendo si ottiene la seguente equazione:

$$(6.14.4) \quad R = s(\sin \beta)$$

sostituendo questo valore nell'equazione (6.14.3) si ottiene la seguente equazione:

$$(6.14.5) \quad v = \omega s(\sin \beta)$$

che esprime il modulo del prodotto vettoriale dei vettori $\vec{\omega}$ e $\vec{s}$. Pertanto la forma vettoriale è espressa dalla seguente equazione:

$$(6.14.6) \quad \vec{v} = \vec{\omega} \wedge \vec{s}$$

da cui esegue l'equazione: $\dfrac{d\vec{v}}{dt} = \left(\dfrac{d\vec{\omega}}{dt}\right) \wedge \vec{s} + \vec{\omega} \wedge \left(\dfrac{d\vec{s}}{dt}\right)$ che può scriversi come:

$$(6.14.7) \quad \vec{a} = \vec{\alpha} \wedge \vec{s} + \vec{\omega} \wedge \vec{v}$$

che esprime la relazione in forma vettoriale tra variabili lineari e variabili angolari.

Confrontando l'equazione (6.14.7) con l'equazione (6.6.10) del paragrafo (6.10) si ottengono le seguenti equazioni:

$$(6.14.8) \quad \vec{u}_\tau \frac{dv}{dt} = \vec{\alpha} \wedge \vec{s} \quad ; \quad (6.14.9) \quad \vec{u}_n \frac{v^2}{R} = \vec{\omega} \wedge \vec{v}$$

che esprimono le relazioni in forma vettoriale, rispettivamente, tra il componente tangente dell'accelerazione lineare, l'accelerazione angolare ed il vettore posizione lineare; tra il componente normale dell'accelerazione lineare, la velocità angolare e la velocità lineare.

6.15 MODELLO CINEMATICO DEL MOTO ARMONICO

Sia P un punto materiale che descrive una traiettoria circolare Γ di raggio R e si supponga che la sua accelerazione angolare $\vec{\alpha}$ sia istante per istante nulla. Le equazioni che definiscono lo stato di moto del punto P sono le equazioni (6.12.1) e (6.12.2) del paragrafo (6.12) che vengono di seguito riportate per rendere più agevole lo studio al lettore:

$$(6.12.1) \quad \vec{\omega} = \vec{\omega}_0 \qquad (6.12.2) \quad \vec{\theta} = \vec{\theta}_0 + \vec{\omega}t$$

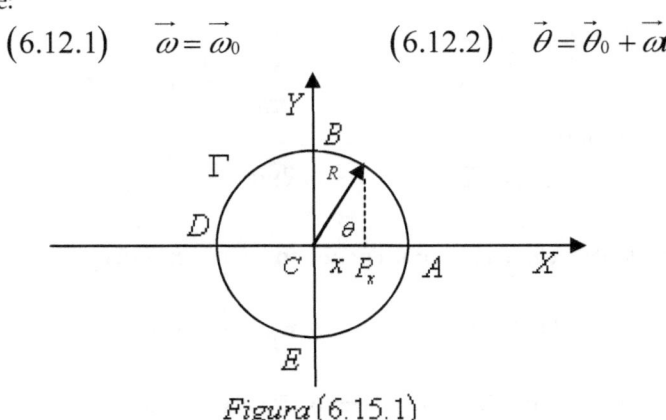

Figura $(6.15.1)$

Si osservi che quando il punto P descrive la traiettoria circolare Γ di raggio R, la sua proiezione P_x, sull'asse delle ascisse, si muove avanti e indietro oscillando attorno al centro C della circonferenza, descrivendo una traiettoria rettilinea. Infatti supponendo che il punto P inizia il moto dalla posizione A muovendosi in senso antiorario verso le posizioni B, D, E e ritornando in A, la sua proiezione P_x si muove sull'asse delle ascisse partendo dalla posizione A e portandosi nelle posizioni C e D dove, in quest'ultima, inverte il moto e ritorna in A, attraversando il centro C della circonferenza. Quindi, quando il punto P percorre un'intera circonferenza, la sua proiezione P_x percorre due volte il diametro AD prima da A verso D e successivamente da D verso A.

__Si dice moto armonico di un punto materiale il risultato della proiezione di un moto circolare uniforme su uno dei diametri della circonferenza.__

La posizione x del punto P_x, in un generico istante, è dato dalla relazione: $x = R\cos\theta$ in cui sostituendo il valore di θ dato dall'equazione (6.12.2) si ottiene la seguente equazione:

$$(6.15.1) \quad x = R\cos\left(\theta_0 + \omega t\right)$$

La velocità v_x in un generico istante è: $\dfrac{dx}{dt} = \dfrac{d}{dt} R\cos\left(\theta_0 + \omega\right)$ da cui segue l'equazione:

$$(6.15.2) \quad v_x = -\omega R\sin\left(\theta_0 + \omega t\right)$$

Calcolando l'accelerazione in un generico istante si ottiene:

$$(6.15.3) \quad a_x = -\omega^2 R\cos\left(\theta_0 + \omega t\right)$$

in cui tenendo conto dell'equazione (6.15.1) si ottiene:

$$(6.15.4) \qquad a_x = -\omega^2 x$$

che esprime l'accelerazione di moto armonico in termini dello spostamento x.

Le equazioni (6.15.1) e (6.15.2) o equivalentemente l'equazione (6.15.3) o (6.15.4) consentono di determinare lo stato moto del punto P_x e rappresentano il *modello cinematico del moto armonico.*

Si osservi che nel moto armonico si usa una particolare terminologia: con riferimento all'equazione (6.15.1), R si dice *ampiezza delle oscillazioni* e rappresenta il massimo valore che x può assumere, ciò si verifica quando $\cos(\theta_0 + \omega t) = 1$; la posizione angolare iniziale θ_0 si dice *costante di fase,* mentre la posizione angolare θ, in un generico istante, si dice *fase ;* ω si dice *pulsazione* in riferimento alle osservazioni del pendolo eseguite da Galileo che usò il proprio polso come cronometro; talvolta si dice anche *frequenza angolare.* Confrontando le equazioni (6.15.1) e (6.15.3) si rileva che l'accelerazione del moto armonico segue, a meno del segno, le stesse variazioni dello spostamento mentre, confrontando le equazioni (6.15.2) e (6.15.3) si rileva una differenza di fase fra velocità e accelerazione pari a $\dfrac{\pi}{2}$. Ciò implica che quando la velocità assume valore nullo l'accelerazione assume valore massimo e inversamente. Questo confronto risulta più chiaro se si osservano i diagrammi cartesiani delle equazioni (6.15.1), (6.15.3) e (6.15..2) riportati, rispettivamente, nella *figura (6.15.2)* alla pagina seguente.

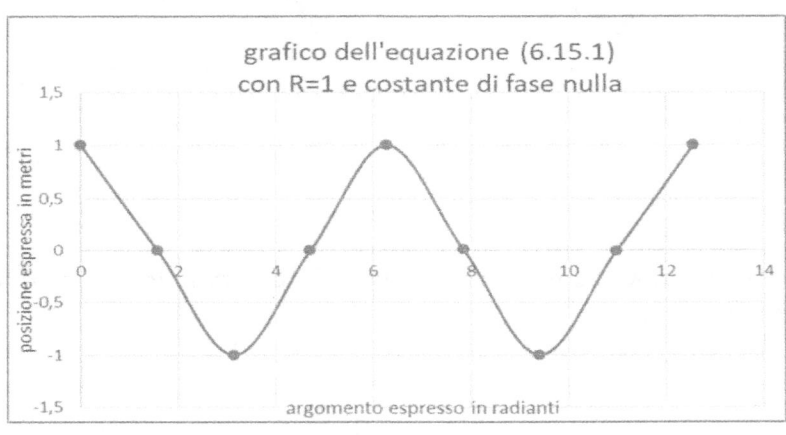

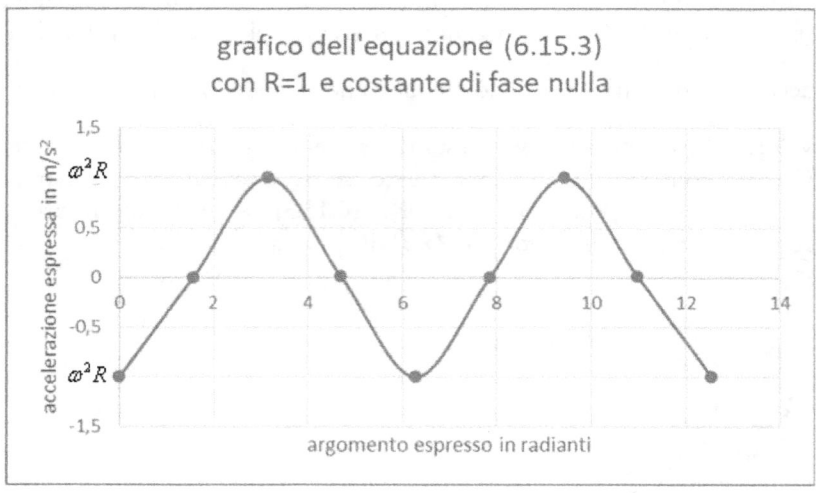

Si dice moto periodico un moto che si ripete ad intervalli di tempo uguali.

Esempi di moti periodici sono:

- *il moto circolare uniforme*
- *il moto armonico*

I moti periodici vengono caratterizzati, oltre che da grandezze fisiche caratteristiche per il particolare moto periodico, da grandezze fisiche comuni come il periodo T e la frequenza ν *(leggere ni)*.
Si definisce periodo T il tempo necessario affinché il moto inizia la sua ripetizione.
Si definisce frequenza ν il numero di volte che il moto si ripete nell'unità di tempo.
Dalle definizioni date segue la relazione:

$$(6.15.5) \qquad \nu = \frac{1}{T}$$

Nel caso di un moto circolare uniforme il periodo T rappresenta il tempo necessario al corpo affinché descriva l'intera circonferenza, quindi la velocità lineare si può scrivere come:

$$(6.15.6) \qquad v = \frac{2\pi R}{T}$$

in cui $2\pi R$ fornisce la lunghezza della circonferenza e T il periodo.
Confrontando questa equazione con l'equazione $v = \omega R$ si ottiene l'equazione:

$$(6.15.7) \qquad \omega = \frac{2\pi}{T}$$

che fornisce la relazione tra il periodo T e la velocità angolare ω.
Facendo uso della relazione (6.15.5), l'equazione (6.15.7) si può scrivere come:

$$(6.15.8) \qquad \omega = 2\pi\nu$$

che fornisce la relazione tra velocità angolare e frequenza.
L'unità di misura della frequenza è l'inverso dell'unità di misura del tempo; a questa unità si dà il nome di Hertz e si indica con il simbolo Hz .

	TEST DI VERIFICA (6.1)
1	Cosa si intende per punto materiale
2	Come si definisce la posizione di un corpo
3	Cosa si intende per velocità media e velocità istantanea
4	Cosa si intende per accelerazione media e accelerazione istantanea
5	Cosa si intende per stato di moto
6	come si determina lo stato di moto uniforme
7	Come si determina lo stato di moto uniformemente accelerato
8	Esprimere il concetto di accelerazione tangenziale e normale
9	Come si determina lo stato di moto parabolico
10	Esprimere l'equazione della traiettoria di un moto parabolico

	TEST DI VERIFICA (6.2)
1	come si definisce il moto circolare e quali sono le equazioni che consentono la determinazione dello stato di moto. Quale differenza c'è tra queste equazioni e quelle che consentono la determinazione dello stato di moto in cinematica lineare
2	come si determina lo stato di moto circolare uniforme
3	come si determina lo stato di moto circolare uniformemente accelerato
4	esprimere le relazioni tra le variabili lineari e le variabili angolari
5	come si determina lo stato di moto armonico
6	come si può provare che il moto armonico può considerarsi come la proiezione di un moto circolare uniforme su uno dei diametri della circonferenza
7	qual è la relazione di fase tra la velocità e lo spostamento in un moto armonico
8	quali sono le grandezze fisiche che caratterizzano i moti

	periodici
9	quali relazioni esistono tra il periodo, la frequenza e la velocità angolare per un moto circolare uniforme e per un moto armonico
10	come si definisce la curvatura di una curva

SETTIMO CAPITOLO

INTERPRETAZIONE DEI RISULTATI SPERIMENTALI

7.1 IL MOTO DI CADUTA SECONDO IL MODELLO CINEMATICO DEL MOTO

I risultati degli studi sperimentali sul moto di caduta libera, ottenuti nel quarto capitolo, trovano una loro sistemazione razionale nell'ambito del modello cinematico del moto uniformemente accelerato, elaborato nel sesto capitolo.

L'equazione (4.1.3) del primo paragrafo del quarto capitolo viene di seguito riportata per rendere più agevole lo studio al lettore:

$$\left(4.1.3\right) \quad s = kt^2$$

Confrontando questa equazione con l'equazione (6.8.5), del sesto capitolo, che, per la stessa ragione precedente, viene di seguito riportata:

$$\left(6.8.5\right) \quad x = x_0 + v_0 t + \frac{1}{2} a t^2$$

si osserva che esse differiscono per i termini x_0 e $v_0 t$. Ciò significa che, nel corso degli studi sperimentali condotti sul moto di caduta, si è assunto, implicitamente, che la posizione iniziale del corpo coincidesse con la posizione di riferimento e che la velocità iniziale fosse nulla. In queste condizioni l'equazione (6.8.5) diventa:

$$\left(7.1.1\right) \quad x = \frac{1}{2} a t^2$$

che confrontata con l'equazione (4.1.3) consente di scrivere la seguente relazione:

$$\left(7.1.2\right) \quad k = \frac{1}{2} a$$

in cui si nota che la costante k ha le dimensioni dell'accelerazione con cui i corpi cadono e valore pari alla sua metà. Indicando con g questa accelerazione *(accelerazione di gravità)*, l'equazione (4.1.3) si può scrivere come:

$$\left(7.1.3\right) \quad s = \frac{1}{2} g t^2$$

e l'equazione (4.2.7) del quarto capitolo, di seguito riportata per rendere più agevole lo studio al lettore:

$$(4.2.7) \quad v_k = 2\lambda t_k$$

si può scrivere come:

$$(7.1.4) \quad v = gt$$

in cui non è necessario tenere conto dell'indice k.

Si osservi che, in generale, un corpo in caduta libera può avere percorso un certo spazio e avere una certa velocità prima che venga preso in considerazione; in tal caso le equazioni (7.1.3) e (71.4) si devono scrivere come:

$$(7.1.5) \quad s = s_0 + v_0 t \frac{1}{2} g t^2 \quad ; \quad (7.1.6) \quad v = v_0 + gt$$

che combinate insieme forniscono l'equazione:

$$(7.1.7) \quad v^2 = v_0^2 + 2g(s - s_0)$$

identica all'equazione (6.8.6) del sesto capitolo.

Le equazioni (7.1.5) e (7.1.6) consentono di determinare lo stato di moto di un corpo in caduta libera.

Si consideri un piano inclinato di altezza h e lunghezza s e si posizioni un corpo *(nell'approssimazione di punto materiale)* sulla sua estremità superiore A.

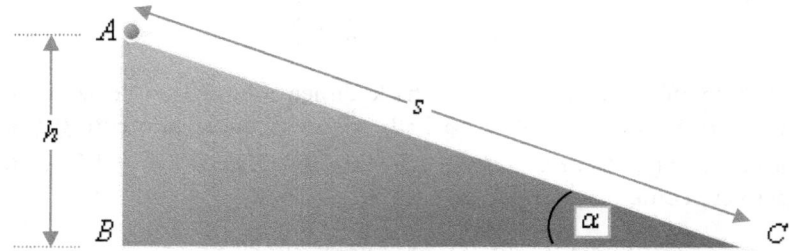

Figura $(7.1.1)$

Se il corpo non fosse vincolato sul piano inclinato si muoverebbe da A verso B con accelerazione g. Questa accelerazione, com'è noto, è un vettore che ha direzione e verso coincidenti con quelli del moto. Ma il vincolo del piano inclinato fa sì che il moto avviene, come si osserva sperimentalmente, da A verso C ed essendo più lento di quello di caduta verticale, dovrà avvenire con un'accelerazione minore di g. Per chiarire quest'affermazione, si consideri una generica posizione del corpo lungo il piano inclinato.

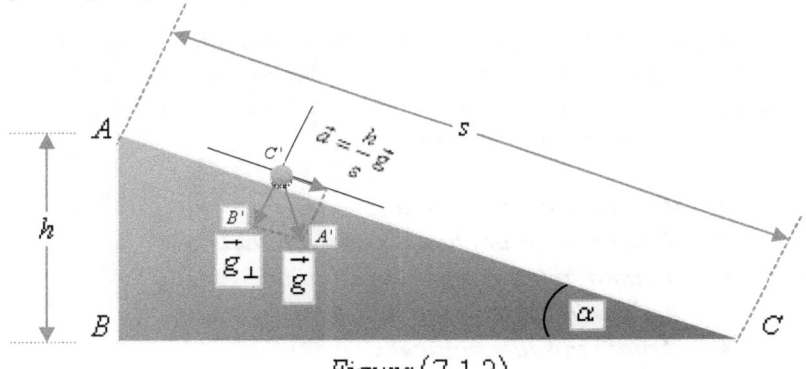

Figura $(7.1.2)$

Il vettore accelerazione di gravità g è sempre diretto lungo la verticale allora, decomponendolo secondo due direzioni: una ortogonale e l'altra parallela al piano inclinato si ottiene, *osservando la figura (7.1.2),* che i triangoli A', B', C' e A, B, C sono simili, quindi si può scrivere la seguente relazione: $\dfrac{a}{g} = \dfrac{h}{s}$ in cui tenendo conto che è $\dfrac{h}{s} = \sin \alpha$, si ottiene la seguente relazione:

$$(7.1.8) \quad a = g \sin \alpha$$

Poiché l'equazione (7.1.8) fornisce anche il modulo dell'accelerazione con cui il corpo cade lungo il piano inclinato, confrontando l'equazione (4.2.4) del quarto capitolo, di seguito riportata:

$$(4.2.4) \quad s = \lambda(\alpha) t^2$$

con le equazioni (6.8.4), (6.8.5) e (6.8.6) del sesto capitolo, si ottengono le equazioni seguenti:

$$(7.1.9) \quad v = v_0 + g(\sin \alpha) t$$

$$(7.1.10) \quad s = s_0 + v_0 t + \frac{1}{2} g \left(\sin \alpha \right) t^2$$

$$(7.1.11) \quad v^2 = v_0^2 + 2g \sin \alpha \left(s - s_0 \right)$$

Le equazioni (7.1.9) e (7.1.10) non solo consentono di determinare lo stato di moto di un corpo in caduta lungo un piano inclinato ma consentono anche di descrivere, in modo unitario, tutta la fenomenologia del moto di caduta:

- *il moto di caduta libera*
- *il moto di caduta lungo un piano inclinato*
- *il moto lungo il piano orizzontale*
- *il moto in salita lungo un piano inclinato*
- *il moto in salita verticale.*

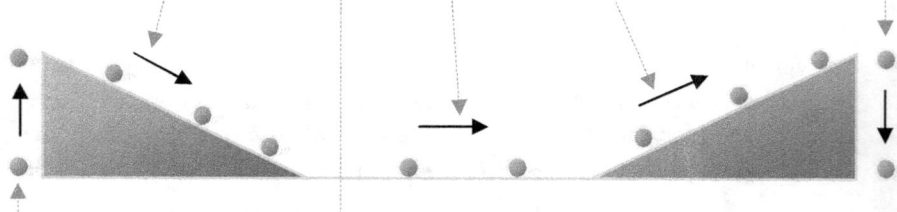

Figura $(7.1.3)$

Infatti, se α assume il valore $\dfrac{\pi}{2}$ le equazioni (7.1.9) e (7.1.10) si riducono alle equazioni (7.1.6) e (7.1.5) che descrivono il moto di caduta libera.

Se α assume valori compresi nell'intervallo $\left(0, \dfrac{\pi}{2} \right)$, esclusi i valori estremi, le equazioni (7.1.9) e (7.1.10) descrivono, come già detto, il moto di caduta lungo il piano inclinato.

Se α assume valore nullo le equazioni (7.1.9) e (7.1.10) si riducono alle seguenti:

$$(7.1.12) \quad v = v_0 \quad ; \quad (7.1.13) \quad s = s_0 + v_0 t$$

identiche alle equazioni (6.5.3) e 6.5.4) del sesto capitolo che rappresentano il modello cinematico del moto uniforme e sono idonee a descrivere un moto a velocità costante, com'è quello che avviene nel tratto orizzontale dopo che il corpo ha percorso in caduta l'intero piano inclinato.

Per il moto in salita lungo un piano inclinato si osserva che la velocità del corpo va gradualmente diminuendo fino a diventare nulla. In questo caso il vettore accelerazione $\vec{a}$ ha la direzione del moto e verso opposto, quindi le equazioni (7.1.9) e (7.1.10) si devono scrivere come:

$$(7.1.14) \quad v = v_0 - g(\sin\alpha)t \quad ; (7.1.15) \quad s = s_0 + v_0 t - \frac{1}{2}g(\sin\alpha)t^2$$

Queste equazioni consentono la determinazione dello stato di moto di un corpo in salita lungo un piano inclinato.

Se α assume il valore $\dfrac{\pi}{2}$ e il corpo è in salita verticale, le equazioni (71.14) e (7.1.15) si riducono alle seguenti:

$$(7.1.16) \quad v = v_0 - gt \quad ; (7.1.17) \quad s = s_0 + v_0 t - \frac{1}{2}gt^2$$

che consentono la determinazione dello stato di moto.

7.2 IL MOTO PARABOLICO SECONDO IL SUO MODELLO CINEMATICO

I risultati sperimentali sul moto parabolico ottenuti nel quarto capitolo, sono efficacemente sintetizzati dall'equazione (4.1.11) dello stesso capitolo; questa equazione viene di seguito riportata per rendere più agevole lo studio al lettore:

$$(4.4.11) \quad X = kv^2 \sin 2\alpha$$

Questa equazione, come si sa, fornisce la relazione tra la gittata X, la velocità v con cui il corpo viene lanciato e l'angolo di puntamento α; essa trova una sua collocazione razionale nel modello cinematico del moto parabolico. Infatti, quando un corpo viene lanciato con una velocità iniziale $\vec{v}_0$ secondo una direzione qualsiasi, il componente verticale del vettore velocità $\vec{v}_0$ nel piano del moto:

$$\vec{v}_{0_y} = \vec{j} \left(v_0 \sin \alpha - a_y t \right)$$

va gradualmente diminuendo fino a diventare nullo nel punto di massima quota della traiettoria. Quindi si deve avere:

$$0 = v_0 \sin \alpha - a_y t$$

da cui segue:

$$(7.2.1) \quad t = \frac{v_0 \sin \alpha}{a_y}$$

che fornisce il valore del tempo necessario al corpo per raggiungere la massima quota. Raddoppiando questo valore si ottiene il tempo necessario al corpo per percorrere l'intera traiettoria:

$$(7.2.2) \quad t = \frac{2v_0 \sin \alpha}{a_y}$$

Per determinare la gittata è sufficiente considerare il componente $\Delta \vec{s}_x$ del vettore $\Delta \vec{s}$ nel piano del moto la cui espressione è fornita dalla seguente equazione:

$$\Delta \vec{s}_x = \vec{i} v_0 \left(\cos \alpha \right) t$$

Scrivendo la sua equazione scalare si ottiene l'equazione:

$$\left(x - x_0 \right) = v_0 \left(\cos \alpha \right) t$$

in cui sostituendo il valore di t dato dall'equazione (7.2.2) si ottiene l'equazione:

$$\left(x - x_0\right) = \frac{2v_0 \cos\alpha \sin\alpha}{a_y}$$

in cui facendo uso di formule trigonometriche si ottiene l'equazione:

$$(7.2.3) \qquad \left(x - x_0\right) = \frac{v_0^2 \sin 2\alpha}{a_y}$$

Confrontando questa equazione con l'equazione (4.4.11) si ottiene la relazione:

$$(7.2.4) \qquad k = \frac{1}{a_y}$$

da cui si ricava che la costante k ha le dimensioni dell'inverso di un'accelerazione.

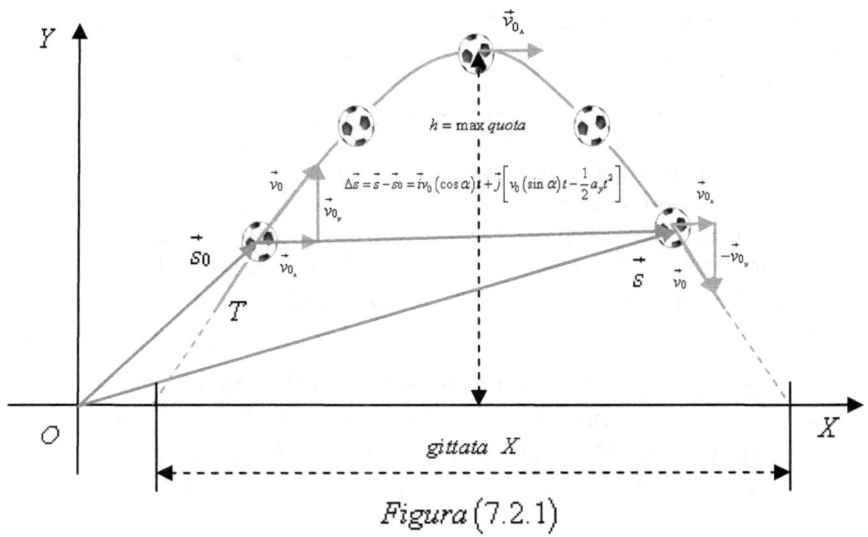

Figura $(7.2.1)$

Conoscendo il valore di k si può determinare il valore di a_y:

$$a_y = \frac{1}{k} = \frac{1}{0.102} = 9.80 \frac{m}{s^2}$$

che coincide con il valore dell'accelerazione di gravità g. Ne consegue che l'equazione (7.2.3) si può scrivere come:

$$(7.2.5) \quad (x - x_0) = \frac{v_0^2 \sin 2\alpha}{g}$$

e fornisce la relazione tra la gittata X, la velocità di lancio v_0 e l'angolo di puntamento α.

7.3 IL MOTO OSCILLATORIO SECONDO IL MODELLO CINEMATICO DEL MOTO

I risultati sperimentali sul moto del pendolo ottenuti nel quarto capitolo, sono sintetizzati dall'equazione (4.6.2) dello stesso capitolo; questa equazione viene di seguito riportata per rendere più agevole lo studio al lettore:

$$(4.6.2) \quad l = kT^2$$

Questa equazione esprime la relazione tra la lunghezza del pendolo ed il suo periodo e trova una sua collocazione razionale nel modello cinematico del moto armonico. Infatti, riferendosi all'apparato sperimentale della figura (4.6.1) del quarto capitolo, si osserva che perturbando la condizione di equilibrio del sistema, il corpo P oscilla intorno al punto di equilibrio descrivendo l'arco di circonferenza $\overparen{AB}$ quale sua traiettoria *(vedi figura (7.3.1))*. Proiettando il moto del corpo P su un piano perpendicolare al piano del moto, si osserva che mentre il corpo P oscilla intorno al punto H, la proiezione P' del corpo P oscilla intorno al punto H' descrivendo il segmento $\overline{A'B'}$ quale sua traiettoria.

Osservando che il segmento $\overline{A'B'}$ è uguale alla corda AB sottesa dall'arco $\overparen{AB}$ e volendo trattare il moto oscillatorio del corpo P intorno al punto H come un moto armonico intorno al punto H'', occorre che l'ampiezza di oscillazione 2α sia sufficientemente piccola

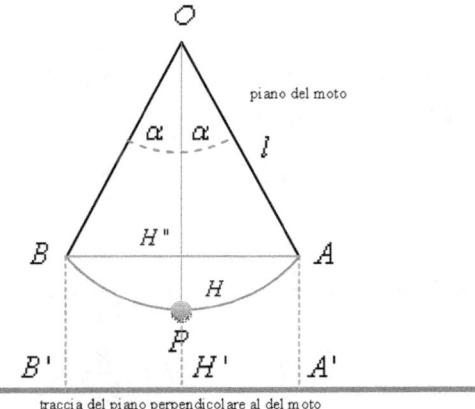

Figura $(7.3.1)$

nel senso che la lunghezza dell'arco $\overset{\frown}{AB}$ e la lunghezza della corda da esso sottesa differiscono di una quantità trascurabile. In queste condizioni, osservando la ***figura (7.3.2)*** si nota che l'accelerazione del moto è data dal componente tangente alla traiettoria $\vec{a}_\tau$ del vettore accelerazione $\vec{g}$. Dalla similitudine dei triangoli $H''OA$ e MNA si ottiene la seguente relazione:

$$(7.3.1) \qquad a_\tau = -\frac{x}{l}\, g$$

in cui si è posto $H''A = x$ e un segno meno per tenere conto del fatto che il vettore accelerazione $\vec{a}_\tau$ è sempre diretto verso la posizione di equilibrio H.

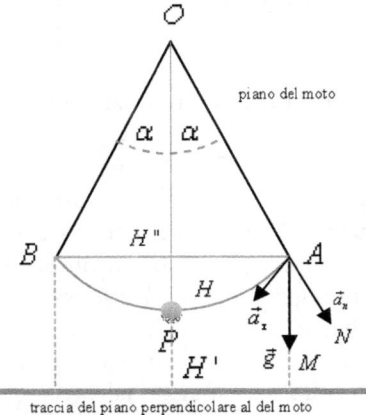

Figura $(7.3.2)$

Confrontando l'equazione (7.3.1) con l'equazione di moto armonico $a_x = -\omega^2 x$ si ottiene l'equazione:

$$(7.3.2) \quad \omega^2 = \frac{g}{l}$$

in cui facendo uso della relazione $\omega = \dfrac{2\pi}{T}$ si ottiene l'equazione:

$$(7.3.3) \quad l = \frac{g}{4\pi^2} T^2$$

che confrontata con l'equazione (4.6.2) del quarto capitolo, di seguito riportata:

$$(4.6.2) \quad l = kT^2$$

fornisce la relazione:

$$(7.3.4) \quad k = \frac{g}{4\pi^2}$$

che consente di interpretare dimensionalmente la costante k come un'accelerazione il cui valore moltiplicato per il fattore $4\pi^2$ fornisce il valore dell'accelerazione di gravità.

Usualmente l'equazione (7.3.3) si scrive nella forma seguente:

$$(7.3.5) \quad T = 2\pi\sqrt{\frac{l}{g}}$$

ed esprime il periodo del pendolo in funzione della sua lunghezza.

Relativamente all'equazione (4.7.2) del quarto capitolo c'è da dire che i risultati sperimentali da essa sintetizzati non trovano alcuna collocazione razionale nell'ambito della teoria cinematica del moto; ciò è dovuto sostanzialmente al fatto che in questa equazione è presente una grandezza fisica non cinematica: *la massa.*

Ampliando lo schema concettuale, cioè passando dalla teoria cinematica del moto alla teoria dinamica del moto, queste equazioni troveranno una loro collocazione razionale.

7.4 IL CONCETTO DI TEMPO

Colui che si ponesse il compito di fornire una definizione del concetto di tempo che ne spiegasse l'intimo significato, si imbarcherebbe in una impresa immane e disperata che condurrebbe ad un sicuro fallimento. Rispetto a questo problema, conviene osservare come un uomo di alto ingegno, **S. Agostino**, dichiari esplicitamente la sua impotenza:

" cos'è dunque il tempo ? Quando nessuno me lo chiede, lo so; se cerco di spiegarlo a chi me lo chiede, non lo so. "

Il problema del tempo è intimamente connesso al problema del moto; un mondo statico non potrebbe mai suscitare nella mente umana l'idea di tempo, lo stesso **S. Agostino** lo aveva intuito che a tal proposito dice:

" tuttavia ritengo di sapere con sicurezza che se nulla passasse non esisterebbe tempo passato, che se nulla sopravvenisse non esisterebbe tempo futuro, e che se nulla esistesse non esisterebbe tempo presente. "

Rinunciando ad ogni pretesa di fornire una descrizione del concetto di tempo che ne spieghi l'intimo significato, si può, più realisticamente, tentare di percorrere la strada che conduce ad una definizione operativa. Ciò significa inventare metodi e strumenti capaci di determinare con precisione crescente intervalli di tempo sempre più piccoli e ciò è reso possibile dall'osservazione del fatto che lo stato del mondo e lo stato dell'essere dell'uomo cambiano continuamente:

sono proprio questi cambiamenti che si vogliono misurare mettendoli in fila e ponendoli a confronto con eventi ripetitivi il cui periodo possa ritenersi costante.

Per esempio quando si contano le primavere per quantificare lo sviluppo dell'esistenza di un essere, si mette in pratica il metodo appena descritto:

l'evento ripetitivo delle primavere serve per riferire traguardi uniformemente intervallati. Oppure, l'uso del gocciolio uniforme di una clessidra contenente un volume definito e costante di acqua riesce a scandire intervalli di tempo: quello necessario alla stessa clessidra di svuotarsi e quelli tra una goccia e l'altra.

Con tali congegni fu possibile verificare che un fenomeno naturale come *la **rotazione apparente del cielo*** è altamente stabile e può a sua volta divenire un mezzo per misurare il tempo.

Si definiscono ***uguali*** due intervalli di tempo Δt_1 e Δt_2 quando nel loro corso un determinato moto periodico compie uno stesso numero di cicli.

Il ***moto periodico*** a cui si riferisce deve riprodursi ad intervalli rigorosamente costanti.

Si dice che un ***intervallo di tempo*** Δt è uguale alla somma di altri due intervalli di tempo Δt_1 e Δt_2 quando un determinato moto periodico compie durante l'intervallo di tempo Δt un numero di cicli uguale alla somma dei numeri di cicli compiuti negli intervalli di tempo Δt_1 e Δt_2.

Per fissare l'unità di misura conviene riferirsi ad un particolare fenomeno naturale periodico: ***il moto orbitale della Terra intorno al Sole*** in quanto si ritiene il meno soggetto a perturbazioni.

Si chiama ***anno solare*** il tempo impiegato dalla Terra a ritornare in un determinato punto della sua orbita.

Si chiama ***giorno solare*** il tempo che intercorre tra due successivi passaggi del Sole al meridiano di un determinato punto della Terra.

Poiché l'orbita descritta dalla Terra intorno al Sole non è circolare ma ellittica, il ***giorno solare*** non è uniforme nell'arco di un anno*: l'anno solare* è costituito da: 365.242 giorni solari non tutti uguali tra loro.

Si assume come unità degli intervalli di tempo il ***secondo solare medio*** *s* definito come la 86400 esima parte del giorno solare medio che, a sua volta, è la 365.242 esima parte dell'anno solare.
Quale multiplo di questa unità di misura vengono spesso utilizzati il minuto *(1 minuto =60 secondi)* e l'ora *(1 ora =3600 secondi)*.

Avendo fissato le tre definizioni: uguaglianza, somma e unità di misura e avendo scelto queste definizioni in modo tale da sapere quali operazioni fisiche si devono eseguire, si è in grado di caratterizzare qualsiasi intervallo di tempo con un numero, cioè di misurare gli intervalli di tempo, sicché essi costituiscono una nuova *classe di grandezze fisiche.*

Riferendo la misura degli intervalli di tempo al moto orbitale della Terra intorno al Sole, il tempo si dice *tempo universale* e viene indicato con la sigla TU .

Nel 1956, il Congresso Internazionale di Pesi e Misure, per scopi scientifici, riferì la misura degli intervalli di tempo ad un particolare moto orbitale della Terra intorno al Sole: l'anno tropico 1900.

Con questa scelta l'unità di misura del tempo diviene invariabile e viene definita come la 31556925.9747 esima parte dell'anno tropico 1900.

Riferendo la misura degli intervalli di tempo a questo particolare moto orbitale della Terra, il tempo si dice tempo effemeridi e si indica con la sigla TE

Ad ogni modo la misura degli intervalli di tempo presenta due aspetti diversi:

- *conoscere la data, l'ora, il minuto ed il secondo del giorno che si vive per ottenere una sequenza cronologicamente ordinata di eventi*

- *conoscere la durata di un fenomeno.*

In ogni caso, il problema da risolvere è quello di costruire uno strumento che riproduca le caratteristiche del moto orbitale della Terra a cui si riferisce.

Gli orologi atomici basati sulla frequenza propria degli atomi di Cesio forniscono una soluzione soddisfacente del problema e forniscono anche l'unità di misura al Sistema Internazionale delle Unità di Misura.

Confrontando il moto dell'orologio atomico con il moto di rotazione della Terra intorno al proprio asse si ricava che la velocità di rotazione della Terra va diminuendo di anno in anno e, a causa di questa variazione di velocità, il tempo universale viene sostituito dal tempo effemeridi per ricerche scientifiche di alta precisione. Orbene, si potrebbe chiedere se non fosse l'orologio atomico a fornire indicazioni sbagliate nel confronto con il moto di rotazione della Terra. In realtà, l'orologio atomico è un *sistema fisico estremamente più semplice dell'orologio terrestre* e pertanto la differenza del loro moto è da imputare ai fenomeni fisici che si verificano sulla Terra come *l'attrito di marea dovuto all'interazione Terra - Luna, il moto stagionale dei venti, la fusione delle calotte polari e lo spostamento di altre masse terrestri.*

7.5 TEORIA DINAMICA DEL MOTO

La teoria dinamica del moto, elaborata da Isaac Newton, fu pubblicata nel luglio dell'anno 1687 nell'opera *Philosophiae Naturalis Principia Mathematica.*

Questa teoria non solo fornisce uno schema concettuale più ampio della teoria cinematica del moto, ma fornisce anche la spiegazione stessa del moto.

Le equazioni cinematiche del moto consentono la determinazione dello *stato di moto* di un corpo; esse sono state risolte in due casi particolari: il caso con *accelerazione nulla* ed il caso con *accelerazione costante.* Nel caso in cui l'accelerazione *non soddisfa queste condizioni,* risolvere le equazioni cinematiche del moto diventa *impossibile* in quanto bisogna conoscere il moto prima ancora di risolvere le equazioni che consentono la conoscenza stessa del moto,

cioè : per risolvere l'equazione $\vec{a} = \dfrac{d^2 \vec{s}}{dt^2}$ bisogna conoscere la funzione

$\vec{a} = \vec{a}(t)$ e ciò equivale a conoscere il moto, oppure,

equivalentemente, per risolvere le equazioni $\vec{a} = \dfrac{d\vec{v}}{dt}$ e $\vec{v} = \dfrac{d\vec{s}}{dt}$

bisogna conoscere la funzione $\vec{v} = \vec{v}(t)$ e ciò equivale a conoscere il moto.

Quindi, il modello cinematico del moto è uno schema concettuale *non idoneo* a determinare, *in generale, lo stato di moto* di un corpo. D'altro canto simili risultati sono prevedibili in quanto nell'elaborazione di questo schema si sono volutamente trascurate le *cause* che determinano il moto. Tuttavia, questo schema è risultato abbastanza efficace perché ha consentito l'interpretazione della quasi totalità dei risultati sperimentali ottenuti nel quarto capitolo. Orbene, in questo capitolo, vengono prese in considerazione le cause che determinano il moto e si costruisce il modello dinamico del moto le cui equazioni consentono la determinazione dello stato di moto di un corpo a partire dalla conoscenza delle cause. Ciò implica che per un verso si deve investigare ponendosi *l'obiettivo* di trovare una relazione tra le cause ed il moto *(modello dinamico del moto)* e per l'altro verso si deve investigare ponendosi l'obiettivo di trovare una *espressione analitica delle cause,* a seconda dei diversi tipi di ambiente nel quale il corpo si muove *(leggi della forza),* il cui uso nel modello dinamico del moto consente la determinazione dello *stato di moto.*

7.6 IL CONCETTO DI MASSA

La definizione che la *massa* di un corpo sia una grandezza fisica misurabile con la bilancia a due piatti, indicata nel quarto capitolo, non è soddisfacente dal punto di vista concettuale perché non evidenzia né il significato né il ruolo che essa svolge nei diversi fenomeni naturali nei quali si manifesta. Inoltre, si osservi che, diversamente dalle altre grandezze fisiche fondamentali di carattere meccanico, non esiste un riferimento intuitivo dal quale partire; ciò induce a riferirsi ad un *procedimento operativo* di definizione delle grandezze fisiche. Dei diversi procedimenti che si possono scegliere per introdurre il concetto di massa, tutti tra loro equivalenti, viene scelto quel particolare procedimento dal quale emerge con chiarezza la struttura di una definizione operativa. Un riferimento concreto per operare questa scelta è fornito dai risultati sperimentali ottenuti dallo studio del moto di un oscillatore armonico, dai quali emerge con chiarezza una relazione $\left(m = kT^2 \right)$ tra il concetto da definire ed il suo periodo. Con riferimento alla figura (7.6.1), si osserva che l'oscillatore armonico è in quiete rispetto al punto O. Perturbando lo stato di quiete, il sistema oscilla intorno al punto O con un periodo T facilmente misurabile.

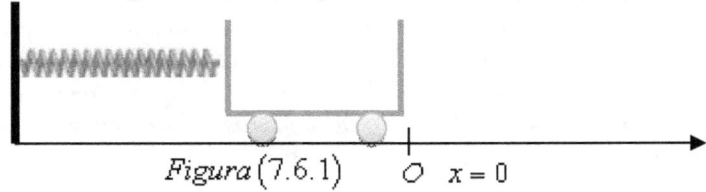

Figura $(7.6.1)$ O $x = 0$

Ponendo sul carrello un corpo C_1 si osserva un allungamento del periodo di oscillazione; ancora, ponendo un secondo corpo C_2 sul carrello, si osserva un ulteriore allungamento del periodo di oscillazione. Continuando a sperimentare con altri corpi, questo risultato viene confermato; quindi la presenza di un corpo sul carrello determina un'alterazione dello stato di moto che si manifesta con un allungamento del periodo di oscillazione. Ponendo sul carrello un numero sufficiente di corpi, si osserva che l'oscillatore arresta il suo moto. Questi risultati, inducono ad ammettere l'esistenza di una proprietà intrinseca nei corpi capace di alterare lo stato di moto dell'oscillatore, aumentando la resistenza al moto. Sorge il sospetto che la proprietà così individuata possa dipendere dalle caratteristiche del dispositivo sperimentale. Un modo per verificare se il sospetto è fondato o meno è quello di cambiare sia il carrello sia la molla e ripetere le stesse operazioni sperimentali che sono state eseguite prima, facendo uso degli stessi corpi. I risultati che si ottengono danno per uno stesso corpo un diverso valore del periodo di oscillazione, ciò sembra confermare l'ipotesi che la proprietà individuata nei corpi dipenda dal dispositivo sperimentale utilizzato. Per contro si constata che: se C_1 e C_2 sono due corpi tale che posti, uno alla volta, sul carrello del primo oscillatore danno luogo ad un stesso periodo di oscillazione; essi, se vengono posti, uno alla volta, sul carrello del secondo oscillatore danno luogo ancora ad uno stesso periodo di oscillazione. Se C_3 e C_4 sono due corpi tali che posti, uno alla volta, sul carrello del primo oscillatore danno luogo a due periodi di oscillazione diversi in modo che sia $T_3 < T_4$; essi, se vengono posti, uno alla volta, sul carrello del secondo oscillatore danno luogo ancora a due periodi di oscillazione diversi in modo che sia $T_3' < T_4'$. Quindi, mentre il periodo di oscillazione di un corpo dipende dal particolare dispositivo sperimentale utilizzato, le relazioni di uguaglianza e disuguaglianza dei periodi di oscillazione dei corpi sono un invariante fisico, non dipendente dal particolare dispositivo sperimentale utilizzato, ed individuano una proprietà intrinseca dei corpi a cui si dà il nome di massa. Per giungere ad una misura concreta della massa di un corpo bisogna precisare le tre definizioni fondamentali: *di uguaglianza, di somma e del campione.*

Si dice che due corpi C_1 e C_2 hanno la stessa massa se posti, uno alla volta, sullo stesso carrello di un oscillatore armonico danno luogo ad uno stesso periodo di oscillazione.

Si dice che la massa di un corpo C è uguale alla somma delle masse di un corpo C_3 e di un corpo C_4 quando, posto il corpo C sul carrello di un oscillatore armonico, il periodo di oscillazione a cui esso dà luogo è uguale a quello che danno luogo i corpi C_3 e C_4 quando vengono posti insieme sul carrello dello stesso oscillatore armonico.

La scelta del campione di massa è stata completamente arbitraria in quanto non è stato possibile individuare un oggetto o un fenomeno che potesse costituire un riferimento comodo e riproducibile. Nel 1889 fu adottato quale campione di massa il decimetro cubo di acqua distillata alla temperatura di $4°C$ e di esso furono prodotte delle copie sotto forma di cilindretti di una lega di platino - iridio di 38mm sia di altezza sia di diametro di base. Il chilogrammo riproducibile oggi, con una precisione di una parte su 10^8, è una delle sette unità fondamentali del Sistema Internazionale delle Unità di Misura la cui definizione è stata riportata nel punto (1.1.3) del primo capitolo.

7.7 IL CONCETTO DI FORZA

L'esperienza quotidiana insegna che un corpo, inizialmente in quiete rispetto ad un *osservatore,* non si pone in movimento senza l'intervento di una *causa esterna;* per esempio, un'automobile che inizialmente è ferma nella posizione A, per spostarsi nella posizione B ha bisogno di essere spinta dal suo motore o, se questo fosse in avaria, da qualcosa di equivalente in grado di determinare lo spostamento da A a B; la *causa* determinante un movimento è usualmente detta *forza.* E' stato già osservato che abbandonando un corpo a se stesso da una certa altezza dal suolo, il corpo si pone in movimento, quindi, per quanto è stato già detto, sui corpi in caduta libera agirà una *forza,* comunemente detta *peso. Qual è l'origine di questa forza ?*

La forza che determina il movimento dell'automobile ha origine nel motore oppure, qualora il motore fosse in avaria, nell'uomo se fosse lui a spingerla dalla posizione A alla posizione B.

In ogni caso, una forza ha origine nei corpi che costituiscono l'ambiente intorno al corpo che si muove.

Quindi, nel caso dei corpi in caduta libera, il *peso* di un corpo ha origine nella *Terra* in quanto essa costituisce *l'ambiente intorno al corpo che si muove.*

Le forze si presentano come cause determinante un movimento; non è però detto che, in ogni caso, esercitando una forza su un corpo quest'ultimo debba necessariamente mettersi in movimento. Infatti, ciò avverrà solo se il corpo non è soggetto ad alcun vincolo che impedisca il movimento; in caso contrario il vincolo esprime la capacità di neutralizzare l'azione della forza . Se un corpo viene posto sulla superficie orizzontale di un telo in tensione non è più in grado di muoversi sotto l'azione del suo peso; il vincolo ostacola il movimento con una forza che ha origine nella sua stessa struttura ed è deformato dall'azione del peso del corpo. Quindi, le forze si presentano anche come *causa determinante una deformazione sui corpi* che costituiscono un vincolo al movimento. Si osservi che spesso i vincoli sono tali da non ostacolare completamente il movimento di un corpo ma da renderlo, comunque, diverso da quello che si avrebbe in loro assenza. In tal caso, gli effetti della forza sono entrambi presenti; un esempio:

il moto di un corpo in caduta libera sul piano inclinato.

Si definisce forza la grandezza fisica capace di produrre un movimento o/e una deformazione.

Spesso si verifica che le deformazioni dei vincoli rientrano al cessare della forza che le produce, quando ciò accade si dice che le deformazioni sono elastiche . Per chiarire il comportamento elastico del vincolo si osservi che le sue particelle materiali, sottoposte all'azione della forza, si allontanano dalla loro posizione iniziale; all'atto stesso di questo allontanamento, si determinano nella **struttura del vincolo** delle **forze elastiche** che diventano sempre più grandi quanto più le particelle si allontanano, finché si raggiunge una condizione di equilibrio nel senso che le forze elastiche diventano tali da contrastare l'azione della forza che produce la deformazione. Eliminando la forza che produce la deformazione, le forze elastiche riportano le particelle materiali nella loro posizione iniziale. Per chiarire ulteriormente il concetto di forza si cercherà di impostare una definizione operativa basata sulle deformazioni elastiche che le forze sono in grado di produrre in appropriati corpi in condizioni di assenza di moto: *definizione statica di forza*. Per raggiungere questo obiettivo converrà servirsi di un corpo *le cui deformazioni elastiche siano ampie e bene misurabili;* quindi si farà uso del seguente apparecchio che prende il nome di *dinamometro (vedi figura (7.7.1))*.

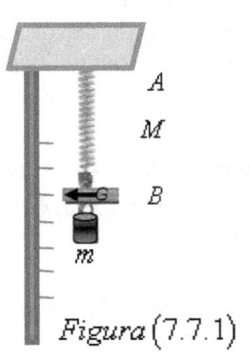

Figura (7.7.1)

Il dinamometro è costituito da un regolo rettilineo graduato che porta due bracci ad esso perpendicolari, uno fisso A e uno scorrevole B. Tra i bracci A e B è posta una molla a spirale M in grado di deformarsi elasticamente quando viene sottoposta all'azione di una forza. Al braccio B è connesso un gancio G su cui vengono fatto agire le forze.
Le forze di cui si intende fare uso, perché facilmente studiabili con il dinamometro, sono le forze peso

Sospendendo al gancio G del dinamometro, uno alla volta, due corpi di diversa natura e aventi la stessa massa, si osserva che essi determinano lo stesso allungamento della molla M. Tale allungamento può essere facilmente misurato sul regolo graduato tramite il braccio scorrevole B. Ripetendo l'esperienza con due corpi di natura e massa diverse, si osserva che il corpo avente massa maggiore determina un allungamento maggiore. Inoltre, si considerano tre corpi rispettivamente di massa

m, m_1 e m_2 e si sospenda al gancio G del dinamometro il corpo di massa m misurando l'allungamento che esso determina nella molla M; successivamente si sospendano, sempre al gancio G del dinamometro, i corpi di massa m_1 e m_2; si constata che l'allungamento della molla determinato dai corpi di massa m_1 e m_2 è uguale allungamento determinato dal corpo di massa m. Sorge ora il sospetto che i risultati ottenuti possano dipendere dal particolare dispositivo sperimentale e dal luogo nel quale si eseguono le operazioni di misura. L'unico modo per verificare se il sospetto è fondato o meno è quello di cambiare sia il dinamometro sia il luogo dove si eseguono le operazioni di misura. Così facendo, si osserva che l'allungamento prodotto da uno stesso corpo è diverso sia che si cambia il dispositivo sperimentale sia che si cambia il luogo; sulla Luna un corpo produce un allungamento sei volte più piccolo di quello *(con lo stesso dispositivo sperimentale)* che produce sulla Terra. In ogni caso, le relazioni di uguaglianza e di disuguaglianza si conservano, cioè non dipendono né dal luogo né dal particolare dispositivo sperimentale utilizzato. Generalizzando i risultati ottenuti, è possibile formulare le tre definizioni fondamentali: di uguaglianza, di somma e del campione che caratterizzano le definizioni operative delle grandezze fisiche.

Si dice che le forze F_1 e F_2 hanno modulo uguale quando, applicate successivamente al gancio G del dinamometro producono un uguale allungamento nella molla M

Si dice che il modulo di una forza F è uguale alla somma dei moduli delle forze F_1 e F_2 quando, applicata la forza F al gancio G del dinamometro, l'allungamento da essa prodotto è uguale allungamento prodotto dalle forze F_1 e F_2 quando esse vengono applicate al gancio G del dinamometro

Per quanto riguarda il campione dell'unità di misura si sceglie la forza di modulo pari a $\dfrac{1}{9.8}$ del peso a $45°$ di latitudine a livello del mare e nel vuoto del campione di massa. A tale campione si dà il nome di Newton e si indica con il simbolo N

La conoscenza del solo modulo non basta a definire in modo completo la forza; in altre parole, *la forza è una grandezza vettoriale* e di ciò si è tenuto implicitamente conto nell'eseguire le operazioni che hanno condotto alla definizione operativa di forza.

Per verificare il carattere vettoriale della forza bisogna fare vedere che essa soddisfa la regola di somma delle grandezze vettoriali.

Si consideri un apparato sperimentale costituito da un sistema di pesi e carrucole come è stato disposto nella figura (7.7.2). Dal punto O si diramano tre fili dei quali due sono fatti passare attraverso le gole di due carrucole e portano alle estremità i pesi P_1 e P_2; il terzo filo regge il peso P_3.

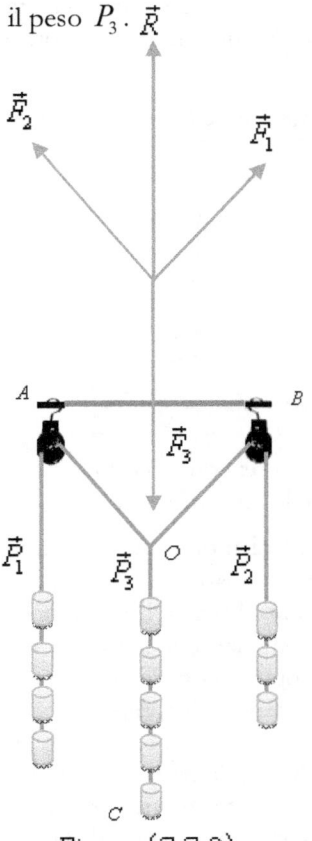

Figura (7.7.2)

Sistemato l'apparato sperimentale in modo che si configuri una condizione di equilibrio tra i diversi pesi, si ha che l'effetto determinato dalle forze $\vec{F}_1$ e $\vec{F}_2$, agenti secondo le direzioni OA e OB ed il cui modulo è pari rispettivamente ai pesi P_1 e P_2, è compensato dalla forza $\vec{F}_3$ che agisce lungo la direzione OC e di modulo pari al peso P_3. Si osservi che i segmenti OA, OB e OC stanno in uno stesso piano, quindi si possono considerare, in questo piano, i vettori

$$\vec{F}_1, \vec{F}_2 \text{ e } \vec{F}_3$$

aventi rispettivamente direzioni identiche ai segmenti OA, OB e OC e moduli proporzionali ai pesi

$$P_1, P_2 \text{ e } P_3$$

Costruito il vettore $\vec{R} = \vec{F}_1 + \vec{F}_2$ con la regola di somma dei vettori, si constata che $\vec{R}$ ha modulo e direzione identici al modulo e alla direzione del vettore $\vec{F}_3$ e verso opposto sicché rappresenta l'effetto complessivo di $\vec{F}_1$ e $\vec{F}_2$ il che dimostra il carattere vettoriale della forza.

7.8 IL PRINCIPIO D'INERZIA

Dire che un corpo è in quiete o si muove non ha senso se non viene specificato un corpo di riferimento; in altre parole, i concetti di quiete e di moto sono relativi e non assoluti. Così, un viaggiatore seduto in un treno, che si muove rispetto alla stazione di partenza, è visto in quiete da un osservatore O' solidale con il treno ed è visto in moto da un osservatore O solidale con la stazione di partenza.

Due osservatori, uno solidale con la Terra e l'altro solidale con il Sole, che studiano entrambi il moto di un satellite artificiale della Terra, fanno affermazioni diverse:

- l'osservatore terrestre afferma che il satellite della Terra descrive una traiettoria approssimativamente circolare intorno alla Terra

- l'osservatore solare afferma che il satellite della Terra descrive una traiettoria ondulata

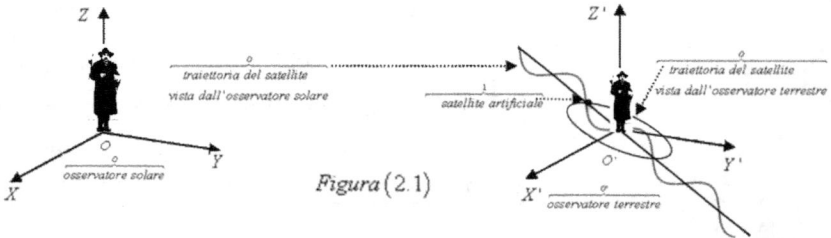

Figura (2.1)

Entrambi gli osservatori fanno affermazioni esatte; conoscendo il moto dell'uno rispetto all'altro è possibile conciliare le loro affermazioni.

Si osservi che quando si studiano i fenomeni di moto, anche se non viene esplicitamente detto, il moto è riferito ad un sistema di riferimento solidale con un laboratorio fisso sulla Terra. Quindi, poiché i concetti di quiete e di moto sono relativi, viene naturale chiedersi se i risultati che si ottengono nello studio dei fenomeni non dipendano dal particolare stato di moto del corpo di riferimento. Per rispondere al quesito posto si supponga di ripetere tutti gli esperimenti, eseguiti in un laboratorio terrestre, in un laboratorio situato in un'attrezzata carrozza di un treno. Se il treno si muove rispetto al laboratorio terrestre lungo un percorso non rettilineo e cambia continuamente il valore della sua velocità, nessuno dei fenomeni studiati ripresenta le stesse caratteristiche con le quali si era manifestato nel laboratorio terrestre; essi perdono quelle regolarità che consentono di scrivere le relazioni matematiche tra le varie grandezze fisiche che li caratterizzano. Ora si supponga che il treno si muova su un percorso rigorosamente rettilineo con una velocità rigorosamente costante, ripetendo tutti gli esperimenti eseguiti precedentemente si constata che si manifestano con le stesse caratteristiche che si sono manifestati nel laboratorio terrestre. Tutto ciò induce a ritenere che le caratteristiche con cui un fenomeno si manifesta, in fase di studio, dipendono dallo stato di moto del corpo di riferimento; ancora, le leggi fisiche che governano i fenomeni meccanici dipendono dallo stato di moto del corpo di riferimento. Orbene, si coprano rigorosamente, con teli opachi alla luce, tutti i finestrini della carrozza del treno su cui è situato il laboratorio per modo che non sia possibile guardare all'esterno; in queste condizioni, un osservatore O' che si trovasse dentro la carrozza del treno non sarebbe in grado di distinguere se il treno fosse in quiete o in moto rettilineo uniforme dai soli esperimenti dei fenomeni meccanici eseguiti dentro la carrozza del treno. Pertanto, se un osservatore O' dice di muoversi, rispetto ad un osservatore O, di moto rettilineo uniforme, con uguale diritto l'osservatore O può dire di muoversi, rispetto all'osservatore O', di moto rettilineo uniforme. Quindi si ammette l'esistenza di una classe di osservatori in moto rettilineo uniforme, gli uni rispetto agli altri, equivalenti tra loro e rispetto ai quali i fenomeni meccanici e le leggi che li governano sono invarianti.

Questi osservatori vengono detti osservatori inerziali

Non potendo distinguere rispetto ad un osservatore inerziale se un corpo è in quiete o si muove di moto rettilineo uniforme, si assume come stato fondamentale di un corpo lo stato di quiete e di moto rettilineo uniforme. Poiché il principio di causalità esige una causa per il mutamento degli stati di un corpo, una forza può agire su un corpo solo se c'è un mutamento della sua velocità che corrisponde ad un mutamento degli stati; in caso contrario al questione della ricerca di una causa che spieghi la presenza di una velocità, come vuole la fisica aristotelica, perde di significato ed in suo luogo subentra il principio di conservazione della velocità *(principio di inerzia)* come vuole la fisica galileiana-newtoniana.

7.9 MODELLO DINAMICO DEL MOTO

Se esiste, rispetto ad un osservatore inerziale, un mutamento degli stati di un corpo vi è la presenza di una forza che li determina, in tal caso si vuole indagare sulla loro relazione. Per raggiungere questo obiettivo, si consideri un corpo di massa m nell'approssimazione di punto materiale e lo si ponga su un piano orizzontale privo di attrito. Sul corpo agisce il suo *peso* che viene contrastato dalla *forza del vincolo;* applicando la regola di somma vettoriale si ottiene, come risultante, unaforza nulla. *Pertanto, il corpo non essendo soggetto ad alcuna forza conserva il proprio stato.*

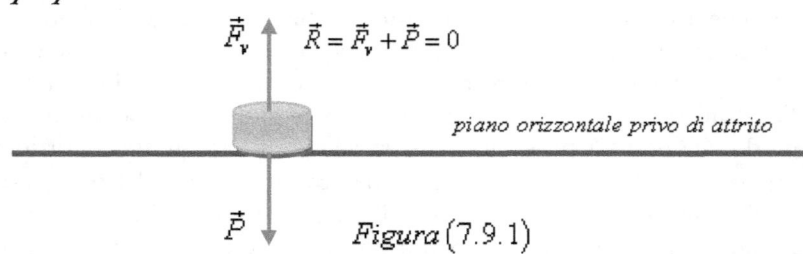

$$\vec{F}_v \qquad \vec{R} = \vec{F}_v + \vec{P} = 0$$

piano orizzontale privo di attrito

$$\vec{P}$$

Figura $(7.9.1)$

Ora si inclini il piano su cui è posto il corpo di un angolo α rispetto ad un piano orizzontale di riferimento; in questo caso, le forze agenti sul corpo sono ancora il suo peso e la forza del vincolo, *però quest'ultima contrasta solo parzialmente il peso.* Applicando la regola di somma vettoriale si ottiene come risultane un vettore forza $\vec{R}$, diverso da zero, che agisce sul corpo e lo costringe a mutare il suo stato, quindi il corpo, sotto l'azione della forza $\vec{R}$, si muoverà lungo il piano inclinato.

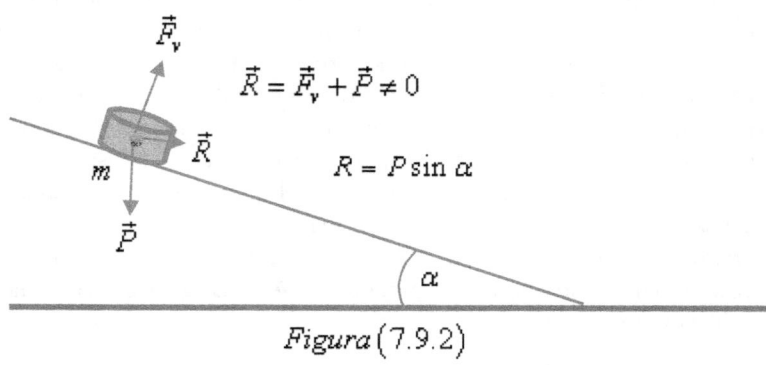

$$\vec{F}_v$$

$$\vec{R} = \vec{F}_v + \vec{P} \neq 0$$

$$\vec{R}$$

$$R = P \sin \alpha$$

$$\vec{P}$$

$$\alpha$$

Figura $(7.9.2)$

Orbene, volendo determinare la relazione tra la forza $\vec{R}$ e il moto, si osservi che il moto di un corpo lungo il piano inclinato è stato ampiamente studiato nei capitoli precedenti; esso è determinato dall'equazione (7.1.8) che viene di seguito riportata per rendere più agevole lo studio al lettore:

$$(7.1.8) \quad a = g \sin \alpha$$

Altresì, dalla figura (7.9.2) si ricava l'equazione:

$$(7.9.1) \quad R = P \sin \alpha$$

che esprime la relazione tra i moduli dei vettori $\vec{R}$ e $\vec{P}$.

Osservando le equazioni (7.1.8) e (7.9.1), si rileva che se aumenta l'accelerazione a aumenta anche la forza che la determina; ciò induce a formulare l'ipotesi di una relazione di diretta proporzionalità tra forza e accelerazione la cui verifica può essere eseguita nel modo seguente: si consideri un dinamometro e lo si ponga, in modo appropriato, lungo la direzione del vettore $\vec{R}$ *(vedi figura (7.9.3))*;

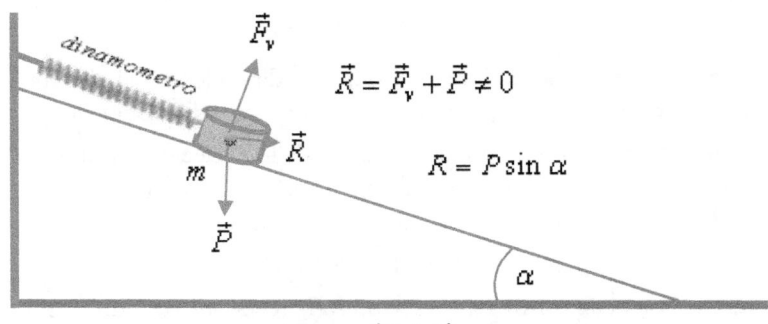

Figura $(7.9.3)$

per un dato valore dell'angolo α, si misuri il modulo del vettore $\vec{R}$ e si calcoli, con l'equazione (7.1.8), il valore della corrispondente accelerazione *(il valore di g è noto dagli studi eseguiti nei capitoli precedenti)*. Ciò fatto, si vari l'angolo α in modo che il dinamometro misuri un valore di forza doppio, triplo, quadruplo, ecc. *(finché è possibile)* del primo valore misurato e si calcolino i valori delle corrispondenti accelerazioni facendo uso dell'equazione (7.1.8). Si constata che raddoppiando, triplicando, quadruplicando, ecc., il valore della forza, raddoppiano, triplicano, quadruplicano, ecc., i valori delle corrispondenti accelerazioni cioè, l'ipotesi che forza e accelerazione siano direttamente proporzionali risulta confermata:

$$(7.9.2) \quad R \propto a$$

Facendo muovere corpi di massa diversa lungo il piano inclinato, avendo fissato il valore dell'angolo α, si constata, attraverso misurazioni dinamometriche della forza, che se la massa del corpo raddoppia, triplica, quadruplica, ecc. , anche la forza R, responsabile del moto del corpo lungo il piano inclinato, raddoppia, triplica, quadruplica, ecc. Ciò induce a formulare l'ipotesi di una relazione di diretta proporzionalità tra peso e massa la cui verifica è abbastanza agevole. Infatti, supponendo soddisfatta la suddetta relazione, si deve avere che, qualunque sia la massa del corpo, l'accelerazione con la quale il corpo si muove si deve mantenere costante per un dato valore dell'angolo α; ciò è proprio quanto avviene, com'è noto dagli studi cinematici. Pertanto si può scrivere la seguente relazione:

$$(7.9.3) \quad R \propto m$$

Combinando le relazioni (7.9.2) e (7.9.3) si ottiene l'equazione:

$$(7.9.4) \quad R = kma$$

in cui k è una costante di proporzionalità dipendente dal sistema delle unità di misura adottato; assumendo come unità di misura delle masse il chilogrammo e come unità di misura delle accelerazioni il m/s^2, è possibile scegliere l'unità di misura delle forze in modo che risulti $k = 1$ e l'equazione (47.9.4) si può scrivere come:

$$(7.9.5) \quad R = ma$$

che esprime nella forma data da *Eulero* la relazione tra causa e moto.
L'equazione (7.9.5) esprime solo una relazione tra moduli del vettore $\vec{R}$ e del vettore accelerazione $\vec{a}$, volendo esprimere una relazione vettoriale è sufficiente osservare che il moto avviene sempre nella direzione e nel verso della forza che lo determina, cioè **forza e accelerazione hanno stessa direzione e stesso verso.**
Segue che l'equazione (7.9.5) si può scrivere come:

$$(7.9.6) \quad \vec{R} = m\vec{a}$$

che esprime la relazione in forma vettoriale tra forza e accelerazione.

Sostituendo nell'equazione (7.9.6) il valore dell'accelerazione fornito dalle equazioni cinematiche (6.4.1) e (6.4.2) del sesto capitolo si ottengono rispettivamente le equazioni:

$$(7.9.7) \quad \vec{R} = m\frac{d\vec{v}}{dt} \quad ; \quad (7.9.8) \quad \vec{R} = m\frac{d^2\vec{s}}{dt^2}$$

Supponendo che i punti materiali si muovono con valori di velocità trascurabili rispetto al valore della velocità della luce nel vuoto $\left(c = 3\cdot 10^5\,km\,/\,s\right)$, la massa non dipende dallo stato di moto del corpo di riferimento e l'equazione (7.9.7) si può scrivere come:

$$(7.9.9) \quad \vec{R} = \frac{d}{dt}(mv)$$

Definendo quantità di moto il vettore $\vec{p}$ dato dall'equazione:

$$(7.9.10) \quad \vec{p} = m\vec{v}$$

l'equazione (7.9.9) si può scrivere come:

$$(7.9.11) \quad \vec{R} = \frac{d}{dt}\,\vec{p}$$

che esprime nella forma data da *Newton,* la relazione tra causa e moto. Prima di concludere questo paragrafo è opportuno osservare che la procedura utilizzata per ricavare il *modello dinamico del moto, espresso equivalentemente dalle equazioni (7.9.7) , (7.9.8) e (7.9.11)* ha fatto uso del criterio di misurazione statica di una forza *(misurazioni dinamometriche).* Non sempre le forze possono essere misurate staticamente, infatti vi sono forze che dipendono dalla velocità del corpo sul quale agiscono, come le forze d'attrito e le forze tra cariche elettriche in movimento, e vi sono forze che cambiano molto rapidamente nel tempo come le forze impulsive che si manifestano nei fenomeni d'urto. Poiché per questi tipi di forze non è possibile eseguire una misurazione statica, per determinare il modello dinamico del moto bisogna fare uso di un'altra procedura. Accettando valido a priori il modello dinamico del moto, è possibile definire la forza tramite l'equazione (7.9.8) come prodotto della massa per l'accelerazione *(definizione dinamica di forza);* tuttavia, questa definizione di forza, pur essendo più generale di quella statica, riduce il modello dinamico del moto ad una *tautologia* che può essere enunciata nel modo seguente:

un corpo, sottoposto all'azione di una forza capace di comunicargli una certa accelerazione, si muove con quella accelerazione

In ogni caso, poiché il modello dinamico del moto esprime una relazione tra grandezze fisiche, esso può essere utilizzato, a seconda dei casi, sia per determinare lo stato di moto di un corpo, sia per misurare il modulo di una forza incognita agente su un corpo di massa nota la cui unica manifestazione è l'accelerazione che essa determina. Orbene, fino a quando queste utilizzazioni del modello dinamico del moto consentono una corretta interpretazione dei dati sperimentali, il modello dinamico del moto sarà ritenuto valido; in caso contrario si dovrà provvedere ad un suo aggiornamento.

7.10 PRINCIPIO DI AZIONE E REAZIONE – LEGGI DELLA FORZA

Nel definire il concetto di forza è stato indicato come sorgente della forza l'ambiente che circonda il corpo che si muove; ciò significa che il moto di un corpo è determinato dalla natura e dalla configurazione dei corpi che gli stanno intorno.

Con i termini *"ambiente che circonda il corpo che si muove"* si devono intendere solo quei corpi che si configurano in una posizione, rispetto al corpo di cui si studia il moto, tale da fare risentire la loro presenza ai fini della determinazione del moto

Ammettere come sorgente della forza un corpo o un insieme di corpi, dei quali si dice che costituiscono *"l'ambiente che circonda il corpo che si muove"*, è solo un aspetto di una *interazione* generale tra i diversi corpi distribuiti nello spazio. Sperimentalmente si osserva che tutte le volte che un corpo A esercita una forza *(azione)* su un corpo B, quest'ultimo esercita una forza *(reazione)* sul corpo A uguale in modulo e direzione ma di verso opposto; quindi, per una distribuzione di *n* corpi nello spazio, le forze che i corpi si scambiano sono a due a due uguali e contrarie e giacciono sulla retta congiungente i due corpi *(principio di azione e reazione)*. Si osservi che, data la particolare simmetria nello scambio di forze tra la coppia di corpi, è indifferente quale sia la forza che viene considerata come azione e quale sia quella che viene considerata come reazione. Per determinare lo stato di moto di un corpo facendo uso del modello dinamico del moto necessita la conoscenza della forza; quest'ultima può essere determinata studiando l'interazione tra il corpo che si muove e l'ambiente che lo circonda in funzione delle proprietà che li caratterizzano *(leggi della forza)*. Pertanto la ricerca delle leggi della forza, per determinati ambienti, costituisce uno dei problemi fondamentali da risolvere per la determinazione del moto in un dato ambiente. Per esempio, si supponga di voler porre in orbita intorno alla Terra un satellite artificiale, nell'ipotesi che la Terra sia l'unico corpo che si configuri in una posizione tale da determinare il moto, bisogna determinare la legge della forza tra il satellite artificiale e la Terra. Questo problema fu risolto da Newton che trovò come legge della forza l'espressione

$F = G \dfrac{mM_T}{R^2}$ in cui G è la costante di gravitazione universale, m la

massa del satellite artificiale, M_T la massa della Terra e R^2 il quadrato del raggio dell'orbita del satellite artificiale. Sostituendo l'espressione della forza nell'equazione (7.9.8) del paragrafo precedente , si ottiene l'equazione:

$$(7.10.1) \qquad G\frac{mM_T}{R^2} = m\frac{d^2}{dt^2}s$$

che può scriversi anche in forma vettoriale:

$$(7.10.2) \qquad G\frac{mM_T}{R^3}\vec{R} = m\frac{d^2}{dt^2}\vec{s}$$

Trascurando il problema del lancio e supponendo che il satellite descrive una traiettoria circolare con velocità uniforme, l'equazione (7.10.2) diventa:

$$(7.10.3) \qquad G\frac{mM_T}{R^3}\vec{R} = m\vec{R}\frac{v^2}{R^2}$$

che risolta rispetto v fornisce il valore della velocità orbitale del satellite:

$$(7.10.4) \qquad v = \sqrt{\frac{GM_T}{R}}$$

in cui facendo uso dell'equazione $v = \omega R$ si ottiene l'equazione:

$$(7.10.5) \qquad \omega = \sqrt{\frac{GM_T}{R^3}}$$

che esprime la velocità angolare con cui il satellite artificiale orbita intorno alla Terra. Facendo uso dell'equazione $\theta = \theta_0 + \omega t$, si può determinare la posizione istante per istante sostituendo in essa il valore di ω fornito dall'equazione (7.10.5). Così facendo si ottiene l'equazione:

$$(7.10.6) \qquad \theta = \theta_0 + \sqrt{\frac{GM_T}{R^3}}t$$

in cui ponendo $\theta_0 = 0$ *(ciò equivale ad assumere la posizione iniziale coincidente con la posizione di riferimento)* si ottiene l'equazione:

$$(7.10.7) \qquad \theta = \sqrt{\frac{GM_T}{R^3}}t$$

Le equazioni (7.10.5) e (7.10.7) determinano lo stato di moto del satellite artificiale.

7.11 PRINCIPIO DI INDIPENDENZA DELLE AZIONI SIMULTANEE

Quando su un corpo di massa m agiscono simultaneamente $\vec{f}_1, \vec{f}_2, \ldots\ldots, \vec{f}_n$ forze ed il risultato di somma vettoriale dà luogo ad un vettore forza nullo:

$$(7.11.1) \qquad \vec{R} = \vec{f}_1 + \vec{f}_2 +, \ldots\ldots, + \vec{f}_n = 0$$

il corpo permane nel suo stato fondamentale; in caso contrario e cioè che sia:

$$(7.11.2) \qquad \vec{R} = \vec{f}_1 +, \vec{f}_2 +, \ldots\ldots, + \vec{f}_n \neq 0$$

il corpo si muoverà nella direzione e nel verso del vettore forza $\vec{R}$ con un'accelerazione $\vec{a}$ tale che sia:

$$(7.11.3) \qquad \vec{R} = m\vec{a}$$

nella quale se si fa uso dell'equazione (7.11.2) si ottiene l'equazione:

$$(7.11.4) \qquad \vec{f}_1 +, \vec{f}_2 +, \ldots \ldots, + \vec{f}_n = m\vec{a}$$

Se si fa l'ipotesi che le forze $\vec{f}_1 +, \vec{f}_2 +, \ldots \ldots, + \vec{f}_n$ agiscono isolatamente corpo, si potrà scrivere:

$$(7.11.5) \qquad \vec{f}_1 = m\vec{a}_1, \vec{f}_2 = m\vec{a}_2, \ldots \ldots, \vec{f}_n = m\vec{a}_n$$

che sostituite nell'equazione (7.11.4) consentono di scrivere l'equazione:

$$(7.11.6) \qquad m\vec{a}_1 + m\vec{a}_2 +, \ldots \ldots \ldots, + m\vec{a}_n = m\vec{a}$$

da cui segue l'equazione:

$$(7.11.7) \qquad \vec{a}_1 + \vec{a}_2 +, \ldots \ldots \ldots, + \vec{a}_n = \vec{a}$$

che consente di affermare il seguente *principio di indipendenza delle azioni simultanee:*

l'accelerazione prodotta da più forze agenti simultaneamente è uguale alla somma vettoriale delle accelerazioni che le singole forze produrrebbero se agissero isolatamente

E' sempre possibile ricondurre lo studio del moto di un corpo allo studio di tre moti equivalenti su traiettoria rettilinea. Infatti, fissato un sistema di coordinate cartesiane ortogonali nello spazio, solidale con un osservatore inerziale, una forza $\vec{R}$ si può sempre pensare come la risultante di tre forze $\vec{f}_x, \vec{f}_y, \vec{f}_z$ dirette secondo i tre assi coordinati; analogamente l'accelerazione $\vec{a}$ si può pensare come la risultante di tre accelerazioni $\vec{a}_x, \vec{a}_y, \vec{a}_z$ dirette secondo i tre assi coordinati. Pertanto si può scrivere:

$$(7.11.8) \qquad \vec{f}_x = m\vec{a}_x \quad ; \quad \vec{f}_y = m\vec{a}_y \quad ; \quad \vec{f}_z = m\vec{a}_z$$

Sommando queste equazioni membro a membro si ottiene l'equazione:

$$\vec{f}_x + \vec{f}_y + \vec{f}_z = m\vec{a}_x + m\vec{a}_y + m\vec{a}_z$$

da cui segue l'equazione

$$\vec{f}_x + \vec{f}_y + \vec{f}_z = m(\vec{a}_x + \vec{a}_y + \vec{a}_z)$$

in cui usando le equazioni (7.11.2) e (7.11.7) si ottiene l'equazione:

$$\vec{R} = m\vec{a}$$

il che dimostra l'asserto.

TEST DI VERIFICA (7.1)

1	secondo quale modello cinematico vengono interpretati i risultati sperimentali sul moto di caduta: A. modello cinematico del moto uniforme B. modello cinematico del moto uniformemente accelerato C. modello cinematico del moto parabolico D. modello cinematico del moto circolare uniforme
2	quale delle seguenti relazioni esprime la relazione corretta tra la costante k nell'equazione $s = kt^2$ e l'accelerazione di gravità g: A. $k = g$ B. $k = \dfrac{1}{3} g$ C. $k = \dfrac{1}{2} g$ D. $k = \dfrac{1}{2} g^2$
3	per un corpo in caduta libera, come si determina lo stato di moto; esprimere la relazione tra velocità, accelerazione di gravità e spostamento
4	scrivere le equazioni che consentono di determinare in modo unitario tutta la fenomenologia del moto di caduta: il moto di caduta libera, il moto di caduta lungo un piano inclinato e successivo moto lungo il piano orizzontale, il moto in salita lungo un piano inclinato e il moto in salita verticale
5	come vengono interpretati i risultati sperimentali sul moto parabolico: A. secondo il modello cinematico del moto armonico B. secondo il modello cinematico del moto uniformemente accelerato C. secondo il risultato della somma di un moto rettilineo

	uniforme con un moto uniformemente accelerato D. secondo il risultato della somma di un moto circolare uniforme con un moto uniformemente accelerato
6	quale delle seguenti relazioni esprime la relazione corretta tra la costante k nell'equazione $x = kv^2 \sin 2\alpha$ e l'accelerazione di gravità g : A. $k = \dfrac{1}{2} g$ B. $k = 2g$ C. $k = \dfrac{1}{g}$ D. $k = g$
7	secondo quale modello cinematico vengono interpretati i risultati sperimentali relativi al moto del pendolo: A. modello cinematico del moto circolare uniforme B. modello cinematico del moto rettilineo uniforme C. modello cinematico del moto armonico D. modello cinematico del moto circolare uniformemente accelerato
8	quale delle seguenti relazioni esprime la relazione corretta tra la costante k nell'equazione $l = kT^2$ e l'accelerazione di gravità g : A. $k = \dfrac{g}{4\pi^2}$ B. $k = \dfrac{1}{2} g^2$ C. $k = 2\pi g$ D. $k = 4\pi g$

9	come si definiscono l'anno solare , il giorno solare e il secondo solare medio
10	cos'è l'anno tropico 1900
11	qual è la differenza tra tempo universale TU e tempo effemeridi TE
12	esprimere il risultato del confronto tra il moto dell'orologio atomico e il moto di rotazione della Terra intorno al proprio asse
13	perché la definizione di massa come grandezza fisica misurabile con la bilancia a due piatti non soddisfa sul piano concettuale: A. perché è una definizione poco chiara B. perché non ha le caratteristiche di una definizione operativa C. perché non evidenzia né il significato né il ruolo che essa svolge nei fenomeni naturali nei quali si presenta D. perché la bilancia a due piatti non consente la misurazione di una massa
14	riferendosi ad un procedimento operativo per la definizione di massa, quale dei seguenti procedimenti viene scelto: A. quello relativo ad un oscillatore armonico B. quello relativo alle oscillazioni del pendolo C. quello relativo al moto circolare uniforme di un corpo D. quello relativo al moto di un corpo lungo un piano inclinato
15	dove ha origine il peso di un corpo: A. nel corpo stesso B. nella Terra C. nella velocità del corpo D. nella velocità della Terra
16	la forza si definisce come: A. la grandezza fisica capace di sostenere un movimento tanto

	più grande quanto più essa è grande B. la grandezza fisica capace di produrre un movimento o/e una deformazione C. la grandezza fisica proporzionale al prodotto della massa per la velocità del corpo D. la grandezza fisica senza la quale non si ha movimento alcuno
17	quale delle seguenti equazioni esprime la relazione tra causa e moto nella forma data da Eulero: A. $R = ma$ B. $R = \dfrac{1}{2} ma$ C. $R = ma^2$ D. $R = mv$
18	quale delle seguenti equazioni esprime la relazione tra causa e moto nella forma data da Newton: A. $\vec{R} = \dfrac{1}{2} m\vec{a}$ B. $\vec{R} = \dfrac{d}{dt} \vec{p}$ C. $\vec{R} = \dfrac{1}{2} \dfrac{d}{dt} \vec{p}$ D. $\vec{R} = m\vec{a} \cdot \vec{a}$
19	perché il modello cinematico del moto è uno schema concettuale non idoneo a determinare, in generale, lo stato di moto di un corpo
20	com'è stato scelto il campione di massa
21	dove hanno origine le forze
22	come si sceglie il campione dell'unità di misura delle forze
23	come si verifica il carattere vettoriale di una forza

24	cosa sono gli osservatori inerziali
25	cosa afferma il principio d'inerzia
26	accettando valido a priori il modello dinamico del moto, è possibile definire la forza come prodotto tra massa e accelerazione; questa definizione di forza, pur essendo più generale di quella statica, riduce il modello dinamico del moto ad una tautologia. Enunciare la tautologia.
27	cosa afferma il principio di azione e reazione
28	cosa esprime la legge di forza
29	cosa afferma il principio di indipendenza delle azioni simultanee

OTTAVO CAPITOLO

LE FORZE

8.1 FORZA TANGENZIALE E FORZA NORMALE ALLA TRAIETTORIA DEL MOTO

L'equazione (6.6.10) determinata nel sesto capitolo viene di seguito riportata per rendere più agevole lo studio al lettore:

$$(6.6.10) \quad \vec{a} = \vec{u}_\tau \frac{dv}{dt} + \vec{u}_n \frac{v^2}{R}$$

Essa esprime il vettore accelerazione $\vec{a}$ in termini dei vettori componenti tangente e normale alla traiettoria del moto. Usando il modello dinamico del moto, è possibile determinare il vettore forza $\vec{R}$ che determina l'accelerazione $\vec{a}$. Infatti, moltiplicando primo e secondo membro dell'equazione (6.6.10) per la massa del corpo, si ottiene l'equazione:

$$(8.1.1) \quad m\vec{a} = m\vec{u}_\tau \frac{dv}{dt} + m\vec{u}_n \frac{v^2}{R}$$

in cui ponendo: $m\vec{a} = \vec{R}$; $m\vec{u}_\tau \frac{dv}{dt} = \vec{f}_\tau$; $m\vec{u}_n \frac{v^2}{R} = \vec{f}_n$ si ottiene l'equazione:

$$(8.1.2) \quad \vec{R} = \vec{f}_\tau + \vec{f}_n$$

dalla quale si deduce che, qualunque sia il vettore forza $\vec{R}$ agente su un corpo di massa m, è sempre possibile decomporlo in due vettori forza: $\vec{f}_\tau$ tangente alla traiettoria del moto e responsabile della variazione del modulo del vettore velocità, $\vec{f}_n$ normale alla traiettoria del moto e responsabile della variazione di direzione del vettore velocità. Tenendo conto che i vettori componenti del vettore accelerazione sono legati alle variabili angolari dalle equazioni (6.14.8) e (6.14.9) del sesto capitolo di seguito riportate per rendere più agevole lo studio al lettore :

$$(6.14.8) \quad \vec{u}_\tau \frac{dv}{dt} = \vec{\alpha} \wedge \vec{s} \quad ; \quad (6.14.9) \quad \vec{u}_n \frac{v^2}{R} = \vec{\omega} \wedge \vec{v}$$

la forza tangenziale $\vec{f}_\tau$ e la forza normale $\vec{f}_n$ si possono esprimere in funzione delle variabili angolari secondo le seguenti equazioni:

$$(8.1.3) \quad \vec{f}_\tau = m\vec{\alpha} \wedge \vec{s} \quad ; \quad (8.1.4) \quad \vec{f}_n = m\vec{\omega} \wedge \vec{v}$$

8.2 LA FORZA PESO

Il moto di un corpo in caduta libera è stato ampiamente studiato dal punto di vista sperimentale e, successivamente, interpretato secondo il modello cinematico del moto uniformemente accelerato. È possibile completare lo studio di questo moto determinando la causa che lo genera facendo uso del modello dinamico del moto. Secondo questo modello, noto il moto e la massa del corpo, è possibile determinare la forza che lo genera. Infatti, un corpo di massa m in caduta libera si muove con accelerazione costante g .

(il vettore $\vec{g}$ si ritiene costante in regioni dello spazio non troppo estese, questo punto verrà chiarito nel seguito), quindi moltiplicando il vettore $\vec{g}$ per la massa del corpo si ottiene il vettore forza peso $\vec{P}$:

$$(8.2.1) \quad \vec{P} = m\vec{g}$$

responsabile del moto di caduta libera del corpo.

Un corpo in caduta libera si muove verso la superficie della Terra perché quest'ultima, essendo la sorgente del vettore $\vec{P}$ ne determina la caduta nella direzione e nel verso dell'accelerazione $\vec{g}$; d'altro canto, dovendo valere il principio di azione e reazione, il corpo in caduta libera è sorgente di un vettore forza uguale e contrario al vettore $\vec{P}$ e agente sulla Terra. Quindi si dovrebbe osservare anche una caduta della Terra verso il corpo di massa m , ciò non si verifica perché la Terra ha una massa molto più grande del corpo con cui interagisce e quindi, la forza che quest'ultimo determina su di essa non è sufficiente ad accelerarla.

Si dice peso di un corpo la forza con cui la Terra lo attrae

Dall'equazione (8.2.1) si rileva che il vettore forza peso $\vec{P}$ e la massa m del corpo sono direttamente proporzionali, ciò significa che se la Terra vuole accelerare tutti i corpi in caduta libera allo stesso modo $(\vec{g} = \text{cost})$ dovrà fornire una forza tanto più grande quanto più è grande la massa del corpo. Nei capitoli precedenti è stato visto che il moto di un corpo in caduta libera è equivalente al moto che lo stesso corpo compie lungo un piano inclinato di altezza pari a quella di caduta; il vettore accelerazione con cui il corpo si muove lungo il piano inclinato è dato in modulo dall'equazione (7.1.8) del settimo capitolo di seguito riportata per rendere più agevole lo studio al lettore:

$$(7.1.8) \quad a = g \sin \alpha$$

Moltiplicando primo e secondo membro di questa equazione per la massa del corpo si ottiene l'equazione $ma = mg \sin \alpha$ in cui ponendo $f_p = ma$ e tenendo conto dell'equazione (8.2.1), si ottiene la seguente equazione:

$$(8.2.2) \quad f_p = P \sin \alpha$$

che esprime il modulo del vettore componente, lungo la direzione del moto, del vettore forza peso $\vec{P}$. Essa consente di descrivere dinamicamente, in modo unitario, tutta la fenomenologia del moto di caduta, come già è stato fatto cinematicamente nel paragrafo (7.1) del settimo capitolo.

Infatti se α assume il valore $\dfrac{\pi}{2}$ l'equazione(8.2.2) si riduce all'equazione:

$$(8.2.3) \quad f_p = P$$

che fornisce la forza responsabile del moto di caduta libera.

Se α assume valori compresi nell'intervallo $\left(0, \dfrac{\pi}{2}\right)$ escludendo i valori

estremi, l'equazione (8.2.2) fornisce la forza responsabile del moto lungo un qualsiasi piano inclinato.

Se α assume valore nullo, l'equazione (8.2.2) si annulla e ciò implica che il corpo, non essendo sottoposto all'azione di alcuna forza, permane nel suo stato fondamentale di quiete o di moto rettilineo uniforme *(principio d'inerzia)*.

Questo risultato, raggiunto nella prima metà del secolo diciassettesimo da Galileo, segna il definitivo tramonto della fisica aristotelica e la nascita della fisica attuale.

Per il moto in salita lungo un piano inclinato, il vettore accelerazione $\vec{a}$ ha la direzione del vettore spostamento e verso opposto; in questo caso, il vettore $\vec{f}_p$ il cui modulo è dato dall'equazione (8.2.2), è responsabile del rallentamento graduale del moto del corpo fino al suo arresto.

Per il moto in salita verticale, essendo $\left(\alpha = \dfrac{\pi}{2}\right)$, l'equazione (8.2.2) si

riduce all'equazione (8.2.3) osservando però che, in questo caso, il vettore $\vec{f}_p$ ha la direzione del vettore spostamento e verso opposto ed è, quindi, responsabile del rallentamento graduale del corpo fino al suo arresto.

Per quanto riguarda il moto parabolico, i risultati sperimentali sono stati interpretati in termini del suo modello cinematico; secondo questo modello il moto parabolico si può trattare come composto da due moti elementari: un *moto rettilineo uniforme* lungo l'asse delle ascisse e un *moto uniformemente accelerato* lungo l'asse delle ordinate. Per determinare il vettore forza responsabile di questo moto è sufficiente osservare che l'unico moto accelerato è quello che avviene con accelerazione costante $\vec{g}$ lungo l'asse delle ordinate e quindi moltiplicare questo vettore per la massa del corpo. Così facendo si ottiene l'equazione:

$$(8.2.4) \quad \vec{P} = m\vec{g}$$

che coincide con il vettore forza peso definito dall'equazione (8.2.1):
Quindi, la causa del moto di un corpo lanciato è unicamente il suo
peso.

8.3 LA FORZA ELASTICA

I risultati sperimentali relativi all'oscillatore armonico non hanno
trovato alcuna collocazione nell'ambito del modello cinematico del
moto per la presenza di una grandezza dinamica *(la massa)* nella
formula esprimente la loro sintesi. Tuttavia, se un corpo di massa
m (nell'approssimazione di punto materiale) si muove di moto
armonico, il suo stato di moto è determinato dalle equazioni (6.15.1.) e
(6.15.2) del sesto capitolo e la sua accelerazione può essere espressa in
funzione del suo spostamento secondo l'equazione (6.15.4) del sesto
capitolo di seguito riportata per rendere più agevole lo studio al lettore:

$$(6.15.4) \quad a_x = -\omega^2 x$$

Moltiplicando primo e secondo membro di questa equazione per la
massa del corpo si ottiene l'equazione:

$$(8.3.1) \quad ma_x = -m\omega^2 x$$

in cui facendo uso dell'equazione (7.9.6) del settimo capitolo , si ottiene
l'equazione:

$$(8.3.2) \quad R_x = -m\omega^2 x$$

che definisce la forza responsabile del moto armonico di un corpo di
massa *m* . Poiché la massa *m* del corpo e la pulsazione sono costanti,
è costante anche il loro prodotto sicché, la forza responsabile del moto
armonico può scriversi, in generale, come:

$$(8.3.3) \quad R_x = -k_e x$$

Si definisce *forza elastica* la forza definita dall'equazione(8.3.3); essa
ha: il modulo proporzionale al modulo del vettore spostamento nel
senso che più il corpo si allontana dalla posizione di equilibrio
$(x = 0)$ tanto più R_x cresce, ha la direzione coincidente con la
direzione del vettore spostamento ed ha, come si nota dalla presenza
del segno meno al secondo membro, il verso opposto al verso del
vettore spostamento e punta sempre verso la posizione di equilibrio del

corpo; inoltre la costante k_e, detta **costante elastica**, dipende dalle caratteristiche del corpo che costituisce l'ambiente intorno al corpo che si muove.

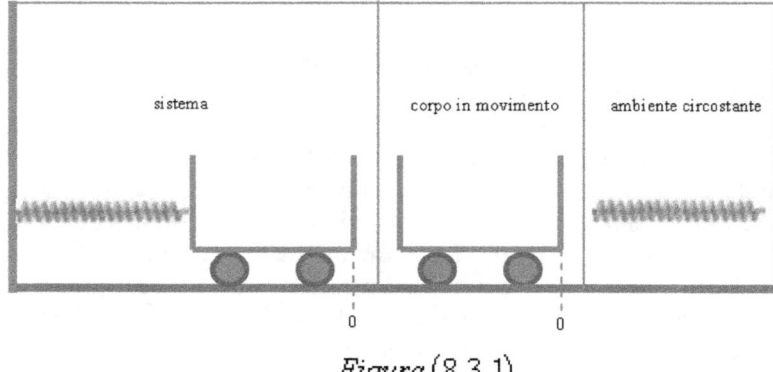

$$Figura\,(8.3.1)$$

Volendo indagare se l'oscillatore armonico esegue un moto armonico nel senso del modello cinematico del moto, è necessario determinare la legge di forza e verificare se essa soddisfa l'equazione (8.3.3). Con questo intento, si schematizzi l'apparato sperimentale come nella figura (8.3.1) in cui si osserva che l'ambiente intorno al corpo che si muove è costituito dalla molla e dal piano su cui è appoggiato il carrello. Facendo l'ipotesi che l'interazione tra il carrello e il piano di appoggio sia trascurabile, resta solo l'interazione tra il carrello e la molla; questa interazione è responsabile del moto del carrello e di essa si vuole determinare la legge di forza. Si consideri un regolo rettilineo graduato che porta due bracci ad esso perpendicolari: uno fisso A e uno scorrevole B; tra i bracci A e B si ponga la molla dell'oscillatore armonico **(vedi figura ((8.3.2))**. La sospensione di un corpo di massa m al gancio G del braccio scorrevole, sottopone la molla dell'oscillatore armonico all'azione della forza $\vec{P} = m\vec{g}$; sotto l'azione di questa forza la molla si deforma allungandosi finché il sistema molla - corpo raggiunge la configurazione di equilibrio. In questa condizione il peso del corpo è bilanciato dalla forza di reazione della molla. Poiché il peso e la massa di un corpo sono direttamente proporzionali, considerando corpi con valori di massa crescenti si possono realizzare forze - pesi sempre più grandi. Quindi sottoponendo la molla dell'oscillatore armonico all'azione di queste forze è possibile determinare la relazione tra forza e deformazione. Così facendo si ricava l'equazione:

$$(8.3.4) \quad P = k_e x$$

in cui P è il peso del corpo, x la deformazione prodotta e k_e una costante dipendente dalla natura della molla.

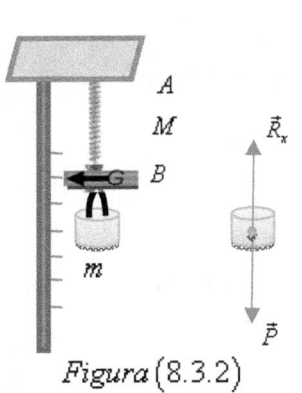

Il dinamometro è costituito da un regolo rettilineo che porta due bracci ad esso perpendicolari: uno fisso A e uno scorrevole B. Tra i bracci A e B è posta una molla a spirale M in grado di deformarsi elasticamente quando viene sottoposta all'azione di una forza. Al braccio B è connesso un gancio G su cui vengono fatto agire le forze.
Le forze di cui si intende fare uso, perché facilmente studiabili con il dinamometro, sono le forze peso

Figura (8.3.2)

L'equazione (8.3.4) esprime la forza che il corpo esercita sulla molla dell'oscillatore armonico; d'altro canto dovendo valere il principio di azione e reazione, la molla deve esercitare sul corpo una forza uguale e contraria a P, quindi l'equazione (8.3.4) si può anche scrivere come:

$$(8.3.5) \quad R_x = -k_e x$$

in cui R_x rappresenta la forza che la molla esercita sul corpo.

Orbene, quando un oscillatore armonico viene perturbato nella sua configurazione di equilibrio, il corpo oscillante *(il carrello)* oscillerà intorno alla posizione di equilibrio e di queste oscillazioni è responsabile la forza generata dalla molla; questa forza agisce sul corpo oscillante e ha la struttura dell'equazione (8.3.5) che coincide con l'equazione di definizione della forza elastica data dall'equazione (8.3.3).

Pertanto si può concludere affermando che *l'oscillatore armonico,* trattato nel quarto capitolo, esegue un moto armonico nel senso del modello cinematico trattato nel sesto capitolo.

Ora, volendo dare un'interpretazione razionale ai risultati sperimentali ottenuti nel quarto capitolo è sufficiente sostituire nell'equazione (8.3.2) il valore di R_x dato dall'equazione (8.3.5); così facendo si ottiene l'equazione:

$$(8.3.6) \quad k_e = m\omega^2$$

in cui facendo uso della relazione: $\omega = \dfrac{2\pi}{T}$ si ottiene l'equazione:

$$(8.3.7) \quad m = \frac{k_e}{4\pi^2} T^2$$

Il cui confronto con l'equazione: $m = kT^2$, ottenuta nel quarto capitolo, consente di scrivere la seguente equazione:

$$(8.3.8) \quad k = \frac{k_e}{4\pi^2}$$

dalla quale si deduce che la costante k, a meno della diversità di valore, coincide nel significato fisico con la costante elastica k_e.

Relativamente ai risultati sperimentali sullo studio delle oscillazioni del pendolo è stata fornita un'interpretazione secondo il modello cinematico del moto armonico, quindi la forza che determina le oscillazioni del pendolo deve essere una forza elastica del tipo data dall'equazione (8.3.3). Per determinare questa forza si consideri la figura (8.3.3) in cui si osserva che la posizione B del corpo è una configurazione di equilibrio del sistema *(pendolo fermo)* in quanto la forza peso $\vec{P}$ è bilanciata dalla reazione $\vec{T}$ del vincolo O; diversamente, la configurazione A e la sua simmetrica C rispetto a B, non sono configurazioni di equilibrio perché la somma vettoriale della forza peso $\vec{P}$ e della reazione $\vec{T}$ danno luogo ad una forza $\vec{R}_t$ tangente alla traiettoria del moto e di modulo data dall'equazione:

$$(8.3.9) \quad R_t = -P \sin \alpha$$

in cui il segni meno, come si vede dalla figura (8.3.3), esprime il fatto che la forza R_t è diretta sempre verso la configurazione di equilibrio del sistema. Questa forza non ha la struttura di forza elastica perché non è conforme all'equazione (8.3.3).

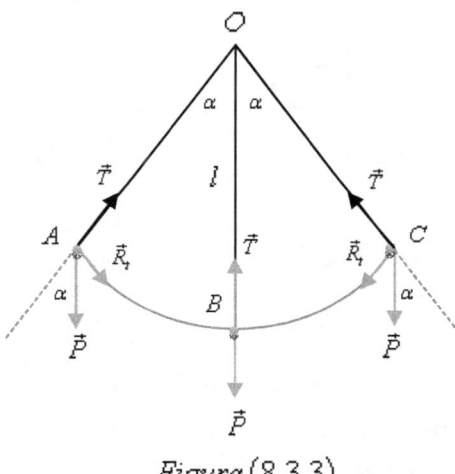

Figura $(8.3.3)$

Usando l'equazione (7.9.8) del settimo capitolo e tenendo conto che l'arco $\overarc{AB}$ di traiettoria si può scrivere come $\overarc{AB} = l\alpha$ è possibile scrivere l'equazione:

$$(8.3.10) \quad m\frac{d^2}{dt^2}\alpha = -\frac{P}{l}\sin\alpha$$

che fornisce il modello dinamico del moto del pendolo.

8.4 LA FORZA D'ATTRITO RADENTE

In tutti i problemi affrontati finora, sia sperimentali che teorici, è stato sempre trascurato l'attrito tra i corpi, ora, per una descrizione dei fenomeni fisici più aderente alla realtà, è necessario prendere in considerazione questo tipo di interazione tra i corpi e determinare la legge di forza. A tal fine si consideri un corpo di massa m e lo si ponga su un piano orizzontale. Ciò fatto, il corpo è in quiete rispetto al piano orizzontale perché il suo peso è bilanciato dalla forza di reazione del piano.

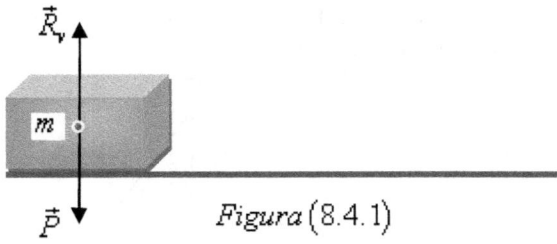

Figura (8.4.1)

Si supponga che il piano orizzontale sia dotato di un meccanismo che consente di inclinarlo gradualmente rispetto alla sua orizzontalità; inclinatolo di un piccolo angolo α il corpo resta fermo nella sua posizione. Analizzando l'insieme delle forze che agiscono sul corpo per spiegare la permanenza nello stato di quiete, è necessario ipotizzare l'esistenza di una forza $\vec{f}_a$ agente nella stessa direzione ma in verso opposto alla forza determinante il moto; tale forza esprime l'interazione tra il corpo di massa m ed il piano su cui è poggiato, ad essa si dà il nome di **forza d'attrito radente.**

Il fenomeno dell'attrito tra i corpi è molto complesso ed una sua comprensione soddisfacente può avvenire solo sulla base di uno studio a livello molecolare tra i corpi a contatto, In generale si può dire che tra le molecole dei corpi a contatto si determinano delle forze attrattive tendenti a fare aderire i corpi e quindi ad opporre resistenza al loro moto relativo; inoltre l'attrito, per il moto stesso con cui si manifesta, dipende dalla natura dei corpi a contatto, dalla loro forma, dalle loro dimensioni, dalla temperatura raggiunta, durante il moto, dalle superficie di contatto, dalla presenza di altri corpi interposti *(acqua, olio, ecc.)* e da altri fattori la cui influenza non è in generale ben nota. Ad ogni modo, la legge di forza dell'attrito radente tra i corpi è la conseguenza di studi secolari compiuti sulle macchine per migliorare il loro rendimento termodinamico; essa non esprime un principio generale, ma si limita a riassumere i risultati di molte prove sperimentali ottenute con materiali differenti:

la forza di attrito radente $\vec{f}_a$ è proporzionale alla forza normale $\vec{N}$ con cui i corpi premono l'uno sull'altro, è maggiore all'inizio del moto (attrito statico) che durante il moto (attrito dinamico), è, in prima approssimazione, indipendente dalla velocità relativa e dall'area di contatto.

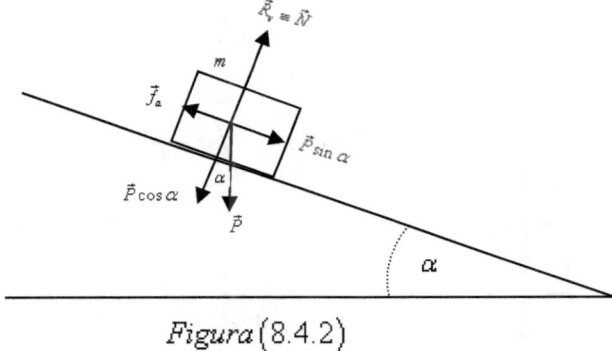

Figura (8.4.2)

Se $\vec{N}$ è la forza normale, la legge di forza dell'attrito radente si scrive, facendo a meno della notazione vettoriale perché non c'è necessità, come:

$$(8.4.1) \quad f_a = \mu N$$

in cui μ è un coefficiente dipendente dalla natura delle superfici di contatto, dalla loro scabrosità, dalla durezza, ecc.

Per determinare il coefficiente μ, si osservi che la forza acceleratrice $\vec{P}\sin\alpha$ può essere bilanciata soltanto se si verifica la relazione:

$$(8.4.2) \quad \vec{P}\sin\alpha \le f_a$$

in cui sostituendo f_a con il valore fornito dall'equazione (8.4.1) si ottiene l'equazione:

$$(8.4.3) \quad \mu = \frac{P\sin\alpha}{N}$$

in cui osservando che $N = P\cos\alpha$ si ottiene l'equazione:

$$(8.4.4) \quad \tan\alpha \le \mu$$

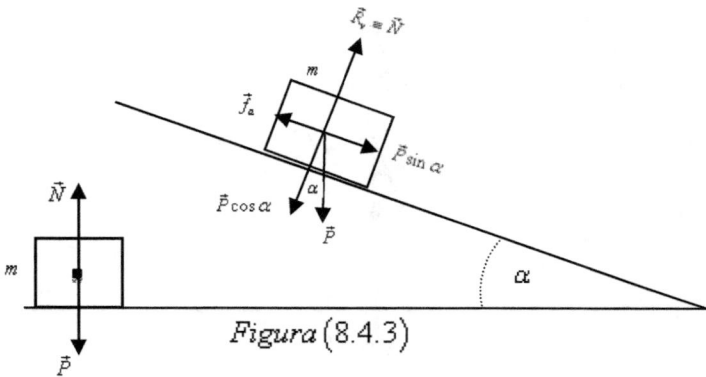

Figura $(8.4.3)$

Aumentando gradualmente l'inclinazione del piano, il corpo resterà in equilibrio fino a quando l'angolo raggiunge il valore α_s per il quale corrisponde la relazione:

$$(8.4.5) \quad \tan\alpha_s = \mu_s$$

Il valore α_s rappresenta la massima inclinazione del piano per la quale l'attrito radente è sufficiente a mantenere in equilibrio il corpo; questo valore è detto angolo di attrito radente statico ed il corrispondente μ_s è detto coefficiente di attrito statico. Se il corpo passa dallo stato di quiete allo stato di moto, l'attrito radente diminuisce e prende il nome di attrito radente dinamico, in tal caso, per determinare il coefficiente d'attrito è sufficiente diminuire gradualmente l'inclinazione del piano finché risulta che il corpo si muove di moto rettilineo uniforme. In questa condizione risulta:

$$(8.4.6) \quad P\sin\alpha = f_a$$

Questa uguaglianza si verifica per un valore α_d minore di α_s, per cui risulta: $\tan\alpha_d < \tan\alpha_s$. Quindi, indicando con μ_d il coefficiente d'attrito radente dinamico, si ha:

$$(8.4.7) \quad \mu_d < \mu_s$$

8.5 LE LEGGI DI KEPLERO

Nell'antica disputa, se fosse la Terra o il Sole il centro dell'Universo, che in senso moderno equivale alla scelta di un opportuno sistema di riferimento per la descrizione del moto dei pianeti, si inserì il grande astronomo danese *Tycho Brahe (1546 - 1601)* con il compito di mostrare che *Copernico (1473 - 1543),* sostenitore della teoria eliocentrica *(Sole al centro dell'Universo),* fosse in errore. Tycho, per raggiungere l'obiettivo che si era proposto, costruì giganteschi goniometri per rilevare le posizioni dei corpi celesti, raccolse una infinità di dati con rigorosità e precisione ma non riuscì nel suo intento. Alla sua morte, il suo giovane assistente *Johannes Kepler (1571 - 1630)* usò proprio i dati del suo maestro per dimostrare che *Copernico* fosse nel giusto; egli diede una formulazione sintetica delle osservazioni di Tycho in tre semplici leggi, note oggi come *leggi di Keplero:*

- **legge delle traiettorie:** *le traiettorie del moto dei pianeti sono ellissi di cui il Sole occupa uno dei fuochi._Queste ellissi sono diversamente orientate nello spazio.*

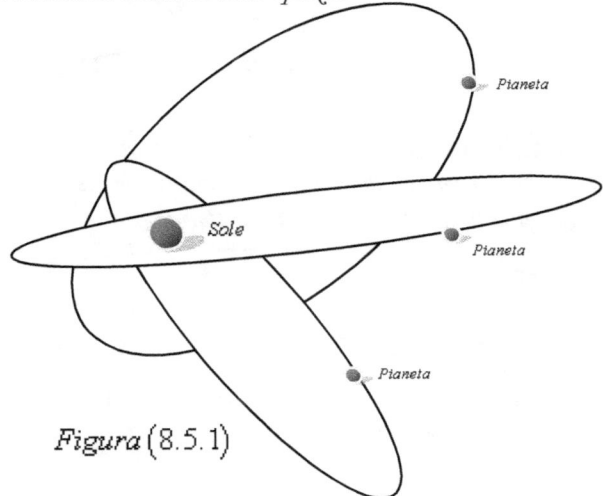

Figura $(8.5.1)$

Si definisce *raggio vettore* il vettore che unisce il centro del Sole con il centro del pianeta.

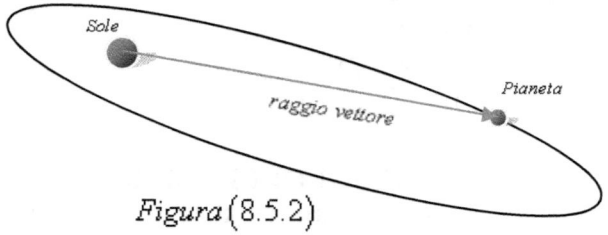

Figura (8.5.2)

- **legge delle aree:** *le aree descritte dal raggio vettore sono proporzionali ai tempi impiegati a descriverle; questa legge afferma, in sostanza, che la velocità orbitale con cui il pianeta si muove non è costante ma è inversamente proporzionale alla sua distanza dal Sole. In particolare all'afelio, che è il punto della traiettoria più lontano dal Sole, la velocità è minima, mentre al perielio, che è il punto della traiettoria più vicino al Sole, la velocità è massima.*

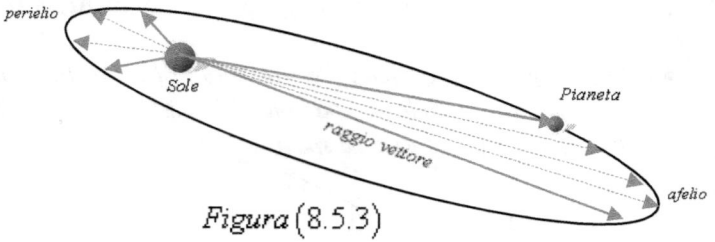

Figura (8.5.3)

- **legge dei periodi:** *i cubi dei semiassi maggiori delle traiettorie sono proporzionali ai rispettivi quadrati dei tempi che i pianeti impiegano a percorrere l'intera traiettoria.*

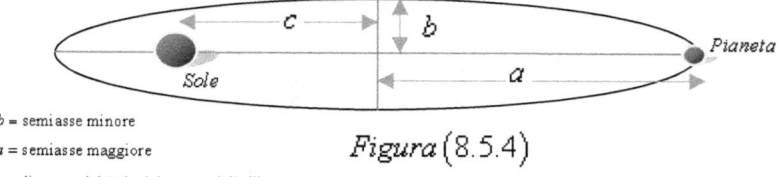

Figura (8.5.4)

b = semiasse minore
a = semiasse maggiore
c = distanza del Sole dal centro dell'ellisse

Si definisce *eccentricità orbitale* la quantità ε definita dall'equazione:

$$(8.5.1) \qquad \varepsilon = \frac{c}{a}$$

in cui ponendo $c = a$ l'eccentricità orbitale ε assume il valore 1 e la traiettoria del moto degenera in una retta; ponendo $c = 0$ l'eccentricità orbitale ε assume valore nullo e la traiettoria del moto degenera in una circonferenza. Quindi, i valori che può assumere l'eccentricità orbitale appartengono all'intervallo chiuso $[0,1]$.

pianeta	Semiasse maggiore *(metri)*	Eccentricità orbitale	Periodo orbitale *(secondi)*
Mercurio	$5.796 \cdot 10^{10}$	0.25	$7.602 \cdot 10^{6}$
Venere	$1.081 \cdot 10^{11}$	0.007	$1.941 \cdot 10^{7}$
Terra	$1.496 \cdot 10^{11}$	0.017	$3.156 \cdot 10^{7}$
Marte	$2.278 \cdot 10^{11}$	0.093	$5.935 \cdot 10^{7}$
Giove	$7.781 \cdot 10^{11}$	0.048	$3.743 \cdot 10^{8}$
Saturno	$1.427 \cdot 10^{12}$	0.054	$9.296 \cdot 10^{8}$
Urano	$2.870 \cdot 10^{12}$	0.046	$2.651 \cdot 10^{9}$
Nettuno	$4.449 \cdot 10^{12}$	0.08	$0.08 \cdot 10^{9}$
Plutone	$5.909 \cdot 10^{12}$	0.248	$7.832 \cdot 10^{9}$
Tabella (8.5.1)			

8.6 LA FORZA GRAVITAZIONALE

Con la formulazione delle leggi di Keplero si giunge ad una descrizione soddisfacente del moto dei pianeti, ma resta aperto il problema della causa. Con l'intento di ricavare questa causa, se si osserva la tabella (8.5.1) del paragrafo precedente si nota che le eccentricità orbitali di tutti i pianeti sono estremamente piccole e ciò suggerisce di considerare le traiettorie dei pianeti, in prima approssimazione, come traiettorie circolari. Ciò implica che le leggi di Keplero si possono enunciare nel modo seguente:

- **legge delle traiettorie:** *le traiettorie del moto dei pianeti sono circonferenze concentriche diversamente orientate nello spazio e con il Sole nel centro*

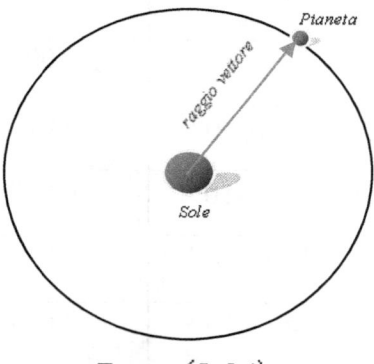

Figura (8.6.1)

- **Legge delle aree** *i pianeti si muovono sulle loro traiettorie con velocità orbitale costante in modulo*

- **Legge dei periodi** *i cubi dei raggi delle traiettorie sono proporzionali ai rispettivi quadrati dei tempi che i pianeti impiegano a percorrere l'intera traiettoria*

Dalla legge delle traiettorie e dalla legge delle aree consegue che qualsiasi pianeta si muove intorno al Sole di moto circolare uniforme e pertanto sarà soggetto all'accelerazione:

328

$$(8.6.1) \quad \vec{a} = \vec{\omega} \wedge \vec{v}$$

Questa equazione si può anche scrivere come:

$$(8.6.2) \quad \vec{a} = \vec{u}_n \frac{v^2}{R}$$

in cui R esprime il raggio della traiettoria e v^2 il quadrato della velocità orbitale.

Considerando la relazione $v = \dfrac{2\pi R}{T}$ che pone in relazione la velocità orbitale, il raggio della traiettoria e il periodo orbitale, e ponendola nell'equazione (8.6.2) si ottiene l'equazione:

$$(8.6.3) \quad \vec{a} = \vec{u}_n \frac{4\pi^2}{T^2} R$$

in cui usando la legge dei periodi: $\dfrac{R^3}{T^2} = \gamma_s$, si ottiene l'equazione:

$$(8.6.4) \quad \vec{a} = \vec{u}_n \frac{4\pi^2}{R^2} \gamma_s$$

dalla quale si deduce che l'accelerazione con cui un pianeta percorre la sua traiettoria dipende dall'inverso del quadrato della distanza dal Sole; la costante γ_s, come risulta dalla legge dei periodi, è la stessa per tutti i pianeti ed al più potrebbe dipendere dalla natura del Sole. E' notevole il fatto che anche nel caso di traiettorie ellittiche si ottiene un'equazione identica all'equazione (8.6.4) pur se con calcoli molto più laboriosi: l'accelerazione è sempre diretta verso il Sole che occupa uno dei fuochi ed R rappresenta la lunghezza del raggio vettore . Moltiplicando primo e secondo membro dell'equazione (8.6.4) per la massa m del pianeta, si ottiene l'equazione:

$$(8.6.5) \qquad m\vec{a} = \vec{u}_n \frac{m4\pi^2}{R^2}\gamma_s$$

in cui facendo uso dell'equazione (7.9.6) del settimo capitolo, si ottiene l'equazione:

$$(8.6.6) \qquad \vec{F} = \vec{u}_n \frac{m4\pi^2}{R^2}\gamma_s$$

che esprime la forza responsabile del moto di un pianeta intorno al Sole. Confrontando questa forza con la forza peso espressa dall'equazione (8.2.1), si osserva che entrambe le forze sono proporzionali alle masse; questo fatto suggerisce che le due forze possono avere la stessa origine.

Una verifica di questa ipotesi si può ottenere considerando la Terra come corpo centrale e la Luna come corpo orbitante intorno alla Terra.

Nell'ipotesi che le due forze hanno la stessa origine si può scrivere la seguente equazione:

$$(8.6.7) \qquad \vec{g} = \vec{u}_n \frac{4\pi^2}{R^2}\gamma_T$$

in cui R è il raggio dell'orbita lunare e $\gamma_T = \dfrac{R^3}{T^2}$ in cui T è il tempo necessario alla Luna per percorrere l'intera traiettoria. Ponendo nell'equazione (8.6.7) $R = r$ con r uguale al raggio della Terra, si ottiene l'equazione:

$$(8.6.8) \qquad \vec{g} = \vec{u}_n \frac{4\pi^2}{r^2}\gamma_T$$

che fornisce il valore dell'accelerazione di gravità $\vec{g}$ sulla superficie terrestre. Conoscendo il periodo T dell'orbita lunare ed il raggio terrestre r è possibile calcolare numericamente il valore di $\vec{g}$ sulla superficie terrestre; infatti, essendo il periodo dell'orbita lunare $T = 2.36 \cdot 10^6 s$ ed il raggio dell'orbita lunare R legato al raggio terrestre r dall'equazione $R = 60.1r$ ed essendo r legato a sua volta in modo semplice al sistema metrico: $1m$ è uguale alla quaranta milionesima parte della circonferenza della Terra, cioè: $1m = \dfrac{2\pi r}{4 \cdot 10^7}$

da cui segue: $r = 6.37 \cdot 10^6 m$. Utilizzando questi valori e l'equazione (8.6.8) si ottiene $9.80 \dfrac{m}{s^2}$ che coincide con il valore ricavato sperimentalmente per altre vie come, per esempio , con l'uso di un pendolo. L'equazione (8.6.6) esprime la forza che il Sole esercita su un pianeta di massa m; d'altro canto dovendo valere il principio di azione e reazione, il pianeta dovrà esercitare una forza uguale e contraria sul Sole data dalla seguente equazione:

$$(8.6.9) \quad \vec{F} = \vec{u}_n \frac{4\pi^2 M_s}{R^2} \gamma$$

il cui confronto con l'equazione (8.6.6) fornisce l'equazione:

$$(8.6.10) \quad \frac{m}{\gamma} = \frac{M_s}{\gamma_s}$$

Questo rapporto, come si vede, è lo stesso per entrambi i corpi *(Sole, pianeta)* e quindi per qualsiasi altro corpo; se lo si indica con $\dfrac{4\pi^2}{G}$ si può scrivere la seguente equazione:

$$(8.6.11) \quad 4\pi^2 \gamma_s = GM_s$$

che utilizzata nell'equazione (8.6.6) consente di scrivere l'equazione:

$$(8.6.12) \quad \vec{F} = \vec{u}_n G \frac{mM_s}{R^2}$$

in cui G assume il nome di costante di gravitazione universale.

Questa equazione esprime l'interazione tra il Sole e un pianeta e poiché il rapporto espresso dall'equazione (8.6.10) non dipende dal particolare corpo centrale considerato, essa può scriversi come:

$$(8.6.13) \quad \vec{F} = \bar{u}_n G \frac{mM}{R^2}$$

la quale esprime l'interazione per una qualsiasi coppia di corpi e consente di affermare quanto segue:

due corpi di massa **m** *e* **M** *si attraggono con una forza direttamente proporzionale al prodotto delle loro masse ed inversamente proporzionale al quadrato della loro distanza.*

Resta ora da determinare il valore della costante G e ciò potrebbe essere fatto usando la definizione stessa di G, ma questo richiede che sia nota la massa della Terra o quella del Sole o quella di qualche altro pianeta, il che significa che bisogna conoscere la struttura interna di questi corpi celesti cosa, invece, che è nota con molta approssimazione. Quindi si rende necessario determinare G misurando sperimentalmente la forza gravitazionale di due corpi di massa nota posti a breve distanza l'uno dall'altro. Questa misurazione fu eseguita per la prima volta con la tecnica della bilancia a torsione da Henry Cavendish; il valore di G attualmente accettato è quello ottenuto da P.R. Heyl e P. Chizanowski nel 1942 al National Bureau of standard negli Stati Uniti. Questo valore è:

$$G = \left(6.673 \pm 0.003\right) \cdot 10^{11} \, Nm^2 kg^{-2}$$

Prima di concludere questo paragrafo si vogliono fare alcune osservazioni:

prima che Newton formulasse la legge di forza espressa dall'equazione (8.6.13), le leggi che governavano il moto dei corpi celesti erano ritenute diverse da quelle che governavano i moti dei corpi nell'immediato intorno della superficie terrestre. Uno dei grandi meriti che va attribuito a Newton è quello di aver ricondotto il moto di un corpo celeste alle stesse leggi che governano il moto di un corpo nell'immediato intorno della superficie terrestre. Questo passaggio avvenuto tramite le equazioni (8.6.6) e (8.2.1), oggi appare abbastanza intuitivo, ma se si tiene conto dell'epoca in cui è avvenuto, durante la quale una nozione comunemente ritenuta valida fu che i pianeti fossero guidati nelle loro orbite dagli angeli, si capisce subito quale sia stato il genio di Newton nell'avere realizzato questo risultato. Un altro risultato molto importante da porre in evidenza è che la particolare simmetria dell'equazione (8.6.6) e la particolare natura del rapporto (8.6.10) consentono di dare una forma generale all'equazione (8.6.6) attraverso l'equazione (8.6.13) che può essere utilizzata per qualsiasi coppia di corpi, di qui, appunto, il nome di **legge di gravitazione universale.** Si osservi che, in tutta la procedura utilizzata per ottenere l'equazione (8.6.13), si è implicitamente ammesso che i corpi in questione vengono considerati come punti materiali, ciò non è sempre possibile, per esempio: si può considerare la Terra come punto materiale nella sua orbita intorno al Sole, ma non è possibile considerare la Terra come punto materiale rispetto ad un corpo nelle sue immediate vicinanze. Eppure, nella determinazione di $\vec{g}$ sulla superficie della Terra, tramite l'equazione (8.6.8), si è considerata la Terra come punto materiale posizionato al centro della sfera; si può dimostrare che se un corpo sferico è costituito da un insieme di strati sferici, ognuno dei quali ha una densità uniforme, allora il corpo sferico può essere riguardato come se tutta la massa fosse concentrata nel suo centro e quindi si può trattare come un punto materiale. Un corpo come la Terra, la Luna e il Sole rientrano in questa ipotesi e possono essere trattati come punti materiali.

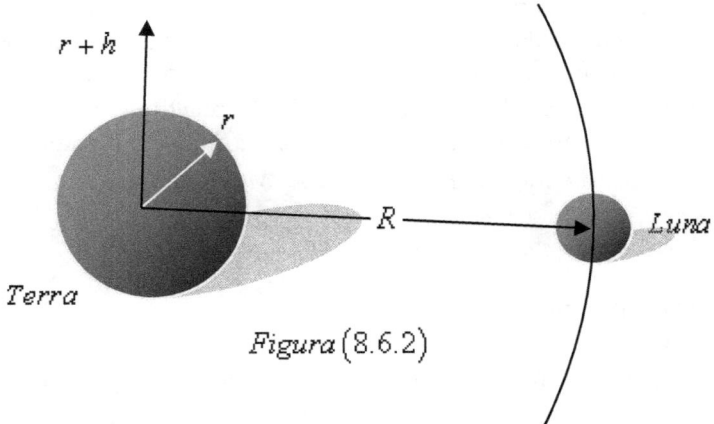

Figura $(8.6.2)$

8.7 IL MOTO DEI PIANETI E DEI SATELLITI ARTIFICIALI SECONDO IL MODELLO DINAMICO DEL MOTO CIRCOLARE UNIFORME

La legge di forza espressa dall'equazione (8.6.13) del precedente paragrafo esprime l'interazione gravitazionale tra due corpi qualsiasi nell'approssimazione di punto materiale; nell'ipotesi che i pianeti ed i satelliti artificiali descrivono traiettorie circolari intorno ad un corpo centrale, l'equazione del moto può scriversi come:

$$(8.7.1) \qquad \vec{u}_n G \frac{mM}{R^2} = \vec{u}_n m \frac{v^2}{R}$$

in cui M è la massa del corpo centrale, m e v rispettivamente la massa e la velocità del corpo orbitante ed R la distanza relativa tra il corpo centrale ed il corpo orbitante. Poiché la velocità del corpo orbitante si può scrivere come $v = \dfrac{2\pi R}{T}$, sostituendo questo valore nell'equazione (8.7.1) si ottiene l'equazione:

$$(8.7.2) \qquad GM = \frac{4\pi^2 R^3}{T^2}$$

che fornisce il modello dinamico del moto circolare uniforme per la descrizione del moto di un pianeta o di un satellite artificiale intorno ad un corpo centrale. Si noti che la massa del corpo orbitante non interviene nell'equazione del moto, il che significa che è possibile determinare, in modo semplice, la massa del corpo centrale se si conosce il periodo T ed il raggio R della traiettoria del corpo orbitante. Così, nel caso che il corpo centrale sia la Terra ed il corpo orbitante sia la Luna, si può determinare la massa M_T della Terra:

$$M_T = \frac{4\pi^2}{G} \frac{R^3}{T^2}$$

in cui ponendo:

$$T = 2.36 \cdot 10^6 s \quad ; \quad R = 60.1r \quad \left(con \ r = 6.37 \cdot 10^6 m \ \text{raggio terrestre} \right.$$

si ottiene: $M_T = 5.94 \cdot 10^{24} kg$

Ancora l'equazione (8.7.2) può essere utilizzata per determinare la distanza dei pianeti dal Sole; infatti, nota la massa del Sole M_s ed il tempo necessario al pianeta per descrivere l'intera traiettoria (*il tempo si determina con osservazioni astronomiche*), la distanza del pianeta dal Sole si calcola nel modo seguente:

$$R = \sqrt[3]{\frac{GM_sT^2}{4\pi^2}}$$

Inoltre, l'equazione (8.7.2) consente di determinare lo stato di moto di qualsiasi pianeta in moto intorno ad un corpo centrale o, com'è stato già visto nel paragrafo (7.10) del settimo capitolo, di qualsiasi satellite artificiale; infatti, sostituendo nell'equazione (8.7.2) il valore di T con quello fornito dall'equazione $T = \dfrac{2\pi}{\omega}$, si ottiene l'equazione:

$$(8.7.3) \quad \omega = \sqrt{\frac{GM}{R^3}}$$

che fornisce la velocità angolare con cui il corpo orbitante si muove intorno al corpo centrale; questa velocità, come si vede, è costante. La posizione istante per istante è fornita dall'equazione:

$$(8.7.4) \quad \theta = \theta_0 + \sqrt{\frac{GM}{R^3}}t$$

Le equazioni (8.7.3) e (8.7.4) definiscono lo stato di moto di un corpo orbitante intorno ad un corpo centrale nelle approssimazioni dette. Si osservi che l'equazione (8.7.2) può essere utilizzata anche se l'orbita è ellittica, in tal caso R indica il semiasse maggiore dell'ellisse. Le considerazioni svolte finora non sono sufficienti a fornire un'analisi completa del moto planetario; in altre parole, le orbite che i pianeti descrivono intorno al Sole non sono perfette perché, in realtà, quando si considera il moto intorno al Sole bisogna tener conto anche della presenza degli altri pianeti. La presenza di questi pianeti introduce delle perturbazioni sulle orbite che possono essere calcolate usando la teoria delle perturbazioni. L'analisi di queste perturbazioni conduce essenzialmente ai due effetti seguenti:

- *la traiettoria ellittica di un pianeta non è chiusa e l'asse maggiore dell'ellisse ruota molto lentamente intorno al fuoco dove si trova il Sole. Questo effetto è detto anticipo di perielio (vedi figura (8.7.1))*

- *variazioni periodiche dell'eccentricità orbitale ε intorno al suo valore medio(vedi figura (8.7.2)). Queste variazioni si sviluppano molto lentamente nel tempo, ciò nonostante hanno prodotto effetti rimarchevoli per quanto riguarda il cambiamento delle condizioni climatiche della Terra.*

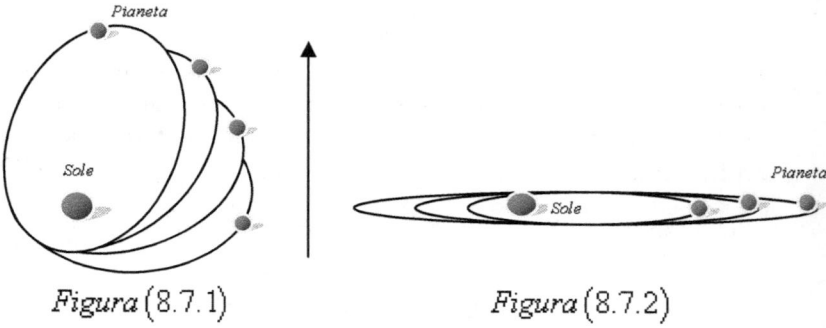

$Figura\,(8.7.1)$ $Figura\,(8.7.2)$

8.8 VARIAZIONI DELL'ACCELERAZIONE DI GRAVITÀ

Avendo provato che la forza peso e la forza gravitazionale hanno la stessa origine, si può scrivere la seguente equazione:

$$(8.8.1) \quad m\vec{g} = \vec{u}_n G \frac{mM_T}{R^2}$$

da cui segue l'equazione:

$$(8.8.2) \quad \vec{g} = \vec{u}_n G \frac{M_T}{R^2}$$

che consente di determinare il vettore accelerazione $\vec{g}$ per una qualsiasi quota dal centro della Terra, nota la massa M_T della Terra e la costante di gravitazione universale G. E' possibile determinare, a partire dall'equazione (8.8.2), una relazione che consente di determinare il valore di $\vec{g}$, per una qualsiasi quota, a partire dal valore che $\vec{g}$ assume sulla superficie terrestre. Calcolando la variazione in modulo del vettore $\vec{g}$ si ottiene l'equazione:

$$(8.8.3) \qquad \Delta g = -2\frac{GM_T}{R^2}\frac{\Delta R}{R}$$

in cui il segno meno indica che aumentando la distanza dal centro della Terra l'accelerazione diminuisce. Assumendo come valore di riferimento il valore che g assume sulla superficie terrestre e indicando questo valore con $g_0 = \dfrac{GM_T}{R_0^2}$ in cui R_0 è il raggio della Terra, l'equazione (8.8.3) si può scrivere come:

$$(8.8.4) \qquad g = g_0\left(1 - 2\frac{\Delta R}{R}\right)$$

che consente di determinare il valore dell'accelerazione di gravità g per qualsiasi quota, noti $g_0, \Delta R, R_0$. Come esempio si calcoli il valore di g ad una quota di $15 km$ sulla superficie terrestre. Usando l'equazione (8.8.4) si ottiene il seguente valore:

$$g = 9.80\frac{m}{s^2}\left(1 - \frac{2\cdot15\cdot10^3 m}{6.37\cdot10^6 m}\right) = 9.77\frac{m}{s^2}$$

Questo risultato si discosta molto poco del valore alla superficie terrestre e per questo motivo che il vettore $\vec{g}$ si ritiene costante nelle vicinanze della superficie terrestre.

8.9 MASSA GRAVITAZIONALE E MASSA INERZIALE

Nel quarto capitolo, è stata definita la massa di un corpo come la grandezza fisica misurabile con la bilancia a due piatti e, successivamente, è stato anche detto che questa definizione non è soddisfacente sul piano concettuale perché non evidenzia né il significato né il ruolo che essa svolge nei diversi fenomeni naturali nei quali si manifesta. Orbene, sulla base delle nuove conoscenze acquisite, è possibile dare un significato più profondo alla definizione di massa. A tal fine, si consideri una bilancia a due piatti in equilibrio; successivamente si ponga su uno dei due piatti un corpo di massa m_1 e si riequilibra la bilancia con i pesi ad essa corredati. Ad equilibrio avvenuto, il corpo di massa m_1 è soggetto alla forza gravitazionale data dalla seguente equazione:

$$(8.9.1) \quad F_1 = G \frac{m_1 M_T}{R^2}$$

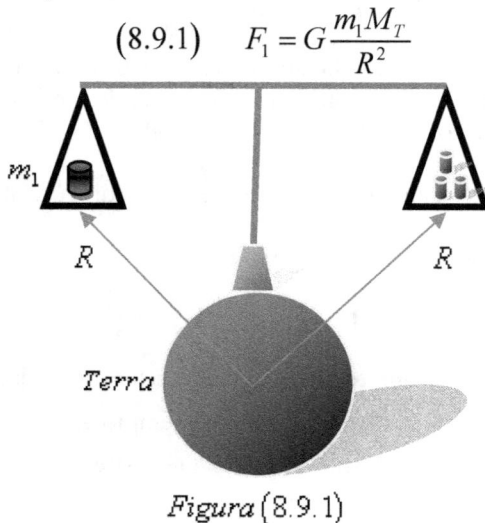

Figura (8.9.1)

Poiché i pesi che equilibrano il corpo hanno anch'essi una massa, saranno soggetti alla forza gravitazionale data dalla seguente equazione:

$$(8.9.2) \quad F = G \frac{m M_T}{R^2}$$

in cui m esprime la loro massa complessiva.
Rapportando l'equazione (8.9.1) con l'equazione (8.9.2) si ottiene l'equazione:

$$(8.9.3) \quad \frac{F_1}{F} = \frac{m_1}{m}$$

dalla quale si deduce che il rapporto tra le forze gravitazionali è uguale al rapporto delle masse.
Poiché all'equilibrio risulta $F_1 = F$ ne consegue $m_1 = m$ quindi, scelto arbitrariamente un corpo a cui si assegna massa unitaria, la bilancia a due piatti consente di definire operativamente la massa di un corpo a cui si dà il nome di massa gravitazionale. Per contro, alla massa di un

corpo definita come nel paragrafo (7.6) del settimo capitolo si dà il nome di massa inerziale. Orbene, osservando che la forza gravitazionale e la forza peso hanno la stessa origine, l'equazione (8.9.3) si può scrivere come:

$$(8.9.4) \qquad \frac{P_1}{P} = \frac{m_1}{m}$$

dalla quale si deduce che i pesi dei corpi sono proporzionali alle masse gravitazionali. Ora, liberando il corpo e i pesi dal vincolo dei piatti della bilancia e lasciati cadere liberamente a Terra, si possono scrivere le seguenti equazioni:

$$(8.9.5) \quad P_1 = m'_1 \, g \quad ; \quad (8.9.6) \quad P = m' g$$

in cui m'_1 e m' sono rispettivamente le masse inerziali del corpo e dei pesi. Rapportando queste due equazioni si ottiene l'equazione:

$$(8.9.7) \qquad \frac{P_1}{P} = \frac{m'_1}{m'}$$

dalla quale si deduce che i pesi dei corpi sono proporzionali alle masse inerziali.

Confrontando le equazioni (8.9.4) e (8.9.7) si ottiene l'equazione:

$$(8.9.8) \qquad \frac{m_1}{m} = \frac{m'_1}{m'}$$

dalla quale si deduce che la massa gravitazionale di un corpo è proporzionale alla sua massa inerziale:

$$(8.9.9) \qquad \frac{m}{m'} = \text{cost}$$

Assumendo come massa gravitazionale unitaria quella del campione unitario di massa inerziale, il rapporto espresso dall'equazione (8.9.9) risulta uguale a 1 *(uno):*

$$(8.9.10) \qquad \frac{m}{m'} = 1$$

Volendo verificare sperimentalmente la validità di questa equazione, si consideri un pendolo il cui corpo oscillante abbia la forma di un sottile guscio; facendolo oscillare secondo piccole ampiezze di oscillazioni, il suo periodo è dato dall'equazione:

$$(8.9.11) \qquad T = 2\pi \sqrt{\frac{m'}{k_e}}$$

in cui m' è la massa inerziale del corpo oscillante e k_e la costante elastica data dall'equazione:

$$(8.9.12) \qquad k_e = \frac{P}{l}$$

che può scriversi come:

$$(8.9.13) \qquad k_e = \frac{mg}{l}$$

In cui m è la massa gravitazionale del corpo oscillante; sostituendo nell'equazione (8.9.11) il valore della costante elastica k_e dato dall'equazione (8.9.13), si ottiene l'equazione:

$$(8.9.14) \qquad T = 2\pi \sqrt{\frac{m'l}{mg}}$$

che fornisce il periodo del pendolo in funzione della massa gravitazionale e della massa inerziale del corpo oscillante. Orbene, dall'equazione (8.9.14) si osserva che solo se la massa gravitazionale è uguale alla massa inerziale il periodo del pendolo è dato dall'equazione:

$$(8.9.15) \qquad T = 2\pi \sqrt{\frac{l}{g}}$$

Quindi, la verifica della relazione (8.9.10) consiste nell'introdurre all'interno della cavità del corpo oscillante dei corpi di natura diversa aventi la stessa massa gravitazionale, avendo avuto cura di determinarla, per ogni esperienza, con la bilancia a due piatti. Facendo oscillare il pendolo, per ogni esperienza, sempre allo stesso modo, poiché la forma del corpo oscillante non muta mai, qualsiasi differenza di accelerazione può solo essere dovuta a una differenza tra massa gravitazionale e massa inerziale che si manifesta con una differenza del periodo di oscillazione del pendolo. Si trova, per ogni esperienza, che il periodo di oscillazione del pendolo, nei limiti delle incertezze sperimentali, fornisce sempre il valore previsto dall'equazione (8.9.15) il che porta a concludere che la massa gravitazionale di un corpo è numericamente uguale alla sua massa inerziale.

	TEST DI VERIFICA (8.1)
1	quale delle seguenti relazioni rappresenta la giusta relazione tra la forza tangenziale e le variabili angolari: A. $\vec{f}_\tau = m(\vec{\omega} \wedge \vec{v})$ B. $\vec{f}_\tau = m(\vec{\alpha} \wedge \vec{s})$ C. $\vec{f}_\tau = m(\vec{\alpha} \wedge \vec{v})$ D. $\vec{f}_\tau = m(\vec{\omega} \wedge \vec{s})$
2	quale delle seguenti espressioni rappresenta l'espressione giusta modulo del componente parallelo del vettore forza peso $\vec{P}$ A. $\vec{f}_p = P \tan \alpha$ B. $\vec{f}_\tau = P \cos \alpha$ C. $\vec{f}_\tau = P \sin \alpha$ D. $\vec{f}_\tau = Pe^{-\alpha}$
3	come si determina il vettore forza responsabile del moto parabolico
4	quale delle seguenti espressioni rappresenta la giusta espressione della forza elastica: A. $R_x = -k_e x^2$ B. $R_x = -\dfrac{1}{2} k_e x$ C. $R_x = -k_e x$ D. $R_x = -k_e e^{-x}$
5	trascurando l'interazione tra il carrello di un oscillatore armonico ed il piano di appoggio, resta solo l'interazione tra il carrello e la molla. Come si determina la legge di forza che esprime questa interazione.

6	quale delle seguenti relazioni esprime la corretta relazione tra la costante elastica k_e e la costante k contenuta nell'equazione: $m = kT^2$ A. $k = \dfrac{k_e}{4\pi}$ B. $k = \dfrac{k_e}{4\pi^2}$ C. $k = \dfrac{k_e}{2\pi}$ D. $k = \dfrac{k_e}{2\pi^2}$
7	come si determina la forza responsabile del moto di un pendolo
8	come si può enunciare la legge di forza dell'attrito radente
9	come si può determinare il coefficiente di attrito statico μ_s
10	enunciare le leggi di Keplero nell'ipotesi che le traiettorie siano circolari
11	come si esegue la verifica che la forza gravitazionale e la forza peso hanno la stessa origine
12	perché la legge di forza delle interazioni gravitazionali si chiama anche legge di gravitazione universale
13	quale delle seguenti equazioni esprime il modello dinamico del moto per la descrizione del moto di un pianeta o di un satellite artificiale intorno ad un corpo centrale

A. $GM = \dfrac{4\pi^2 R^3}{T^2}$

B. $GM = \dfrac{4\pi^2 T^2}{R^2}$

C. $GM = \dfrac{4\pi R^3}{T^2}$

D. $M = G\dfrac{4\pi^2 R^3}{T^2}$

14	quali implicazioni ha la teoria delle perturbazioni sull'analisi del moto planetario
15	scrivere la formula che consente il calcolo dell'accelerazione di gravità per una qualsiasi quota
16	assumendo come massa gravitazionale unitaria quella del campione unitario di massa inerziale, come si può verificare che la massa gravitazionale di un corpo coincide numericamente con la sua massa inerziale

NONO CAPITOLO

LO SPAZIO-TEMPO DI NEWTON

9.1 LO SPAZIO-TEMPO DI NEWTON

Nel paragrafo (7.8) del settimo capitolo è stata ammessa una classe di osservatori inerziali rispetto ai quali i fenomeni meccanici e le leggi che li governano sono invarianti; questa proposizione è nota come *principio di relatività galileiana* dal quale consegue che le leggi della meccanica devono essere formulate rispetto ad osservatori inerziali. Poiché queste leggi sono state formulate da osservatori solidali con laboratori terrestri, si ritiene che *lo stato di moto della Terra debba essere quello fondamentale, cioè di quiete o di moto rettilineo uniforme,* ma i concetti di quiete e di moto sono relativi e quindi bisogna precisare rispetto a quale corpo di riferimento la Terra è in quiete o si muove di moto rettilineo uniforme. Con questo intento, si osservi che per la descrizione dello stato di moto della Terra viene indicato un osservatore solidale con il Sole. Rispetto a questo osservatore lo stato di moto della Terra è accelerato, quindi le leggi della meccanica non possono essere formulate rispetto ad osservatori solidali con la Terra. *Ma le leggi della Meccanica sono state ottenute proprio con esperimenti eseguiti sulla Terra, ciò induce a ritenere che lo stato di moto della Terra, pur essendo accelerato, debba essere tale da potersi ritenere approssimativamente fondamentale.* Questo fu il problema che si presentò a Newton dopo che ebbe formulato le leggi della meccanica: *trovare un corpo di riferimento il cui stato di moto fosse rigorosamente fondamentale.* Se Newton avesse scelto il Sole, il problema non sarebbe stato risolto ma soltanto differito in quanto si sarebbe potuto scoprire, un giorno, che anche il Sole potesse avere uno stato di moto accelerato, come in realtà è avvenuto. Fu probabilmente per tali ragioni che Newton giunse alla convinzione che un riferimento empirico, fissato da corpi materiali non avrebbe mai potuto costituire il fondamento di una scienza che implicasse le leggi della meccanica da lui formulate. Considerazioni analoghe possono essere svolte per il tempo; lo scorrere del tempo si esprime attraverso il moto rettilineo uniforme. Assumendo come unità di misura del tempo il periodo di rotazione della Terra, il principio d'inerzia non sarebbe esattamente valido per la presenza di alcune irregolarità nel moto della Terra. In questo modo Newton pervenne alla conclusione che esistessero uno spazio assoluto e un tempo assoluto e che, quindi, *le leggi della meccanica devono essere formulate rispetto ad osservatori in*

quiete o in moto rettilineo uniforme rispetto allo spazio assoluto;
a questo proposito egli scrisse:
lo spazio assoluto, per sua natura senza relazione ad alcunché d'esterno,
rimane sempre uguale e immobile; lo spazio relativo è una dimensione mobile
o misura dello spazio assoluto, che i nostri sensi definiscono in relazione alla
sua posizione rispetto ai corpi, ed è comunemente preso al posto dello spazio
immobile. Così, invece dei luoghi e dei moti assoluti usiamo i moti relativi; né
ciò riesce scomodo nelle umane cose: ma nella filosofia bisogna astrarre dai
sensi. Potrebbe anche darsi che non vi sia alcun corpo in quiete al quale
possono venire riferiti sia i luoghi che i moti.

Il tempo, vero, matematico, in sé per sua natura senza relazione ad alcunché
di esterno, scorre uniformemente, e con altro nome è chiamato durata; quello
relativo, apparente e volgare, è una misura (esatta o inesatta) sensibile ed
esterna della durata per mezzo del moto, che comunemente viene impiegata al
posto del vero tempo: tali sono l'ora, il giorno, il mese, e l'anno ...... Infatti i
giorni naturali, che di consueto sono ritenuti uguali, e sono usati come misura
del tempo, sono inuguali. Gli astronomi correggono questa ineguaglianza
affinché, con un tempo più vero, possano misurare i moti celesti. E' possibile
che non vi sia movimento talmente uniforme per mezzo del quale si possa
misurare accuratamente il tempo. Tutti i movimenti possono essere accelerati
o ritardati, ma il flusso del tempo assoluto non può essere mutato. Identica è
la durata o la persistenza delle cose, sia che i moti vengano accelerati, sia che
vengano ritardati, sia che vengano annullati.

9.2 LE TRASFORMAZIONI DI GALILEO

Per quanto le leggi della meccanica siano invarianti rispetto agli
osservatori inerziali, da ciò non segue che lo stato di moto di un corpo
sia lo stesso per ogni osservatore inerziale; cioè, un osservatore
inerziale O che eseguisse misurazioni di posizione e di velocità per
determinare lo stato di moto di un corpo, troverebbe valori diversi da
quelli che troverebbe un altro osservatore inerziale O', in moto
rettilineo uniforme rispetto ad O

In che modo i due osservatori inerziali possono conciliare le
loro misure di posizione e velocità ?

Per rispondere a questa domanda, si supponga che i due osservatori occupano la stessa posizione nell'istante $t = 0$; in un istante successivo si ottiene la configurazione schematizzata nella figura (9.2.1) dalla quale si ricava l'equazione:

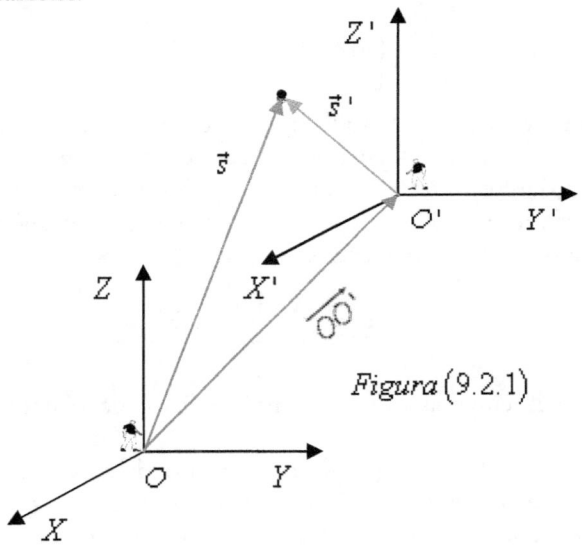

$$(9.2.1) \quad \vec{s}' = \vec{s} - \overrightarrow{OO}'$$

in cui $\vec{s}'$ ed $\vec{s}$ sono rispettivamente i vettori posizione rispetto agli osservatori O' e O ed $\overrightarrow{OO}'$ il vettore esprimente la posizione relativa dei due osservatori. Calcolando le variazioni rispetto al tempo per l'equazione (9.2.1) si ottiene la seguente equazione:

$$(9.2.2) \quad \frac{d}{dt}\vec{s}' = \frac{d}{dt}\vec{s} - \frac{d}{dt}\overrightarrow{OO}'$$

in cui $\dfrac{d}{dt}\vec{s}'$ esprime il vettore velocità $\vec{v}'$ del corpo rispetto all'osservatore O', $\dfrac{d}{dt}\vec{s}$ esprime il vettore velocità $\vec{v}$ del corpo rispetto all'osservatore O e $\dfrac{d}{dt}\overrightarrow{OO}{}'$ il vettore velocità $\vec{u}$ relativo ai due osservatori. Pertanto si può scrivere la seguente equazione:

$$(9.2.3) \qquad \vec{v}{}' = \vec{v} - \vec{u}$$

che esprime la legge di addizione delle velocità , dovuta a Galileo e valida anche nel caso in cui uno dei due osservatori non sia inerziale.
Poiché i due osservatori si muovono l'uno rispetto all'altro con moto rettilineo uniforme, la loro velocità relativa $\vec{u}$ è costante e pertanto l'equazione (9.2.1) si può scrivere come:

$$(9.2.4) \qquad \vec{s}{}' = \vec{s} - \vec{u}t$$

in cui t è il tempo assoluto, cioè indipendente dallo stato di moto degli osservatori.
Le equazioni (9.2.3) e (9.2.4) consentono di conciliare le misure di posizione e di velocità dei due *osservatori inerziali* che studiano il moto di uno stesso corpo; esse sono note come *equazioni di trasformazione degli osservatori inerziali,* dette anche *trasformazioni di Galileo.*

Dall'inerzialità dei due osservatori consegue la reciprocità delle equazioni (9.2.3) (9.2.4):

$$(9.2.5) \qquad \vec{v} = \vec{v}{}' + \vec{u} \quad ; \quad (9.2.6) \qquad \vec{s} = \vec{s}{}' + \vec{u}t$$

Calcolando le variazioni rispetto al tempo per l'equazione (9.2.3) si ottiene l'equazione:

$$(9.2.7) \qquad \frac{d}{dt}\vec{v}{}' = \frac{d}{dt}\vec{v}$$

dalla quale si deduce che l'accelerazione con cui il corpo si muove è assoluta, nel senso che il suo valore non dipende dallo stato di moto dell'osservatore. Osservando che anche la massa del corpo non dipende dallo stato di moto dell'osservatore, si può scrivere l'equazione:

$$(9.2.8) \quad m \, \frac{d}{dt} \vec{v}' = m \frac{d}{dt} \vec{v}$$

che esprime, matematicamente, ciò che è stato detto nel paragrafo (7.8) del settimo capitolo e cioè: *le leggi della meccanica sono invarianti rispetto agli osservatori inerziali.*

Pertanto il principio di relatività galileiana si può enunciare come segue:

le leggi della meccanica sono invarianti rispetto ad una trasformazione di Galileo.

Per chiarire con un esempio quanto è stato detto finora, si consideri un laboratorio di fisica situato in un'attrezzata carrozza di un treno che si muove di moto rettilineo uniforme rispetto alla stazione di partenza. Si lasci cadere liberamente, all'interno della carrozza un corpo *C;* secondo l'osservatore *O,* solidale con la stazione di partenza, il corpo descrive una traiettoria parabolica risultante dalla composizione di un moto rettilineo uniforme orizzontale con velocità $\vec{u}$ e di un moto verticale con accelerazione costante: $\dfrac{d}{dt} \vec{v} = \vec{g}$.

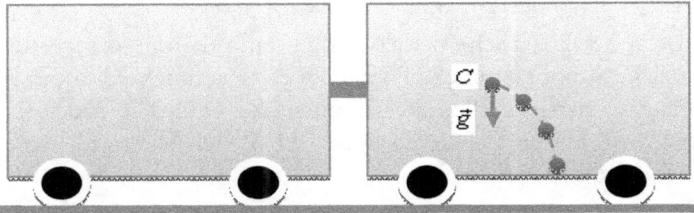

$$\frac{d}{dt}\vec{v} = \vec{g}$$

Figura $(9.2.2)$

osservatore solidale con la stazione di partenza

349

Secondo l'osservatore O', solidale con la carrozza in cui è situato il laboratorio di fisica, il corpo descrive una traiettoria rettilinea lungo la verticale, muovendosi con accelerazione costante $\dfrac{d}{dt}\vec{v}\,' = \vec{g}$

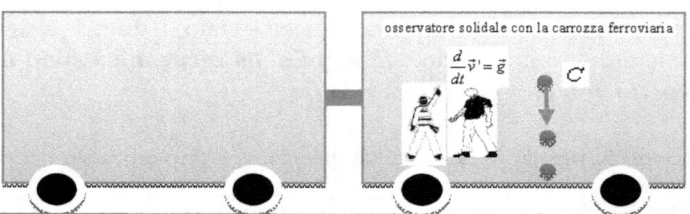

osservatore solidale con la carrozza ferroviaria

$\dfrac{d}{dt}\vec{v}\,' = \vec{g}$

C

Figura $(9.2.3)$

I due osservatori, pur osservando traiettorie diverse, attribuiscono al corpo la stessa accelerazione e quindi la stessa forza, cioè i due osservatori affermano entrambi che la causa del moto del corpo C è la forza peso e gli attribuiscono lo stesso valore $m\vec{g}$.

9.3 OSSERVATORI IN MOTO TRASLATORIO ACCELERATO RISPETTO AD OSSERVATORI INERZIALI

Nel paragrafo precedente è stato detto che la legge di addizione delle velocità è valida anche nel caso in cui uno dei due osservatori non sia inerziale. Supponendo che l'osservatore O' si muove di moto traslatorio accelerato rispetto all'osservatore inerziale O e calcolando le variazioni rispetto al tempo per l'equazione (9.2.3) del paragrafo precedente, si ottiene l'equazione:

$$(9.3.1) \qquad \frac{d}{dt}\vec{v}\,' = \frac{d}{dt}\vec{v} - \frac{d}{dt}\vec{u}$$

in cui $\dfrac{d}{dt}\vec{v}\,'$ esprime l'accelerazione del corpo misurata

dall'osservatore O', $\dfrac{d}{dt}\vec{v}$ esprime l'accelerazione del corpo misurata dall'osservatore inerziale O ed il termine $-\dfrac{d}{dt}\bar{u}$ esprime l'accelerazione relativa tra i due osservatori *(accelerazione di trascinamento)*. Moltiplicando primo e secondo membro di questa equazione per la massa del corpo, si ottiene l'equazione:

$$(9.3.2) \quad m\frac{d}{dt}\vec{v}\,' = m\frac{d}{dt}\vec{v} - m\frac{d}{dt}\bar{u}$$

in cui facendo uso dell'equazione (7.9.7) del settimo capitolo, si ottiene l'equazione:

$$(9.3.3) \quad \vec{R}\,' = \vec{R} - \vec{R}_T$$

in cui $\vec{R}\,'$ è la forza responsabile del moto del corpo misurata dall'osservatore accelerato O', $\vec{R}$ è la forza responsabile del moto del corpo misurata dall'osservatore O e $-\vec{R}_T$ è una forza dovuta all'accelerazione relativa tra i due osservatori. Dall'equazione (9.3.3) si deduce che un osservatore accelerato vede muovere un corpo sia per effetto di una forza $\vec{R}$, dovuta all'interazione tra il corpo e l'ambiente che lo circonda, sia per effetto di una forza $-\vec{R}_T$, dovuta al moto relativo dei due osservatori e non corrispondente, secondo gli osservatori inerziali, ad alcuna interazione;

per questo motivo, tali forze vengono dette fittizie, oppure apparenti, oppure inerziali.

Si osservi che se il corpo è nel suo stato fondamentale rispetto all'osservatore inerziale O , è $\vec{R} = 0$ sicché l'equazione (9.3.3) si riduce all'equazione:

$$(9.3.4) \quad \vec{R}\,' = -\vec{R}_T$$

dalla quale si deduce che anche in assenza di interazioni, l'osservatore accelerato O' vede il corpo C sottoposto all'azione di una forza. Con riferimento all'esempio trattato nel paragrafo precedente e nell'ipotesi che il treno si muove di moto accelerato rispetto alla stazione di partenza, un osservatore O' solidale con la carrozza in cui è situato il laboratorio di fisica, vedrà il corpo C sfuggire all'indietro rispetto al pavimento della carrozza, con un'accelerazione data dall'equazione (9.3.1).

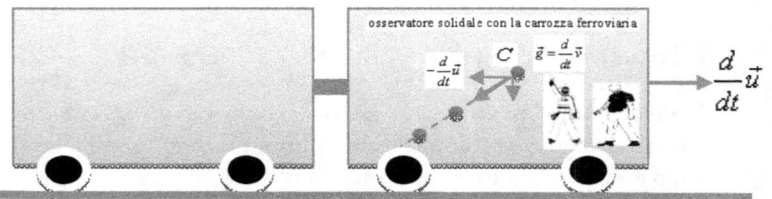

Figura (9.3.1)

L'osservatore inerziale O e l'osservatore accelerato O', oltre che osservare una diversa traiettoria per il moto dello stesso corpo C, attribuiscono anche forze diverse: per l'osservatore inerziale O, la forza responsabile del moto del corpo C è la forza $m\vec{g}$, per l'osservatore accelerato O', la forza responsabile del moto del corpo C è la forza data dalla differenza della forza peso e della forza inerziale:

$$(9.3.5) \qquad \vec{R}' = m\vec{g} - m\frac{d}{dt}\vec{u}$$

9.4 OSSERVATORI IN MOTO ROTATORIO UNIFORME RISPETTO AD OSSERVATORI INERZIALI

Un caso particolarmente interessante fra gli osservatori accelerati è quello inerente ad un osservatore O' che ruota uniformemente, con velocità angolare $\vec{\omega}$, rispetto ad un osservatore inerziale O.

Si consideri una piattaforma che ruoti, con velocità angolare $\vec{\omega}$ costante, intorno ad un asse A coincidente con l'asse Z di un sistema di assi cartesiani O, X, Y, Z solidale con un osservatore inerziale O e sia O' un osservatore solidale con la piattaforma ruotante e con un sistema di assi cartesiani O', X', Y', Z'. Un corpo C, fermo rispetto all'osservatore O', è visto muovere dall'osservatore O con moto circolare uniforme con una velocità $\vec{v}$ data dall'equazione:

$$(9.4.1) \qquad \vec{v} = \vec{\omega} \wedge \vec{s}$$

Nell'ipotesi che il corpo C si muove con velocità $\vec{v}'$ rispetto all'osservatore accelerato O', l'osservatore inerziale O lo vedrà muovere con una velocità $\vec{v}$ data dall'equazione:

$$(9.4.2) \qquad \vec{v} = \vec{v}' + \vec{\omega} \wedge \vec{s}$$

352

Per determinare l'accelerazione del corpo C, dal punto di vista dell'osservatore inerziale O, è sufficiente calcolare la variazione rispetto al tempo dell'equazione (9.4.2); così facendo si ottiene l'equazione:

$$(9.4.3) \qquad \left(\frac{d}{dt}\vec{v}\right)_O = \left(\frac{d}{dt}\vec{v}\,'\right)_O + \vec{\omega}\wedge\left(\frac{d}{dt}\vec{s}\right)_O$$

in cui il termine $\left(\frac{d}{dt}\vec{v}\,'\right)_O$ esprime la variazione rispetto al tempo, misurata dall'osservatore inerziale O, del vettore velocità $\vec{v}\,'$ misurato dall'osservatore accelerato O'; questa variazione non coincide con la variazione che misurerebbe l'osservatore accelerato O', cioè: $\left(\frac{d}{dt}\vec{v}\,'\right)_O \neq \left(\frac{d}{dt}\vec{v}\,'\right)_{O'}$. Per esempio se il corpo C si muove con moto rettilineo uniforme rispetto all'osservatore accelerato O', risulta $\left(\frac{d}{dt}\vec{v}\,'\right)_{O'} = 0$, ma rispetto all'osservatore inerziale O il corpo C descrive una traiettoria elicoidale ed il vettore $\vec{v}\,'$ ruota con velocità angolare $\vec{\omega}$ costante in modo che risulti:

$$(9.4.4) \qquad \left(\frac{d}{dt}\vec{v}\,'\right)_O = \vec{\omega}\wedge\vec{v}\,'$$

Figura (9.4.1)

Quindi, se il corpo C si muove con moto qualsiasi rispetto all'osservatore O', l'equazione (9.4.4) diventa:

$$(9.4.5) \qquad \left(\frac{d}{dt}\vec{v}\,'\right)_{O} = \left(\frac{d}{dt}\vec{v}\,'\right)_{O'} + \vec{\omega}\wedge\vec{v}\,'$$

Sostituendo questa equazione nell'equazione (9.4.3) si ottiene l'equazione:

$$(9.4.6) \qquad \left(\frac{d}{dt}\vec{v}\right)_{O} = \left(\frac{d}{dt}\vec{v}\,'\right)_{O'} + \vec{\omega}\wedge\vec{v}\,' + \vec{\omega}\wedge\left(\frac{d}{dt}\vec{s}\right)_{O}$$

in cui osservando che $\left(\dfrac{d}{dt}\vec{s}\right)_{O} = \vec{v}$ e facendo uso dell'equazione (9.4.2), si può scrivere l'equazione:

$$(9.4.7) \qquad \left(\frac{d}{dt}\vec{v}\right)_{O} = \left(\frac{d}{dt}\vec{v}\,'\right)_{O'} + 2\vec{\omega}\wedge\vec{v}\,' + \vec{\omega}\wedge\left(\vec{\omega}\wedge\vec{s}\right)$$

che può anche scriversi come:

$$(9.4.8) \qquad \left(\frac{d}{dt}\vec{v}\,'\right)_{O'} = \left(\frac{d}{dt}\vec{v}\right)_{O} - 2\vec{\omega}\wedge\vec{v}\,' - \vec{\omega}\wedge\left(\vec{\omega}\wedge\vec{s}\right)$$

in cui moltiplicando primo e secondo membro per la massa del corpo e facendo uso dell'equazione (7.9.7) del settimo capitolo, si ottiene l'equazione:

$$(9.4.9) \qquad \vec{R}\,' = \vec{R} - 2m\vec{\omega}\wedge\vec{v}\,' - m\vec{\omega}\wedge\left(\vec{\omega}\wedge\vec{s}\right)$$

in cui $\vec{R}\,'$ è la forza responsabile del moto del corpo C misurata dall'osservatore accelerato O', $\vec{R}$ è la forza responsabile del moto del corpo C misurata dall'osservatore inerziale O ed i termini $-2m\vec{\omega}\wedge\vec{v}\,'$; $-m\vec{\omega}\wedge\left(\vec{\omega}\wedge\vec{s}\right)$, detti rispettivamente **forza di Coriolis** e *forza centrifuga,* sono dovuti alla rotazione relativa dei due osservatori. Dall'equazione (9.4.9) si deduce che un osservatore O', accelerato rispetto a un osservatore inerziale O, vede muovere un corpo sia per effetto di una forza $\vec{R}$ dovuta all'interazione tra il corpo e l'ambiente che lo circonda, sia per effetto delle forze di Coriolis e centrifuga dovute alla rotazione relativa dei due osservatori e non corrispondenti ad alcuna interazione. Se il corpo C è nel suo stato fondamentale rispetto all'osservatore inerziale O, è $\vec{R} = 0$, sicché l'equazione (9.4.9) si riduce all'equazione:

$$(9.4.10) \qquad \vec{R}' = -2m\vec{\omega}\wedge\vec{v}' - m\vec{\omega}\wedge\left(\vec{\omega}\wedge\vec{s}\right)$$

dalla quale si deduce che anche in assenza di interazioni l'osservatore accelerato O' vede il corpo sottoposto all'azione di forze. Per chiarire ulteriormente il significato dell'equazione (9.4.9), si consideri un osservatore inerziale O che osserva un corpo C fermo su una piattaforma ruotante con velocità angolare $\vec{\omega}$ costante. Secondo questo osservatore, il corpo C si muove di moto circolare uniforme e la forza $\vec{R}$, responsabile di questo moto, è la forza centripeta data dalla relazione:

$$(9.4.11) \qquad \vec{R} = m\left(\vec{\omega}\wedge\vec{v}\right)$$

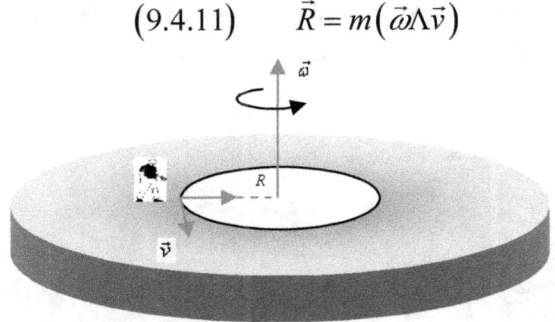

Figura $(9.4.2)$

Ora, si consideri la stessa situazione osservata da un osservatore O' solidale con la piattaforma ruotante. Questo osservatore, per spiegare che il corpo C è in quiete deve postulare l'esistenza di una forza che si contrappone alla forza $\vec{R}$, per l'osservatore inerziale O questa forza è fittizia nel senso che ad essa non corrisponde alcuna interazione ma è dovuta al fatto che l'osservatore O' non è inerziale; ad essa si dà il nome di *forza centrifuga*. Se il corpo C si muove rispetto alla piattaforma ruotante e su di esso, secondo l'osservatore inerziale O, non agisce alcuna forza d'interazione, l'osservatore O' solidale con la piattaforma ruotante, per spiegare il moto del corpo C dovrà postulare l'esistenza di due forze: la *forza di Coriolis* e *la forza centrifuga* date dall'equazione (9.4.10), che secondo un osservatore inerziale sono fittizie.

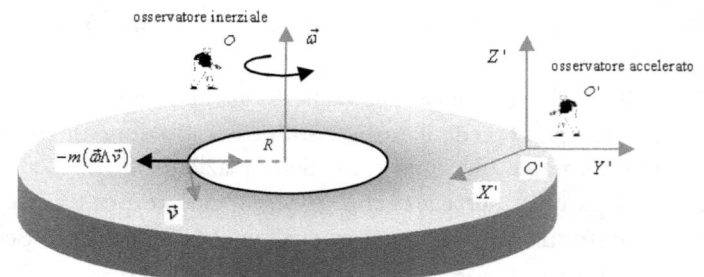

Figura $(9.4.3)$

Per chiarire il significato fisico della forza di Coriolis, si considerino due giocatori g_1 e g_2 posti lungo una linea radiale della piattaforma ruotante.

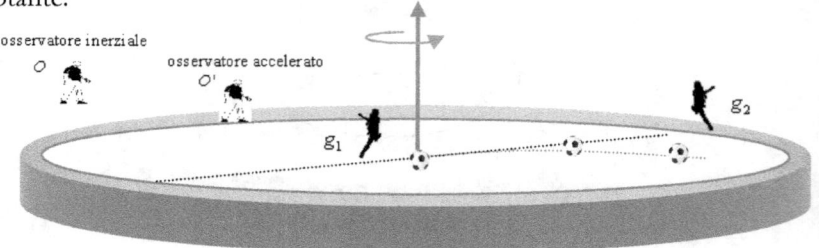

Figura $(9.4.4)$

Se il giocatore g_1 lancia una palla al giocatore g_2 lungo una linea radiale dal centro della piattaforma verso l'esterno, la palla non raggiungerà il giocatore g_2 perché verrà deviata verso destra. L'osservatore O' spiega la deviazione a destra della palla dalla linea radiale postulando l'esistenza di una forza $-2m\vec{\omega}\Lambda\vec{v}'$ che, secondo un osservatore inerziale, è fittizia. Infatti, secondo l'osservatore inerziale, la palla viaggia in linea retta dopo aver lasciato il lanciatore g_1 e manca il ricevitore g_2 perché questi è in movimento.

9.5 OSSERVATORI TERRESTRI

E' stato già posto in evidenza che le leggi che governano i fenomeni meccanici sono state ottenute con studi ed esperimenti eseguiti sulla Terra. La Terra è un pianeta dotato di diversi movimenti di cui i più importanti sono quelli di rotazione intorno al proprio asse, che rende ragione dell'alternarsi del giorno e della notte, e di rivoluzione intorno al Sole, che rende ragione dell'avvicendarsi delle stagioni.

Qualunque osservatore solidale con la Terra è un osservatore accelerato.

Rispetto a questi osservatori, il modello dinamico del moto conserva la sua validità purché si pone, nelle equazioni (7.9.7), (7.9.8) e (7.9.11) del settimo capitolo, al posto del vettore forza $\vec{R}$ il vettore forza $\vec{R}'$ dato dall'equazione (9.4.9) del precedente paragrafo. Quindi, secondo un osservatore terrestre, il modello dinamico del moto è espresso dalla seguente equazione:

$$(9.5.1) \qquad m\vec{a}' = \vec{R} - 2m\vec{\omega}\Lambda\vec{v}' - m\vec{\omega}\Lambda\left(\vec{\omega}\Lambda\vec{s}\right)$$

Come applicazione di questa equazione, si consideri un corpo in caduta libera verso la superficie terrestre. Questo moto è governato dall'equazione:

$$(9.5.2) \qquad m\vec{a}' = m\vec{g} - 2m\vec{\omega}\Lambda\vec{v}' - m\vec{\omega}\Lambda\left(\vec{\omega}\Lambda\vec{s}\right)$$

in cui $m\vec{g}$ è la forza d'interazione tra il corpo e la Terra, $-2m\vec{\omega}\Lambda\vec{v}'$ è la forza di Coriolis e $-m\vec{\omega}\Lambda\left(\vec{\omega}\Lambda\vec{s}\right)$ è la forza centrifuga.

E' opportuno osservare che il contributo alla forza di Coriolis e alla forza centrifuga è fornito sia dal moto di rotazione della Terra intorno al proprio asse, sia dal moto di rivoluzione intorno al Sole; quest'ultimo moto può essere trascurato rispetto al moto di rotazione perché, come risulta dal confronto delle rispettive velocità angolari, il suo contributo è circa i $2/10$ del contributo fornito dal moto di rotazione.

Il moto di rotazione della Terra intorno al proprio asse avviene attorno al Polo Nord in senso antiorario (**vedi figura (9.5.1)**) con una velocità angolare $\vec{\omega}$ il cui modulo è: $\omega = \dfrac{2 \cdot \pi}{24 \cdot 3600} = 7.29 \cdot 10^5 \dfrac{rad}{s}$, la cui direzione coincide con la direzione dell'asse di rotazione ed il cui verso è quello uscente dal Polo Nord.

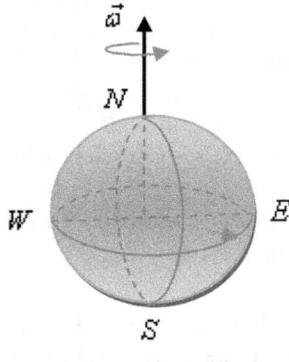

Figura $(9.5.1)$

Supponendo che la velocità di caduta $\vec{v}\,'$ sia sufficientemente piccola, è possibile trascurare la forza di Coriolis rispetto alla forza centrifuga. Pertanto L'equazione (9.5.2) che governa il moto di caduta, diventa:

$$(9.5.3) \quad m\vec{a}\,' = m\vec{g} - m\vec{\omega}\wedge\left(\vec{\omega}\wedge\vec{s}\right)$$

da cui segue l'equazione:

$$(9.5.4) \quad \vec{a}\,' = \vec{g} - \vec{\omega}\wedge\left(\vec{\omega}\wedge\vec{s}\right)$$

che esprime, secondo un osservatore terrestre, l'accelerazione con cui un corpo cade liberamente verso la superficie terrestre nell'approssimazione che la velocità di caduta sia sufficientemente piccola. Nell'ipotesi che il vettore posizione $\vec{s}$ sia parallelo oppure antiparallelo al vettore $\vec{\omega}$, il prodotto vettoriale $\vec{\omega}\wedge\vec{s}$ è nullo e quindi l'equazione (9.5.4) si riduce all'equazione:

$$(9.5.5) \quad \vec{a}\,' = \vec{g}$$

dalla quale si deduce che un osservatore terrestre, ai poli, vede cadere un corpo con la stessa accelerazione con cui lo vedrebbe cadere un osservatore inerziale se la Terra non ruotasse. I due vettori $\vec{a}\,'$ e $\vec{g}$ sono uguali in modulo, verso e direzione che, nell'ipotesi di una Terra perfettamente sferica, coincide con la direzione del raggio terrestre passante per i poli.

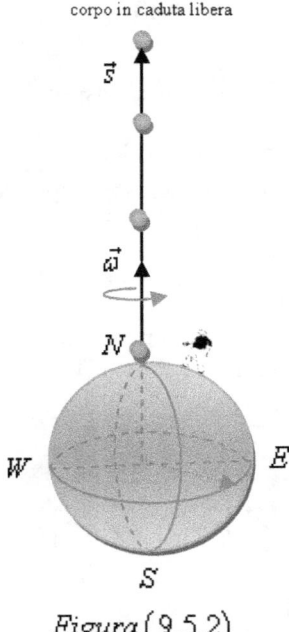

corpo in caduta libera

Figura (9.5.2)

Nell'ipotesi che il vettore $\vec{s}$ sia perpendicolare al vettore al vettore $\vec{\omega}$ *(ciò si verifica all'equatore vedi figura (9.5.3)),* il prodotto vettoriale $\vec{\omega}\wedge\vec{s}$ assume il suo massimo valore e di conseguenza anche il vettore accelerazione $-\vec{\omega}\left(\vec{\omega}\wedge\vec{s}\right)$ assume suo massimo valore con direzione uguale a quella del vettore $\vec{g}$ e verso opposto. Quindi, all'equatore, un *osservatore terrestre* vede cadere un corpo nella stessa direzione di quella che vedrebbe un *osservatore inerziale* se la Terra non ruotasse, ma con un valore di accelerazione pari alla differenza dei valori tra l'accelerazione $\vec{g}$ e l'accelerazione $-\vec{\omega}\left(\vec{\omega}\wedge\vec{s}\right)$. Pertanto si ha la relazione:

$$(9.5.6) \qquad a' = g - \omega^2 s$$

in cui, assumendo per s il valore del raggio equatoriale pari a $6.37 \cdot 10^6 \, m$ e per g il valore che misurerebbe un osservatore inerziale alla superficie terrestre (pari a $9.80\dfrac{m}{s^2}$) se la Terra non ruotasse, si ottiene il valore: $a' = 9.76\dfrac{m}{s^2}$ che corrisponde al 99.6% del valore di $\vec{g}$. Ne consegue che il vettore accelerazione con cui un corpo cade liberamente verso la superficie terrestre dipende dalla latitudine ed il suo modulo assume valori compresi nell'intervallo avente per estremi il valore ai poli: $9.80\dfrac{m}{s^2}$ ed il valore all'equatore: $9.76\dfrac{m}{s^2}$; di conseguenza il peso di un corpo dipende dalla latitudine a cui il corpo si trova ed è massimo ai poli e minimo all'equatore.

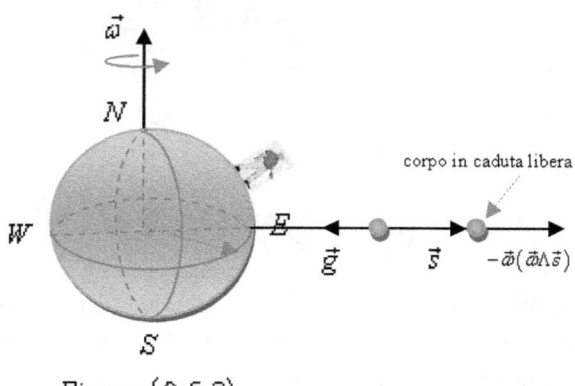

Figura $(9.5.3)$

Nell'ipotesi che la velocità di caduta $\vec{v}'$ sia tale che la forza di Coriolis non si possa più trascurare rispetto alla forza centrifuga, l'equazione che governa il moto di caduta resta l'equazione (9.5.2) che può scriversi come:

$$(9.5.7) \qquad \vec{a}' = \vec{g} - 2\vec{\omega}\wedge\vec{v}' - \vec{\omega}\wedge(\vec{\omega}\wedge\vec{s})$$

ed esprime, secondo un osservatore terrestre, l'accelerazione con cui un corpo cade liberamente verso la superficie terrestre.

Per determinare il contributo fornito dall'accelerazione di Coriolis alla traiettoria del moto, si consideri la condizione per la quale questo contributo è massimo. Ciò si verifica quando la velocità di caduta $\vec{v}'$ è perpendicolare alla velocità angolare $\vec{\omega}$; una siffatta condizione è realizzabile fisicamente all'equatore. Osservando la caduta del corpo dalla parte dell'emisfero nord, la traiettoria del moto subirà una deflessione nella direzione est. Pertanto, scegliendo come asse delle ascisse di un sistema di assi cartesiani ortogonali con la direzione verso est, è possibile scrivere la seguente equazione:

$$(9.5.8) \qquad \frac{d^2 x}{dt^2} = 2\omega v'$$

che fornisce la relazione tra la deflessione verso est che subisce la traiettoria del moto ed il modulo dell'accelerazione di Coriolis. Ponendo in questa equazione $v' = gt$ si commette un errore trascurabile, quindi si ottiene l'equazione:

$$(9.5.9) \qquad \frac{d^2 x}{dt^2} = 2\omega g t$$

che risolta rispetto a x fornisce la relazione:

$$(9.5.10) \qquad x = \frac{1}{3}\omega g t^3$$

in cui ponendo: $t = \sqrt{\dfrac{2h}{g}}$ *(dove h esprime la quota dalla quale il corpo cade)* si ottiene l'equazione:

$$(9.5.11) \qquad x = \frac{2}{3}\,\omega\sqrt{\frac{2h^3}{g}}$$

che consente di calcolare con buona approssimazione la deflessione della traiettoria di un corpo in caduta libera all'equatore. Ad esempio, supponendo che il corpo cade da una torre di altezza $h = 30m$ si ottiene per x un valore pari a $0.36cm$.

E' dubbiosa la realizzazione di un esperimento che consente la verifica di un valore così piccolo per la deflessione della traiettoria di un corpo in caduta libera in quanto si sovrappongono fenomeni spuri come le correnti di vento, gli effetti di viscosità, ecc.

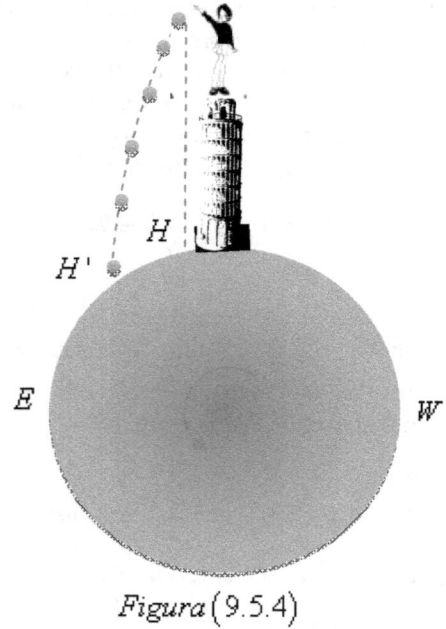

Figura (9.5.4)

Di sicura realizzazione, invece, è il noto esperimento di Foucault. Infatti, si faccia oscillare un pendolo con una piccola ampiezza di oscillazione, in modo che la traiettoria si possa considerare rettilinea e orizzontale, nella direzione est-ovest. Se la Terra non ruotasse, il pendolo esaurirebbe il suo moto oscillando, costantemente, fra i punti A e B, ma a causa della rotazione della Terra è presente l'accelerazione di Coriolis, che determina una deflessione continua della traiettoria verso destra nell'emisfero nord e verso sinistra nell'emisfero sud. Pertanto, alla fine della prima semi oscillazione il pendolo raggiunge il punto B' invece che B e al ritorno raggiunge il punto A' invece che A. Quindi, il piano di oscillazione del pendolo ruota in senso orario nell'emisfero nord e in senso antiorario nell'emisfero sud.

Questo risultato fu ottenuto da Jean Leon Foucault nel 1851 nella chiesa di Les Invalides a Parigi facendo uso di un pendolo lungo 67m . Durante ciascuna oscillazione, la massa del pendolo lasciava cadere della sabbia descrivendo un cerchio e fornendo così la prova sperimentale che il suo piano di oscillazione ruotava di 11° 15' ogni ora.

	TEST DI VERIFICA (9.1)
1	cosa afferma il principio di relatività galileiana
2	rispetto a quali osservatori si devono formulare le leggi della meccanica
3	un osservatore solidale con la Terra è un osservatore inerziale? Perché
4	quale fu il problema che si presentò a Newton, dopo che ebbe formulato le leggi della dinamica, e che risolse introducendo nella teoria dinamica del moto i concetti di spazio assoluto e tempo assoluto
5	quali sono le equazioni che consentono di conciliare le misure di posizioni e di velocità di due osservatori inerziali O e O' che studiano il moto dello stesso corpo
6	l'equazione $\vec{R}' = \vec{R} - \vec{R}_T$ esprime la forza responsabile del moto di un corpo come lo vede un osservatore O' il cui stato di moto è traslatorio accelerato rispetto ad un osservatore inerziale O. Fornire un'interpretazione fisica di questa equazione
7	l'equazione $\vec{R}' = \vec{R} - 2m\vec{\omega}\wedge\vec{v}' - m\vec{\omega}\wedge\left(\vec{\omega}\wedge\vec{s}\right)$ esprime la forza responsabile del moto di un corpo come lo vede un osservatore O' il cui stato di moto è rotatorio uniforme rispetto ad un osservatore inerziale O. Fornire un'interpretazione fisica di questa equazione
8	esprimere il modello dinamico del moto secondo un osservatore terrestre
9	scrivere l'equazione del moto di caduta libera rispetto ad un osservatore terrestre
10	analizzare il moto di caduta libera rispetto ad un osservatore terrestre, trascurando la forza di Coriolis

DECIMO CAPITOLO

ESERCIZI DI ABILITÀ E RISOLUTORI

Esercizi di abilità

L'abilità a risolvere un problema non è innata negli uomini ma si acquisisce con l'esercizio.

E' buona norma separare nel problema l'informazione assegnata **(dati del problema)** *dall'informazione da cercare* **(incognite del problema).**

La ricerca delle relazioni che legano i dati alle incognite e' affidata a colui che risolve il problema.

Portare a termine con successo questo compito crea una immensa soddisfazione.

Vincenzo Verde

10.1 FORMULARIO DI CINEMATICA

1	moto rettilineo uniforme	$v = v_0$ $x = x_0 + vt$
2	moto rettilineo uniformemente accelerato	$v = v_0 + at$ $x = x_0 + v_0 t + \dfrac{1}{2} at^2$ $v^2 = v_0^2 + 2a(x - x_0)$
3	il vettore accelerazione in termini dei suoi componenti tangenziale e normale	$\vec{a} = \vec{u}_\tau \dfrac{dv}{dt} + \vec{u}_n \dfrac{v^2}{R}$
4	il moto parabolico	$\vec{v} = \vec{i} v_0 \cos\alpha + \vec{j}\left(v_0 \sin\alpha - a_y t\right)$ $\vec{s} = \vec{s}_0 + \vec{i} v_0 (\cos\alpha) t + \vec{j}\left(v_0 (\sin\alpha) t - \dfrac{1}{2} a_y t^2\right)$ $y = y_0 \tan\alpha (x - x_0) - \dfrac{a_y}{2 v_0^2 \cos\alpha}(x - x_0)^2$
5	Il moto circolare uniforme	$\vec{\omega} = \vec{\omega}_0$ $\vec{\theta} = \vec{\theta}_0 + \vec{\omega} t$
6	Il moto circolare uniformemente accelerato	$\vec{\omega} = \vec{\omega}_0 + \vec{\alpha} t$ $\vec{\theta} = \vec{\theta}_0 + \vec{\omega}_0 t + \dfrac{1}{2} \vec{\alpha} t^2$ $\omega^2 = \omega_0^2 + 2\alpha(\theta - \theta_0)$
7	Relazioni tra variabili lineari e variabili angolari	$\vec{a} = \vec{\alpha} \wedge \vec{s} + \vec{\omega} \wedge \vec{v}$

8	Il moto armonico	$x = R\cos(\theta_0 + \omega t)$ $v_x = -\omega R \sin(\theta_0 + \omega t)$ $a_x = -\omega^2 R \cos(\theta_0 + \omega t)$
9	i moti periodici	$v = \dfrac{2\pi R}{T}$ $v = \omega R$ $\omega = 2\pi v$
10	il moto di caduta	$s = s_0 + v_0 t + \dfrac{1}{2} g(\sin\alpha)t^2$ $v = v_0 + g(\sin\alpha)t$ $v^2 = v_0^2 + 2g(\sin\alpha)(s - s_0)$
11	Il moto del pendolo	$T = 2\pi\sqrt{\dfrac{l}{g}}$

10.2 FORMULARIO DI DINAMICA

1	modello dinamico del moto rispetto ad un osservatore inerziale	$\vec{R} = m\vec{a}$; $\vec{R} = m\dfrac{d}{dt}\vec{v}$ $\vec{R} = m\dfrac{d}{dt}\vec{p}$; $\vec{R} = m\dfrac{d^2}{dt^2}\vec{s}^2$
2	modello dinamico del moto rispetto ad un osservatore terrestre	$m\vec{a}\,' = \vec{R} - 2m\vec{\omega}\wedge\vec{v}\,' - m\vec{\omega}\wedge\left(\vec{\omega}\wedge\vec{s}\right)$
3	peso di un corpo rispetto ad un osservatore inerziale	$\vec{P} = m\vec{g}$
4	peso di un corpo rispetto ad un osservatore terrestre	$\vec{P}\,' = \vec{P} - 2m\vec{\omega}\wedge\vec{v}\,' - m\vec{\omega}\wedge\left(\vec{\omega}\wedge\vec{s}\right)$
5	equazioni di trasformazione degli osservatori inerziali	$\vec{s}\,' = \vec{s} - \vec{u}t$ $\vec{v}\,' = \vec{v} - \vec{u}$
6	leggi di forza rispetto agli osservatori inerziali	$R_x = -k_e x$ $f_a = \mu N$ $\vec{F} = \vec{u}_n G\dfrac{mM}{R^2}$
7	espressione della forza secondo un osservatore che si muove di moto traslatorio accelerato rispetto ad un osservatore inerziale	$\vec{R}\,' = \vec{R} - \vec{R}_T$
8	espressione della forza secondo un osservatore che si muove di	$\vec{R}\,' = \vec{R} - 2m\vec{\omega}\wedge\vec{v}\,' - m\vec{\omega}\wedge\left(\vec{\omega}\wedge\vec{s}\right)$

	moto rotatorio uniforme rispetto ad un osservatore inerziale	
9	espressione della forza tangente e della forza normale alla traiettoria del moto in termini di variabili angolari	$\vec{f}_\tau = m\left(\vec{\alpha}\wedge\vec{s}\right)$ $\vec{f}_n = m\left(\vec{\omega}\wedge\vec{v}\right)$
10	espressione dell'accelerazione di gravità in funzione della quota	$g = g_0\left(1 - 2\dfrac{\Delta R}{R}\right)$
11	modello dinamico del moto circolare uniforme per la descrizione del moto di un satellite artificiale intorno ad un corpo centrale	$GM = \dfrac{4\pi^2 R^3}{T^2}$

10.3 ESERCIZI DI CINEMATICA

Esercizio n.1

Un mobile A parte all'istante $t_{A_0} = 0$ e si muove su una traiettoria rettilinea con una velocità costante $v_A = 5\dfrac{m}{s}$. Un secondo mobile B parte all'istante $t_{B_0} = 5s$ e si muove sulla traiettoria rettilinea di A con la velocità costante $v_B = 8\dfrac{m}{s}$. Scegliendo l'origine del sistema di riferimento coincidente con la posizione di partenza del mobile A e sapendo che la posizione di partenza del mobile B è indietro rispetto alla posizione di partenza del mobile A di una quantità $d_{AB} = 2m$, si domanda la posizione in cui il mobile B raggiunge il mobile A ed il tempo impiegato.

Esercizio n.2

Un mobile A percorre un tratto di una traiettoria rettilinea $x_1 = 1km$ alla velocità costante $v_1 = 72\dfrac{km}{h}$, quindi percorre un secondo tratto $x_2 = 1km$ alla velocità costante $v_2 = 108\dfrac{km}{h}$. Si calcoli la velocità media v_m.

Esercizio n.3

Un automobilista transita alle ore 8.00 per un casello autostradale A alla velocità di $72\dfrac{km}{h}$ e deve raggiungere un casello autostradale B, distante da A $200km$, alle ore 10.00. Quale accelerazione costante l'automobilista deve imprimere all'autovettura affinché raggiunga il casello B in orario? Con quale velocità lo raggiungerà?

Esercizio n.4

Un treno attraversa tre stazioni ferroviarie A, B, C tale che la distanza tra A e B è uguale alla distanza tra B e C che è uguale a $200m$. Al passaggio per la stazione A , il macchinista imprime al treno un'accelerazione costante tale che la distanza tra A e B viene percorsa in un tempo di $8s$, doppio di quello impiegato per percorrere la distanza tra B e C. Si determini lo stato di moto del treno quando passa per le stazioni A, B, C .

Esercizio n.5

Un automobilista percorre un tratto rettilineo di autostrada con velocità $v_0 = 36\dfrac{km}{h}$; trascorse 3 ore e 18 minuti, la velocità si riduce al valore $v = 19.5\dfrac{km}{h}$, si domanda lo stato di moto dell'automobile. Se a partire dall'istante in cui la velocità è $19.5\dfrac{km}{h}$, l'automobile comincia a muoversi di moto uniformemente accelerato, aumentando in un'ora la sua velocità di $1.1\dfrac{km}{h}$, dopo quante ore raggiungerà la velocità di $71.2\dfrac{km}{h}$.

Esercizio n.6

Un treno transita per una stazione A muovendosi su un binario rettilineo con un'accelerazione costante $a = 1.7 \cdot 10^{-3}\dfrac{m}{s^2}$. Dopo un certo tempo raggiunge una stazione B che dista dalla stazione A della quantità $188km$. Conoscendo lo stato di moto in B :

$$x_B = 210km$$

$$v_B = 144\frac{km}{h}$$

si determini lo stato di moto in A .

Esercizio n.7

Un proiettile viene sparato in direzione orizzontale con una velocità iniziale $v_0 = 200 \frac{m}{s}$ da un'arma posta ad un'altezza $h = 20m$ dal suolo. Si determini il tempo di volo, la gittata e lo stato di moto finale del proiettile.

Esercizio n.8

Un proiettile viene sparato con velocità $v_0 = 600 \frac{m}{s}$ ad un angolo $\alpha = 60°$ con l'orizzontale. Si determini la gittata, la massima altezza che raggiunge, lo stato di moto dopo $30s$ esplicitando l'altezza a cui giunge, lo stato di moto quando il proiettile è ad un'altezza di $10km$ esplicitando il valore del tempo impiegato a raggiungere tale altezza.

Esercizio n.9

Un corpo descrive una traiettoria circolare con velocità angolare $\vec{\omega}$ costante percorrendo uno spazio $\Delta\theta = 13.2 rad$ in $6s$; si determini: il modulo del vettore $\vec{\omega}$, il periodo T, la frequenza ν, il tempo che il corpo impiega a percorrere un angolo di $780°$ e il tempo che impiega a percorrere 12 giri.

Esercizio n.10

Calcolare la velocità angolare delle tre lancette di un orologio.

Esercizio n.11

Supponendo che la Luna nel suo moto intorno alla Terra descrive una traiettoria circolare in 28 giorni e sapendo che la distanza Luna-Terra è $3.84 \cdot 10^5 km$, si determini: la velocità angolare, la velocità lineare, l'accelerazione centripeta della Luna verso la Terra.

Esercizio n.12

Un mobile A parte all'istante $t_{A_0} = 0$ e si muove su una traiettoria circolare con velocità angolare costante $\omega_A = 36 \frac{rad}{s}$. Un secondo mobile B parte all'istante $t_{B_0} = 10s$ e si muove sulla stessa traiettoria circolare, nello stesso verso, con velocità angolare costante $\omega_B = 40\dfrac{rad}{s}$. Scegliendo un sistema di coordinate cartesiane ortogonali nel piano del moto in modo che sia $\theta_{A_0} = 0$ e sapendo che $\theta_{B_0} = -\dfrac{\pi}{2}rad$, si domanda la posizione in cui il mobile B raggiunge il mobile A , il tempo impiegato e il numero di giri.

Esercizio n.13
Su una pista automobilistica circolare lunga $62.831km$, un pilota transita con la sua auto per un punto di osservazione A alla velocità lineare $108\dfrac{km}{h}$. Il pilota deve percorrere 20 giri di pista in 6 ore, si domanda:

- quale accelerazione angolare costante dovrà imprimere all'automobile affinché raggiunga il suo obiettivo
- il valore della velocità angolare finale
- il valore della velocità lineare finale
- il valore dell'accelerazione lineare
- il valore dell'accelerazione tangenziale
- il valore dell'accelerazione normale.

Esercizio n.14
Su una pista automobilistica circolare , un pilota transita con la sua auto per tre punti di osservazione A, B, C tale che la distanza angolare tra A e B è uguale alla distanza angolare tra B e C che è uguale a $\dfrac{\pi}{4}rad$. Al passaggio per il punto di osservazione A il pilota imprime all'auto un'accelerazione angolare costante tale che la distanza angolare tra A e B viene percorsa in un tempo di $10s$, doppio di quello impiegato per percorrere la distanza angolare tra B e C . Si determini

lo stato di moto dell'auto quando transita per i punti di osservazione A, B, C , sapendo che il pilota deve compiere un solo giro di pista.

Esercizio n.15

Su una pista circolare avente il raggio di $8km$, un pilota percorre un tratto di pista con velocità lineare iniziale $v_0 = 144 \dfrac{km}{h}$; trascorse tre ore, la velocità lineare si riduce al valore $v = 108 \dfrac{km}{h}$, si domanda lo stato di moto dell'automobile. Se a partire dall'istante in cui la velocità lineare è $v = 108 \dfrac{km}{h}$, l'automobile comincia a muoversi di moto circolare uniformemente accelerato, aumentando la sua velocità lineare di $36 \dfrac{km}{h}$, si domanda:

- dopo quando tempo l'automobile raggiunge la velocità di $252 \dfrac{km}{h}$

- qual è lo stato di moto in questo istante.

Esercizio n.16

Su una pista circolare un'automobile transita per un punto di osservazione A muovendosi con un'accelerazione angolare costante $\alpha = 5 \cdot 10^{-7} \dfrac{rad}{s}$. Dopo un certo tempo raggiunge un punto di osservazione B che dista angolarmente da A della quantità $\dfrac{2}{3} \pi \, rad$. Conoscendo lo stato di moto in B :

$$\theta_B = 2\pi r \ ad$$

$$\omega_B = 2.5 \cdot 10^{-3} \frac{rad}{s}$$

Si determini lo stato di moto in A.

Esercizio n.17
Un disco di raggio $0.30m$ è fornito di una manovella sulla periferia e ruota uniformemente percorrendo $0.5 \dfrac{giro}{s}$. Se i raggi del Sole cadono verticalmente sulla Terra, l'ombra della manovella descriverà un moto armonico semplice. Si determini lo stato di moto dell'ombra istante per istante.

Esercizio n.18
La posizione istantanea di un corpo che si muove di moto armonico semplice è definita dall'equazione $x = 3\cos(\pi + 5\pi t)$ (in cui x è espresso in metri e t in secondi). Si determini:
- la frequenza
- il periodo T del moto inoltre si calcoli di quanto il corpo si allontana, al massimo, dalla posizione di equilibrio e la posizione nell'istante $t = 0$.

Esercizio n.19
L'ago di una macchina da cucire si muove di moto armonico semplice. Conoscendo l'ampiezza $R = 3 \cdot 10^{-3}m$ e la frequenza $\nu = 10 H_z$, si determini lo stato di moto dell'ago nell'istante $t = 30 \, s$ e si espliciti l'accelerazione in quest'istante.

Esercizio n.20
Un corpo viene lanciato su un piano orizzontale privo di attrito con una velocità $v_0 = 15\dfrac{m}{s}$. Ad un certo istante il corpo incontra un

piano, inclinato di $30°$ rispetto al piano orizzontale, su cui continua il moto fino a fermarsi. Trascurando gli attriti si vuole conoscere l'altezza a cui il corpo giunge e lo spazio che percorre lungo il piano inclinato.

Esercizio n.21
Un proiettile viene sparato verticalmente con una velocità iniziale $v_0 = 15\frac{m}{s}$. Si domanda la massima altezza raggiunta ed il tempo impiegato a raggiungerla.

Esercizio n.22
Un pendolo semplice, lungo $1.00\ m$, in una certa località compie 100 oscillazioni complete in $204\ s$. Qual è il valore dell'accelerazione di gravità in quella località.

Esercizio n.23
Qual è la lunghezza di un pendolo semplice il cui periodo è esattamente $1\ s$, in una località dove $g = 9.81\frac{m}{s^2}$.

10.4 ESERCIZI DI DINAMICA

Esercizio n.1

In molti parchi di divertimento esiste un'attrazione detta *rotor* che consiste in una stanza cilindrica capace di ruotare intorno al suo asse di simmetria. Una persona entra nel *rotor* e dopo aver chiuso ermeticamente la porta si posiziona in piedi appoggiandosi alla parete. Il *rotor* inizia a ruotare aumentando gradualmente la sua velocità finché, per un certo valore di velocità, il pavimento si apre scoprendo una profonda buca; l'attrazione consiste nel vedere che la persona, pur non avendo più il pavimento sotto i piedi, resta attaccata alla parete e non cade nella buca.

Conoscendo il raggio del *rotor* $R = 2.5\ m$ e la velocità angolare $\omega = 3.2\dfrac{rad}{s}$, si determini il minimo valore del coefficiente d'attrito statico μ_s necessario a prevenire la caduta.

Esercizio n.2

Un razzo di massa $m = 1000\ kg$ vola a bassa quota rispetto al livello del mare con velocità $\vec{v}\,'$ rispetto ad un osservatore terrestre $O\,'$, di modulo pari a $1000\dfrac{m}{s}$ con direzione tangente al parallelo di latitudine nord pari $\theta = 30°$ nel verso *est-ovest*. Si determini il vettore forza di Coriolis $\vec{F}_c$ ed il suo componente tangente al meridiano rispetto ad un osservatore inerziale.

Esercizio n.3

Il peso di una persona determinato con una bilancia posta su un ascensore a riposo rispetto ad un osservatore inerziale O è $60\ kg_p$. Si domanda il peso della persona quando l'ascensore si muove verso l'alto e verso il basso con un'accelerazione di modulo $0.5\dfrac{m}{s^2}$

Esercizio n.4

Un ascensore scende dall'ottavo piano al piano terra di un edificio con un carico di 10 persone. Sapendo che il peso complessivo delle persone e dell'ascensore è $900\ kg_p$ e che l'accelerazione è $0.5\dfrac{m}{s^2}$, si determini la tensione nella corda d'acciaio che sostiene l'ascensore. Inoltre, se la corda può sopportare al più una tensione di $8869N$, può l'ascensore riportare su le 10 persone con la stessa accelerazione ?

Esercizio n.5

Due corpi C_1 e C_2, di cui C_1 ha la massa $m_1 = 8\ kg$, sono disposti su due piani inclinati privi di attrito come si vede nella figura *(5.1)*. Il collegamento dei due corpi è assicurato da una corda inestensibile di massa trascurabile che passa per la gola di una puleggia di cui si trascurano gli attriti. Si determini valore della massa m_2 del corpo C_2 affinché il sistema sia nello stato di quiete.

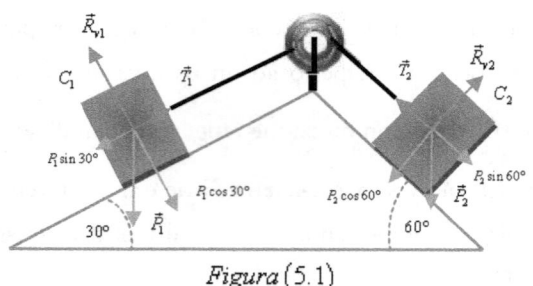

Figura (5.1)

Esercizio n.6

Un corpo C_1 di massa $m_1 = 0.4\ kg$ appoggiato ad un tavolo privo di attrito è collegato con una corda di massa trascurabile e inestensibile ad un corpo C_2 come si vede nella figura *(6.1)*. Ponendo il corpo C_1 in rotazione uniforme con velocità angolare di modulo pari a $\omega = 7\dfrac{rad}{s}$

su una traiettoria di raggio $R = 0.7\ m$, si domanda quale deve essere il valore della massa m_2 del corpo C_2 affinché il sistema sia in equilibrio dinamico.

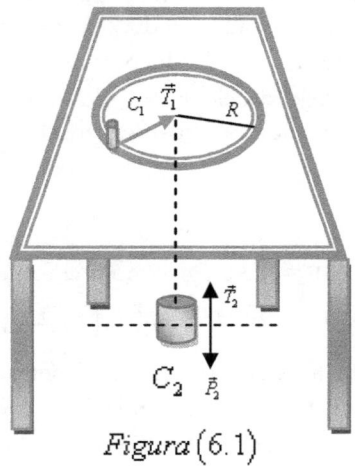

Figura (6.1)

Esercizio n.7
Per quanto tempo deve agire una forza costante di modulo $R = 100\ N$ su un corpo di massa $m = 15\ kg$ per arrestarlo, se la velocità iniziale ha modulo $v_0 = 30\dfrac{m}{s}$.

Esercizio n.8
In molto parchi di divertimento esiste un'attrazione detta *il giro della morte* che consiste in un esercizio acrobatico nel quale un motociclista percorre una pista circolare posta in un piano verticale. Il motociclista ad un certo punto si trova a testa giù e non cade, spiegare l'apparente paradosso. Inoltre, conoscendo il raggio della pista $R = 2.5\ m$ determinare il minimo valore di velocità con cui il motociclista deve percorrere la pista per non cadere a testa giù.

Esercizio n.9

Il macchinista di un treno, accortosi della presenza di un altro treno che si muove sullo stesso binario e nel verso opposto, è costretto ad una brusca frenata per evitare lo scontro. Se al tetto della locomotiva è sospeso un pendolino che dalla condizione di riposo, rispetto ad un osservatore O' solidale con la locomotiva, si inclina di $30°$, si domanda il modulo della decelerazione del treno ed il modulo della forza d'inerzia a cui viene sottoposto il macchinista la cui massa è $60\ kg$.

Esercizio n.10

Su un corpo di massa $m = 4\ kg$ agiscono due forze:

$$\vec{F_1} = \left(2\vec{i} - 3\vec{j}\right)N \quad e \quad \vec{F_2} = \left(4\vec{i} - 11\vec{j}\right)N$$

Il corpo si trova nello stato di quiete rispetto ad un osservatore inerziale O nell'istante $t = 0$, si domanda: l'accelerazione del corpo, la velocità e la posizione nell'istante $t = 3\ s$

Esercizio n.11

Il peso di un uomo rispetto ad un osservatore inerziale O, alla superficie terrestre è $80\ kg_p$. Si esprima il suo valore in Newton e si determini il peso dello stesso uomo alla quota di $300\ km$ dalla superficie terrestre.

Esercizio n.12

Il sistema mostrato nella figura (12.1), chiamato *macchina di Atwood,* viene usato nei laboratori didattici per la misurazione dell'accelerazione di gravità. Supponendo che la corda abbia una massa trascurabile e sia inestensibile e che gli attriti della puleggia siano trascurabili, si mostri che i moduli dei vettori accelerazione e tensione di ciascun corpo sono dati rispettivamente dalle seguenti equazioni:

$$a = \frac{m_1 - m_2}{m_1 + m_2}g \quad ; \quad T = \frac{2m_1 m_2}{m_1 + m_2}g$$

e che l'accelerazione di gravità può essere misurata tramite la seguente relazione:

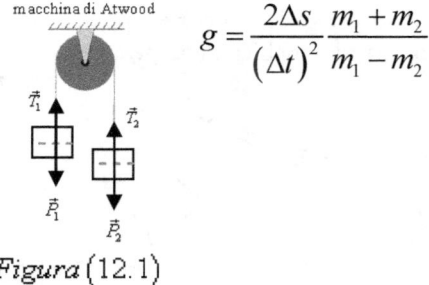

macchina di Atwood

$$g = \frac{2\Delta s}{\left(\Delta t\right)^2} \frac{m_1 + m_2}{m_1 - m_2}$$

Figura (12.1)

Esercizio n.13

Due osservatori O e O', solidali con l'origine di due sistemi di coordinate cartesiane ortogonali rispettivamente S e S' coincidono nell'istante $t = 0$ e si muovono l'uno rispetto all'altro nella direzione dell'asse x con velocità u_x pari a $3\frac{m}{s}$. Un corpo C, fermo nell'istante $t = 0$, si muove rispetto all'osservatore O' nella direzione x con velocità v'_x, si determini la velocità v_x rispetto all'osservatore O. Inoltre, sapendo che il corpo ha una massa $m = 2\ kg$ e che su essa agisce una forza F_x, nella direzione x, di $5\ N$, si determini l'accelerazione rispetto ai due osservatori e le velocità v_x e v'_x negli istanti:

$$t_1 = 1\ s$$
$$t_2 = 2\ s$$
$$t_3 = 3\ s$$

Esercizio n.14

Due alpinisti in un cordata legati da una corda di $30m$ si trovano su un pendio ghiacciato privo di attrito nella imbarazzante situazione illustrata nella figura *(14.1)*. All'istante $t = 0$ la loro velocità è nulla, ma l'alpinista più alto, Paolo (massa $52\ kg$), ha fatto un passo di troppo

385

ed il suo amico Pietro (massa 74 *kg*) ha lasciato cadere il suo piccone. Si trovi la tensione nella corda mentre Paolo cade e la sua velocità quando giunge a terra. Se Paolo slega la sua corda appena toccato terra, si trovi la velocità di Pietro quando anch'egli giunge a terra.

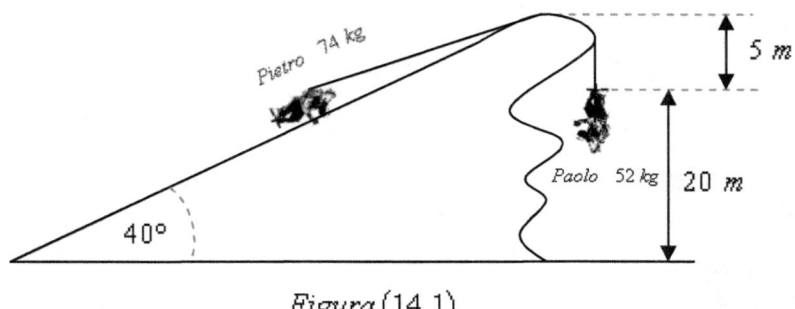

Figura (14.1)

Esercizio n.15

Due corpi C_1 e C_2 aventi entrambi la massa di 100 *kg* sono trascinati lungo un piano orizzontale liscio con un'accelerazione costante di $3\dfrac{m}{s^2}$. Sapendo che ogni corda ha la massa di 1kg, si determini la forza $\vec{R}$, le tensioni T_A, T_B, T_C nei punti A, B, C della corda.

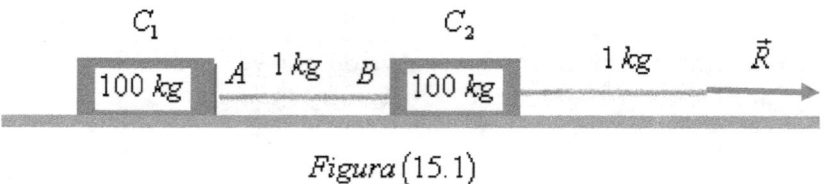

Figura (15.1)

Esercizio n.16

Un corpo la cui massa è $m = 3$ *kg* viene tirato su un tavolo orizzontale con una corda che forma un angolo di $30°$ con il tavolo. Conoscendo i coefficienti di attrito statico e dinamico $\mu_s = 0.6$; $\mu_d = 0.5$, si determini la forza di attrito f_a e l'accelerazione $\vec{a}$ del corpo quando la tensione $\vec{T}$ nella corda ha il modulo di $10\ N$ e $20\ N$

Esercizio n.17

Un automobile si muove su un percorso orizzontale con velocità $\vec{v}_0$ il cui modulo è pari a $30\dfrac{m}{s}$. Ad un certo istante l'autista azione i freni e conoscendo il coefficiente di attrito statico μ_s tra la strada e i pneumatici, si determini lo spazio minimo necessario ad arrestare l'automobile.

Esercizio n.18

Un corpo C ruota uniformemente alla estremità di una corda di lunghezza $L = 1.5\ m$ descrivendo una traiettoria circolare. Mentre il corpo ruota, la corda descrive una superficie conica e per questo motivo il sistema è detto pendolo conico. Conoscendo l'angolo di inclinazione $\theta = 35°$ che la corda forma con la verticale passante per il centro della traiettoria, si determini il periodo del pendolo.

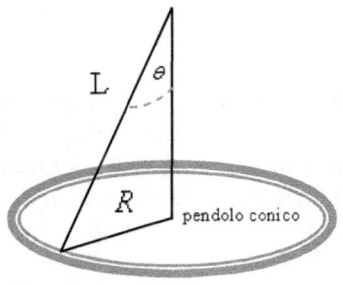

Figura (18.1)

Esercizio n.19

Un pilota deve eseguire delle prove con la sua auto su una pista circolare di raggio $R = 0.5\ km$. Conoscendo il coefficiente di attrito statico tra i pneumatici e la strada $\left(\mu_s = 0.6 \right)$, si determini il valore della massima velocità che può raggiungere l'auto senza slittare. Se si vuole superare il valore di massima velocità come si può evitare lo slittamento ?

Esercizio n.20

Un corpo la cui massa è $5\ kg$ è sospeso ad una molla di costante elastica $k_e = 200\dfrac{N}{m}$. Si determinino i moduli delle forze che agiscono sul corpo e l'allungamento della molla rispetto alla sua posizione di equilibrio.

Esercizio n.21

Un corpo sostenuto da una molla su un piano inclinato $\left(\theta = 30° \right)$ privo di attrito ha la massa di $2\ kg$. Sapendo che la molla si è allungata di $3\ cm$, si determini la costante elastica k_e della molla. Se il corpo viene tirato verso il basso lungo un piano inclinato in una posizione distante $5\ cm$ dalla sua posizione di equilibrio ed è lasciato libero, quale sarà la sua accelerazione iniziale ?

Esercizio n.22

Determinare l'altezza dalla superficie terrestre alla quale deve orbitare un satellite artificiale in orbita circolare geostazionaria *(cioè tale da avere un periodo di rotazione uguale alla rotazione della Terra)* in modo da poter essere osservato da uno stesso punto.

Esercizio n.23

Un satellite artificiale viene messo in orbita circolare terrestre ad una quota $h = 230\ km$ dalla superficie terrestre. Si determini lo stato di moto dopo 30 minuti dalla messa in orbita ed il tempo necessario a compiere un'orbita intera.

Esercizio n.24

Conoscendo il rapporto tra il raggio lunare R_L ed il raggio terrestre R_T che vale 0.273 ed il rapporto fra le rispettive masse $\dfrac{M_L}{M_T} = \dfrac{1}{81.15}$, si determini l'accelerazione di gravità lunare.

Esercizio n.25

Un asteroide descrive un'orbita circolare intorno al Sole compresa tra l'orbita di Marte e quella di Giove e avente il raggio orbitale pari a $4 \cdot 10^{11} \ m$. Si determini il tempo necessario a compiere un'orbita intera.

Esercizio n.26

Due treni A e B si muovono su binari paralleli rispettivamente con velocità $\vec{v}_A$, di modulo pari a $70\dfrac{km}{h}$, e con velocità $\vec{v}_B$ di modulo pari a $90\dfrac{km}{h}$. Si determini la velocità relativa $\vec{v}_{AB}$ del treno B rispetto al treno A nell'ipotesi che i treni si muovono prima nello stesso verso e poi nel verso opposto.

Esercizio n.27

Due treni A e B si muovono su binari formanti un angolo di $60°$ con velocità $\vec{v}_A$ e $\vec{v}_B$ aventi rispettivamente i moduli di $70\dfrac{km}{h}$ e $90\dfrac{km}{h}$. Si determini la velocità del treno B rispetto al treno A nell'ipotesi che i treni si muovono entrambi nel verso positivo e in versi opposti.

Esercizio n.28

Un macchinista guida un treno in mezzo a un temporale con una velocità in modulo pari a $100\dfrac{km}{h}$ rispetto ad un osservatore inerziale O solidale con la stazione di partenza. Il macchinista osserva che quando il treno è fermo la pioggia cade verticalmente, mentre quando si muove a $100\dfrac{km}{h}$ lascia tracce sui finestrini laterali della locomotiva inclinate di $80°$ rispetto alla verticale. Si determini, rispetto al macchinista, la velocità della pioggia a treno fermo e a treno in movimento.

Esercizio n.29

Un uomo la cui massa è $60\ kg$, cammina lungo il bordo di una giostra percorrendo, in senso antiorario, una circonferenza di raggio $R = 5\ m$ con una velocità angolare $\vec{\omega}$, rispetto alla giostra, di modulo pari a $0.5\dfrac{m}{s}$. Se la giostra ruota in senso antiorario con una velocità angolare $\vec{\omega}$ rispetto al suolo di modulo pari a $6\dfrac{rad}{s}$, si chiede di determinare la struttura ed il valore della forza agente sull'uomo rispetto ad un osservatore inerziale O solidale con il suolo.

Esercizio n.30

Un ragazzino è seduto sul seggiolino di una giostra tenuto da una catena inestensibile di massa trascurabile ed il cui altro estremo è fissato alla sommità di un albero verticale di sostegno. L'albero viene posto in rotazione antioraria su se stesso ed il ragazzino descrive una traiettoria circolare contenuta in un piano perpendicolare all'albero dalla cui sommità dista di un valore $h = 6\ m$. Si determini il vettore velocità angolare $\vec{\omega}$ per il quale ragazzino è in equilibrio dinamico e si interpretino le forze agenti sia dal punto di vista di un osservatore solidale con il suolo, sia dal punto di vista di un osservatore solidale con il seggiolino.

Esercizio n.31

Un pendolo semplice in equilibrio è sospeso al soffitto di un treno fermo in stazione. Se il treno si avvia con moto rettilineo uniformemente accelerato, si domanda il modulo dell'accelerazione del treno sapendo che l'angolo che il pendolo forma con la verticale è $\theta = 30°$.

Esercizio n.32

Il modulo del peso $\vec{P}_1$ di un oggetto, fornito da un dinamometro sospeso al tetto di una cabina di un aereo fermo sulla linea equatoriale, ha il valore $P_1 = 6 \, kg_p$. Se l'aereo decolla e percorre un tratto $l = 100 \, km$ con velocità costante $\vec{v}'$ lungo l'equatore, muovendosi nel senso orario rispetto ad un osservatore che guarda dal Polo Nord, sapendo che in tale condizione il dinamometro indica un valore pari a $P_2 = 5.985 \, kg_p$, per il modulo del peso $\vec{P}_2$ dell'oggetto, si determini il modulo del vettore velocità $\vec{v}'$ dell'aereo.

10.5 RISOLUTORI DEGLI ESERCIZI DI CINEMATICA

Risolutore n. 1

Quando i due mobili si congiungono, il mobile B ha percorso lo spazio:

$$x_B = v_A (t + 5) + d_{AB}$$

$$x_B = v_B t$$

Figura (1.1)

Risolvendo il sistema rispetto a t si ottiene $t = 9\ s$ che rappresenta il tempo che impiega il mobile B per raggiungere il mobile A. Per determinare la coordinata del punto in cui il mobile B raggiunge il mobile A è sufficiente determinare x_A:

$$x_A = v_A (t + t_{B0}) = 5 \frac{m}{s} (9\ s + 5\ s) = 70\ m$$

Risolutore n. 2

$$v_m = \frac{x_1 + x_2}{t_1 + t_2}$$

poiché $t_1 = \dfrac{x_1}{v_1}$ e $t_2 = \dfrac{x_2}{v_2}$ si ha:

$$v_m = \frac{x_1 + x_2}{\frac{x_1}{v_1} + \frac{x_2}{v_2}} = \frac{1km + 1km}{\frac{1km}{72\frac{km}{h}} + \frac{1km}{108\frac{km}{h}}} = 86.4\frac{km}{h}$$

Si osservi che è sbagliato scrivere:

$$v_m = \frac{v_1 + v_2}{2} = \frac{72\frac{km}{h} + 108\frac{km}{h}}{2} = 90\frac{km}{h}$$

Infatti la velocità media non va confusa con la media aritmetica delle velocità

Risolutore n. 3

Scegliendo come origine del sistema di riferimento il casello A, l'automobilista deve percorrere lo spazio dato dalla seguente equazione:

$$x = v_0 t + \frac{1}{2} a t^2 = 200 \ km$$

Figura (3.1)

con accelerazione pari a:

$$a = \frac{2(x - v_0 t)}{t^2} = \frac{2\left(200km - 72\frac{km}{h} \cdot 2h\right)}{4h^2} = 28\frac{km}{h^2}$$

Quindi l'accelerazione che l'autista deve imprimere all'automobile è pari a $28\dfrac{km}{h^2}$ oppure, trasformandola in $\dfrac{m}{s^2}$ si ha:

$$28\frac{km}{h} = \frac{28000}{12960000}\frac{m}{s^2} = 2.16 \cdot 10^{-3}\frac{m}{s^2}$$

Per determinare la velocità con cui giunge in B si può utilizzare sia la formula: $v^2 = v_0^2 + 2a(x - x_0)$ sia la formula: $v = v_0 + at$ quindi si ha:

$$v = \sqrt{v_0^2 + 2ax} = \sqrt{(72)^2 + 2 \cdot 28 \cdot 200} = 128\frac{km}{h}$$

$$v = v_0 + at = 72 + 28 \cdot 2 = 128\frac{km}{h}$$

Questo risultato può essere trasformato in unità di $\dfrac{m}{s}$:

$$128\frac{km}{h} = \frac{128m}{3.6s} \approx 35.6\frac{m}{s}$$

Risolutore n. 4

Scegliendo un sistema di riferimento con l'origine coincidente con la posizione della stazione A, si ha che in A lo stato di moto del treno ha la coordinata di posizione $x_A = 0$ e la velocità v_A da determinarsi. Usando le equazioni del moto rettilineo uniformemente accelerato, si ha che lo stato di moto del treno in B è dato dalle equazioni:

$$(4.1) \qquad \begin{cases} x_B = v_A t_B + \dfrac{1}{2}at_B^2 \\ v_B = v_A + at_B \end{cases}$$

e in C è dato dalle equazioni:

$$(4.2) \quad \begin{cases} x_C = x_B + v_B t_C + \dfrac{1}{2} a t_C^2 \\ v_C = v_B + a t_C \end{cases}$$

Combinando le equazioni (4.1) si ha:

$x_B = \left(v_B - a t_B\right) t_B + \dfrac{1}{2} a t_B^2$ in cui sostituendo $t_B = 2 t_C$ si ha:

$$(4.3) \quad v_B = \frac{x_B + 2 a t_C^2}{2 t_C}$$

Ricavando dalle (4.2) il valore di v_B si ha:

$$(4.4) \quad v_B = \frac{2\left(x_C - x_B\right) - a t_C^2}{2 t_C}$$

Confrontando le equazioni (4.3) e (4.4) e tenendo conto che è $x_B = \left(x_C - x_B\right)$ si ha:

$$(4.5) \quad a = \frac{x_B}{3 t_C^2} = \frac{200}{192} = 1.04 \frac{m}{s^2}$$

Figura (4.1)

Utilizzando il valore di a, fornito dalla (4.5), nella prima delle equazioni (4.2), si ha: $v_B = \dfrac{6 x_C - 7 x_B}{6 t_C}$ in cui sostituendo i valori di x_C, x_B, t_C si ha: $v_B = \dfrac{6 \cdot 400 - 7 \cdot 200}{6.8} = 20.83 \dfrac{m}{s}$. Utilizzando questo valore nella seconda delle equazioni (4.2) e nella seconda delle equazioni (4.1), si ottiene rispettivamente:

$$v_C = 20.83 + 1.04 \cdot 8 = 29.15 \frac{m}{s}$$

$$v_A = v_B - a t_B = v_B - a 2 t_C = 20.83 - 1.04 \cdot 2 \cdot 8 = 4.19 \frac{m}{s}$$

Lo stato di moto del treno è dato da:

nella stazione A: $\begin{cases} x_A = 0 \\ v_A = 4.19 \dfrac{m}{s} \end{cases}$

nella stazione B: $\begin{cases} x_B = 200m \\ v_B = 20.83 \dfrac{m}{s} \end{cases}$

nella stazione C: $\begin{cases} x_C = 400m \\ v_C = 29.15 \dfrac{m}{s} \end{cases}$

Risolutore n. 5

Scegliendo un sistema di riferimento con l'origine coincidente con la posizione iniziale dell'auto si ha che la coordinata di posizione è fornita dall'equazione seguente:

$$(5.1) \quad x = v_0 t + \frac{1}{2} a t^2$$

Ricavando il valore dell'accelerazione dall'equazione: $v = v_0 + at$ e

sostituendolo nella precedente equazione, si ha: $x = \left(\dfrac{v_0 + v}{2}\right)t$ in cui

sostituendo i valori si ha: $x = \left(\dfrac{36 + 19.5}{2}\right)\dfrac{198}{60} = 91.575 \ km$

Lo stato di moto iniziale è definito dai valori :

$$\begin{cases} x_0 = 0 \\ v_0 = 36\dfrac{km}{h} \end{cases}$$

lo stato di moto dopo **3** ore e **18** minuti è definito dai valori:

$$\begin{cases} x = 91.57 \ km \\ v = 19.5\dfrac{km}{h} \end{cases}$$

Per determinare il tempo occorrente all'automobile per raggiungere la

velocità di $71.2\dfrac{km}{h}$ è sufficiente considerare l'equazione: $v = v_0 + at$

in cui $v_0 = 19.5\dfrac{km}{h}$, $v = 71.2\dfrac{km}{h}$, $a = 1.1\dfrac{km}{h^2}$. Pertanto si ha:

$$t = \frac{v - v_0}{a} = \frac{71.2 - 19.5}{1.1} = 47h$$

Risolutore n. 6

Usando la formula $v_B^2 = v_A^2 + 2a\left(x_B - x_A\right)$ si ottengono le seguenti equazioni:

$$\begin{cases} v_A = \sqrt{v_B^2 - 2a(x_B - x_A)} \\ x_A = x_B - \dfrac{v_B^2 - v_A^2}{2a} \end{cases}$$

in cui sostituendo i valori si ha:

$$\begin{cases} v_A = \sqrt{40^2 - 2 \cdot 1.7 \cdot 10^{-3} \cdot 18800} = 31\dfrac{m}{s} = 11.6\dfrac{km}{h} \\[2em] x_A = 210000 - \dfrac{40^2 - 31^2}{2 \cdot 1.7 \cdot 10^{-3}} = 22058 \ m = 22.058 \ km \end{cases}$$

Questo risultato può essere calcolato più semplicemente osservando che è:

$$x_B - x_A = 188 \ km$$

quindi

$$x_A = x_B - 188km = 210km - 188km = 22km$$

La diversità dei risultati è dovuta alle diverse approssimazioni nei calcoli.

Lo stato di moto in A è definito dai valori:

$$\begin{cases} x_A = 22.058 \ km \\ v_A = 11.6\dfrac{km}{h} \end{cases}$$

Risolutore n. 7

Scegliendo un sistema di riferimento con l'origine coincidente con la posizione dell'arma e tenendo conto che l'angolo di puntamento è nullo, le equazioni che definiscono lo stato di moto si possono scrivere come:

$$(7.1) \quad \begin{cases} \vec{v} = \vec{i}v_0 - \vec{j}a_y \\ \vec{s} = \vec{i}v_0 t - \vec{j}\dfrac{1}{2}a_y t^2 \end{cases}$$

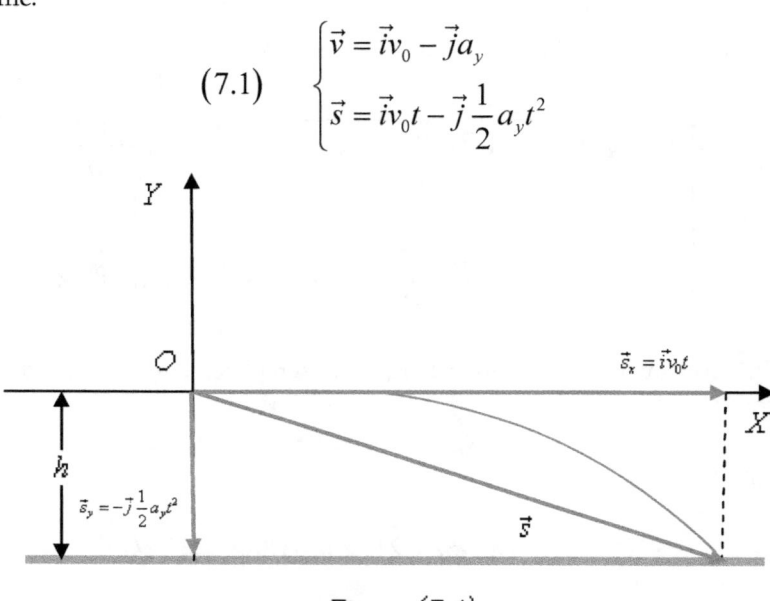

Figura (7.1)

Scrivendo le equazioni (7.1) in forma scalare si ha:

$$\begin{cases} s_y = -y = -\dfrac{1}{2}a_y t^2 \\ v_y = -a_y t \end{cases} \quad ; \quad \begin{cases} s_x = x = v_0 t \\ v_x = v_0 \end{cases}$$

Poiché y coincide in valore assoluto con l'altezza h a cui è posta l'arma, si ha che il tempo di volo è dato da:

$$t = \sqrt{\dfrac{2y}{a_y}}$$

400

in cui tenendo conto che $a_y = g = 9.8 \dfrac{m}{s^2}$ si ha:

$$t = \sqrt{\frac{2.20}{9.8}} = 2.02 \ s$$

La gittata x è data da: $x = v_0 t = 200 \cdot 2.02 = 404 \ m$

Lo stato di moto finale del proiettile è dato da:

$$\begin{cases} \vec{s} = \vec{i} v_0 t - \vec{j} \dfrac{1}{2} a_y t^2 = \vec{i}\, 404 - \vec{j}\, 19.99 & \text{espresso in } m \\[3mm] \vec{v} = \vec{i} v_0 - \vec{j} a_y t = \vec{i}\, 200 - \vec{j}\, 19.80 & \text{espresso in } \dfrac{m}{s} \end{cases}$$

Risolutore n. 8

Usando l'equazione della traiettoria è possibile ricavare l'equazione che consente di determinare la gittata. Scegliendo un sistema di riferimento con l'origine coincidente con la posizione dell'arma da sparo, l'equazione che fornisce la gittata è:

$$x = \frac{v_0^2 \sin 2\alpha}{g}$$

in cui sostituendo i valori si ottiene il valore della gittata:

$$x = \frac{360000 \cdot \sin 120°}{9.8} = 3.1813 \cdot 10^4 \ m = 31.813 \ km$$

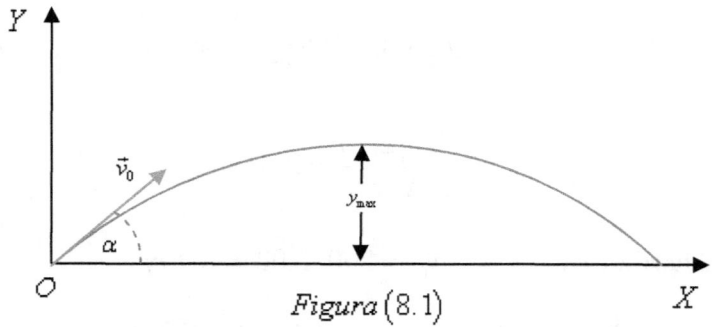

Figura (8.1)

Per determinare la massima altezza raggiunta dal proiettile, si osservi che in questo punto il componente $\vec{v}_y$ del vettore velocità è nullo, quindi si deve avere: $0 = v_0 \sin \alpha - a_y t$ da cui si ottiene: $t = \dfrac{v_0 \sin \alpha}{a_y}$

che esprime il tempo necessario al proiettile per raggiungere la massima altezza:

$$ t = \frac{60 \cdot \sin 60°}{9.8} = 53.02 \ s $$

Usando questo tempo nell'equazione $y = \dfrac{1}{2} a_y t^2$ si ottiene:

$$ y = \frac{1}{2} \cdot 9.8 \cdot (5.02)^2 = 1.3774 \cdot 10^4 \ m = 13.774 \ km $$

che esprime il valore della massima altezza raggiunta.

Lo stato di moto dopo **30 s** è fornito dalle seguenti equazioni:

$$ \begin{cases} v = \vec{i} v_0 \cos \alpha + \vec{j} \left(v_0 \sin \alpha - a_y t \right) \\ \vec{s} = \vec{i} v_0 (\cos \alpha) t + \vec{j} \left[(v_0 \sin \alpha) t - \dfrac{1}{2} a_y t^2 \right] \end{cases} $$

in cui sostituendo i valori si ha:

$$\begin{cases} \vec{v} = \vec{i}\,300 - \vec{j}\,256 & \text{espresso in } \dfrac{m}{s} \\[2mm] \vec{s} = \vec{i}\,9000 - \vec{j}\,11178 & \text{espresso in } m \end{cases}$$

L'altezza a cui giunge il proiettile quando possiede questo stato di moto è fornita dal modulo del componente $\vec{s}_y$ del vettore posizione:

$$s_y = 1.1178 \cdot 10^4 \ m = 11.178 \ km$$

Per determinare il tempo che il proiettile impiega per raggiungere l'altezza di $10km$ è sufficiente considerare il componente $\vec{s}_y$ del vettore posizione e pertanto si può scrivere:

$$s_y = v_0 \left(\sin \alpha\right) t - \frac{1}{2} a_y t^2 = 10000$$

Risolvendo quest'equazione rispetto al tempo si ha:

$$4.9 t^2 - 519.6 t + 10000 = 0$$

da cui segue:

$$\begin{cases} t_1 = 80.77 \ s \\ t_2 = 25.26 \ s \end{cases}$$

Quindi ci sono due valori di tempo per i quali il proiettile si trova ad una quota di $10km$. D'altro canto un risultato di questo tipo è facilmente prevedibile se si osserva che la traiettoria del proiettile è simmetrica rispetto ad un asse perpendicolare all'asse delle ascisse e passante per il vertice della parabola. Pertanto alla quota di $10km$ corrispondono due stati di moto distinti che sono dati dalle seguenti equazioni:

$$\begin{cases} \vec{v} = \vec{i}\,300 - \vec{j}\,272 & \text{espresso in } \dfrac{m}{s} \\[2mm] \vec{s} = \vec{i}\,24231 - \vec{j}\,10003 & \text{espresso in } m \end{cases}$$

stato di moto corrispondente al valore del tempo $t = 80.77 \ s$

$$\begin{cases} \vec{v} = \vec{i}\,300 - \vec{j}\,272 & \text{espresso in } \dfrac{m}{s} \\[2mm] \vec{s} = \vec{i} - \vec{j}\,10003 & \text{espresso in } m \end{cases}$$

stato di moto corrispondente al valore del tempo $t = 25.26\ s$

Confrontando questi due stati di moto si osserva che il vettore velocità differisce per il segno del componente $\vec{v}_y$ ed il vettore posizione differisce per il modulo del componente $\vec{s}_x$. Il componente $\vec{s}_y$ ha lo stesso modulo e la differenza in valore è dovuta all'approssimazione di calcolo.

Risolutore n. 9

Il modulo del vettore $\vec{\omega}$ è dato da:

$$\omega = \frac{\Delta\theta}{\Delta t} = \frac{13.2}{6} = 2.2\,\frac{rad}{s}$$

Il periodo T è dato da:

$$T = \frac{2\pi}{\omega} = \frac{2\pi}{2.2} = 2.86\ s$$

La frequenza ν è data da:

$$\nu = \frac{1}{T} = \frac{1}{2.86} = 0.35 H_z$$

Per determinare il tempo che il corpo impiega a percorrere un angolo di $780°$ e il tempo che impiega a percorrere **12** giri, si osservi che è:

$$780° = \frac{780}{180} \pi \; rad = 13.61 \; rad \quad ; \quad 12 \; giri = 24\pi r \; ad$$

Quindi si ha, rispettivamente:

$$\begin{cases} t_\theta = \dfrac{13.61}{2.2} = 6.19 \; s \\[3mm] t_\omega = \dfrac{24\pi}{2.2} = 34.27 \; s \end{cases}$$

Risolutore n. 10

Calcolo della velocità angolare per la lancetta dei secondi:

$$\omega = \frac{2\pi}{60} = 1.05 \cdot 10^{-1} \frac{rad}{s}$$

Calcolo della velocità angolare per la lancetta dei minuti:

$$\omega = \frac{2\pi}{3600} = 1.74 \cdot 10^{-3} \frac{rad}{s}$$

Calcolo della velocità angolare per la lancetta delle ore:

$$\omega = \frac{2\pi}{43200} = 1.45 \cdot 10^{-4} \frac{rad}{s}$$

Risolutore n. 11

Scegliendo come sistema di riferimento un sistema di coordinate cartesiane ortogonali nel piano del moto con l'origine coincidente con il centro della Terra si ha:

$$\omega = \frac{2\pi}{T} = \frac{2\pi}{2419200} = 2.6 \cdot 10^{-6} \frac{rad}{s}$$

che fornisce la velocità angolare della Luna rispetto alla Terra.

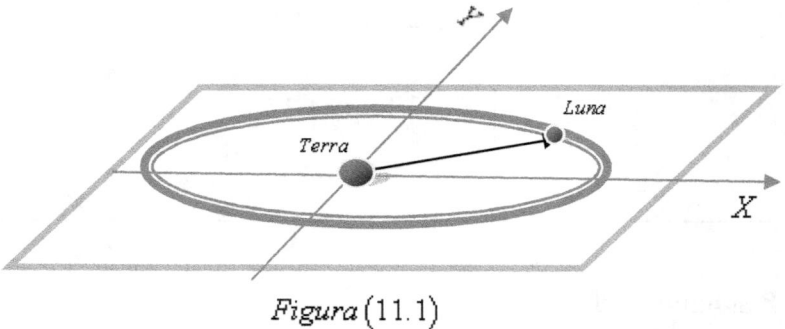

Figura (11.1)

La velocità lineare della Luna rispetto alla Terra è:

$$v = \omega R = 2.6 \cdot 10^{-6} \cdot 3.84 \cdot 10^8 = 998 \frac{m}{s}$$

L'accelerazione centripeta della Luna verso la Terra è:

$$a_c = \frac{v^2}{R} = \frac{(998.4)^2}{3.84 \cdot 10^8} = 2.6 \cdot 10^{-3} \frac{m}{s^2}$$

___

Risolutore n. 12

Quando i due mobili si congiungono, il mobile B ha percorso lo spazio:

$$\begin{cases} \theta_B = \omega_A (t + 10s) + \theta_{B_0} \\ \theta_B = \omega_B t \end{cases}$$

Risolvendo questo sistema rispetto a t si ottiene: $t = 90.38s$ che rappresenta il tempo che impiega il mobile B per raggiungere il mobile A. Per determinare la coordinata del punto in cui il mobile B raggiunge il mobile A è sufficiente determinare θ_A:

$$\theta_A = \omega_A \left(t + t_{B_0} \right) = 36\frac{rad}{s}(90.39s + 10s) = 3.6 \cdot 10^3 \, rad$$

Dividendo θ_A per 2π si ottiene il numero di giri che il mobile B deve compiere per raggiungere il mobile A.

$$n = \frac{\theta_A}{2\pi} = \frac{3.6 \cdot 10^3}{2\pi} \cong 575 \ giri$$

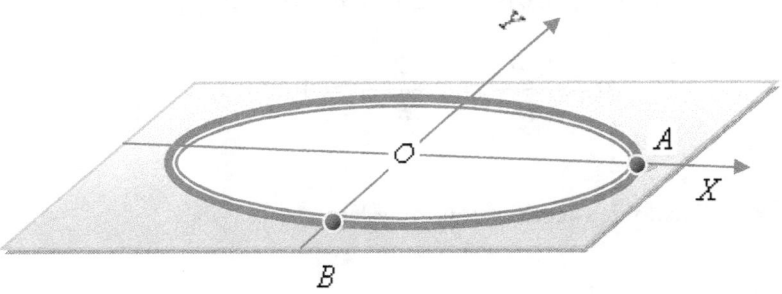

Figura (12.1)

Risolutore n. 13

Poiché la pista è lunga $C = 2\pi R$ si ha: $R = \dfrac{C}{2\pi} = \dfrac{62.831}{6.2831} = 10 \ km$

Scegliendo come sistema di riferimento un sistema di coordinate cartesiane ortogonali nel piano del moto avente l'origine coincidente con il centro della pista, si ha:

- calcolo della velocità angolare iniziale:

$$\omega_0 = \frac{v_0}{R} = \frac{108\frac{km}{h}}{10km} = \frac{30\frac{m}{s}}{10000m} = 3 \cdot 10^{-3} \frac{rad}{s}$$

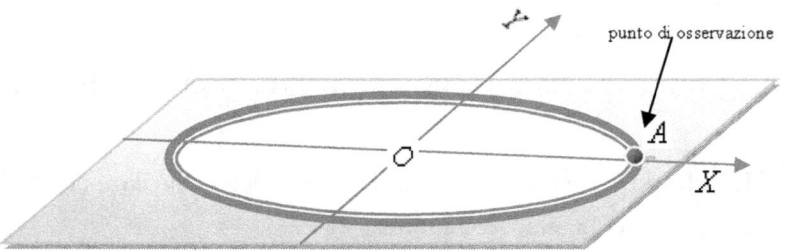

Figura (13.1)

- Calcolo dello spazio angolare percorso in **20** giri di pista:

$$\theta = \frac{20 \cdot C}{R} = \frac{20 \cdot 2\pi R}{R} = 40\pi \ rad$$

- Calcolo dell'accelerazione angolare:

$$\theta = \omega_0 t + \frac{1}{2}\alpha t^2 \Rightarrow$$

$$\alpha = \frac{2(\theta - \omega_0 t)}{t^2} = \frac{2(40\pi - 3 \cdot 10^{-3} \cdot 21600)}{(21600)^2} = 2.6 \cdot 10^{-7} \frac{rad}{s}$$

- Calcolo della velocità angolare finale:

$$\omega = \omega_0 + \alpha t = 3 \cdot 10^{-3} + 2.6 \cdot 10^{-7} \cdot 21600 = 8.6 \cdot 10^{-3} \frac{rad}{s}$$

- Calcolo della velocità lineare finale:

$$v = \omega R = 8.6 \cdot 10^{-3} \cdot 10000 = 86 \frac{m}{s} = 309 \frac{km}{h}$$

- Calcolo dell'accelerazione lineare: $\vec{a} = \vec{\alpha} \wedge \vec{s} + \vec{\omega} \wedge \vec{v} \Rightarrow$

- calcolo dell'accelerazione tangenziale:

$$a_t = \alpha R = 2.6 \cdot 10^{-7} \cdot 10000 = 2.6 \cdot 10^{-3} \frac{m}{s^2}$$

- calcolo dell'accelerazione normale:

$$a_n = \omega v = \omega^2 R = \left(8.6 \cdot 10^{-3}\right)^2 \cdot 10000 = 7.396 \cdot 10^{-3} \frac{m}{s}$$

Quindi si ha:

$$a = \sqrt{a_t^2 + a_n^2} = \sqrt{\left(2.6 \cdot 10^{-3}\right)^2 + \left(7.396 \cdot 10^{-3}\right)^2} = 7.84 \cdot 10^{-3} \frac{m}{s^2}$$

Si osservi che l'accelerazione tangenziale si può diversamente calcolarla come:

$$a_t = \frac{v - v_0}{t - t_0} = \frac{309.6 - 108}{6} = 33.6 \frac{km}{h^2} = \frac{33.6}{12960} \frac{m}{s^2} = 2.6 \cdot 10^{-3} \frac{m}{s^2}$$

Risolutore n. 14

Scegliendo come sistema di riferimento un sistema di coordinate cartesiane ortogonali con l'origine coincidente con il centro della pista, si ha che quando il pilota transita per il punto di osservazione **A** ha la coordinata $\theta_A = 0$ e la velocità angolare ω_A da determinarsi.

Usando le equazioni del moto circolare uniformemente accelerato, si ha che lo stato di moto dell'auto nel punto di osservazione **B** è dato dalle equazioni seguenti:

$$(14.1) \quad \begin{cases} \theta_B = \omega_A t_B + \dfrac{1}{2} \alpha t_B^2 \\[2mm] \omega_B = \omega_A + \alpha t_B \end{cases}$$

e nel punto di osservazione C è dato dalle equazioni:

$$(14.2) \quad \begin{cases} \theta_C = \theta_B + \omega_B t_C + \dfrac{1}{2} \alpha t_C^2 \\[2mm] \omega_C = \omega_B + \alpha t_C \end{cases}$$

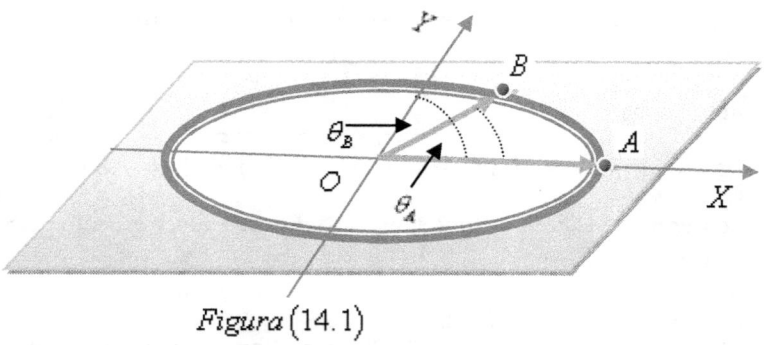

Figura (14.1)

Combinando tra loro le equazioni (14.1) e (14.2) si ha:

$$\theta_B = \left(\omega_B - \alpha t_B \right) t_B + \frac{1}{2} \alpha t_B^2$$

in cui sostituendo $t_B = 2t_C$ si ha:

$$(14.3) \quad \omega_B = \frac{\theta_B + 2\alpha t_C^2}{2t_C}$$

Ricavando dalla prima delle equazioni (14.2) il valore di ω_B, si ha:

$$(14.4) \quad \omega_B = \frac{2\left(\theta_C - \theta_B \right) - \alpha t_C^2}{2t_C}$$

Combinando le equazioni (14.3) e (14.4) e, tenendo conto che è:

$$\theta_B = \left(\theta_C - \theta_B\right) = \frac{\pi}{4} rad$$

si ha:

$$(14.5) \qquad \alpha = \frac{\theta_B}{3t_C^2} = \frac{\dfrac{\pi}{4}}{3 \cdot 10^2} = 2.62 \cdot 10^{-3} \frac{rad}{s}$$

utilizzando questo valore nella prima delle equazioni (14.2) si ha:

$$\omega_B = \frac{2\left(\theta_C - \theta_B\right) - \alpha t_C^2}{2t_C}$$

in cui sostituendo i valori si ha:

$$\omega_B = \frac{2\dfrac{\pi}{4} - 2.62 \cdot 10^{-3} \cdot 10^2}{2 \cdot 10} = 6.54 \cdot 10^{-2} \frac{rad}{s}$$

Utilizzando questo valore nella seconda delle equazioni (14.2) e nella seconda delle equazioni (14.1) si ha, rispettivamente:

$$\omega_C = \omega_B + \alpha t_C = 6.54 \cdot 10^{-2} + 2.62 \cdot 10^{-3} \cdot 10 = 9.16 \cdot 10^{-2} \frac{rad}{s}$$

$$\omega_A = \omega_B + \alpha t_B = 6.54 \cdot 10^{-2} - 2.62 \cdot 10^{-3} \cdot 10 = 3.92 \cdot 10^{-2} \frac{rad}{s}$$

Lo stato di moto dell'auto nel punto di osservazione è dato da:

$$(\text{punto A}) \begin{cases} \theta_A = 0 \\ \omega_A = 3.92 \cdot 10^{-2} \dfrac{rad}{s} \end{cases}$$

$$(\text{punto B}) \begin{cases} \theta_B = \dfrac{\pi}{4} \ rad \\ \\ \omega_B = 6.54 \cdot 10^{-2} \dfrac{rad}{s} \end{cases}$$

$$(\text{punto C}) \begin{cases} \theta_C = \dfrac{\pi}{2} \ rad \\ \\ \omega_C = 9.16 \cdot 10^{-2} \dfrac{rad}{s} \end{cases}$$

Le direzioni di tutti i vettori angolari sono facilmente determinabili con la regola della mano destra.

Risolutore n. 15

Scegliendo come sistema di riferimento un sistema di coordinate cartesiane ortogonali nel piano del moto, avente l'origine coincidente con il centro della pista e tale che sia $\theta_0 = 0$, si ha:

- calcolo della velocità angolare iniziale:

$$\omega = \frac{v_0}{R} = \frac{144 \dfrac{km}{h}}{8km} = \frac{40 \dfrac{m}{s}}{8000m} = 5 \cdot 10^{-3} \frac{rad}{s}$$

- calcolo della velocità angolare dopo tre ore:

$$\omega = \frac{v}{R} = \frac{108 \dfrac{km}{h}}{8km} = \frac{30 \dfrac{m}{s}}{8000m} = 3.75 \cdot 10^{-3} \frac{rad}{s}$$

- calcolo della decelerazione angolare:

$$\alpha = \frac{\omega - \omega_0}{\Delta t} = \frac{3.75 \cdot 10^{-3} - 5 \cdot 10^{-3}}{10800} = -1.16 \cdot 10^{-7} \frac{rad}{s}$$

- calcolo della posizione angolare dopo tre ore:

$$\theta = \omega_0 t - \frac{1}{2}\alpha t^2 = 5 \cdot 10^{-3} \cdot 108 \cdot 10^2 - \frac{1}{2} \cdot 1.16 \cdot 10^{-7} \cdot (108)^2 \cdot 10^4 = 47.23 \ rad$$

- Lo stato di moto dopo tre ore è dato da:

$$\begin{cases} \theta = 47.23 \ rad \\ \omega = 3.75 \cdot 10^{-3} \dfrac{rad}{s} \end{cases}$$

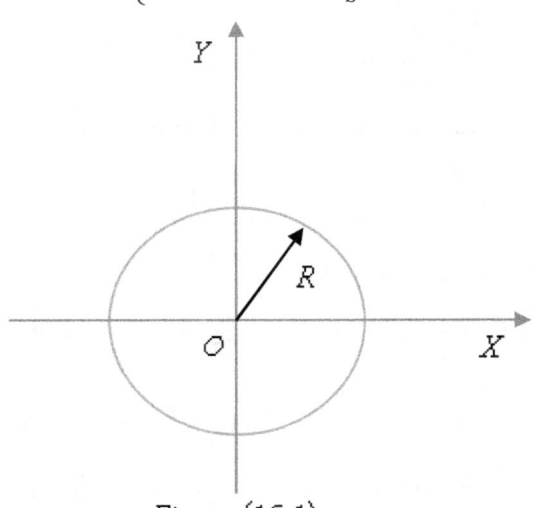

Figura (15.1)

Per determinare il tempo occorrente all'automobile per raggiungere la velocità di $252\frac{km}{h}$ è sufficiente osservare che l'accelerazione tangenziale è: $a_t = 36\frac{km}{h^2}$ e quindi, essendo $v_1 = v + a_t t_1$ si ha:

$$t_1 = \frac{v_1 - v}{a_t}$$

in cui sostituendo i valori si ha:

$$t_1 = \frac{252\frac{km}{h} - 108\frac{km}{h}}{36\frac{km}{h}} = 4h$$

Per determinare lo stato di moto in questo istante si osservi che è:

$$a_t = \alpha_1 R$$

da cui segue:

$$\alpha_1 = \frac{a_t}{R} = \frac{36\frac{km}{h^2}}{8km} = \frac{2.8 \cdot 10^{-3}\frac{rad}{s}}{8000} = 3.5 \cdot 10^{-7}\frac{rad}{s}$$

Quindi, si può calcolare la posizione angolare in questo istante con la seguente equazione:

$$\theta_1 = \theta + \omega t_1 + \frac{1}{2}\alpha_1 t_1^2$$

in cui sostituendo i valori si ottiene:

$$\theta_1 = 47.23 + 3.75 \cdot 10^{-3} \cdot 144 \cdot 10^2 + \frac{1}{2} \cdot 3.5 \cdot 10^{-7} \cdot (144)^2 \cdot 10^4 = 137.52 \; rad$$

Per calcolare la velocità angolare in questo istante, si consideri la seguente equazione: $\omega_1 = \omega + \alpha_1 t_1$ in cui sostituendo i valori si ottiene:

$$\omega_1 = 3.75 \cdot 10^{-3} + 3.5 \cdot 10^{-7} \cdot 144 \cdot 10^2 = 8.79 \cdot 10^{-3}\frac{rad}{s}$$

- Lo stato di moto in questo istante è:

$$\begin{cases} \theta_1 = 137.52 \; rad \\ \omega_1 = 8.79 \cdot 10^{-3}\frac{rad}{s} \end{cases}$$

Risolutore n. 16

Scegliendo come riferimento un sistema di coordinate cartesiane ortogonali nel piano del moto, si ha: $\omega_B^2 = \omega_A^2 + 2\alpha(\theta_B - \theta_A)$ da cui segue:

$$\begin{cases} \omega_A = \sqrt{\omega_B^2 - 2\alpha(\theta_B - \theta_A)} \\ \theta_A = \theta_B - \dfrac{\omega_B^2 - \omega_A^2}{2\alpha} \end{cases}$$

in cui sostituendo i valori si ha:

$$\begin{cases} \omega_A = \sqrt{6.25 \cdot 10^{-6} - 2.5 \cdot 10^{-7} \cdot \dfrac{2}{3}\pi} = 2.04 \cdot 10^{-3}\dfrac{rad}{s} \\ \theta_A = 2\pi - \dfrac{6.25 \cdot 10^{-6} - 4.1616 \cdot 10^{-6}}{2 \cdot 5 \cdot 10^{-7}} = 4.19 \; rad \end{cases}$$

Quest'ultimo risultato può essere ricavato molto più semplicemente osservando che è: $\theta_B - \theta_A = \dfrac{2}{3}\pi$ quindi si ha: $\theta_A = \theta_B - \dfrac{2}{3}\pi$ in cui sostituendo il valore di θ_B; si ha:

$$\theta_A = 2\pi - \frac{2}{3}\pi = \frac{4}{3}\pi = 4.19 \; rad$$

• Lo stato di moto in **A** è definito dai valori:

$$\begin{cases} \theta_A = 4.19 \; rad \\ \omega_A = 2.04 \cdot 10^{-3}\dfrac{rad}{s} \end{cases}$$

Risolutore n. 17

Poiché il disco compie $0.5 \dfrac{giro}{s}$ la frequenza con cui l'ombra oscilla intorno alla posizione di equilibrio è $\nu = 0.5 H_z$. Usando le equazioni:

$$\begin{cases} x = R\cos(\theta_0 + \omega t) \\ v_x = -\omega R \sin(\theta_0 + \omega t) \end{cases}$$

e scegliendo il sistema di riferimento in modo tale che sia la costante di fase $\theta_0 = 0$, si ha: $\begin{cases} x = R\cos\omega t \\ v_x = -\omega R \sin\omega t \end{cases}$ in cui sostituendo i valori e tenendo conto che $\omega = 2\pi\nu$ si ha:

$$\begin{cases} x = 0.30\cos\pi t \qquad \text{espresso in } m \\ v_x = -\pi 0.30 \sin\pi t \quad \text{espresso in } \dfrac{m}{s} \end{cases}$$

Queste equazioni definiscono lo stato di moto istantaneo dell'ombra.

Risolutore n. 18

- Calcolo della frequenza: $\nu = \dfrac{\omega}{2\pi} = \dfrac{5\pi}{2\pi} = 2.5 H_z$

- Calcolo del periodo: $T = \dfrac{1}{\nu} = \dfrac{1}{2.5} = 0.45 \ s$

La posizione di massimo allontanamento dal punto di equilibrio ottiene quando $\cos(\pi + 5\pi) = 1$ e ciò implica $x = 3\ m$. La posizione nell'istante $t = 0$ è data da $x = 3\cos\pi = -3\ m$

Risolutore n. 19

Per determinare lo stato di moto dell'ago, si usino le equazioni seguenti:

$$\begin{cases} x = R\cos(\theta_0 + \omega t) \\ v_x = -\omega R \sin(\theta_0 + \omega t) \end{cases}$$

Scegliendo il sistema di riferimento in modo che sia $\theta_0 = 0$, si ha:

$$\begin{cases} x = R\cos\omega t \\ v_x = -\omega R\sin\omega t \end{cases}$$

Poiché è: $\omega = 2\pi\nu = 2\pi\cdot 10 = 20\pi\dfrac{rad}{s}$ si ha:

$$\begin{cases} x = 3\cdot 10^{-3}\cos\dfrac{20}{30}\pi = -1.5\cdot 10^{-3}\ m \\ v_x = -20\pi\cdot 3\cdot 10^{-3}\sin\dfrac{20}{30}\pi = -1.6\cdot 10^{-1}\dfrac{m}{s} \end{cases}$$

L'accelerazione è:

$$a_x = -\omega^2 x = -(20\pi)^2\left(-1.5\cdot 10^{-3}\right) = 5.92\dfrac{m}{s^2}$$

Risolutore n. 20

Supponendo di fare cadere liberamente il corpo da un'altezza h , esso acquisterà una velocità v data dalla relazione: $v^2 = 2gh$. Se in questa relazione si impone che la velocità v sia uguale alla velocità v_0 con cui il corpo viene lanciato sul piano orizzontale, si può affermare che il corpo nel procedere lungo il piano inclinato può giungere al più ad un'altezza pari a:

$$h = \frac{v_0^2}{2g} = \frac{(15)^2}{2 \cdot 9.8} = 11.48 \ m$$

$$\vec{v}_0 = 16\frac{m}{s}$$

$$C \equiv 0$$

Figura (20.1)

Scegliendo il punto 0 come riferimento *(vedi figura (20.1))*, si ha che quando il corpo raggiunge la massima altezza la sua velocità è nulla e si ottiene l'equazione: $0 = v_0^2 - 2g(\sin\alpha)s$ da cui segue:

$$s = \frac{v_0^2}{2g\sin\alpha} = \frac{(15)^2}{2 \cdot 9.8 \cdot 0.5} = 22.96 \ m$$

Si osservi che lo spazio percorso può calcolarsi anche come:

$$s = \frac{h}{\sin\alpha} = \frac{11.48}{0.5} = 22.96 \ m$$

Risolutore n. 21

Per determinare la massima altezza raggiunta è sufficiente considerare l'equazione:

$$v^2 = v_0^2 - 2gh$$

in cui ponendo $v = 0$, come deve essere quando il proiettile raggiunge la massima altezza, si ha:

$$h = \frac{v_0^2}{2g} = \frac{(30)^2}{2 \cdot 9.8} = 45.92 \ m$$

Per determinare il tempo impiegato a raggiungere la massima altezza è sufficiente scrivere: $h = \frac{1}{2} g t^2$ da cui segue:

$$t = \sqrt{\frac{2h}{g}} = \sqrt{\frac{2 \cdot 45.92}{9.8}} = 3.06 \ s$$

Risolutore n. 22

Considerando l'equazione $T = 2\pi \sqrt{\dfrac{l}{g}}$ e risolvendola rispetto a g si

ottiene: $g = \dfrac{4\pi^2}{T^2} l$ in cui sostituendo i valori si ha:

$$g = \frac{4\pi^2}{4.16} \cdot 1 = 9.49 \frac{m}{s^2}$$

Risolutore n. 23

Considerando l'equazione $T = 2\pi \sqrt{\dfrac{l}{g}}$ e risolvendola rispetto a l si

ottiene: $l = \dfrac{T^2}{4\pi^2} g$ in cui sostituendo i valori si ha:

$$l = \frac{1 \cdot 9.8}{4\pi^2} = 0.248 \ m = 24.8 \ cm$$

10.6 INTRODUZIONE ALL'USO DEL MODELLO DINAMICO DEL MOTO PER LA RISOLUZIONE DI PROBLEMI DINAMICI

E' stato già fatto osservare che il modello dinamico del moto esprime una relazione tra grandezze fisiche e pertanto può essere utilizzato, a seconda dei casi, sia per determinare lo stato di moto di un corpo, nota la forza che lo determina, sia per misurare il modulo di una forza incognita, agente su un corpo di massa nota, la cui manifestazione è l'accelerazione che essa determina. Quando si usa il modello dinamico del moto per risolvere problemi di moto, è conveniente schematizzare la procedura di risoluzione come nel modo appresso indicato:

- *identificare il corpo al cui moto il problema si riferisce*

- *identificare l'ambiente che circonda il corpo che si muove; ciò equivale ad identificare le forze che agiscono sul corpo*
- *isolare il corpo e tracciare il diagramma delle forze (diagramma di corpo libero), avente avuto cura di scegliere un opportuno sistema di coordinate nello spazio solidale con un osservatore inerziale*
- *applicare il modello dinamico del moto nella forma conveniente ad ogni componente della forza e dell'accelerazione*

esempio

un corpo C_1 di massa m_1 è posto su una superficie orizzontale priva di attrito ed è trascinato, tramite una corda inestensibile di massa trascurabile, da un corpo C_2 di massa m_2 sospeso ad una puleggia di cui si trascurano gli attriti e la massa. Si determini l'accelerazione del sistema e la tensione nella corda.(*vedi figura (10.6.1))*

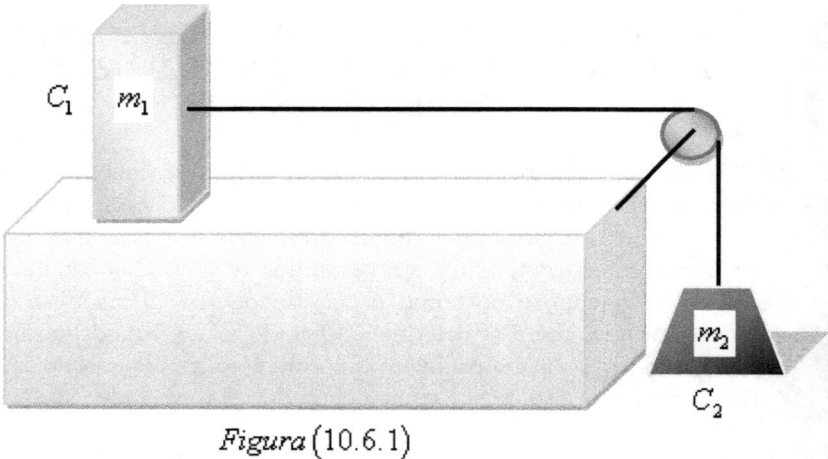

Figura (10.6.1)

Si scelga il corpo C_1 nell'approssimazione di punto materiale. Le forze agenti sul corpo sono: la tensione $\vec{T}_1$ nella corda, il peso $\vec{P}_1$ e la forza normale $\vec{N}$ esercitata dalla superficie orizzontale. Si scelga un sistema di coordinate cartesiane nel piano, solidale con un osservatore inerziale, e si tracci il diagramma di corpo libero.

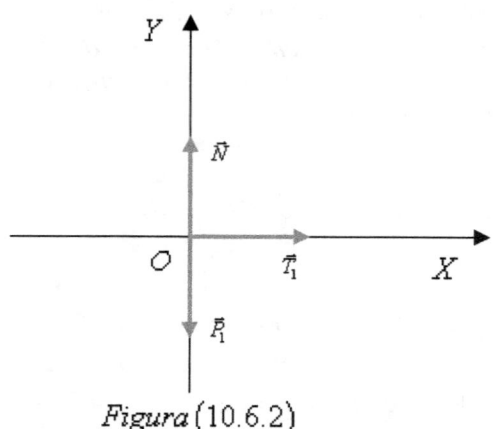

Figura (10.6.2)

Il corpo C_1 sarà accelerato solo nella direzione dell'asse X quindi si ha $a_{1y} = 0$ e si possono scrivere le equazioni:

$$\begin{cases} N - P_1 = m_1 a_{1y} = 0 \\ T_1 = m_1 a_{1x} \end{cases}$$

dalle quali è possibile dedurre solo che la forza normale uguaglia il peso del corpo ma non è possibile determinare l'accelerazione a_{1x}. Riferendo il moto al corpo C_2, le forze che agiscono su esso sono: la tensione $\vec{T}_2$ nella corda ed il peso $\vec{P}_2$. Scegliendo un sistema di coordinate cartesiane nel piano solidale con un osservatore inerziale, si può tracciare il seguente diagramma di corpo libero.

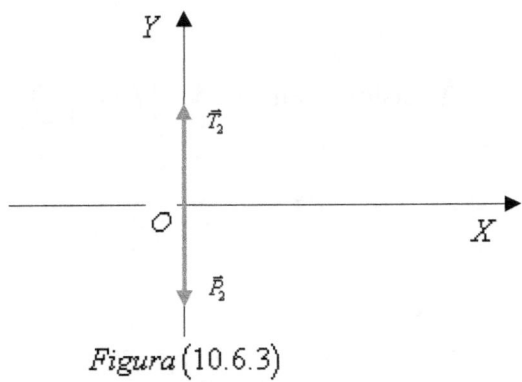

Figura (10.6.3)

Il corpo C_2 è accelerato nella direzione dell'asse Y nel verso negativo, quindi si ha:

$$P_2 - T_2 = m_2 a_{2y}$$

Poiché la massa della corda è trascurabile e non ci sono attriti, il modulo della tensione $\vec{T}_1$ uguaglia il modulo della tensione $\vec{T}_2$ e pertanto si può scrivere:

$$\begin{cases} T = m_1 a_{1x} \\ P_2 - T = m_2 a_{2y} \end{cases}$$

Queste equazioni si possono semplificare in quanto, essendo la corda che connette i due corpi inestensibile, si ha $a_{1x} = a_{2x}$. Quindi si possono scrivere le equazioni:

$$\begin{cases} T = m_1 a \\ P_2 - T = m_2 a \end{cases}$$

che combinate tra loro forniscono la soluzione del problema:

$$(\text{accelerazione del sistema}) \begin{cases} a = \dfrac{m_2}{m_1 + m_2} g_2 \end{cases}$$

$$(\text{tensione nella corda}) \begin{cases} T = \dfrac{m_1}{m_1 + m_2} P_2 \end{cases}$$

10.7 RISOLUTORI DEGLI ESERCIZI DI DINAMICCA

Risolutore n. 1

Riferendo il moto alla persona che entra nel *rotor,* si scelga un sistema di coordinate cartesiane ortogonali nello spazio solidale con un osservatore inerziale. Sulla persona agiscono la forza peso $\vec{P}$, la forza di attrito $\vec{f}_a$ e la forza normale $\vec{f}_n$. Il diagramma di corpo libero è quello indicato nella figura (1.1).

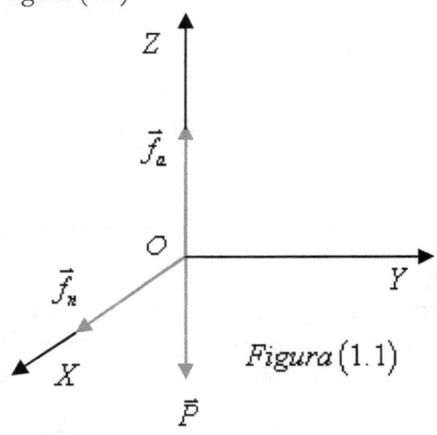

Figura (1.1)

Se la persona non cade nella buca deve essere:

$$\vec{f}_a + \vec{P} = m\vec{a} = 0$$

da cui segue:

$$\vec{f}_a = -\vec{P}$$

Osservando che il modulo della forza di attrito si può scrivere come:

$$f_a = \mu_s f_n$$

segue:

$$P = \mu_s f_n$$

in cui ricordandosi che è: $\vec{f}_n = m\left(\vec{\omega}\wedge\vec{v}\right)$ si ha $mg = \mu_s m\omega^2 R$ da cui segue:

$$\mu_s = \frac{g}{\omega^2 R}$$

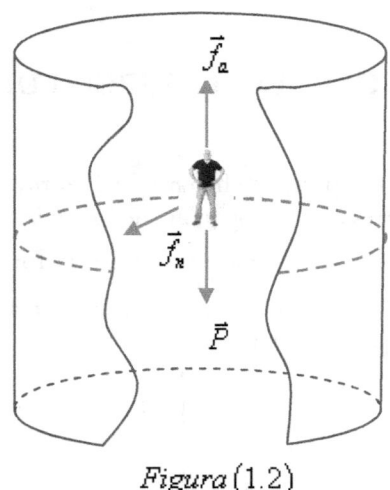

Figura (1.2)

Risolutore n. 2

Fissando come osservatore inerziale un osservatore solidale con lo spazio delle stelle fisse, il moto di rotazione della Terra intorno al proprio asse avviene intorno al Polo Nord in senso antiorario con velocità angolare $\vec{\omega}$ il cui modulo è: $\omega = \dfrac{2\pi}{24 \cdot 3600} = 7.29 \cdot 10^{-5} \dfrac{rad}{s}$, la cui direzione coincide con la direzione dell'asse di rotazione ed il verso è quello uscente dal Polo Nord. Pertanto si ha:

$$\vec{F}_c = 2m\vec{\omega}\wedge\vec{v}'$$

La direzione ed il verso di questo vettore sono mostrati in figura (2.1), il suo modulo è:

$$F_c = 2m\omega v' = 2 \cdot 1000 kg \cdot 7.29 \cdot 10^{-5} \frac{rad}{s} \cdot 1000 \frac{m}{s} = 145.8 \ N$$

Il componente tangente al meridiano ha modulo pari a:

426

$$F_{ct} = F_c \cos \beta = F_c \cos\left(\frac{\pi}{2} - \theta\right) = F_c \sin \theta = 145.8 \sin 30° = 72.9 N$$

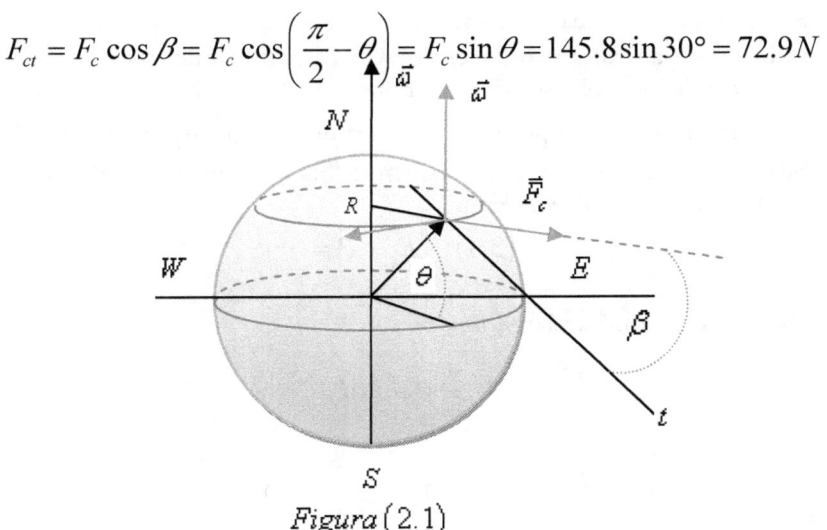

Figura (2.1)

Risolutore n. 3

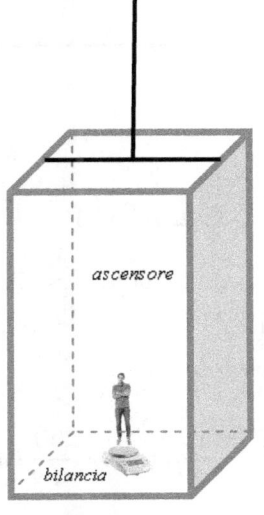

Figura (3.1)

Si scelga un sistema di coordinate cartesiane ortogonali nel piano solidale con un osservatore inerziale O. Rispetto a questo osservatore, nella condizione di ascensore a riposo, le forze che agiscono sulla persona sono: la forza peso $\vec{P}$ e la forza di reazione $\vec{R}_v$ esercitata dalla bilancia. Quindi il diagramma di corpo libero è indicato nella figura (3.2) da cui si ricava l'equazione:

$$(3.1) \quad \vec{R}_v + \vec{P} = 0$$

che posta in forma scalare fornisce:

$$R_v = P = 60kg_p$$

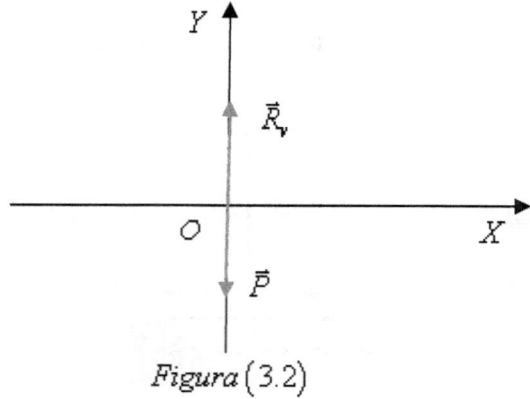

$$Figura\,(3.2)$$

Nella condizione di ascensore in moto verso l'alto si ha:

$$(3.2) \quad \vec{R}_v + \vec{P} = m\vec{a}$$

che posta in forma scalare fornisce:

$$R_v = P + ma = P + \frac{P}{g}a = 60 + \frac{60}{9.8} \cdot 0.5 = 63.06 \; kg_p$$

Nella condizione di ascensore in moto verso il basso si ha:

$$(3.3) \qquad \vec{R}_v + \vec{P} = -m\vec{a}$$

che posta in forma scalare fornisce:

$$R_v = P - ma = P - \frac{P}{g}a = 60 - \frac{60}{9.8} \cdot 0.5 = 56.94 \ kg_p$$

Si osservi che la soluzione al problema può essere costruita anche in modo diverso. Infatti, considerando un osservatore O' solidale con l'ascensore, nella condizione di ascensore a riposo, i due osservatori sono entrambi inerziali e misurano lo stesso peso $P = P'$. Nella condizione di ascensore in moto verso l'alto, l'osservatore O' si muove di moto traslatorio accelerato rispetto all'osservatore inerziale O e pertanto usando l'equazione (9.3.3) del precedente capitolo si può scrivere:

$$P' = P + ma = P + \frac{P}{g}a = 60 + \frac{60}{9.8} \cdot 0.5 = 63.06 \ kg_p$$

Nella condizione di ascensore in moto verso il basso, con un ragionamento analogo al precedente, si ottiene:

$$P' = P - ma = P - \frac{P}{g}a = 60 - \frac{60}{9.8} \cdot 0.5 = 56.94 \ kg_p$$

Risolutore n. 4
Si riferisca il moto all'ascensore ad un sistema di coordinate cartesiane ortogonali nel piano solidale con un osservatore inerziale. Sull'ascensore agiscono il peso complessivo $\vec{P}$ e la tensione $\vec{T}$ nella corda d'acciaio, pertanto il diagramma di corpo libero è quello indicato nella figura (4.1) da cui si ricava l'equazione: $\vec{T} + \vec{P} = -m\vec{a}$ che posta

in forma scalare fornisce l'equazione: $T = P - ma = P - \dfrac{P}{g} a$ in cui

sostituendo i valori si ha:

$$T = 900 - \frac{900}{9.8} \cdot 0.5 = 854.08 \; kg_p$$

Figura (4.1)

Nella condizione di accelerazione verso l'alto si deve scrivere l'equazione:

$$\vec{T} + \vec{P} = m\vec{a}$$

che posta in forma scalare fornisce l'equazione :

$$T = P + ma = P + \frac{P}{g} a$$

che risolta rispetto ad **a** fornisce l'equazione: $a = \dfrac{T - P}{P} g$ in cui

sostituendo i valori e imponendo che T può assumere al più il valore $T = 8869N$, si ottiene:

$$a = \frac{\dfrac{8869}{9.8} - 900}{900} \cdot 9.8 \cong 0.05 \frac{m}{s^2}$$

Questo risultato afferma che l'ascensore può riportare le dieci persone all'ottavo piano con un'accelerazione pari a $\dfrac{1}{10}$ di quella con cui è scesa; diversamente si ha la rottura della corda d'acciaio.

Risolutore n. 5

Si scelga un sistema di coordinate cartesiane ortogonali nel piano solidale con un osservatore inerziale. Riferendo il moto al corpo C_1 , le forze che agiscono su esso sono: la tensione $\vec{T}_1$ nella corda, il suo peso $\vec{P}_1$ e la reazione $\vec{R}_{1v}$ del piano su cui si poggia il corpo. Pertanto, il diagramma di corpo libero è quello indicato nella figura (5.2) in cui si è scelto l'asse delle ordinate coincidente, nella direzione e nel verso, con il vettore tensione $\vec{T}_1$.

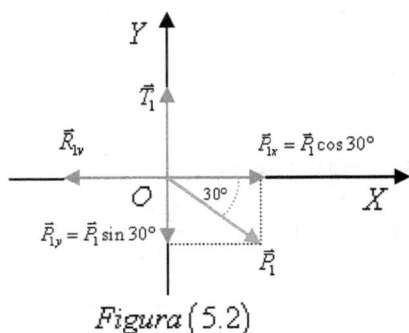

$$Figura\,(5.2)$$

Riferendo il moto al corpo di massa m_2 , le forze che agiscono su esso sono: la tensione $\vec{T}_2$ della corda , il suo peso $\vec{P}_2$ e la reazione $\vec{R}_{2v}$ del piano su cui si poggia il corpo. Pertanto il diagramma di corpo libero è quello indicato nella figura (5.3) in cui si è scelto l'asse delle ordinate coincidente, nella direzione e nel verso, con il vettore tensione $\vec{T}_2$.

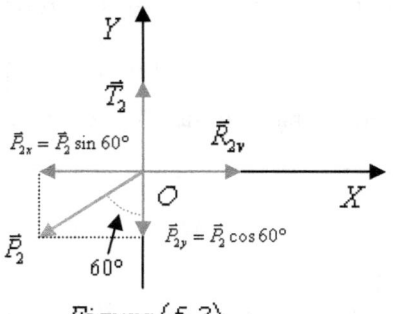

Figura (5.3)

Se il corpo è fermo rispetto all'osservatore si hanno le seguenti equazioni:

$$(5.1) \quad \vec{T}_2 + \vec{P}_{2y} = 0 \quad ; \quad (5.2) \quad \vec{R}_{2v} + \vec{P}_{2x} = 0$$

Poiché i due corpi sono collegati con una corda di massa trascurabile e inestensibile si deve avere:

$$T_1 = T_2$$

quindi il sistema sarà fermo rispetto all'osservatore inerziale solo se è:

$$T_1 + P_{1y} = T_2 + P_{2y}$$

da cui segue l'equazione $m_1 g \sin 30° = m_2 g \sin 60°$ che risolta rispetto a m_2 fornisce: $m_2 = m_1 \dfrac{\sin 30°}{\sin 60°} = 4.62 kg$

Risolutore n. 6

Si scelga un sistema di coordinate cartesiane ortogonali nello spazio solidale con un osservatore inerziale in modo che la traiettoria del moto giace nel piano coordinato **XY** ed il centro coincide con l'origine degli assi. Poiché il corpo C_1 ruota con velocità angolare costante ci sarà sola la forza normale alla traiettoria che è fornita dalla tensione della corda: $\vec{T_1} = m\left(\vec{\omega}\wedge\vec{v}\right)$. Pertanto il diagramma di corpo libero è quello indicato nella figura (6.2).

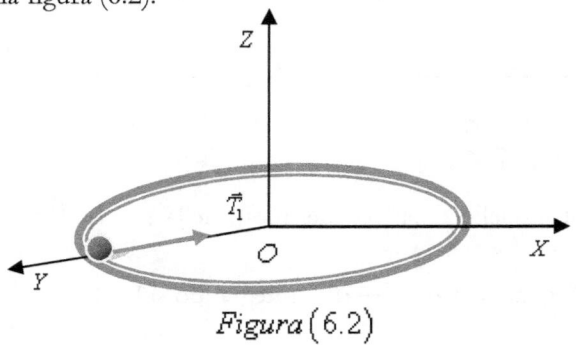

Figura (6.2)

Riferendo il moto al corpo C_2, le forze che agiscono su esso sono la tensione $\vec{T_2}$ e la sua forza peso $\vec{P_2}$. Pertanto il diagramma di corpo libero è quello indicato nella figura (6.3).

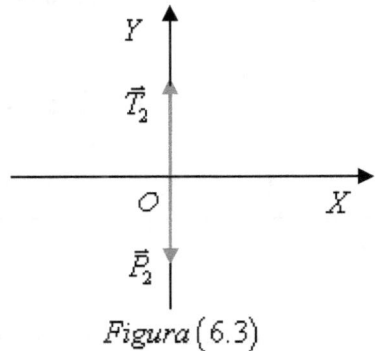

Figura (6.3)

Poiché la corda ha la massa trascurabile ed è inestensibile, si ha $T_1 = T_2$. Allora, se si vuole che il sistema sia in equilibrio dinamico deve essere: $T_1 = T_2 = P_2$ da cui segue: $m_1\omega^2 R = m_2 g$ che risolta rispetto a m_2 fornisce:

$$m_2 = \frac{m_1 \omega R}{g} = \frac{0.4 \cdot 49 \cdot 0.7}{9.8} = 1.4 \ kg$$

Risolutore n. 7

Usando il modello dinamico del moto nella forma $\vec{R} = m \dfrac{d\vec{v}}{dt}$ si può

scrivere l'equazione $dt = \dfrac{m}{R} dv$. Integrando si ha:

$$\int_{t_0}^{t} dt = \frac{m}{R} \int_{v_0}^{v} dv \Rightarrow (t - t_0) = \frac{m}{R}(v - v_0)$$

quando il corpo è fermo la sua velocità è nulla, si può scrivere l'equazione: $\Delta t = \dfrac{m}{R} v_0$ in cui sostituendo i valori si ottiene:

$$\Delta t = \frac{15 kg}{100 N} \cdot 30 \frac{m}{s} = 4.5 \ s$$

Risolutore n. 8

Si scelga un sistema di coordinate cartesiane ortogonali O', X', Y' nel piano del moto, solidale con il motociclista. Dal punto di vista del motociclista, su di esso agiscono la forza peso $\vec{P}$ e la forza centrifuga $-m(\vec{\omega} \wedge \vec{v})$ in modo che la loro somma vettoriale dia istante per istante il vettore nullo. Quindi, affinché il motociclista non cada a testa giù deve essere:

$$mg < m\frac{v^2}{r} \text{ da cui segue } v > \sqrt{gR}$$

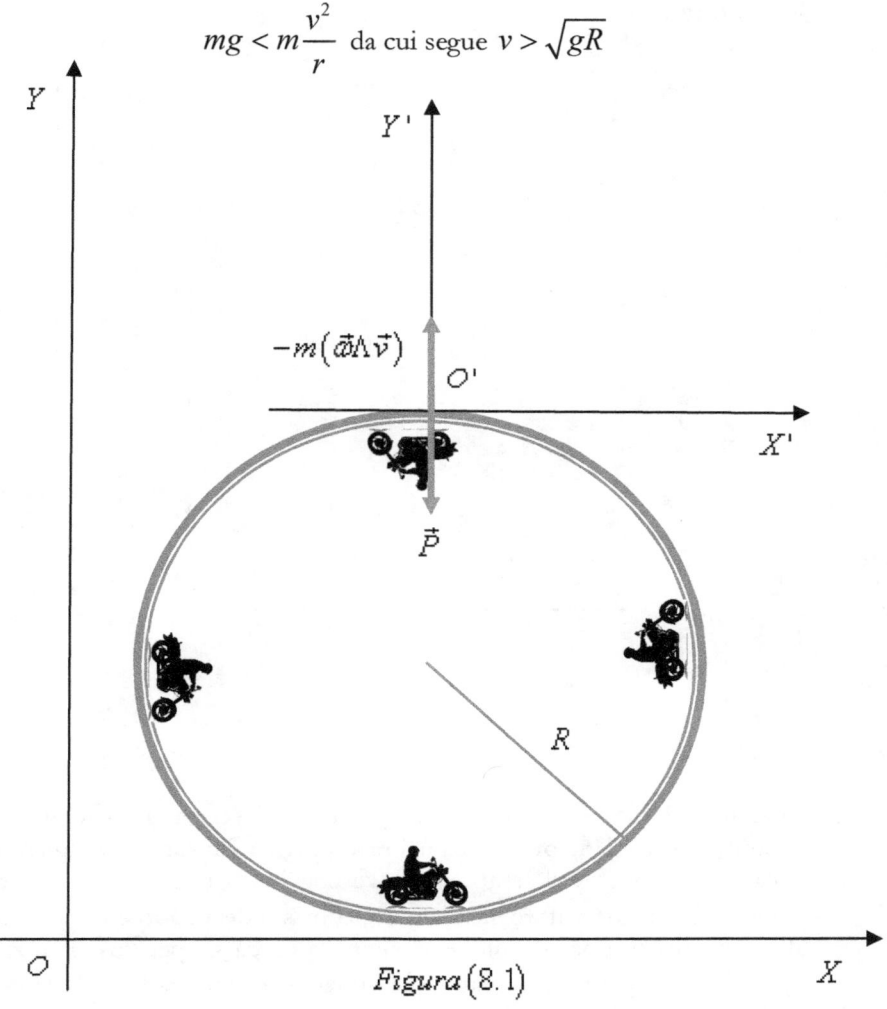

Figura (8.1)

Nel caso di una pista con raggio $R = 2.5\ m$ si ha:

$$v > \sqrt{9.8 \cdot 2.5} = 4.95\frac{m}{s} = 17.82\frac{km}{h}$$

$$v_{min} = 4.95\frac{m}{s} = 17.82\frac{km}{h}$$

Risolutore n. 9

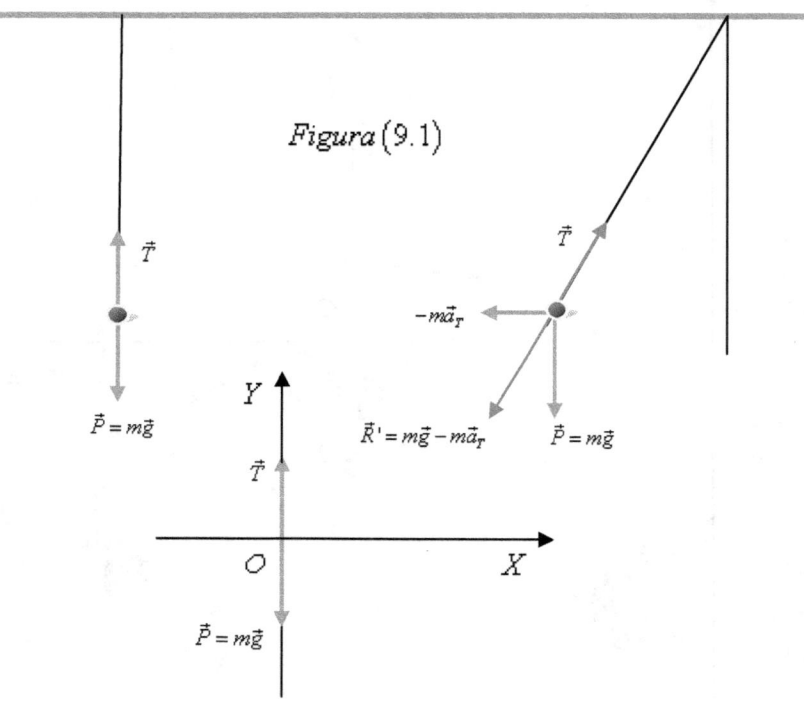

$Figura\,(9.1)$

Riferendo il moto alla massa del pendolo, si scelga un sistema di coordinate cartesiane ortogonali nel piano perpendicolare al pavimento della locomotiva. Se il treno si muove con moto rettilineo uniforme rispetto ad un osservatore inerziale O, la massa del pendolo è soggetta alla forza del suo peso e alla tensione nella corda sia per l'osservatore inerziale O sia per un osservatore O' situato sulla locomotiva. Pertanto il diagramma di corpo libero è quello indicato nella figura (9.1). Nell'ipotesi che il treno decelera nella direzione e nel verso positivo dell'asse x, l'osservatore O' vedrà la massa del pendolo sottoposta all'azione di una forza $\vec{R}'$ data dalla relazione $\vec{R}' = m\vec{g} - m\vec{a}_T$ oltre che dalla tensione nella corda. Quindi il diagramma di corpo libero è quello indicato nella figura (9.2) da cui si ricava l'equazione

436

$\tan \theta = \dfrac{ma_T}{mg} = \dfrac{a_T}{g}$ che risolta rispetto ad a_T fornisce la decelerazione del treno.

$$a_T = g \tan \theta = 9.8 \cdot \tan 30° = 5.66 \dfrac{m}{s^2}$$

Per determinare il modulo della forza d'inerzia che agisce sul macchinista è sufficiente scrivere: $R_T = ma_T = 60 \cdot 5.66 = 333.9 N$

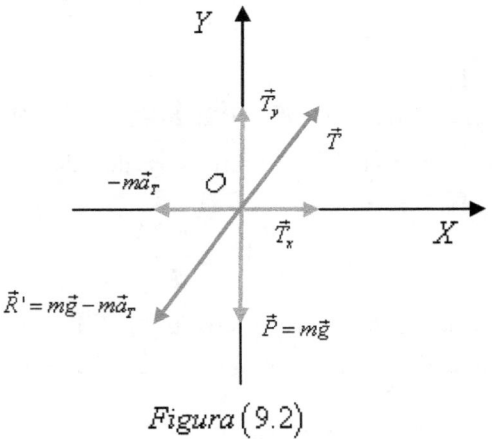

Figura (9.2)

Risolutore n. 10

La forza risultante che agisce sul corpo è data dalla somma vettoriale delle forze $\vec{F_1}$ e $\vec{F_2}$:

$$\vec{R} = \vec{F_1} + \vec{F_2} = \left(2\vec{i} - 3\vec{j}\right) N + \left(4\vec{i} + 11\vec{j}\right) N = \left(6\vec{i} + 8\vec{j}\right) N$$

L'accelerazione è data da:

$$\vec{a} = \dfrac{\vec{R}}{m} = \dfrac{1}{4}\left(6\vec{i} + 8\vec{j}\right)\dfrac{N}{kg} = \left(1.5\vec{i} + 2\vec{j}\right)\dfrac{m}{s^2}$$

La velocità e la posizione nell'istante $t = 3\ s$ sono rispettivamente:

$$\begin{cases} \vec{v} = \vec{a}\Delta t = \left(1.5\vec{i} + 2\vec{j}\right)\dfrac{m}{s^2} \cdot 3s = \left(4.5\vec{i} + 6\vec{j}\right)\dfrac{m}{s} \\[3mm] \vec{s} = \dfrac{1}{2}\vec{a}\left(\Delta t\right)^2 = \dfrac{1}{2}\left(1.5\vec{i} + 2\vec{j}\right)\dfrac{m}{s^2} \cdot 9s^2 = \left(6.75\vec{i} + 9\vec{j}\right)m \end{cases}$$

Risolutore n. 11

Il peso dell'uomo espresso in newton è: $80kg_p = 80 \cdot 9.8 = 784N$. Il peso dell'uomo, rispetto all'osservatore inerziale, alla quota di $300\ km$ dalla superficie terrestre è:

$$P = P_0\left(1 - 2\frac{\Delta R}{R}\right)$$

in cui ΔR è la quota, R il raggio terrestre e P_0 il peso alla superficie terrestre. Sostituendo i valori di queste grandezze nella formula si ottiene:

$$P = 80kg_p\left(1 - \frac{2 \cdot 3 \cdot 10^5\,m}{6.37 \cdot 10^6\,m}\right) = 72.46kg_p = 710.15N$$

Risolutore n. 12

Si scelga un sistema di coordinate cartesiane ortogonali nel piano solidale con un osservatore inerziale O. Riferendo il moto al corpo C_1, le forze che agiscono su esso, nella condizione di moto verso il basso, sono: la forza peso $\vec{P_1}$ e la tensione $\vec{T_1}$, pertanto il diagramma di corpo libero è quello indicato nella figura (12.2) da cui si ricava l'equazione: $\vec{T}_1 + \vec{P}_1 = -m_1\vec{a}_1$ che posta in forma scalare fornisce l'equazione:

$$(12.1) \quad T_1 + P_1 = -m_1 a_1$$

Figura (12.2)

Riferendo il moto al corpo C_2, le forze che agiscono su esso, nella condizione di moto verso l'alto, sono: la forza peso $\vec{P}_2$ e la tensione $\vec{T}_2$, pertanto il diagramma di corpo libero è quello indicato nella figura (12.3) da cui si ricava l'equazione: $\vec{T}_2 + \vec{P}_2 = m_2\vec{a}_2$ che posta in forma scalare fornisce l'equazione:

$$(12.2) \quad T_2 + P_2 = m_2 a_2$$

Figura (12.3)

Dalle ipotesi semplificatrici sulla corda e sulla puleggia segue che il vettore tensione $\vec{T}_1$ ha modulo uguale al vettore tensione $\vec{T}_2$, quindi combinando le equazioni (12.1) e (12.2) e tenendo conto che $T_1 = T_2 = T$ si ottengono le seguenti equazioni:

$$\begin{cases} a = \dfrac{m_1 - m_2}{m_1 + m_2}\, g \\[4mm] T = \dfrac{2m_1 m_2}{m_1 + m_2}\, g \end{cases}$$

Osservando la prima delle equazioni (12.3) si nota che il sistema si muove con accelerazione a costante e pertanto percorre uno spazio Δs dato dall'equazione: $\Delta s = \dfrac{1}{2} a \left(\Delta t \right)^2$ da cui si ottiene l'equazione:

$a = \dfrac{2\Delta s}{\left(\Delta t \right)^2}$ che combinata con la prima delle equazioni (12.3) fornisce

la relazione: $g = \dfrac{2\Delta s}{\left(\Delta t \right)^2} \dfrac{m_1 + m_2}{m_1 - m_2}$

Risolutore n. 13

Usando la relazione $\vec{v} = \vec{v}\,' - \vec{u}$ si ha:

$$(13.1) \qquad v_x = v'_x - u_x$$

in cui sostituendo i valori si ha:

$$v_x = \left(v'_x - 3 \right) \frac{m}{s}$$

che esprime il valore della velocità del corpo C secondo l'osservatore O.

Osservando che i due osservatori si muovono l'uno rispetto all'altro con moto rettilineo uniforme, si deduce che sono entrambi inerziali e pertanto l'accelerazione è la stessa per entrambi gli osservatori:

$a'_x = a_x = \dfrac{F_x}{m} = \dfrac{5}{2} = 2.5 \dfrac{m}{s^2}$. Per determinare la velocità v_x negli

istanti t_1, t_2, t_3, si osservi che essendo il moto del corpo C rettilineo

uniformemente accelerato si ha : $v_x = a_x t$ in cui sostituendo i valori si

ha:

$$\begin{cases} t_1 = 1s \Rightarrow v_x = 2.5 \dfrac{m}{s} \\[2ex] t_2 = 2s \Rightarrow v_x = 5 \dfrac{m}{s} \\[2ex] t_3 = 3s \Rightarrow v_x = 7.5 \dfrac{m}{s} \end{cases}$$

Sostituendo questi valori nella relazione (13.1) si ha rispettivamente:

$$\begin{cases} v'_x = 5.5 \dfrac{m}{s} \\[2ex] v'_x = 8 \dfrac{m}{s} \\[2ex] v'_x = 10.5 \dfrac{m}{s} \end{cases}$$

Risolutore n. 14

Riferendo il moto a Pietro si scelga un sistema di coordinate cartesiane
ortogonali nel piano con la direzione dell'asse X coincidente con la
direzione del moto lungo il pendio ghiacciato e solidale con un
osservatore inerziale O. Le forze agenti su Pietro sono il suo peso $\vec{P}_1$

la tensione della corda $\vec{T}_1$ e la reazione $\vec{R}_v$ del pendìo ghiacciato.

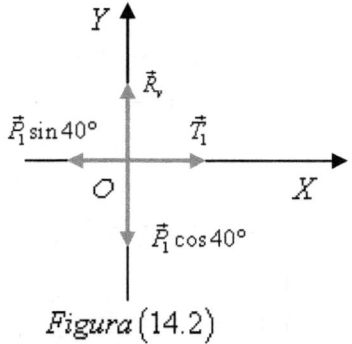

$$\textit{Figura}\,(14.2)$$

Pertanto il diagramma di corpo libero è quello indicato nella figura (14.2) da cui si ricava l'equazione: $\vec{T}_1 + \vec{P}_1 \sin 40° = m_1 \vec{a}_1$ che posta in forma scalare fornisce l'equazione:

$$(14.1) \qquad T_1 = P_1 \sin 40° + m_1 a_1$$

Riferendo il moto a Paolo, si scelga un sistema di coordinate cartesiane ortogonali nel piano con la direzione dell'asse y coincidente con la direzione del moto lungo la verticale e solidale con un osservatore inerziale O . Le forze agenti su Paolo sono il suo peso $\vec{P}_2$ e la tensione della corda $\vec{T}_2$.

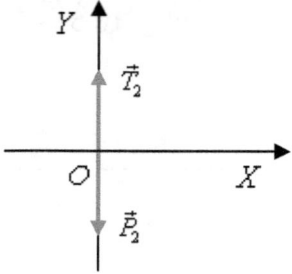

$$\textit{Figura}\,(14.3)$$

Pertanto il diagramma di corpo libero è quello indicato nella figura (14.3) da cui si ricava l'equazione: $\vec{T}_2 + \vec{P}_2 = -m_2\vec{a}_2$ che posta in forma scalare fornisce l'equazione:

$$(14.2) \quad T_2 = P_2 - m_2 a_2$$

Supponendo la corda inestensibile e di massa trascurabile si ha:

$$\begin{cases} T_1 = T_2 = T \\ a_1 = a_2 = a \end{cases}$$

che combinate con le equazioni (14.1) e (14.2) forniscono le equazioni:

$$\begin{cases} a = \dfrac{P_2 - P_1 \sin 40°}{m_1 + m_2} \\ T = m_2 \dfrac{P_2 - P_1 \sin 40°}{m_1 + m_2} \end{cases}$$

in cui sostituendo i valori sia ha:

$$\begin{cases} a = 0.35 \dfrac{m}{s^2} \\ T = 494.4 N \end{cases}$$

Poiché Paolo cade con accelerazione costante a, il tempo di caduta è:

$t = \sqrt{\dfrac{2h}{a}}$ in cui sostituendo i valori si ottiene: $t = \sqrt{\dfrac{2.20}{0.35}} = 10.70 \ s$.

Quindi la velocità con cui Paolo giunge a terra è:

$$v_2 = at = 0.35 \cdot 10.70 = 3.75 \frac{m}{s}$$

Paolo giunto a terra si slega, ne consegue che su Pietro, da questo istante, agiranno solo la forza del suo peso $\vec{P}_1$ e la reazione $\vec{R}_v$ del pendio ghiacciato.

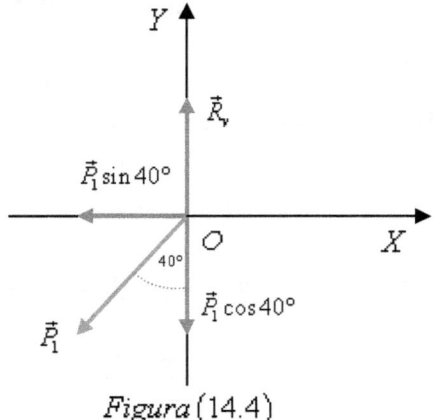

$Figura\,(14.4)$

Pertanto il diagramma di corpo libero è quello indicato nella figura (14.4) da cui si ricava l'equazione: $-P_1 \sin 40° = m_1 a_1$ da cui segue:

$a = g \sin 40°$ in cui sostituendo i valori si ha: $-a_1 \cong 6.30 \dfrac{m}{s^2}$ cioè

Pietro si muove con una decelerazione costante e si arresterà dopo un

tempo pari a: $\Delta t_1 = \dfrac{v_0}{a_1} = \dfrac{3.75}{6.30} \cong 0.60\ s$. In questo intervallo di

tempo Pietro percorre uno spazio Δs lungo il pendio ghiacciato dato da:

$$\Delta s = \frac{1}{2} a_1 \left(\Delta t_2\right)^2 = \frac{1}{2} \cdot 6.30 \cdot \left(0.60\right)^2 = 1.13\ m$$

non raggiungendo il punto di precipizio e portandosi ad una quota:

$$h' = h + \Delta s \left(\sin 40°\right) = 20 + 1.13 \sin 40° = 20.73\ m$$

A questo punto, Pietro inverte la sua velocità e scivola a ritroso lungo il pendio ghiacciato fino a giungere a terra. Egli percorre uno spazio:

$$\Delta s' = \frac{h'}{\sin 40°} = \frac{20.73}{0.64} \cong 32.40 \ m$$

ed acquisisce una velocità pari a:

$$v_1 = \sqrt{2a_1 \Delta s'} = \sqrt{2 \cdot 6.30 \cdot 32.40} \cong 20.20 \frac{m}{s}$$

Questa velocità può anche essere valutata come:

$$v_1 = \sqrt{2gh'} = \sqrt{2 \cdot 9.8 \cdot 20.73} = 20.20 \frac{m}{s}$$

Risolutore n. 15

Si scelga un sistema di coordinate cartesiane ortogonali nel piano solidale con un osservatore inerziale O e avente la direzione dell'asse X coincidente con la direzione del moto. Riferendo il moto all'intero sistema, il risultante delle forze che agisce su esso è indicato nel diagramma di figura (15.2) da cui segue l'equazione: $\vec{R} = M\vec{a}$ in cui M rappresenta la massa dell'intero sistema compreso le corde.

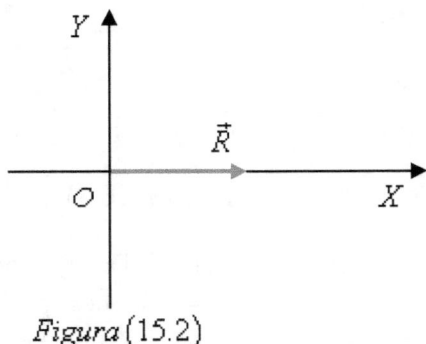

Figura (15.2)

Scrivendo l'equazione in forma scalare si ha:

$$R = Ma = (100 + 100 + 1 + 1) \cdot 3 = 606 \ N$$

segue:

$$\begin{cases} T_A = 100 \cdot 3 = 300 \ N \\ T_B = (100 + 1) \cdot 3 = 303 \ N \\ T_C = (100 + 1 + 100) \cdot 3 = 603 \ N \end{cases}$$

Risolutore n. 16

Si scelga un sistema di coordinate cartesiane ortogonali nel piano solidale con un osservatore inerziale. Le forze agenti sul corpo sono: la tensione $\vec{T}$ nella corda, il peso $\vec{P}$, la forza di attrito $\vec{f}_a$ e la forza normale $\vec{N}$. Pertanto il diagramma di corpo libero è quello indicato nella figura (16.1)

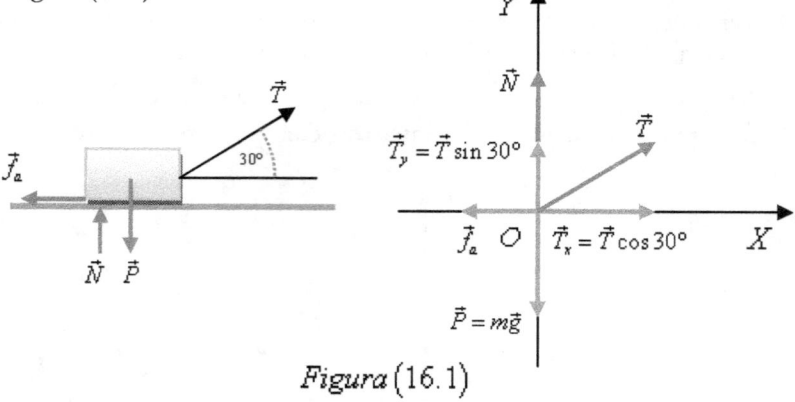

Figura (16.1)

Osservando che lungo la direzione dell'asse Y non c'è moto, si può scrivere l'equazione: $N + T_y - P = 0$ da cui segue:

$$N = P - T_y = mg - T \sin 30° = 3 \cdot 9.8 - 10 \sin 30° = 24 \ N$$

Confrontando questo valore con il valore del peso: $P = mg = 3 \cdot 9.8 - 10\sin 30° = 24 \, N$ si constata che la forza normale è più piccola del peso e ciò è dovuto alla componente T_y della tensione che tende a sollevare il corpo. La forza di attrito statico é:

$$f_{as} = \mu_s N = 0.6 \cdot 24.4 = 14.64 \, N$$

che confrontata con la componente T_x della tensione T:

$$T_x = T\cos 30° = 10\cos 30° = 8.66 \, N$$

consente di dedurre che il corpo non può muoversi sotto l'azione di una tensione di modulo pari a $10 \, N$. Considerando la tensione di modulo pari a $20 \, N$, la forza normale N assume valore:

$$N = mg - T_v = 3 \cdot 9.8 - 20\sin 30° = 19.4 \, N$$

che utilizzato nell'equazione $f_{as} = \mu_s N$ fornisce il valore della forza di attrito statico che risulta pari a: $f_{as} = 0.6 \cdot 19.4 = 11.64 \, N$ che confrontato con il modulo del componente $\vec{T}_x$ del vettore tensione $\vec{T}$:

$$T_x = T\cos 30° = 20 \cdot \cos 30° = 17.32 \, N$$

consente di scrivere l'equazione: $T_x - f_{ad} = ma$ da cui segue l'equazione: $a = \dfrac{T_x - f_{ad}}{m}$ in cui sostituendo i valori e tenendo conto che $f_{ad} = \mu_d N = 0.5 \cdot 19.4 = 9.7 \, N$ si ha.

$$a = \frac{17.32 - 9.7}{3} = 2.54 \frac{m}{s^2}$$

Risolutore n. 17

Si scelga un sistema di coordinate cartesiane ortogonali nel piano solidale con un osservatore inerziale O. Rispetto a questo osservatore, quando l'autista aziona i freni, le forze agenti sull'automobile sono: il suo peso $\vec{P}$ la forza normale $\vec{N}$ e la forza di attrito statico $\vec{f}_{as}$. Pertanto il diagramma di corpo libero è quello indicato in figura (17.1) da cui seguono le equazioni:

$$\begin{cases} \vec{N} + \vec{P} = 0 \\ -\vec{f}_{as} = m\vec{a} \end{cases}$$

che poste in forma scalare forniscono le equazioni:

$$(17.1) \quad \begin{cases} N = P = mg \\ f_{as} = -ma \end{cases}$$

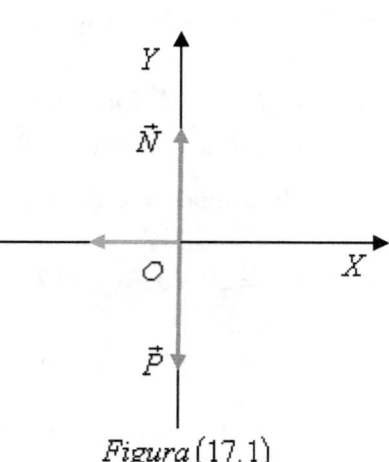

Figura (17.1)

Osservando che $f_{as} = \mu_s N$ e tenendo conto della prima delle equazioni (17.1) si ha:

$$(17.2) \quad f_{as} = \mu_s mg$$

Confrontando questa equazione con la seconda delle equazioni (17.1) si ottiene:

448

$$a = \mu_s g = 0.6 \cdot 9.8 = 5.88 \frac{m}{s^2}$$

Quindi l'automobile decelera costantemente con un valore di decelerazione pari a $5.88 \frac{m}{s^2}$ il che significa che per arrestarsi deve essere: $v^2 = v_0^2 - 2a\Delta s = 0$ da cui segue il minimo spazio per arrestarsi è: $\Delta s = \dfrac{v_0^2}{2a} = \dfrac{900}{2 \cdot 5.88} = 76.53 \ m$

Risolutore n. 18
Si scelga un sistema di coordinate cartesiane ortogonali nel piano solidale con un osservatore inerziale O. Rispetto a questo osservatore le forze che agiscono sul corpo sono il suo peso $\vec{P}$ e la tensione $\vec{T}$ nella corda. Pertanto il diagramma di corpo libero è quello indicato nella figura (18.2) da cui seguono le equazioni:

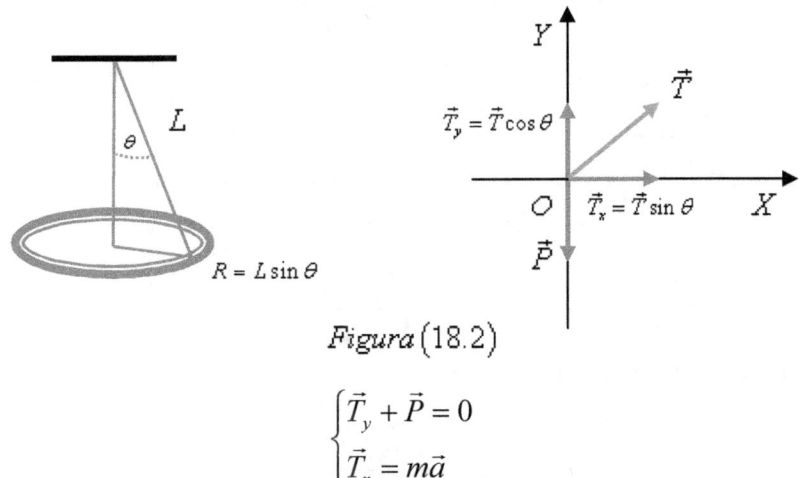

$$Figura \ (18.2)$$

$$\begin{cases} \vec{T}_y + \vec{P} = 0 \\ \vec{T}_x = m\vec{a} \end{cases}$$

che poste in forma scalare forniscono le equazioni:

$$(18.1) \quad T_y = P = T \sin \theta \quad ; \quad (18.2) \quad T_x = ma = T \sin \theta$$

Poiché il corpo si muove di moto circolare uniforme, l'accelerazione vale: $a = \dfrac{v^2}{R}$ che sostituita nell'equazione (18.2) fornisce l'equazione:

$$(18.3) \quad T \sin \theta = m \frac{v^2}{R}$$

Rapportando questa equazione con l'equazione (18.1) si ottiene l'equazione:

$$\tan \theta = \frac{v^2}{Rg}$$

da cui segue l'equazione:

$$(18.4) \quad v^2 = Rg \tan \theta$$

Osservando che $v = \dfrac{2\pi R}{T}$ e confrontando questa equazione con l'equazione (18.4), si ottiene l'equazione: $\dfrac{2\pi R}{T} = \sqrt{Rg \tan \theta}$ da cui segue l'equazione $T = \dfrac{2\pi R}{\sqrt{Rg \tan \theta}}$ che posta nella forma

$T = 2\pi \sqrt{\dfrac{R}{g \tan \theta}}$ in cui osservando che $R = L \sin \theta$ si ha:

$$T = 2\pi \sqrt{\frac{L \cos \theta}{g}}$$

in cui sostituendo i valori si ha:

$$T = 2\pi \sqrt{\frac{1.5 \cos 35°}{9.8}} \cong 2.23 \; s$$

Risolutore n. 19

Si scelga un sistema di coordinate cartesiane ortogonali in un piano solidale con un osservatore inerziale O. Riferendo il moto all'auto, le forze che agiscono su essa sono: la forza peso $\vec{P}$, la forza normale $\vec{N}$ e la forza centripeta che si identifica con la forza di attrito $\vec{f}_a$.

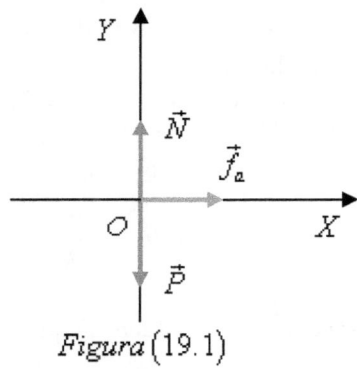

Figura (19.1)

Pertanto il diagramma di corpo libero è quello indicato nella figura (19.1) da cui segue l'equazione:

$$(19.1) \qquad N = P = mg$$

Tenendo conto che la forza di attrito deve fornire la forza necessaria al moto circolare dell'auto, si può scrivere l'equazione:

$$\mu_s N = m \frac{v^2}{R}$$

in cui utilizzando l'equazione (19.1) si ha:

$$\mu_s g = \frac{v^2}{R}$$

da cui segue l'equazione:

$$v = \sqrt{\mu_s g R}$$

in cui sostituendo i valori si ottiene il massimo valore di velocità che l'auto può raggiungere senza slittare:

$$v = \sqrt{0.6 \cdot 9.8 \cdot 500} = 54.22 \frac{m}{s} = 195.20 \frac{km}{h}$$

Volendo superare la massima velocità senza che l'auto slitti, si può pensare di sopraelevare la strada. In tal caso, la forza normale $\vec{N}$ ha una componente che bilancia il peso $\vec{P}$ e una componente che fornisce la forza centripeta, come viene indicato nel diagramma di corpo libero di figura (19.2) da cui seguono le equazioni:

$$\begin{cases} N \cos \theta = mg \\ N \sin \theta = m \dfrac{v^2}{R} \end{cases}$$

Rapportando queste equazioni si ottiene l'equazione:

$$(19.3) \qquad \tan \theta = \frac{v^2}{gR}$$

che fornisce l'angolo di sopraelevazione per una determinata velocità.

Supponendo di voler raggiungere una velocità di $250 \dfrac{km}{h}$ senza che l'auto slitti, l'angolo è:

$$\theta = \arctan \frac{v^2}{gR} = \arctan \frac{(69.44)^2}{9.8 \cdot 500} = 44.54°$$

Figura (19.2)

Risolutore n. 20

Si scelga un sistema di coordinate cartesiane ortogonali nel piano solidale con un osservatore inerziale O. Le forze agenti sul corpo sono: la forza $\vec{P}$ e la forza elastica $\vec{F}$ della molla, pertanto il diagramma di corpo libero è quello indicato nella figura (20.1) da cui seguono le equazioni:

$$\begin{cases} F = P \\ \Delta y = \dfrac{mg}{k_e} \end{cases}$$

in cui sostituendo i valori si ha:

$$\begin{cases} F = P = mg = 5 \cdot 9.8 = 49 \ N \\ \Delta y = \dfrac{mg}{k_e} = \dfrac{49}{200} = 0.245 \ m = 24.5 \ cm \end{cases}$$

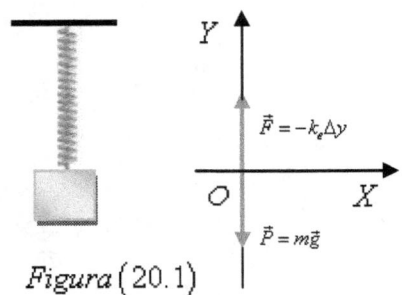

Figura (20.1)

Risolutore n. 21

Si scelga un sistema di coordinate cartesiane ortogonali nel piano solidale con un osservatore inerziale O e avente la direzione dell'asse X coincidente con la direzione del piano inclinato. Le forze agenti sul corpo sono: il suo peso $\vec{P}$, la reazione $\vec{R}_v$ del piano di appoggio e la forza elastica $\vec{F}$ della molla, pertanto il diagramma di corpo libero è quello indicato nella figura (21.2) da cui segue l'equazione: $\vec{F}_x + \vec{P}_x = 0$ che posta in forma scalare fornisce l'equazione:

$$(21.1) \quad F = P_x = P \sin 30°$$

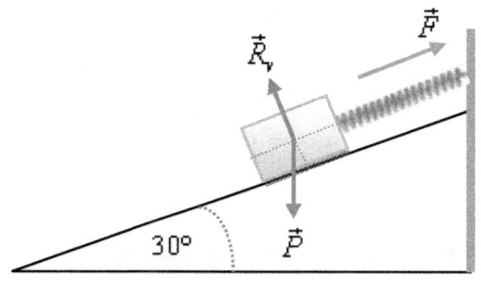

Figura (21.1)

Osservando che la forza elastica, a meno del segno, è data dall'equazione $F = k_e \Delta x$ e tenendo conto dell'equazione (21.1), si ottiene:

$$k_e = \frac{P \sin 30°}{\Delta x}$$

in cui sostituendo i valori si ottiene:

$$k_e = \frac{19.6 \cdot \sin 30°}{0.03} = 326.7 \frac{N}{m}$$

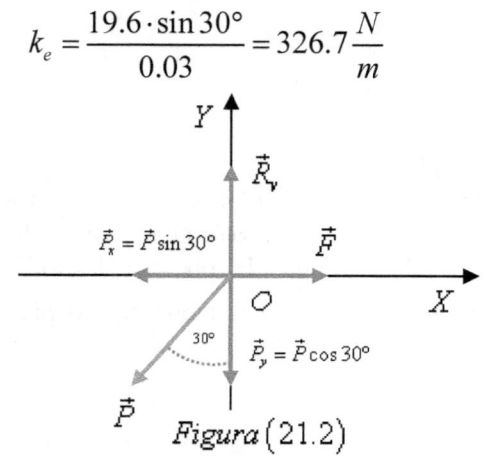

Figura (21.2)

Per determinare l'accelerazione iniziale si osservi che nella nuova posizione, la forza elastica che agisce sul corpo ha il modulo pari a:

$$F = k_e \Delta x = 326.7 \cdot 0.05 = 16.34 \ N$$

pertanto è: $a = \dfrac{F}{m} = \dfrac{16.34}{2} = 8.17 \dfrac{m}{s^2}$

Risolutore n. 22

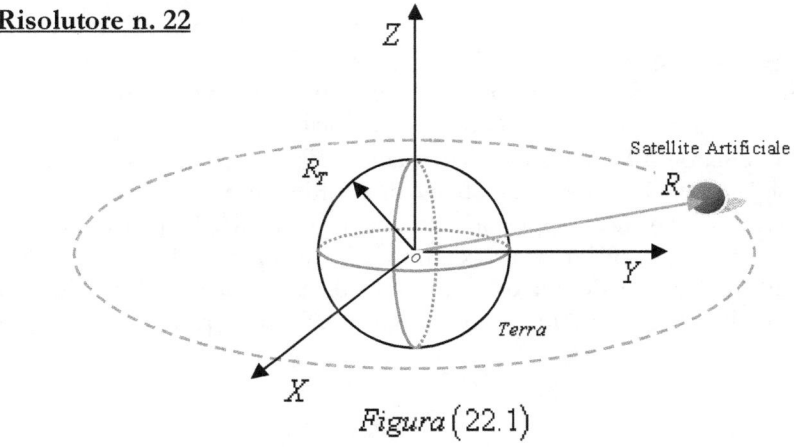

Figura (22.1)

Si scelga un sistema di coordinate cartesiane ortogonali nello spazio con l'origine coincidente con il centro della Terra. Un osservatore O, solidale con l'origine del sistema di coordinate e con il centro della Terra, si considera approssimativamente inerziale. Rispetto a questo osservatore, si può fare uso del modello dinamico del moto circolare uniforme per la descrizione del moto di un pianeta o di un satellite artificiale intorno ad un corpo centrale e scrivere l'equazione:

$$GM_T = \frac{4\pi^2 R^3}{T^2}$$

Risolvendo quest'equazione rispetto al raggio orbitale R si ottiene:

$$R = \sqrt[3]{\frac{6.673 \cdot 10^{-11} \cdot 5.94 \cdot 10^{24} \cdot (86400)^2}{39.48}} = 4.22 \cdot 10^7 \, m = 42200 \ km$$

Poiché il raggio orbitale R comprende anche il raggio terrestre R_T, l'altezza h dalla superficie terrestre alla quale il satellite artificiale deve orbitare è data da:

$$h = R - R_T = 42200 \ km - 6370 \ km = 35830 \ km$$

Risolutore n. 23

Si scelga un sistema di coordinate cartesiane ortogonali nello spazio con l'origine coincidente con il centro della Terra e tale che il piano coordinato XY coincide con il piano del moto. Un osservatore O, solidale con l'origine del sistema di coordinate e con il centro della Terra, si considera approssimativamente inerziale. Rispetto a questo osservatore, si può fare uso del modello dinamico del moto circolare uniforme per la descrizione del moto di un pianeta o di un satellite artificiale intorno ad un corpo centrale e scrivere l'equazione:

$$GM_T = \frac{4\pi^2 R^3}{T^2}$$

che confrontata con l'equazione $T = \dfrac{2\pi}{\omega}$ fornisce l'equazione:

$$\omega = \sqrt{\frac{GM_T}{R^3}}$$

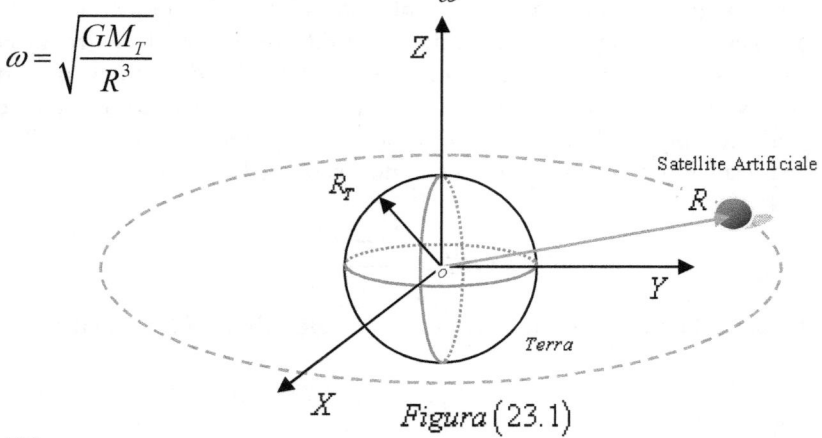

Figura (23.1)

Si osservi che il raggio orbitale R è dato da:

$$R = h + R_T = 230km + 6370km = 6600km = 6.6 \cdot 10^6 m$$

Ponendo questo valore nell'equazione precedente si ottiene:

$$\omega = \sqrt{\frac{6.673 \cdot 10^{-11} \cdot 5.94 \cdot 10^{24}}{287.50 \cdot 10^{18}}} = 1.17 \cdot 10^{-3} \frac{rad}{s}$$

la direzione del vettore $\vec{\omega}$ è perpendicolare al piano del moto ed il verso coincide con il verso dell'asse Z se la rotazione è antioraria.

Se il riferimento è scelto in modo che sia $\theta_0 = 0$ nell'istante $t = 0$, il vettore posizione angolare $\vec{\theta}$ ha la stessa direzione e verso di $\vec{\omega}$ e modulo pari a: $\theta = \omega t = 1.17 \cdot 10^{-3} \cdot 180 \cong 0.21 \, rad$. Lo stato di moto dopo 30 minuti è dato da:

$$\begin{cases} \theta = 0.21 \, rad \\ \omega = 1.17 \cdot 10^{-3} \dfrac{rad}{s} \end{cases}$$

Esprimendo le variabili angolari in termini delle variabili lineari si hanno i seguenti risultati:

$$v = \omega R = 1.17 \cdot 10^{-3} \cdot 6.66 \cdot 10^6 = 7.722 \cdot 10^3 \frac{m}{s} = 27799.2 \frac{km}{h}$$

la direzione del vettore $\vec{v}$ è tangente all'orbita ed il verso coincide con verso di rotazione. Il vettore posizione $\vec{s}$ ha la direzione definita dall'angolo $\theta = 0.21 \, rad$ ed il modulo pari al raggio orbitale: $R = 6600$

Il tempo necessario a compiere un'intera orbita è dato da:

$$T = \frac{2\pi}{\omega} = \frac{2\pi}{1.17 \cdot 10^{-3}} = 5370 \, s = 1 \, h \, 29' \, 30''$$

Risolutore n. 24

Si scelgono due sistemi di coordinate cartesiane ortogonali S ed S' solidali rispettivamente con il centro della Terra e con il centro della Luna e siano O ed O' due osservatori, approssimativamente inerziali, solidale con il centro della Terra e con l'origine del sistema S e solidale con il centro della Luna e con l'origine del sistema S'.

Rispetto all'osservatore O' si può scrivere l'equazione:

$$g_L = \frac{GM_L}{R_L^2}$$

Rispetto all'osservatore O si può scrivere l'equazione:

$$g_T = \frac{GM_T}{R_T^2}$$

Rapportando le due equazioni si ottiene l'equazione:

$$g_L = \left(\frac{M_L R_T^2}{M_T R_L^2} \right) g_T$$

in cui sostituendo i valori si ha:

$$g_L = \left(\frac{1}{81.15} \cdot 13042 \right) g_T \cong 0.16 g_T = 1.61 \frac{m}{s^2}$$

Risolutore n. 25

Si scelga un sistema di coordinate cartesiane ortogonali nello spazio con l'origine coincidente con il centro del Sole. Un osservatore O, solidale con l'origine delle coordinate e con il centro del Sole, si ritiene approssimativamente inerziale. Rispetto a questo osservatore, considerando il moto orbitale della Terra come circolare uniforme, si può scrivere l'equazione:

$$(25.1) \quad GM_S = \frac{4\pi^2 R^3}{T^2}$$

in cui M_S è la massa del Sole, R il raggio orbitale della Terra e T il suo periodo. Poiché i valori di queste grandezze sono noti dalla tabella (8.5.1) dell'ottavo capitolo, l'equazione (25.1) può essere risolta rispetto alla massa del Sole. Pertanto si ha:

$$M_S = \frac{4\pi^2 R^3}{GT^2} = \frac{4\pi^2 \cdot \left(1.496 \cdot 10^{11}\right)^3}{6.673 \cdot 10^{-11} \cdot \left(3.156 \cdot 10^7\right)^2} = 1.99 \cdot 10^{30} \, kg$$

Se nell'equazione (25.1) R rappresenta il raggio orbitale dell'asteroide e T il suo periodo, si può determinare il tempo necessario a descrivere un'orbita intera come:

$$T = \sqrt{\frac{4\pi^2 R^3}{GM_S}}$$

in cui sostituendo i valori si ha:

$$T = \sqrt{\frac{4\pi^2 \cdot \left(4 \cdot 10^{11}\right)^3}{6.673 \cdot 10^{-11} \cdot 1.99 \cdot 10^{30}}} = 1.38 \cdot 10^8 \, s =$$

$$= 4 \; anni \; 137 \; giorni \; 5 ore \; e \; 20 \; minuti$$

Risolutore n. 26

Si considerino un sistema di coordinate cartesiane sulla retta, con l'origine coincidente con un osservatore inerziale O, e un osservatore O' solidale con il treno A. Rispetto agli osservatori O ed O' si può considerare la legge di addizione delle velocità e scrivere:

$$(26.1) \quad \vec{v}_{AB} = \vec{v}_B - \vec{v}_A$$

in cui $\vec{v}_{AB}$ è il vettore velocità del treno B rispetto al treno A *(cioè visto dall'osservatore O')*, $\vec{v}_B$ il vettore velocità del treno B rispetto all'osservatore O.

Nell'ipotesi che i due treni si muovono lungo la stessa direzione e lo stesso verso rispetto all'osservatore O, l'osservatore O' vedrà il treno B muovere nella stessa direzione e verso che vede l'osservatore O ma con

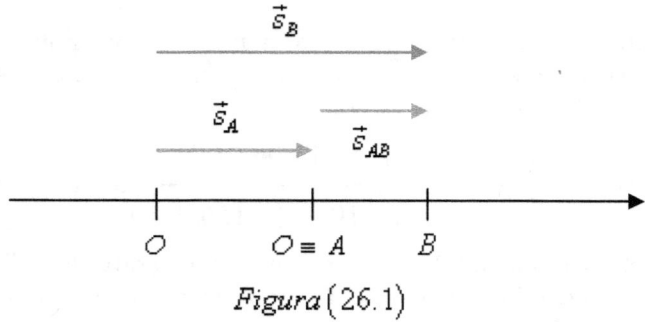

Figura (26.1)

modulo pari a:

$$v_{AB} = v_B - v_A = 90\,\frac{km}{h} - 70\,\frac{km}{h} = 20\,\frac{km}{h}$$

Nell'ipotesi che i due treni si muovono, rispetto all'osservatore O, nella stessa direzione ma in versi opposti, l'equazione (26.1) si dovrà scrivere come: $\vec{v}_{AB} = \vec{v}_B + \vec{v}_A$ dalla quale si deduce che l'osservatore O' vedrà muovere il treno B nella stessa direzione e verso che vede l'osservatore O ma con modulo pari a:

$$v_{AB} = v_B + v_A = 90\,\frac{km}{h} + 70\,\frac{km}{h} = 160\,\frac{km}{h}$$

Risolutore n. 27

Si consideri un sistema di coordinate cartesiane ortogonali nel piano con l'origine coincidente con un osservatore inerziale O. Assunta come direzione di riferimento il semiasse positivo dell'asse delle ascisse, rispetto all'osservatore O il vettore $\vec{v}_A$ forma un angolo di $0°$ con il semiasse positivo delle ascisse, il vettore $\vec{v}_B$ un angolo di $60°$.

Un osservatore O' solidale con il treno A è, rispetto all'osservatore inerziale O, anch'egli un osservatore inerziale e pertanto si può considerare la legge di addizione delle velocità che, nell'ipotesi che i due treni si muovono nello stesso verso rispetto all'osservatore O, si scrive come:

$$(27.1) \quad \vec{v}_{AB} = \vec{v}_B - \vec{v}_A$$

in cui $\vec{v}_{AB}$ è il vettore velocità del treno B rispetto al treno A (cioè visto dall'osservatore O'), $\vec{v}_B$ il vettore velocità del treno B rispetto all'osservatore O e $\vec{v}_A$ il vettore velocità del treno A rispetto all'osservatore O.

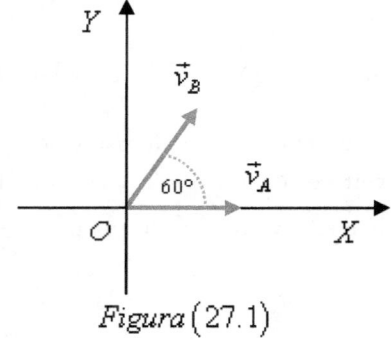

Figura (27.1)

Si può determinare il modulo del vettore $\vec{v}_{AB}$ facendo uso delle regole dell'algebra vettoriale:

$$v_{AB} = \sqrt{v_A^2 + v_B^2 + 2 v_A v_B \cos\psi} = \sqrt{70^2 + 90^2 + 2 \cdot 70 \cdot 90 \cdot \cos 120°} =$$

$$= 81.85 \frac{km}{h}$$

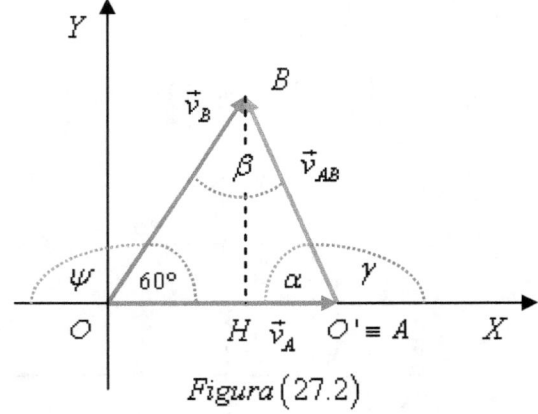

Figura (27.2)

La direzione ed il verso di questo vettore è dato dall'angolo γ che può essere calcolato come: $\gamma = 180 - \alpha$ in cui α si può determinare osservando che è: $BH = v_B \sin 60° = v_{AB} \sin \alpha$ da cui segue:

$$\alpha = \arcsin \frac{v_B}{v_{AB}} \cdot \sin 60° = \frac{90}{81.85} \cdot \sin 60° = 72.22°$$

e quindi è: $\gamma = 180° - \alpha = 180° - 72.22° = 107.78°$.

Nell'ipotesi che i due treni, rispetto all'osservatore O, si muovono in versi opposti, il vettore $\vec{v}_A$ forma un angolo di 180° con il semiasse positivo delle ascisse ed il vettore $\vec{v}_B$ forma un angolo di 60°.

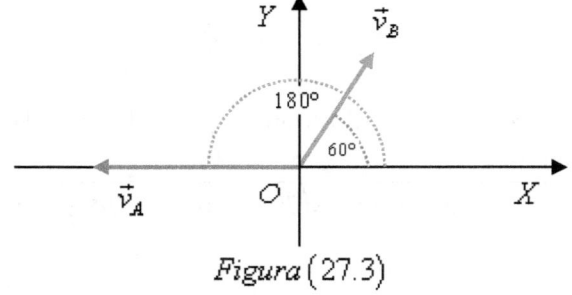

Figura (27.3)

Pertanto l'equazione (27.1) si scrive come:

$$(27.2) \quad \vec{v}_{AB} = \vec{v}_B + \vec{v}_A$$

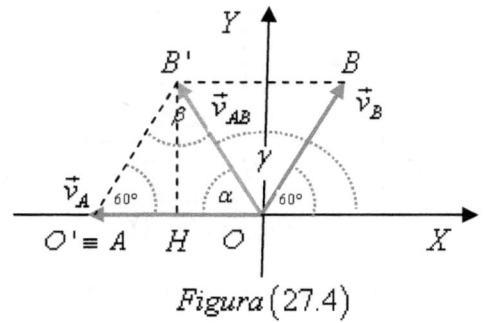

Figura (27.4)

462

Considerando il triangolo AB'O nella figura (27.4) si ha che il modulo del vettore $\vec{v}_{AB}$ è dato da:

$$v_{AB} = \sqrt{v_A^2 + v_B^2 + 2v_A v_B} = \sqrt{70^2 + 90^2 + 2 \cdot 70 \cdot 90 \cdot \cos 60°} = 138.92 \frac{km}{h}$$

La direzione e il verso è dato dall'angolo γ che può essere calcolato come: $\gamma = 180 - \alpha$ in cui α si può determinare osservando che è: $B'H = v_B \sin 60° = v_{AB} \sin \alpha$ da cui segue:

$$\alpha = \arcsin \frac{v_B}{v_A} \cdot \sin 60° = \frac{90}{138.92} \cdot \sin 60° = 34.13°$$

$$\gamma = 180° - \alpha = 180° - 34.13° = 145.87°$$

Risolutore n. 28

Si considera un sistema di coordinate cartesiane ortogonali nel piano con l'origine coincidente con l'osservatore inerziale O solidale con la stazione di partenza. Assunta come direzione di riferimento il semiasse positivo dell'asse delle ascisse, il vettore velocità $\vec{v}_t$ del treno, rispetto all'osservatore O, forma un angolo di $0°$ con il semiasse positivo delle ascisse.

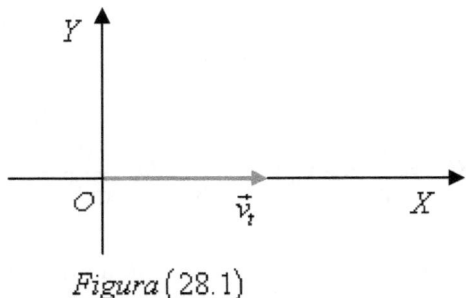

Figura (28.1)

Il macchinista è, rispetto all'osservatore O, anch'egli un osservatore inerziale e pertanto si può considerare la legge di addizione delle velocità che, nel caso in esame, si scrive come:

$$(28.1) \qquad \vec{v}_{tp} = \vec{v}_p - \vec{v}_t$$

in cui $\vec{v}_{tp}$ è il vettore velocità delle gocce di pioggia rispetto al macchinista, $\vec{v}_p$ il vettore velocità delle gocce di pioggia rispetto all'osservatore O e $\vec{v}_t$ il vettore velocità del treno rispetto all'osservatore O.

Poiché a treno fermo risulta $\vec{v}_t = 0$, dall'equazione (28.1) segue $\vec{v}_{tp} = \vec{v}_p$, cioè il vettore velocità della pioggia rispetto al treno fermo coincide con il vettore velocità della pioggia rispetto all'osservatore. Quando il treno si muove, si può considerare il diagramma vettoriale della figura (28.2) da cui segue:

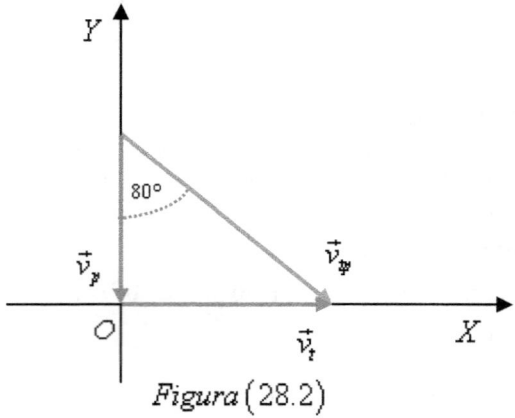

Figura (28.2)

$$\tan 80° = \frac{v_t}{v_p} \Rightarrow v_p = \frac{v_t}{\tan 80°} = \frac{100}{\tan 80°} = 17.63 \frac{km}{h}$$

Questo risultato esprime il valore del modulo del vettore velocità delle gocce di pioggia rispetto al macchinista a treno fermo e rispetto all'osservatore inerziale. La direzione e il verso sono *dati* del problema, quindi sono noti. Il modulo del vettore $\vec{v}_{tp}$ è dato da:

$$\vec{v}_{tp} = \sqrt{v_t^2 + v_p^2} = \sqrt{(100)^2 + (17.63)^2} = 101.54 \frac{km}{h}$$

La direzione ed il verso sono *dati* del problema, quindi sono noti.

Risolutore n. 29

Siano S e S' due sistemi di coordinate cartesiane ortogonali nello spazio le cui origini coincidono rispettivamente con un osservatore O solidale con il suolo e con un osservatore O' ruotante con la giostra. Scelto l'asse Z del sistema S coincidente con l'asse di rotazione della giostra, l'osservatore afferma che l'uomo si muove con una velocità angolare $\vec{\omega}''$ il cui modulo è:

$$(29.1) \quad \omega'' = \omega + \omega'$$

e la cui direzione e verso sono dati dalla regola della mano destra e coincidono con la direzione e verso dell'asse Z . Pertanto, la forza responsabile del moto dell'uomo è la forza normale alla traiettoria data dalla relazione:

$$(29.2) \quad \vec{f}_n = m\left(\vec{\omega}'' \wedge \vec{v}''\right)$$

diretta verso il centro della traiettoria. Il suo modulo è dato da:

$$f_n = m\left(\omega''\right)^2 R = m\left(\omega + \omega'\right)^2 R = 60(60 + 0.5)^2 \cdot 5 = 12675N$$

Per determinare la struttura della forza (29.2), si consideri la sua forma scalare: $f_n = m\left(\omega''\right)^2 R$ in cui sostituendo il valore di ω'' dato dall'equazione (29.1) e sviluppando il quadrato si ha:

$$f_n = m\left(\omega + \omega'\right)^2 R = m\left[\omega^2 + \left(\omega'\right)^2 + 2\omega\omega'\right]$$

da cui segue l'equazione:

$$(29.3) \quad f_n = m\omega^2 R + m\left(\omega'\right)^2 R + 2m\omega\omega' R$$

in cui il primo termine del secondo membro rappresenta il valore della forza centripeta, rispetto all'osservatore O, necessario al moto della giostra, il secondo termine rappresenta il valore della forza centripeta a cui è sottoposto l'uomo rispetto all'osservatore O' e il terzo termine rappresenta la forza di Coriolis diretta anch'essa verso il centro del moto. Calcolando i rispettivi valori si ha:

$$\begin{cases} m\omega^2 R = 60 \cdot 36 \cdot 5 = 10800N \\ m(\omega')^2 R = 60 \cdot (0.5)^2 \cdot 5 = 75N \\ 2m\omega\omega' R = 2 \cdot 60 \cdot 0.5 \cdot 6.5 = 1800N \end{cases}$$

Sommando i tre termini si ottiene, come deve essere, il valore di f_n:

$$f_n = 10800N + 75N + 1800N = 12675N$$

Risolutore n. 30

Siano S e S' due sistemi di coordinate cartesiane ortogonali nello spazio le cui origini coincidono rispettivamente con un osservatore O, solidale con il suolo, e con un osservatore O', solidale con il seggiolino. Scelto l'asse Z del sistema S coincidente con l'asse di rotazione dell'albero di sostegno ed il piano coordinato XY coincidente con il piano contenente la traiettoria, si ottiene la figura (30.1). Secondo l'osservatore O, il ragazzino per ruotare ha bisogno di una forza normale alla traiettoria e diretta verso il centro:

$$(30.1) \quad \vec{f}_n = m(\vec{\omega} \wedge \vec{v})$$

Questa forza è fornita dalla somma vettoriale della tensione $\vec{T}$ nella catena, del peso $\vec{P}_R$ del ragazzino e del peso $\vec{P}_S$ del seggiolino:

$$(30.2) \quad \vec{f}_n = \vec{T} + \vec{P}_R + \vec{P}_S = \vec{T} + \vec{P}$$

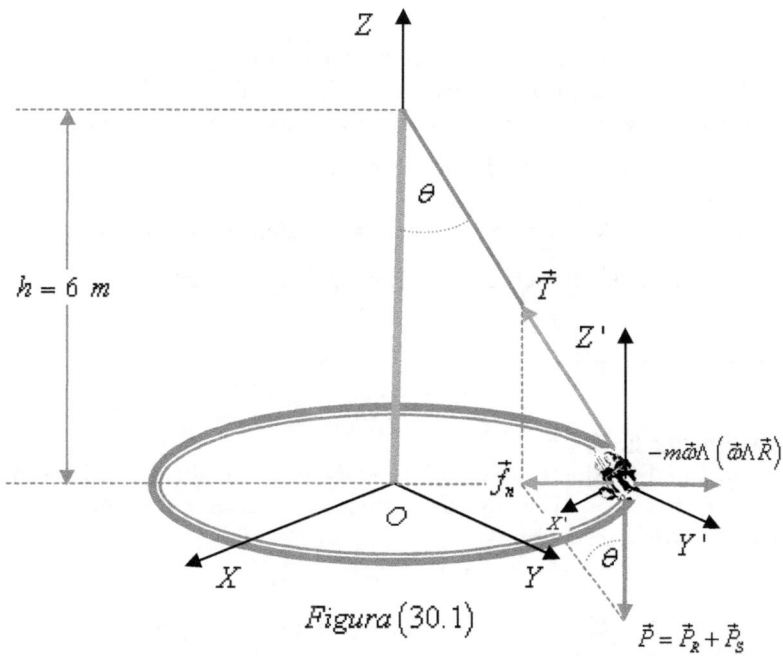

Figura (30.1)

Osservando la figura (30.1) si può scrivere la seguente relazione:

$$(30.3) \qquad \tan\theta = \frac{f_n}{P} = \frac{m\omega^2 R}{mg}$$

in cui m rappresenta la somma della massa del ragazzino e della massa del seggiolino. Quindi si può scrivere: $\tan\theta = \dfrac{\omega^2 R}{g}$ da cui segue:

$\omega = \sqrt{\dfrac{g\tan\theta}{R}}$ in cui osservando, come risulta dalla figura (30.1), che

$\tan\theta = \dfrac{R}{h}$ si ha: $\omega = \sqrt{\dfrac{g}{h}} = \sqrt{\dfrac{9.8}{6}} = 1.28\dfrac{rad}{s}$

La direzione ed il verso di $\vec{\omega}$ coincidono con la direzione ed il verso dell'asse Z. Secondo l'osservatore O', solidale con il seggiolino, il ragazzino è fermo ed il modello dinamico del moto si scrive come:

$$0 = \vec{R} - m\vec{\omega}\wedge\left(\vec{\omega}\wedge\vec{R}\right)$$

da cui segue: $\vec{R}$ è la forza normale alla traiettoria e $-m\vec{\omega}\wedge\left(\vec{\omega}\wedge\vec{R}\right)$ la forza centrifuga che serve a bilanciare la forza normale.

Risolutore n. 31

Siano O ed O' due osservatori rispettivamente solidali con la stazione di partenza e con il treno. Rispetto a questi osservatori si può considerare la relazione:

$$(31.1) \quad \vec{a}' = \vec{a} - \vec{a}_T$$

in cui $\vec{a}'$ è il vettore accelerazione del pendolo misurato dall'osservatore O' solidale con il treno, $\vec{a}$ è il vettore accelerazione del pendolo misurato dall'osservatore O solidale con la stazione *(questa accelerazione coincide con l'accelerazione di gravità $\vec{g}$)* e $\vec{a}_T$ è il vettore accelerazione con cui il treno si muove rispetto all'osservatore O. Considerando la figura (31.1) si può scrivere la relazione:

$\tan\theta = \dfrac{a_T}{g}$ da cui segue:

$$a_T = g\tan\theta = 9.8\tan 30° = 5.66\frac{m}{s^2}$$

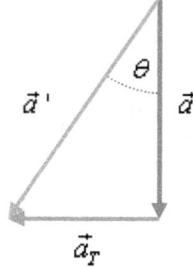

Figura (31.1)

Risolutore n. 32

Sia O un osservatore inerziale solidale con le stelle fisse e con un sistema di coordinate cartesiane ortogonali nello spazio, e sia O' un osservatore solidale con la Terra e con un sistema di coordinate cartesiane ortogonali nello spazio. Quando l'aereo è fermo, l'osservatore O' misura un peso $\vec{P}_1$ dato dalla seguente relazione:

$$(32.1) \qquad \vec{P}_1 = \vec{P}_0 - m\vec{\omega}_T \Lambda \left(\vec{\omega}_T \Lambda \vec{R}_T \right)$$

in cui $\vec{p}_0$ è il peso misurato dall'osservatore inerziale O, $\vec{\omega}_T$ è la velocità angolare della Terra intorno al proprio asse e $\vec{R}_T$ è il raggio vettore equatoriale.

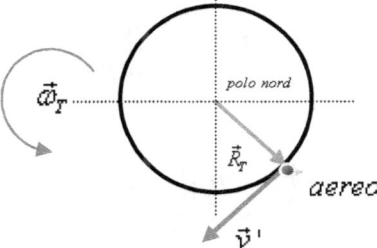

Figura (32.1)

Quando l'aereo si muove, l'osservatore O' dovrà tener conto della forza di Coriolis e l'osservatore inerziale O, misurerà ancora un peso $\vec{P}_0$ in quanto, essendo trascurabile il tratto percorso 100 km rispetto alla lunghezza della circonferenza equatoriale, il moto dell'aereo si può considerare rettilineo uniforme. Quindi, l'osservatore O' misura un peso $\vec{P}_2$ dato dalla seguente relazione:

$$(32.2) \qquad \vec{P}_2 = \vec{P}_0 - 2m\vec{\omega}_T \Lambda \vec{v}' - m\vec{\omega}_T \Lambda \left(\vec{\omega}_T \Lambda \vec{R}_T \right)$$

Poiché i vettori $\vec{\omega}_T$ e $\vec{v}'$; $\vec{\omega}_T$ e $\vec{R}_T$ sono fra loro perpendicolari, le forme scalari delle equazioni (32.1) e (32.2) sono date rispettivamente dalle equazioni:

$$(32.3) \qquad P_1 = P_0 - m\omega_T^2 R_T$$

$$(32.4) \qquad P_2 = P_0 - 2m\omega_T v' - m\omega_T^2 R_T$$

Confrontando queste due equazioni, si ottiene l'equazione:

$$(32.5) \qquad P_2 = P_1 - 2m\omega_T v'$$

Si osservi che la massa dell'oggetto può essere determinata dall'equazione(32.3):

$$P_1 = mg - m\omega_T^2 R_T = m\left(g - \omega_T^2 R_T\right) \Rightarrow m = \frac{P_1}{g - \omega_T^2 R_T}$$

Ponendo quest'ultima nell'equazione (32.5) si ottiene l'equazione:

$$P_2 = P_1 - \frac{2P_1\omega_T v'}{g - \omega_T^2 R_T}$$

da cui segue:

$$v' = \frac{\left(P_1 - P_2\right)\left(g - \omega_T^2 R_T\right)}{2P_1\omega_T}$$

in cui sostituendo i valori si ha:

$$\left(P_1 - P_2\right) = \left(6 - 5.985\right)kg_p = 0.015 kg_p = 0.015 kg_p \cdot 9.8\frac{m}{s^2} = 0.147 N$$

$$P_1 = 6kg_p = 6kg_p \cdot 9.8\frac{m}{s^2} = 58.8 N$$

$$v' = \frac{0.147\left[9.8 - \left(7.29\cdot 10^{-5}\right)^2 \cdot 6.37\cdot 10^6\right]}{2\cdot 58.8\cdot 7.29\cdot 10^5} = 167.46\frac{m}{s} = 602.86\frac{km}{h}$$

470

10.8 RISOLUTORI DEI TEST DI VERIFICA

	Risolutore del test di verifica (1.1)
1	per misurazione di una grandezza fisica si intende l'insieme delle operazioni che vengono eseguite per ottenere la sua misura
2	per misura di una grandezza fisica si intende il numero che viene associato alla grandezza fisica tramite la misurazione
3	le fasi fondamentali della definizione operativa di una grandezza fisica sono: • scelta arbitraria di una grandezza fisica omogenea con la grandezza da misurare *(unità di misura)* • definizione di un procedimento che consente il confronto tra la grandezza da misurare e l'unità di misura, nonché di sommare due o più grandezze omogenee
4	per misurazione diretta di una grandezza fisica si intende l'insieme delle operazioni che consentono di confrontare direttamente la grandezza da misurare con una grandezza omogenea assunta come unità di misura; sono misurazioni dirette di grandezze fisiche anche quelle che si ottengono come risultato di una lettura su un'apposita scala di uno strumento di misura
5	per misurazione indiretta di una grandezza fisica si intende l'insieme delle operazioni che consentono di confrontare direttamente una o più grandezze fisiche con le rispettive unità di misura e di determinare la misura della grandezza in esame attraverso una relazione matematica tra le grandezze misurate direttamente e la grandezza che si vuole misurare
6	si intende per sistema di misura un determinato numero di grandezze fisiche fondamentali
7	si intende per sistema di unità di misura un determinato numero di grandezze fisiche fondamentali con le relative unità

	di misura
8	le unità di misura adottate dal sistema internazionale sono: • il metro • il chilogrammo • il secondo • l'ampere • il grado Kelvin • la candela • la mole
9	il sistema internazionale delle unità di misura soddisfa le seguenti proprietà: è un sistema • completo • assoluto • coerente • decimale • razionalizzato
10	qualunque grandezza fisica si può esprimere in termini di grandezze fisiche fondamentali. Si intende per dimensioni di una grandezza fisica gli esponenti con cui le grandezze fisiche fondamentali figurano nella relazione con la grandezza
11	i due membri di un'equazione fisica devono essere omogenei. Le conseguenze sono che devono avere le stesse dimensioni
12	la risposta esatta è quella indicata dalla lettera B.
13	la risposta esatta è quella indicata dalla lettera A
14	la risposta esatta è quella indicata dalla lettera B.
15	la risposta esatta è quella indicata dalla lettera A.
16	la risposta esatta è quella indicata dalla lettera B.

17	la risposta esatta è quella indicata dalla lettera C.
18	la risposta esatta è quella indicata dalla lettera A.
19	la risposta esatta è quella indicata dalla lettera A
20	la risposta esatta è quella indicata dalla lettera B.
21	la risposta esatta è quella indicata dalla lettera C.
22	la risposta esatta è quella indicata dalla lettera A.
23	la risposta esatta è quella indicata dalla lettera A.
24	la risposta esatta è quella indicata dalla lettera B.
25	la risposta esatta è quella indicata dalla lettera A.
26	la risposta esatta è quella indicata dalla lettera A.
27	le dimensioni di τ nel sistema internazionale delle unità di misura sono: $$[\tau] = L^0 T M^0 I^0 \theta^0 I_\nu^0 Q^0 = T$$ quindi, $f(k,m)$ deve avere le stesse dimensioni di τ: $\left[f(k,m) \right] =^0 T M^0 I^0 \theta^0 I_\nu^0 Q^0 = T$ poiché le dimensioni della costante elastica sono: $[k] = MT^{-2}$ si può scrivere: $$\left(MT^{-2} \right)^{x_1} M^{x_2} = T \Rightarrow M^{x_1} M^{x_2} T^{-2x_1} = T$$ da cui segue: $$M^{x_1 + x_2} T^{2x_1} = T$$ Affinché questa equazione sia soddisfatta si deve verificare:

$$\begin{cases} x_1 + x_2 = 0 \\ 2x_2 = 1 \end{cases} \Rightarrow \begin{cases} x_1 = \dfrac{1}{2} \\ x_2 = -\dfrac{1}{2} \end{cases}$$

Quindi si ha:

$$\tau = k^{\frac{1}{2}} m^{-\frac{1}{2}}$$

da cui segue:

$$\tau = \sqrt{\frac{k}{m}}$$

Poiché nel calcolo dimensionale non intervengono costanti numeriche, è opportuno tenerne conto e scrivere:

$$\tau = \beta \sqrt{\frac{k}{m}}$$

in cui β è una costante da determinare sperimentalmente.

Risolutore del test di verifica (2.1)	
1	gli strumenti di misura svolgono un ruolo fondamentale nella costruzione del sapere fisico; essi consentono di determinare i valori numerici delle grandezze fisiche che caratterizzano i fenomeni e quindi di dare una forma matematica alle loro relazioni
2	i parametri che definiscono le condizioni di impiego degli strumenti di misura sono: *il campo di misura, la soglia di sensibilità, la sensibilità, la prontezza e la precisione*
3	per strumento lineare si intende uno strumento avente la grandezza in uscita proporzionale alla grandezza in ingresso
4	il metro è un regolo rigido avente la lunghezza pari all'unità di misura adottata dal sistema internazionale delle unità di misura e rappresenta lo strumento fondamentale per eseguire la misurazione di una lunghezza
5	il risultato di una misurazione si scrive indicando il valore numerico della grandezza, l'intervallo di incertezza sperimentale e l'unità di misura adottata. Per cifre significative si intendono quelle cifre che hanno un significato sperimentale e delle quali l'ultima è incerta
6	le dimensioni dell'incertezza assoluta sono identiche a quella della grandezza a cui si riferisce. L'incertezza relativa è adimensionale
7	per precisione di una misura si intende l'incertezza relativa con cui la grandezza misurata è conosciuta
8	le fluttuazioni casuali sulla misura di una grandezza fisica sono variazioni del valore della misura dovute a cause ambientali ingovernabili come: *le variazioni di temperatura, le variazioni di pressione, le variazioni di umidità, presenza di polvere, ecc.*

9	quando si esegue la misurazione di una grandezza fisica si possono introdurre, inconsapevolmente, degli errori sia nel momento della formulazione del modello che conduce alla progettazione della misura, sia nel momento operativo di laboratorio. Questi errori si dicono differenze sistematiche
10	l'unico criterio per garantirsi rispetto alle differenze sistematiche è quello di misurare la grandezza con metodi di natura diversa e verificare la compatibilità dei risultati
11	la media aritmetica calcolata da un gruppo di dati sperimentali
12	al valore medio di una misura si attribuisce come incertezza la deviazione standard μ
13	La funzione di Gauss oltre ad essere sempre positiva $\rho(x) > 0$ è anche normalizzata nel senso che l'area sottesa dalla sua curva è uguale a 1; inoltre verifica le seguenti proprietà: • ha un massimo nel punto $x = X$ • è simmetrica rispetto all'asse parallelo all'asse delle ordinate e passante per il punto $x = X$ • ha due punti di flesso in $x = X - \beta$ e $x = X + \beta$ (*i punti di flesso sono quei punti in cui la curva cambia concavità, β si chiama parametro di larghezza*) • il calcolo dell'area sottesa dalla curva fra i punti $x = X - \beta$ e $x = X + \beta$ fornisce il valore 0.68; quello dell'area sottesa fra i punti $x = X - 2\beta$ e $x = X + 2\beta$ fornisce il valore 0.95; quello dell'area sottesa fra i punti $x = X - 3\beta$ e $x = X + 3\beta$ fornisce il valore 0.997.
14	per verificare grossolanamente se un insieme di dati sperimentali segue la distribuzione di Gauss è sufficiente controllare se il rapporto, tra la deviazione standard μ e la

	media del modulo delle deviazioni del valore aritmetico medio, è costante e vale $\cong 1.2533$
15	nel caso si voglia determinare l'incertezza da associare alla misura di una grandezza fisica G ottenuta con un procedimento di misurazione indiretta, le incertezze relative alle misure delle grandezze x_i possono essere dichiarate come intervalli di taratura degli strumenti di misura oppure come deviazioni standard
16	la risposta esatta è quella indicata dalla lettera C.
17	la risposta esatta è quella indicata dalla lettera B.
18	la risposta esatta è quella indicata dalla lettera B.
19	la risposta esatta è quella indicata dalla lettera C.
20	la risposta esatta è quella indicata dalla lettera C.
21	la risposta esatta è quella indicata dalla lettera A.
22	la risposta esatta è quella indicata dalla lettera A.
23	la risposta esatta è quella indicata dalla lettera C.
24	la risposta esatta è quella indicata dalla lettera B.
25	La risposta esatta è quella indicata dalla lettera A.

	Risolutore del test di verifica (3.1)
1	il principio della media, ricorrendo al criterio dei minimi quadrati, si giustifica richiedendo che sia soddisfatta la relazione: $\sum_{i=1}^{n}(x_i - X)^2 = \text{minimo}$; il calcolo di questo minimo conduce alla relazione $X = \dfrac{\sum_{i=1}^{n} x_i}{n}$ che fornisce l'espressione della media aritmetica dei valori
2	spesso si hanno a disposizione diverse determinazioni di una grandezza fisica ottenute con procedimenti indipendenti, in condizioni sperimentali diverse e con precisioni diverse; in tal caso può sorgere la necessità di conoscere il valore della grandezza con la massima precisione possibile e quindi di sapere qual è il valore più attendibile che le si può attribuire . Ricorrendo al principio dei minimi quadrati si chiede che sia soddisfatta la relazione: $\sum_{i=1}^{n} p_i (x_i - X)^2 = \text{minimo}$, il calcolo di questo minimo conduce alla relazione: $X = \dfrac{\sum_{i=1}^{n} p_i x_i}{\sum_{i=1}^{n} p_i}$ che fornisce l'espressione della media pesata dei valori
3	quando si afferma che i valori di due grandezze fisiche si corrispondono si intende che le grandezze fisiche sono fra loro correlate, ovvero che il variare dell'una implica il variare dell'altra
4	per determinare i parametri presenti nella funzione che interpola i dati sperimentali si utilizza il criterio dei minimi quadrati

5	per riprodurre esattamente tutti i dati sperimentali, il grado m del polinomio deve soddisfare la condizione: $m = n - 1$ in cui n è il numero di coppie (x_i, y_i) delle grandezze x e y
6	le teorie scientifiche vengono elaborate in modo che possano spiegare in modo unitario la maggior parte dei fenomeni conosciuti e prevedere l'esistenza di altri non ancora osservati
7	una legge empirica deve possedere la caratteristica di prevedere il valore della grandezza che si sta esaminando in condizioni diverse da quelle in cui è stata ottenuta
8	La capacità di previsione di una legge empirica si valuta determinando il numero che esprime il suo grado di libertà
9	il criterio di Gauss, fornisce una guida per scegliere, tra le diverse funzioni interpolanti che vengono ipotizzate, la funzione che meglio approssima i dati sperimentali; questo criterio non conduce ad alcuna informazione circa l'attendibilità assoluta di questa scelta
10	per esprimere un giudizio sull'attendibilità assoluta di una ipotesi, è necessario osservare che, se anche le ipotesi sulla forma della funzione sono quelle giuste, i risultati calcolati tramite la legge che riflette queste ipotesi non coincidono con i risultati sperimentali a causa della presenza delle fluttuazioni casuali sui valori delle misure. Quindi, calcolati i residui r_i, essi possono essere raggruppati in un certo numero di intervalli sulla base del loro valore e determinare la distribuzione sperimentale. Si può verificare che i residui seguono la stessa legge di distribuzione dei valori della misura, pertanto nota la distribuzione teorica, si domanda con quale probabilità la distribuzione sperimentale approssima la distribuzione teorica, ovvero qual è la probabilità a priori che la distribuzione sperimentale dei residui sia un puro effetto delle fluttuazioni casuali. Il valore di questa probabilità è un indice dell'attendibilità in assoluto della forma della funzione; seguendo la consuetudine si riterrà che se il valore di tale probabilità supera il 5% si potranno ritenere accettabili le ipotesi formulate, diversamente si riterrà doveroso respingere, in attesa di

	altre conferme, tali ipotesi come non sufficientemente provate
11	La risposta esatta è quella indicata dalla lettera A
12	La risposta esatta è quella indicata dalla lettera D
13	La risposta esatta è quella indicata dalla lettera B
14	La risposta esatta è quella indicata dalla lettera C
15	La risposta esatta è quella indicata dalla lettera A
16	poiché la lunghezza l dipende linearmente dalla massa, la funzione interpolatrice è del tipo: $$(16.1) \quad l = l_0 + km$$ Scrivendo le equazioni (3.2.10) del terzo capitolo per questo caso, si ottengono le seguenti equazioni: $$(16.2) \quad \begin{cases} \sum_{i=1}^{6}\left(l_0 + km_i - l_i\right) = 0 \\ \sum_{i=1}^{6} m_i\left(l_0 + km_i - l_i\right) = 0 \end{cases}$$ da cui seguono le equazioni: $$(16.3) \quad \begin{cases} 6l_0 + k\sum_{i=1}^{6} m_i = \sum_{i=1}^{6} l_i = \\ l_0\sum_{i=1}^{6} m_i + k\sum_{i=1}^{6} m_i^2 = \sum_{i=1}^{6} m_i l_i = \end{cases}$$ Per calcolare con facilità e ordine i parametri l_0 e k conviene disporre i numeri secondo la seguente tabella:

i	m_i	l_i	m_i^2	$m_i l_i$
1	100	10.6	10000	1060
2	200	11.1	40000	2220
3	300	11.5	90000	3450
4	400	12.0	160000	4800
5	500	12.7	250000	6350
6	600	13.1	360000	7860

usando i dati di questa tabella il sistema (16.3) diventa:

$$\begin{cases} 6l_0 + 2100k = 71 \\ 2100l_0 + 91 \cdot 10^4 k = 25740 \end{cases}$$

risolvendo questo sistema si ha:

$$\Delta = \begin{vmatrix} 6 & 2100 \\ 2100 & 91 \cdot 10^4 \end{vmatrix} = 6 \cdot 91 \cdot 10^4 - 2100 \cdot 2100 = 1050000$$

$$\Delta k = \begin{vmatrix} 6 & 71 \\ 2100 & 25740 \end{vmatrix} = 6 \cdot 25740 - 71 \cdot 2100 = 5340$$

$$\Delta l_0 = \begin{vmatrix} 71 & 2100 \\ 25740 & 91 \cdot 10^4 \end{vmatrix} = 71 \cdot 91 \cdot 10^4 - 25740 \cdot 2100 = 10556000$$

$$l_0 = \frac{\Delta l_0}{\Delta} = \frac{10556000}{1050000} \cong 10.1 cm$$

$$k = \frac{\Delta k}{\Delta} = \frac{5340}{1050000} \cong 0.0051 \frac{cm}{g}$$

	Risolutore del test di verifica (4.1)
1	l'elaborazione dei dati sperimentali sul moto di caduta libera fornisce un valore di deviazione standard della media minore della sensibilità dello strumento di misura. Ciò significa che il procedimento statistico è stato spinto al di là delle reali prestazioni che può fornire l'apparato sperimentale e perciò si assume come incertezza la sensibilità dello strumento di misura.
2	l'apparato sperimentale per lo studio del moto di caduta libera è costituito da un elettromagnete di tenuta corredato di una pallina d'acciaio, da un cronografo elettronico in grado di apprezzare variazioni di durate dell'ordine del centesimo di secondo, da due traguardi fotoelettrici, da un sostegno su cui vengono sistemati l'elettromagnete e i due traguardi fotoelettrici, da uno strumento per la misurazione delle lunghezze, da una campana di vetro e da una pompa aspirante per praticare il vuoto.
3	La risposta esatta è quella indicata dalla lettera B
4	La risposta esatta è quella indicata dalla lettera D
5	la legge di caduta libera non fu determinata con esperimenti atti ad eseguire misurazioni di distanze percorse da corpi in caduta libera e di tempi impiegati a percorrerle. Esperimenti di questo tipo non erano realizzabili perché i tempi di osservazione sono dell'ordine del centesimo di secondo e, all'epoca, non si possedevano le tecnologie necessarie a risolvere questi problemi. Galileo Galilei superò queste difficoltà dimostrando che il moto di caduta libera è equivalente al moto lungo un piano inclinato che risulta decisamente più lento e che, quindi, può essere studiato con più tranquillità. Gli esperimenti che condussero alla formulazione della legge di caduta libera furono eseguiti su un piano inclinato in presenza di aria.
6	la risposta esatta è quella indicata dalla lettera A

7	l'equivalenza tra il moto di caduta libera ed il moto lungo il piano inclinato impone di indagare sulla velocità che acquisisce un corpo quando cade liberamente prima da un'altezza h e poi lungo un piano inclinato di altezza h e di lunghezza l. Supponendo che la velocità del corpo dipenda solo dal dislivello di caduta si deve avere: $$v_k = v_\lambda \Rightarrow \frac{k}{\lambda} = \frac{t_\lambda}{t_k}$$ Conoscendo il rapporto $\dfrac{k}{\lambda}$ si possono misurare i tempi t_λ e t_k di arrivo sul piano di riferimento e controllare, nei limiti delle incertezze sperimentali, che il loro rapporto uguaglia il rapporto inverso delle costanti λ e k.
8	la risposta esatta è quella indicata dalla lettera C
9	un corpo cadendo lungo un piano inclinato acquisisce una velocità $2\lambda T$; supponendo di farlo risalire lungo un identico piano inclinato e ad esso contiguo, se si trascurano gli attriti, il corpo risale ad un'altezza pari a quella di caduta. Orbene, supponendo di far cadere il corpo dal piano inclinato e di non farlo risalire sul piano inclinato contiguo, ma di farlo proseguire lungo un piano orizzontale privo di attrito, dovendo il corpo risalire ad un'altezza pari a quella di caduta e non potendolo fare perché costretto a muoversi su un piano orizzontale, il suo moto non potrà arrestarsi e avverrà con velocità costante.

Risolutore del test di verifica (4.2)	
1	la risposta esatta è quella indicata dalla lettera A
2	la risposta esatta è quella indicata dalla lettera C
3	la risposta esatta è quella indicata dalla lettera A
4	la risposta esatta è quella indicata dalla lettera A
5	la risposta esatta è quella indicata dalla lettera B

Risolutore del test di verifica (4.3)	
1	le grandezze fisiche che caratterizzano il moto oscillatorio di un pendolo semplice sono: il periodo T, la lunghezza l del filo, la massa m del corpo sospeso al filo e l'ampiezza di oscillazione 2α.
2	la risposta esatta è quella indicata dalla lettera A
3	la risposta esatta è quella indicata dalla lettera B
4	la risposta esatta è quella indicata dalla lettera A
5	la risposta esatta è quella indicata dalla lettera D
6	un oscillatore armonico è un sistema fisico, costituito da una molla e da una massa ad essa vincolata, che oscilla intorno ad un punto di equilibrio.
7	la risposta esatta è quella indicata dalla lettera A

	Risolutore del test di verifica (6.1)
1	quando le dimensioni di un corpo in movimento sono piccole in confronto alle dimensioni dello spazio in cui avviene il movimento allora, in prima approssimazione, si possono trascurare sia la forma che le proprietà strutturali. Di conseguenza, tutte le caratteristiche intrinseche si possono ricondurre ad un unico dato: il valore della sua massa, mentre la posizione risulterà individuata dalla posizione di uno qualsiasi dei suoi punti *(punto materiale)*.
2	per definire la posizione di un corpo si fissa nello spazio un corpo di riferimento che viene schematizzato con un sistema di coordinate cartesiane ortogonali la cui origine coincide con la posizione dell'osservatore nello spazio. Rispetto a questo osservatore, la conoscenza dei valori delle coordinate equivale alla conoscenza della posizione del corpo. Spesso risulta più conveniente determinare la posizione del corpo facendo uso del vettore posizione, cioè di un vettore che ha modulo pari alla distanza tra il corpo e l'osservatore, direzione uguale a quella della retta passante per l'origine delle coordinate e per il corpo e verso che va dall'origine delle coordinate al corpo.
3	si definisce *velocità media* il vettore $\vec{v}_m$ dato dalla relazione: $\vec{v}_m = \dfrac{\Delta \vec{s}}{\Delta t}$. Questo vettore fornisce informazioni globali sul moto di un corpo. Si definisce *velocità istantanea* il vettore $\vec{v}$ dato dalla relazione: $\vec{v} = \dfrac{d}{dt}\vec{s}$. Questo vettore fornisce informazioni istante per istante sul moto dei corpi.
4	si definisce *accelerazione media* il vettore $\vec{a}_m$ dato dalla relazione $\vec{a}_m = \dfrac{\Delta \vec{v}}{\Delta t}$. Questo vettore fornisce informazioni globali sulla variazione del vettore velocità durante il moto. Si definisce *accelerazione istantanea* il vettore $\vec{a}$ dato dalla

	relazione $\vec{a} = \dfrac{d}{dt}\vec{v}$. Questo vettore fornisce informazioni istante per istante sulla variazione del vettore velocità durante il moto.
5	per *stato di moto* si intende la conoscenza del vettore posizione e del vettore velocità istante per istante
6	lo *stato di moto uniforme* si determina con le seguenti equazioni: $$\begin{cases} x = x_0 + vt \\ v = v_0 \end{cases}$$
7	lo *stato di moto uniformemente accelerato* si determina con le seguenti equazioni: $$\begin{cases} x = x_0 + v_0 t + \dfrac{1}{2}at^2 \\ v = v_0 + at \end{cases}$$
8	il vettore accelerazione è sempre rivolto dalla parte del centro di curvatura della traiettoria del moto, pertanto lo si può decomporre nel componente tangente e nel componente normale alla traiettoria. Il componente tangente è legato alla variazione del modulo del vettore velocità ed il componente normale è legato alla variazione della direzione e del verso del vettore velocità.
9	lo *stato di moto parabolico* si determina con le seguenti equazioni: $$\begin{cases} \vec{v} = \vec{i}v_0 \cos\alpha + \vec{j}\left(v_0 \sin\alpha - a_y t\right) \\ \vec{s} = \vec{s}_0 + \vec{i}v_0\left(\cos\alpha\right)t + \vec{j}\left[v_0\left(\sin\alpha\right)t - \dfrac{1}{2}a_y t^2\right] \end{cases}$$
10	l'equazione della traiettoria di un moto parabolico è: $$y - y_0 = \left(\tan\alpha\right)\left(x - x_0\right) - \dfrac{a_y}{2v_0^2 \cos^2\alpha}\left(x - x_0\right)^2$$

	Risolutore del test di verifica (6.2)
1	considerando l'equazione $\vec{a} = \vec{u}_\tau \dfrac{dv}{dt} + \vec{u}_n \dfrac{v^2}{R}$ si osserva che il componente normale contiene una grandezza a carattere geometrico: il raggio di curvatura R, in grado di fornire informazioni sulla geometria della traiettoria. Supponendo che R abbia un valore finito e si mantenga costante per tutta la durata del moto, dovrà essere costante anche la quantità $\dfrac{1}{R}$. D'altro canto, osservando che la circonferenza è una curva a curvatura costante il cui valore è $\dfrac{1}{R}$, consegue che il moto con raggio di curvatura costante avviene con traiettoria circolare *(definizione di moto circolare)*. Le equazioni che consentono la determinazione dello stato di moto sono: $$\vec{\omega} = \dfrac{d}{dt}\vec{\theta} \quad ; \quad \vec{\alpha} = \dfrac{d}{dt}\vec{\omega}$$ La differenza tra queste equazioni e quelle che consentono la determinazione dello stato di moto in cinematica lineare è che queste usano variabili angolari e quelle usano variabili lineari.
2	lo stato di moto circolare uniforme si determina con le seguenti equazioni: $$\begin{cases} \vec{\theta} = \vec{\theta}_0 + \vec{\omega}t \\ \vec{\omega} = \vec{\omega}_0 \end{cases}$$
3	lo stato di moto circolare uniformemente accelerato si determina con le seguenti equazioni: $$\begin{cases} \vec{\theta} = \vec{\theta}_0 + \vec{\omega}_0 t + \dfrac{1}{2}\vec{\alpha}t^2 \\ \vec{\omega} = \vec{\omega}_0 + \vec{\alpha}t \end{cases}$$
4	per esprimere le relazioni tra le variabili lineari e le variabili angolari, si consideri un sistema di coordinate cartesiane ortogonali nello spazio tale che l'asse Z coincide con l'asse di

rotazione di un punto materiale che descrive una traiettoria circolare Γ di raggio R. Siano A e B due posizioni del punto P, corrispondenti agli istanti t_0 e $t_0 + \Delta t$, determinate dai vettori posizione $\vec{s}_0$ e $\vec{s}$ *(vedi la Figura (6.14.1) del sesto capitolo)*. Per intervalli di tempo sufficientemente piccoli il modulo del vettore spostamento $\Delta \vec{s}$ differisce molto poco dalla lunghezza dell'arco $\overset{\frown}{AB}$, quindi si può scrivere la relazione $\vec{v} = \dfrac{\overset{\frown}{AB}}{\Delta t}$. Poiché le posizioni dei punti A e B si possono determinare anche con i vettori posizione angolare $\vec{\theta}_0$ e $\vec{\theta}$, dalla Figura (6.14.1).si ricava la seguente relazione:

$\overset{\frown}{AB} = R\Delta\theta$ che posta nella precedente equazione consente di scrivere l'equazione: $v = \omega R$ che esprime la relazione tra il modulo della velocità lineare, il modulo della velocità angolare ed il raggio R della traiettoria Γ. Volendo scrivere la forma vettoriale di questa equazione è sufficiente osservare che è $R = s\left(\sin\beta\right)$ e scrivere: $v = \omega s\left(\sin\beta\right)$ che esprime il modulo del prodotto vettoriale dei vettori $\vec{\omega}$ e $\vec{s}$. Quindi si può scrivere:
$$\vec{v} = \vec{\omega} \wedge \vec{s}$$
che esprime la relazione in forma vettoriale tra velocità lineare, velocità angolare e vettore posizione. Calcolando l'accelerazione angolare si ottiene l'equazione:
$$\vec{a} = \vec{\alpha} \wedge \vec{s} + \vec{\omega} \wedge \vec{v}$$
che esprime la relazione in forma vettoriale tra variabili lineari e variabili angolari

5	lo stato di moto armonico si determina con le seguenti equazioni: $$\begin{cases} x = R\cos\left(\theta_0 + \omega t\right) \\ v_x = -\omega R \sin\left(\theta_0 + \omega t\right) \end{cases}$$
6	per provare che un moto armonico può considerarsi come il risultato della proiezione di un moto circolare uniforme su

	uno dei diametri della circonferenza, è sufficiente eseguire una verifica qualitativa con un dispositivo capace di far ruotare di moto circolare uniforme una sferetta la cui ombra, proiettata su uno schermo perpendicolare al piano contenente la traiettoria, si muove di moto armonico
7	la relazione di fase tra la velocità e lo spostamento in un moto armonico è la seguente: la velocità ritarda di $\dfrac{\pi}{2}$ rispetto allo spostamento
8	le grandezze fisiche che caratterizzano i moti periodici sono il periodo T e la frequenza ν
9	le relazioni che caratterizzano il moto circolare uniforme ed il moto armonico sono: • relazione tra periodo e frequenza $\nu = \dfrac{1}{T}$ • relazione tra velocità e periodo $v = \dfrac{2\pi R}{T}$ • relazione tra velocità angolare e periodo $\omega = \dfrac{2\pi}{T}$ • relazione tra velocità angolare e frequenza $\omega = 2\pi\nu$
10	si definisce curvatura media k_m di una curva il rapporto tra l'angolo di contingenza φ ed il corrispondente arco $\overarc{AB}$ $$k_m = \frac{\varphi}{\overarc{AB}}$$ si definisce curvatura puntuale k di una curva il limite per $\overarc{AB} \to 0$ tra l'angolo di contingenza φ ed il corrispondente arco: $\overarc{AB}$ $$k = \lim_{\overarc{AB} \to 0} \frac{\varphi}{\overarc{AB}}$$

	Risolutore del test di verifica (7.1)
1	la risposta esatta è quella indicata dal lettera B
2	la risposta esatta è quella indicata dal lettera C
3	lo stato di moto di un corpo in caduta libera si determina con le seguenti equazioni: $$\begin{cases} s = s_0 + v_0 t + \dfrac{1}{2} g t^2 \\ v = v_0 + gt \end{cases}$$ Eliminando il tempo dalle due equazioni che definiscono lo stato di moto, si ottiene la seguente equazione: $$v^2 = v_0^2 + 2g\left(s - s_0\right)$$ che esprime la relazione tra velocità, accelerazione di gravità e spostamento per un corpo in caduta libera.
4	le equazioni che consentono di determinare in modo unitario , lo stato di moto di tutta la fenomenologia del moto di caduta sono: $$\begin{cases} s = s_0 + v_0 t + \dfrac{1}{2} g \left(\sin \alpha\right) t^2 \\ v = v_0 + g \left(\sin \alpha\right) t \end{cases}$$
5	la risposta esatta è quella indicata dal lettera C
6	la risposta esatta è quella indicata dal lettera C
7	la risposta esatta è quella indicata dal lettera C
8	la risposta esatta è quella indicata dal lettera A
9	si definisce *anno solare* il tempo impiegato dalla Terra a ritornare in un determinato punto della sua orbita, si definisce *giorno solare* il tempo che intercorre tra due successivi passaggi del Sole al meridiano di un determinato punto della Terra, si definisce *secondo solare medio* la

	86400 esima parte del *giorno solare medio* che a sua volta è definito come *la 365.242 esima parte dell'anno solare*
10	l'anno tropico 1900 è l'anno assunto come riferimento per la misura degli intervalli di tempo. Con questa scelta, l'unità di misura del tempo diviene invariabile e viene definita come la 31556925.9747 esima parte dell'anno tropico 1900
11	la differenza tra il tempo universale TU e il tempo effemeridi TE consiste nel fatto che per il tempo universale la misura degli intervalli di tempo viene riferita al moto orbitale della Terra, mentre per il tempo effemeridi viene riferita ad un particolare moto orbitale della Terra: quello dell'anno tropico 1900
12	confrontando il moto dell'orologio atomico con il moto di rotazione della Terra intorno al proprio asse, si ricava che la velocità di rotazione della Terra va diminuendo di anno in anno e, a causa di questa variazione di velocità, il tempo universale viene sostituito dal tempo effemeridi per ricerche scientifiche di alta precisione
13	La risposta esatta è quella indicata dalla lettera C
14	La risposta esatta è quella indicata dalla lettera A
15	La risposta esatta è quella indicata dalla lettera B
16	La risposta esatta è quella indicata dalla lettera B
17	La risposta esatta è quella indicata dalla lettera A
18	La risposta esatta è quella indicata dalla lettera B
19	il modello cinematico del moto fornisce delle equazioni che possono essere risolte solo in due casi particolari: il moto con accelerazione nulla ed il moto con accelerazione costante. In ogni altro caso, la risoluzione delle equazioni

	cinematiche del moto equivale alla conoscenza stessa del moto, per esempio: è possibile risolvere l'equazione: $$\vec{a} = \frac{d^2}{dt^2} \vec{s}$$ solo se si conosce la funzione $\vec{a} = \vec{a}(t)$ e ciò equivale a conoscere il moto ancorché prima di risolvere l'equazione che fornisce la sua conoscenza.
20	la scelta del campione di massa è stata completamente arbitraria in quanto non è stato possibile individuare un oggetto o un fenomeno facilmente riproducibile che potesse costituire un comodo riferimento. Nel 1889 fu adottato quale campione di massa il decimetro cubo di acqua distillata alla temperatura di $4°C$ e di esso furono prodotte delle copie sotto forma di cilindretti di una lega di platino-iridio di 38mm di altezza e di 38mm di diametro di base. Il chilogrammo oggi riproducibile, con una precisione di una parte su 10^8, è una delle sette unità fondamentali del Sistema Internazionale delle Unità di Misura.
21	le forze hanno origine nei corpi che costituiscono l'ambiente intorno al corpo che si muove.
22	per quanto riguarda il campione dell'unità di misura delle forze, si sceglie la forza di modulo pari a $\dfrac{1}{9.8}$ del peso a $45°$ di latitudine a livello del mare e nel vuoto del campione di massa. A tale campione si dà il nome di Newton e si indica con il simbolo N.
23	il carattere vettoriale di una forza può essere verificato osservando se è soddisfatta la regola di somma vettoriale. A tal fine si consideri un apparato sperimentale costituito da un sistema di pesi e carrucole come disposto in figura (23.1). Dal punto O si diramano tre fili dei quali due sono fatti passare attraverso le gole di due carrucole e portano alle estremità i pesi P_1 e P_2; il terzo filo regge il peso P_3.

Sistemato l'apparato sperimentale in modo che si configuri una condizione di equilibrio tra i diversi pesi, si ha che l'effetto determinato dalle forze $\vec{F}_1$ e $\vec{F}_2$, agenti secondo le direzioni OA e OB ed il cui modulo è pari rispettivamente ai pesi P_1 e P_2, è compensato dalla forza $\vec{F}_3$ che agisce lungo la direzione OC e di modulo pari al peso P_3.

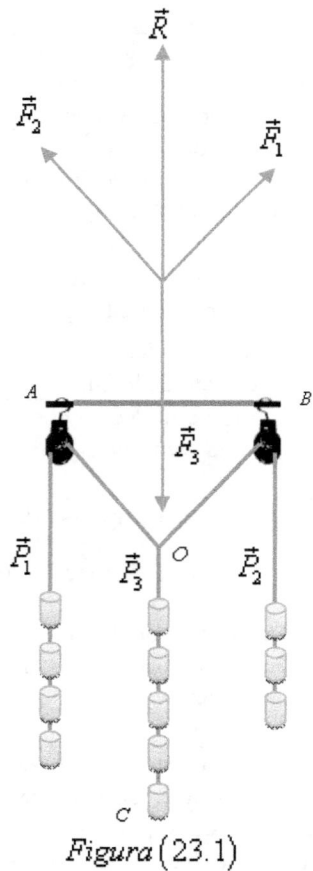

Figura (23.1)

Si osservi che i segmenti $\overline{OA}, \overline{OB}$ e $\overline{OC}$ giacciono in uno stesso piano, quindi si possono considerare, in questo piano,

	i vettori $\vec{F}_1$, $\vec{F}_2$ e $\vec{F}_3$ aventi rispettivamente direzioni identiche ai segmenti $\overline{OA}, \overline{OB}$ e $\overline{OC}$ e moduli proporzionali ai pesi P_1, P_2 e P_3 . Costruito il vettore $\vec{R} = \vec{F}_1 + \vec{F}_2$ con la regola di somma dei vettori, si constata che $\vec{R}$ ha modulo e direzione identici al modulo e alla direzione del vettore $\vec{F}_3$ e verso opposto, sicché rappresenta l'effetto complessivo di $\vec{F}_1$ e $\vec{F}_2$ il che dimostra il carattere vettoriale della forza.
24	gli osservatori inerziali sono quegli osservatori rispetto ai quali i fenomeni meccanici e le leggi che li governano sono invarianti.
25	poiché non è possibile distinguere, rispetto ad un osservatore inerziale, se un corpo è in quiete o si muove di moto rettilineo uniforme , si assume come stato fondamentale di un corpo lo stato di quiete e di moto rettilineo uniforme. Poiché il principio di causalità esige una causa per il mutamento degli stati di un corpo, una forza può agire su un corpo solo se c'è un mutamento della sua velocità che corrisponde ad un mutamento degli stati; in caso contrario la questione della ricerca di una causa che spieghi la presenza di una velocità, come vuole la fisica aristotelica perde significato ed in suo luogo subentra il principio di conservazione della velocità *(principio d'inerzia)* come vuole la fisica galileiana - newtoniana.
26	un corpo, sottoposto all'azione di una forza capace di comunicargli una certa accelerazione, si muove con quella accelerazione.
27	ammettere come sorgente della forza un corpo o un insieme di corpi, dei quali si dice che *costituiscono l'ambiente che circonda il corpo che si muove,* è solo un aspetto di una *interazione* generale tra i diversi corpi distribuiti nello spazio. Sperimentalmente si osserva che tutte le volte che un

	corpo A esercita una forza *(azione)* su un corpo B, quest'ultimo esercita una forza *(reazione)* sul corpo A uguale in modulo e direzione ma di verso opposto; quindi, per una distribuzione di n corpi nello spazio, le forze che i corpi si scambiano sono a due a due uguali e contrarie e giacciono sulla retta congiungente i due corpi *(principio di azione e reazione)*. Si osservi che, data la particolare simmetria nello scambio di forze tra la coppia di corpi, è indifferente quale sia la forza che viene considerata come azione e quale sia quella che viene considerata come reazione.
28	per determinare lo stato di moto di un corpo facendo uso del modello dinamico del moto necessita la conoscenza della forza che può essere determinata analiticamente studiando l'interazione tra il corpo in movimento e l'ambiente che lo circonda in funzione delle proprietà che li caratterizzano. Quindi, la legge di forza esprime analiticamente l'interazione tra il corpo in movimento e l'ambiente intorno ad esso.
29	il principio di indipendenza delle azioni simultanee afferma che l'accelerazione prodotta da più forze agenti simultaneamente è uguale alla somma vettoriale delle accelerazioni che le singole forze produrrebbero se agissero isolatamente.

	Risolutore del test di verifica (8.1)
1	la risposta esatta è quella indicata dalla lettera B
2	la risposta esatta è quella indicata dalla lettera C
3	per quanto riguarda il moto parabolico, i risultati sperimentali sono stati interpretati in termini del suo modello cinematico, secondo il quale il moto parabolico si può trattare come composto da due moti elementari: un moto rettilineo uniforme lungo l'asse delle ascisse e un moto uniformemente accelerato lungo l'asse delle ordinate. Per determinare il vettore forza responsabile di questo moto è sufficiente osservare che l'unico moto accelerato è quello che avviene con accelerazione costante g lungo l'asse delle ordinate e moltiplicare il vettore $\vec{g}$ per la massa del corpo. Così facendo si ottiene l'equazione $\vec{P} = m\vec{g}$ che coincide con il vettore forza peso. Quindi, la causa del moto di un corpo lanciato è unicamente il suo peso.
4	la risposta esatta è quella indicata dalla lettera C
5	per determinare la legge di forza che esprime l'interazione tra il carrello e la molla di un oscillatore armonico, si consideri un regolo rettilineo graduato che porta due bracci ad esso perpendicolari, uno fisso A e uno scorrevole B; tra i bracci A e B si ponga la molla dell'oscillatore armonico *vedi figura (5.1))*. La sospensione di un corpo di massa m al gancio G del braccio scorrevole sottopone la molla dell'oscillatore armonico all'azione della forza $\vec{P} = m\vec{g}$; sotto l'azione di questa forza la molla si deforma allungandosi finché il sistema molla - corpo raggiunge la configurazione di equilibrio. In questa ccondizione il peso del corpo è bilanciato dalla forza di reazione della molla. Poiché peso e massa sono tra loro direttamente proporzionali, considerando corpi di masse crescenti si possono realizzare forze – pesi sempre più grandi. Quindi, sottoponendo la molla dell'oscillatore armonico all'azione di queste forze è possibile determinare la relazione

tra forza e deformazione. Così facendo si ricava l'equazione:

$$P = k_e x$$

in cui P è il
peso del corpo, x la deformazione prodotta e k_e una costante
dipendente dalla natura della molla. Questa equazione esprime
la forza che il corpo esercita sulla molla dell'oscillatore
armonico; d'altro canto, dovendo valere il principio di azione e
reazione, la molla deve esercitare sul corpo una forza uguale e
contraria a P, quindi la legge di forza descrivente l'interazione
tra il carrello e la molla può scriversi come:

$$R_x = -k_e x$$

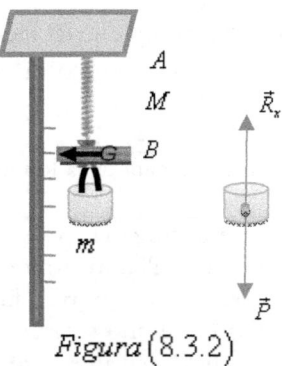

Figura (8.3.2)

*Il dinamometro è costituito da un regolo rettilineo che porta due bracci ad
esso perpendicolari: uno fisso A e uno scorrevole B. Tra i bracci A e B è
posta una molla a spirale M in grado di deformarsi elasticamente
quando viene sottoposta all'azione di una forza. Al braccio B è connesso
un gancio G su cui vengono fatto agire le forze.
Le forze di cui si intende fare uso, perché facilmente studiabili con il
dinamometro, sono le forze peso*

6	la risposta esatta è quella indicata dalla lettera B
7	per determinare la forza responsabile del moto di un pendolo si consideri la figura (7.1) in cui si osserva che la posizione B è una configurazione di equilibrio del sistema *(pendolo fermo)* in quanto la forza peso è bilanciata dalla reazione del vincolo; diversamente, la configurazione A e la sua simmetrica C rispetto a B, non sono configurazioni di equilibrio perché la somma vettoriale della forza peso $\vec{P}$ e della reazione $\vec{T}$ danno luogo ad una forza $\vec{R}_t$ tangente alla traiettoria del moto data dall'equazione: $$\vec{R}_t = -\vec{P}\sin\alpha$$ in cui il segno meno, come si vede in figura (7.1), esprime il fatto che la forza $\vec{R}_t$ è diretta sempre verso la configurazione di equilibrio del sistema . Questa forza non ha la struttura di una forza elastica. *Figura* (7.1)

8	la forza d'attrito radente $\vec{f}_a$ è proporzionale alla forza normale $\vec{N}$ con cui i corpi premono l'uno sull'altro, è maggiore all'inizio del moto *(attrito statico)* che durante il moto *(attrito dinamico)*, è, in prima approssimazione, indipendente dalla velocità relativa e dall'area di contatto. Se $\vec{N}$ è la forza normale, la legge di forza dell'attrito radente si scrive, facendo a meno della notazione vettoriale perché non c'è necessità, come $f_a = \mu N$ in cui μ è un coefficiente dipendente dalla natura delle superfici di contatto, dalla loro scabrosità, dalla durezza, ecc.
9	per determinare il coefficiente di attrito statico μ_s, si osservi che inclinando gradualmente il piano di appoggio del corpo si raggiunge la condizione $P \sin\alpha = f_a$ in cui sostituendo il valore della forza d'attrito si ha $\mu_s = \dfrac{P \sin\alpha}{N}$ in cui tenendo conto che $N = P\cos\alpha$ si ha $\mu_s = \tan\alpha$ che esprime il valore del coefficiente di attrito statico in funzione dell'angolo di inclinazione del piano, facilmente misurabile.
10	*legge delle traiettorie* le traiettorie del moto dei pianeti sono circonferenze concentriche diversamente orientate nello spazio e con il Sole nel centro *legge delle aree* i pianeti si muovono sulle loro traiettorie con velocità orbitale costante in modulo *legge dei periodi* i cubi dei raggi delle traiettorie sono proporzionali ai rispettivi quadrati dei tempi che i pianeti impiegano a percorrere l'intera traiettoria
11	considerando la Terra come corpo centrale e la Luna come corpo orbitante, se le due forze hanno una comune origine si può scrivere l'equazione:

$$(11.1) \qquad \vec{g} = \vec{u}_n \frac{4\pi^2}{R^2} \gamma_T$$

in cui R è il raggio dell'orbita lunare e $\gamma_T = \dfrac{R^3}{T^2}$ in cui T è il tempo che necessita alla Luna per percorre l'intera traiettoria. Ponendo nell'equazione
(11.1) $R = r$ *(raggio terrestre)* si ottiene il vettore $\vec{g}$ alla superficie terrestre:

$$(11.2) \qquad \vec{g} = \vec{u}_n \frac{4\pi^2}{r^2} \gamma_T$$

Conoscendo il periodo orbitale $T = 2.36 \cdot 10^6 s$ e sapendo che tra il raggio orbitale e il raggio terrestre sussiste la relazione $R = 60.1r$, si può determinare il valore del modulo del vettore $\vec{g}$ alla superficie terrestre:

$$g = \frac{4\pi^2}{r^2} \gamma_T = \frac{4\pi^2}{r^2} \frac{R^3}{T^2} = \frac{4\pi^2 \cdot (60.1)^3 \cdot r^3}{r^2 T^2} =$$

$$= \frac{4\pi^2 \cdot (60.1)^3 \cdot 6.37 \cdot 10^6 m}{(2.36)^2 \cdot 10^{12} s^2} = 9.80 \frac{m}{s^2}$$

Questo risultato può essere confermato sperimentalmente con l'uso di un pendolo.

12	l'equazione $\vec{F} = \vec{u}_n \dfrac{m 4\pi^2}{R^2} \gamma_s$, esprime la forza che il Sole esercita su un pianeta di massa m; d'altro canto dovendo valere il principio di azione e reazione, il pianeta deve esercitare una forza uguale e contraria sul Sole data dall'equazione $\vec{F} = \vec{u}_n \dfrac{M_s 4\pi^2}{R^2} \gamma$ il cui confronto con

<table>
<tr>
<td></td>
<td>l'equazione precedente fornisce la relazione $\dfrac{m}{\gamma} = \dfrac{M_s}{\gamma_s}$. Poiché questo rapporto è lo stesso, qualunque sia il corpo celeste, se lo si indica con $\dfrac{4\pi^2}{G}$ si può scrivere l'equazione $4\pi^2 \gamma_s = GM$ che utilizzata nella prima equazione consente di scrivere l'equazione $\vec{F} = \vec{u}_n G \dfrac{mM_s}{R^2}$. Questa equazione poiché vale per qualsiasi coppia di corpi giustifica il nome di legge di gravitazione universale.</td>
</tr>
<tr>
<td>13</td>
<td>la risposta esatta è quella indicata dalla lettera A</td>
</tr>
<tr>
<td>14</td>
<td>le implicazioni a cui conduce la teoria delle perturbazioni sul moto planetario sono due:
• la traiettoria ellittica di un pianeta non è chiusa, ma l'asse maggiore ruota molto lentamente attorno al fuoco in cui si trova il Sole . Questo effetto è detto anticipo di perielio
• variazioni periodiche dell'eccentricità orbitale intorno al suo valore medio. Queste variazioni si sviluppano molto lentamente nel tempo, ciò nonostante hanno prodotto effetti rimarchevoli per quanto riguarda il cambiamento delle condizioni climatiche della Terra</td>
</tr>
<tr>
<td>15</td>
<td>$g = g_0 \left(1 - 2\dfrac{\Delta R}{R}\right)$ in cui g_0 è il valore dell'accelerazione di gravità alla</td>
</tr>
<tr>
<td>16</td>
<td>per verificare la coincidenza tra la massa gravitazionale e la massa inerziale di un corpo, si consideri un pendolo il cui corpo oscillante abbia la forma di un sottile guscio; facendolo oscillare con piccole ampiezze di oscillazioni, il suo periodo è dato dall'equazione:</td>
</tr>
</table>

$$(16.1) \quad T = 2\pi\sqrt{\frac{m'}{k_e}}$$

in cui m' è la massa inerziale del corpo oscillante e k_e la costante elastica data dall'equazione:

$$(16.2) \quad k_e = \frac{mg}{l}$$

in cui m è la massa gravitazionale del corpo oscillante. Confrontando le equazioni (16.1) e (16.2) si ottiene l'equazione:

$$(16.3) \quad T = 2\pi\sqrt{\frac{m'l}{mg}}$$

dalla quale si deduce che solo se la massa gravitazionale del corpo oscillante coincide con la sua massa inerziale, il periodo di oscillazione è dato dall'equazione:

$$(16.4) \quad T = 2\pi\sqrt{\frac{l}{g}}$$

Per eseguire questa verifica è sufficiente introdurre all'interno della cavità del corpo oscillante dei corpi di natura diversa aventi la stessa massa gravitazionale, avente avuto cura di determinarla, per ogni esperienza, con la bilancia a due piatti. Facendo oscillare il pendolo, per ogni esperienza, sempre allo stesso modo, poiché la forma del corpo oscillante non cambia mai, qualsiasi differenza di accelerazione può solo essere dovuta a una differenza tra massa gravitazionale e massa inerziale che si manifesta con una differenza del periodo di oscillazione. Si trova, per ogni esperienza, che il periodo del pendolo, nei limiti delle incertezze sperimentali, fornisce sempre il valore previsto dall'equazione (16.4) il che porta a concludere che la massa gravitazionale di un corpo è numericamente uguale alla sua massa inerziale.

Risolutore del test di verifica (9.1)	
1	il principio di relatività galileiana afferma che i fenomeni meccanici e le leggi che li governano sono invarianti rispetto agli osservatori inerziali
2	le leggi della meccanica devono essere formulate rispetto agli osservatori inerziali
3	un osservatore solidale con la Terra non è un osservatore inerziale perché lo stato di moto della Terra e quindi dell'osservatore ad essa solidale non è fondamentale. Infatti, qualunque sia il corpo di riferimento rispetto al quale si considera lo stato di moto, si ottiene sempre uno stato di moto accelerato
4	trovare un corpo di riferimento il cui stato di moto fosse rigorosamente fondamentale
5	le equazioni che consentono di conciliare le misure di posizioni e di velocità di due osservatori inerziali O e $'O$ che studiano il moto di uno stesso corpo sono: $$\begin{cases} \vec{s}\,' = \vec{s} - \vec{u}t \\ \vec{v}\,' = \vec{v} - \vec{u} \end{cases}$$
6	secondo l'equazione $\vec{R}' = -\vec{R}_T$ un osservatore accelerato vede muovere un corpo sia per effetto di una forza $\vec{R}$, dovuta all'interazione tra il corpo e l'ambiente che lo circonda, sia per effetto di una forza $-\vec{R}_T$ dovuta al moto relativo dei due osservatori e non corrispondente, secondo gli osservatori inerziali, ad alcuna interazione. Se il corpo è nel suo stato fondamentale rispetto all'osservatore inerziale è $\vec{R} = 0$ e l'equazione si riduce all'equazione $\vec{R}' = \vec{R} - \vec{R}_T$ dalla quale si deduce che anche in assenza di interazioni, l'osservatore accelerato O' vede il corpo sottoposto all'azione di una forza.

7	secondo l'equazione: $$(7.1) \quad \vec{R}' = \vec{R} - 2m\vec{\omega} \wedge \vec{v}' - m\vec{\omega} \wedge (\vec{\omega} \wedge \vec{s})$$ un osservatore O', che ruota uniformemente rispetto ad un osservatore inerziale O vede muovere un corpo sia per effetto di una forza $\vec{R}$ dovuta all'interazione tra il corpo e l'ambiente che lo circonda, sia per effetto delle forze di Coriolis e centrifuga dovute alla rotazione relativa dei due osservatori e non corrispondenti ad alcuna interazione. Se il corpo è nel suo stato fondamentale rispetto all'osservatore inerziale O, è $\vec{R} = 0$ e l'equazione (7.1) si riduce all'equazione: $$(7.2) \quad \vec{R}' = -2m\vec{\omega} \wedge \vec{v}' - m\vec{\omega} \wedge (\vec{\omega} \wedge \vec{s})$$ dalla quale si deduce che anche in assenza di interazioni l'osservatore accelerato O' vede il corpo sottoposto all'azione di forze
8	secondo un osservatore terrestre, il modello dinamico del moto si esprime nel modo seguente: $$m\vec{a}' = \vec{R} - 2m\vec{\omega} \wedge \vec{v}' - m\vec{\omega} \wedge (\vec{\omega} \wedge \vec{s})$$
9	rispetto ad un osservatore terrestre l'equazione del moto di caduta libera è: $$m\vec{a}' = m\vec{g} - 2m\vec{\omega} \wedge \vec{v}' - m\vec{\omega} \wedge (\vec{\omega} \wedge \vec{s})$$
10	trascurando la forza di Coriolis, il moto di caduta libera rispetto ad un osservatore terrestre si descrive con l'equazione seguente: $$(10.1) \quad \vec{a}' = \vec{g} - \vec{\omega} \wedge (\vec{\omega} \wedge \vec{s})$$ in cui se il vettore $\vec{s}$ è parallelo o antiparallelo al vettore $\vec{\omega}$, il prodotto vettoriale $\vec{\omega} \wedge \vec{s}$ è nullo e l'equazione (10.1) diventa: $$(10.2) \quad \vec{a}' = \vec{g}$$ dalla quale si deduce che un osservatore terrestre, ai poli, vede

cadere un corpo con la stessa accelerazione con cui lo vedrebbe cadere un osservatore inerziale se la Terra non ruotasse. Nell'ipotesi che il vettore $\vec{s}$ sia perpendicolare al vettore $\vec{\omega}$ *(ciò si verifica all'equatore)* il prodotto vettoriale $\vec{\omega}\wedge\vec{s}$ assume il massimo valore e di conseguenza anche il vettore $-\vec{\omega}\wedge\left(\vec{\omega}\wedge\vec{s}\right)$ assume il suo massimo valore con direzione uguale a quella del vettore $\vec{g}$ e verso opposto. Quindi, all'equatore, un osservatore terrestre vede cadere un corpo nella stessa direzione di quella che vedrebbe un osservatore inerziale se la Terra non ruotasse ma con un valore di accelerazione pari alla differenza tra l'accelerazione $\vec{g}$ e l'accelerazione $-\vec{\omega}\wedge\left(\vec{\omega}\wedge\vec{s}\right)$. Pertanto si ha la relazione:

$a' = g - \omega^2 s$ in cui assumendo per s il valore del raggio equatoriale pari a $6.37\cdot10^6\,m$ e per g il valore che misurerebbe un osservatore inerziale alla superficie terrestre

(pari a $9.80\dfrac{m}{s^2}$) se la Terra non ruotasse, si ottiene il valore

$a' = 9.76\dfrac{m}{s^2}$ che corrisponde al 99.6% del valore di g . Ne

consegue che il vettore accelerazione $\vec{a}'$ con cui un corpo cade liberamente verso la superficie terrestre dipende dalla latitudine ed il suo modulo assume valori compresi

nell'intervallo avente per estremi il valore ai poli: $9.80\dfrac{m}{s^2}$

ed il valore all'equatore $9.76\dfrac{m}{s^2}$; di conseguenza il peso di un corpo dipende dalla latitudine a cui il corpo si trova ed è massimo ai poli e minimo all'equatore.

www.ingramcontent.com/pod-product-compliance
Lightning Source LLC
Chambersburg PA
CBHW071408180526
45170CB00001B/15